kosmos Naturführer

Der Kosmos-Schmetterlingsführer

Novak/Severa

Der Kosmos-Schmetterlingsführer

Mit mehr als 1700 Farbbildern

„Gefährdung und Schutz der Schmetterlinge“ von Prof. Dr. Josef Blab, Bonn

5., überarbeitete und verbesserte Auflage

Franckh-Kosmos

Text von Dr. Ivo Novák
Aus dem Tschechischen übersetzt
von Peter Zieschang
Das Kapitel „Gefährdung und Schutz
der Schmetterlinge" verfaßte
Prof. Dr. Josef Blab, Bonn
Mit über 1700 Farbzeichnungen von
František Severa (Bestimmungsteil)
und Bohumil Vančura (Einleitungsteil)

Umschlag von Kaselow-Design,
München, unter Verwendung einer
Zeichnung von František Severa

Die Deutsche Bibliothek –
CIP-Einheitsaufnahme

Der **Kosmos-Schmetterlingsführer:**
mit mehr als 1700 Farbbildern/Novak.
Severa. „Gefährdung und Schutz der
Schmetterlinge" von Josef Blab. [Aus
dem Tschech. übers. von Peter Zieschang]. – 5., überarb. und verb.
Aufl. – Stuttgart: Franckh-Kosmos,
1992
(Kosmos-Naturführer)
ISBN 3-440-06202-3
Ne: Novák, Ivo; Severa, František;
Blab, Josef; Zieschang, Peter
[Übers.]

ISBN 3-440-06202-3
Lektorat: Rainer Gerstle
Herstellung: Heiderose Stetter
Printed in Germany / Imprimé en
Allemagne
Satz: Fotosatz Janß, Pfungstadt
Druck und buchbinderische Verarbeitung: Chemnitzer Verlag und Druck
GmbH, Zwickau

Der Kosmos-Schmetterlingsführer

Vorwort

Die mehr als 120000 beschriebenen Schmetterlingsarten sind eine beachtliche Insektengruppe, die um so bemerkenswerter ist, als die Schmetterlinge zu den ästhetisch eindrucksvollsten Lebewesen unseres Planeten gehören. In Wirklichkeit gibt es noch viel mehr, vielleicht doppelt so viele Schmetterlingsarten, denn uns sind bei weitem noch nicht alle bekannt. Das betrifft vor allem die kleinen Arten.

Die Schmetterlinge bewohnen von den Tropen bis zu den Polargebieten, von den Niederungen bis hoch in die Berge jeden Winkel trockenen Landes. Sie kämpfen um ihre Existenz sowohl an der Grenze des ewigen Schnees als auch am Rande der Wüste, wo Wassermangel dem Leben Grenzen setzt. Ihr ausgezeichnetes Flugvermögen und ihre Anpassungsfähigkeit erlaubten es ihnen, sich in den verschiedensten Gebieten anzusiedeln, in denen wenigstens geringe Lebensmöglichkeiten bestehen. Die Schmetterlinge wurden so fast überall auf der Erde zu einem nicht wegzudenkenden Bestandteil der Natur. Sie sind mit ihrer Lebensweise fast ausschließlich an Pflanzen gebunden, und ihre Existenz hängt eng mit den Bedingungen für den Pflanzenwuchs zusammen.

Die verschwenderischste Farbenpracht, die größten Ausmaße und die umfassendste Artenvielfalt treffen wir in den Tropen an. In einigen Gebieten der Erde sind bis heute ursprüngliche Formen erhalten geblieben, die uns ein Bild von den in der Urzeit lebenden Faltern geben. Es scheint, als habe hier die Entwicklung vor vielen Jahrmillionen aufgehört. In anderen Erdteilen dagegen schreitet die Entwicklung der Arten lebhaft fort.

In der gemäßigten Zone fehlen die großen Formen. Dagegen haben sich hier in Anpassung an den Wechsel der Jahreszeiten und die unterschiedlichen Tageslängen unter den Faltern sehr vielfältige Lebensformen entwickelt. In unseren Breiten weist jede Jahreszeit ihr spezifisches Artenspektrum auf.

Es ist schade, daß die Schmetterlingswelt unter dem Ansturm der Zivilisation allmählich untergeht. Über den blühenden Kleefeldern, die einst von einer Unzahl von Fleckenfaltern, Zitronenfaltern, Scheckenfaltern und Bläulingen belebt wurden, gaukelt heute nur noch ein einzelner Weißling umher, und der so bewunderte Schwalbenschwanz ist eine wahre Seltenheit. Wegen ihrer Bindung an ihren Lebensraum verschwinden die Schmetterlinge in dem Maße, wie Wälder gerodet, Sümpfe trockengelegt und Wiesen und Steppen umgeackert werden.

Wir wollen jedoch die düsteren Erwägungen über die Zukunft der Schmetterlinge fallen lassen und die Welt betrachten, die jetzt noch besteht. Dieses Buch ermöglicht uns selbstverständlich nur, einen Teil all des Reichtums kennenzulernen, auch wenn das Spektrum der abgebildeten Arten in den Grenzen des gegebenen Umfangs so weit wie möglich gefaßt wurde.

Dieses Buch enthält Arten, die vor allem Europa bewohnen. Viele von ihnen sind jedoch über ein großes Areal, die sogenannte paläarktische oder holarktische Region verbreitet: Über Europa, Nordafrika, Asien und Nordamerika. Die kleinen Falter sind in entsprechenden Vergrößerungen dargestellt, die die genaue Wiedergabe ihrer prächtigen Färbung und reichen Zeichnung ermöglichen. Von den Puppen und Raupen wurden die Vertreter der wichtigsten Typen und auffälligen Arten jeder Familie ausgewählt.

Zu einer Darstellung der Schmetterlinge gehören auch einige theoretische Kenntnisse über ihre Antatomie und Morphologie, über ihr Leben, ihre Verbreitung, ihr Auftreten im Verlauf des Jahres und in den verschiedenen Gebieten sowie über die Wirtspflanzen der Raupen. Man kann heute jedoch nicht nur bei den wissenschaftlichen Disziplinen stehenbleiben, die schon in den vergangenen Jahrhunderten betrieben wurden. Die moderne Wissenschaft von den Schmetterlingen (Lepidopterologie) geht allmählich von der Taxonomie zu dyna-

mischen, experimentellen und angewandten Disziplinen über. Wir haben auch flüchtig die Ökologie berührt, durch die wir ein Bild von der Bedeutung der Schmetterlinge und ihrer Einfügung in den komplizierten Mechanismus der Natur erhalten.

Bild 1. Die pollenverbreitenden Schmetterlinge und ihre spezifischen Futterpflanzen sind zum Überleben aufeinander angewiesen.

Aus der Vergangenheit der Schmetterlinge

Die Schmetterlinge bewohnen unsere Erde schon sehr lange, und ihre primitiven Vertreter konnten hier schon am Ende der Erdurzeit auftauchen. Diese Insekten waren jedoch eher den heutigen Köcherfliegen *(Trichoptera)* ähnlich, aus denen sich die Schmetterlinge offensichtlich entwikkelt haben. Die Schmetterlinge unterscheiden sich vor allem dadurch, daß sie auf den Flügeln Schuppen tragen, die Köcherfliegen jedoch nur Borsten besitzen. Die Formen und Ornamente der heutigen Schmetterlinge haben sich im Verlauf langer geologischer Epochen herausgebildet. Die intensivste Entwicklung begann offensichtlich vor 180–135 Millionen Jahren, das heißt während des Juras. Im Tertiär, also vor ungefähr 50 Millionen Jahren, hatten die Schmetterlinge ihren heutigen Entwicklungsstand erreicht.

Aussehen der Schmetterlinge

Die Schmetterlinge gehören zur Klasse der Insekten *(Insecta)*, womit das Grundschema ihres Körperbaus festliegt. Der Insektenkörper besteht aus drei Teilen: Kopf, Brust und Hinterleib. Die Schmetterlinge sind jedoch eine Ordnung, die auch innerhalb der Insekten recht markant und verhältnismäßig einheitlich ausgeprägt ist.

Man kann sagen, daß der Schmetterling für den Laien vor allem durch die Flügel charakterisiert wird. Diese sind der auffallendste, farbigste und großflächigste Teil des Schmetterlingskörpers. In bezug auf die Flügelspannweite treffen wir im Reich der Schmetterlinge die größten Vertreter der Insekten überhaupt an. Eine Flügelspanne um 280 mm findet bei anderen, heute lebenden Insekten nicht ihresgleichen. Neben diesen Riesen, die in den Tropen leben, gibt es unter den Schmetterlingen auch wahre Zwerge mit einer Spannweite von nur 3–4 mm. Das Verhältnis zwischen den kleinsten und größten Faltern erreicht in bezug auf die Flügelspanne demzufolge annähernd 1 : 100.

Auch die Gewichtsunterschiede zwischen den größten und kleinsten Schmetterlingen sind sehr groß, was jedoch nicht heißt, daß der größte Falter auch immer der schwerste sein muß. Zu den schwersten Schmetterlingen gehören die Weibchen der Augen- und Wollraupenspinner mit ihren dicken, mit Eiern gefüllten Hinterleibern. Die riesigen tropischen Ritterfalter der Gattung *Ornithoptera* hingegen haben zwar sehr große Flügel, aber einen relativ kleinen, leichten Körper. Die mächtigsten und robustesten Schmetterlinge wiegen gegen 5 g, während die kleinsten das Zünglein auch der empfindlichsten Waage kaum zum Ausschlag bringen.

An der Form der Schmetterlingsflügel zeigt sich ebenfalls die eindrucksvolle Vielfalt dieser Insekten. Die breiten Flügel der Tagfalter machen das Segeln und die Nutzung der Luftströmungen über besonnten Gegenden möglich. Dagegen arbeiten die schmalen Vorderflügel der schweren Schwärmer bei weitem aktiver und sind deshalb mit mächtigen Längsstreben ausgesteift, die die geforderte Leistung sichern können. Eine beachtenswerte Flügelausbildung treffen wir bei den kleinen Federmotten an, deren Flügel in fünf Federchen aufgeteilt sind, und vor allem auch bei den Geistchen, die anstelle zweier Flügel an jeder Körperseite einen Fächer von 12 Federchen tragen. Bei manchen Schmetterlingen führte die Entwicklung in entgegengesetzter Richtung zu einer Reduktion der Flü-

Bild 2. Das Taubenschwänzchen *(Macroglossum stellatarum)* saugt den Nektar im Flug.

gel, wobei manchmal an der Brust nur unscheinbare Auswüchse verblieben. Solche Schmetterlinge (meistens die Weibchen) können nicht fliegen, sondern nur kriechen.

Bild 3. Große und kleine Schmetterlinge: Segelfalter (*Iphicides podalirius;* 50–70 mm Spannweite), Windeneulchen (*Emmelia trabealis;* 18–20 mm), Schlangenminiermotte (*Lyonetia clerkella;* 7–9 mm).

Die Nahrung der Schmetterlinge

Es ist allgemein bekannt, daß die Schmetterlinge mit ihrem langen, spiralig eingerollten Rüssel Nektar und verschiedene Flüssigkeiten aufsaugen. Die primitiven Falter der Familie Urmotten *(Micropterigidae)* unterscheiden sich in der Nahrungswahl grundsätzlich. Bei diesen kleinen Faltern (die europäischen Arten haben eine Flügelspannweite von 10 bis 15 mm) sind nämlich beißende Mundwerkzeuge ausgebildet, und sie fressen Pollenkörner.
Die häufigste Nahrung der Schmetterlinge ist Blütennektar. Die Falter saugen ihn mit ihrem Rüssel auf und gelangen dank dessen Länge auch auf den Grund langer Kelchröhren, wie sie Nachtnelken, Gartenphlox und Tabak besitzen. Die Schmetterlinge erhalten den Blütennektar nicht umsonst, sondern sorgen im Gegenzug für die Bestäubung der Pflanzen. Einige tropische Schmetterlinge und Pflanzen haben sich einander so angepaßt, daß die Pflanze nur von ihrer speziellen Schmetterlingsart bestäubt werden kann. Das Entfalten der Blüten und das Auftreten der Schmetterlinge sind dann genau synchronisiert. Bei den meisten Schmetterlingen ist das nicht so kompliziert, und unsere europäischen Falter suchen verschiedene Blüten auf, soweit diese genügend Nektar enthalten.
Die Schmetterlinge ernähren sich aber nicht nur von Nektar. Sie werden zum Beispiel auch von Saft angelockt, der aus verletzten Stämmen hervorquillt. Im Herbst ist Obst der Quell süßer Säfte. Neben Bienen, Wespen und Fliegen sind hier herrli-

che Fleckenfalter regelmäßige Gäste, vor allem der Admiral, der Trauermantel und der Große Fuchs. Auch nachts herrscht hier reger Betrieb, und eine aufgeplatzte überreife Birne lockt Ordensbänder und andere Nachtfalter an. Nur wenige Arten können die Früchte, vor allem fleischige Beeren, anstechen und den Saft aus ihnen gewinnen. Dies gelingt zum Beispiel der Zimteule, die die reifen Beeren des Schwarzen Holunders besonders schätzt. Die wunderschönen Eisvögel, Trauer- und Schillerfalter bevorzugen dagegen eine dem Menschen recht seltsam erscheinende Nahrung. Wir können sie oft auf tie-

Bild 4. Ein herrlicher Schmetterling (der Große Eisvogel) saugt gern aus Kadavern oder Kot von Tieren.

rischen Exkrementen, auf zerfallenden Pflanzenresten oder sogar auf stinkendem Aas beobachten, wo sie Feuchtigkeit aufnehmen.

Schmetterlinge trinken am Rande von Pfützen oder auf feuchtem Sand sehr gern Wasser. Hier versammeln sich in der Regel mehrere Dutzend Exemplare. Typisch ist das für Bläulinge und Weißlinge, gelegentlich trinken hier auch Perlmutterfalter, Gelblinge und selten auch ein Schwalbenschwanz.

Die verschiedenen Flüssigkeiten sind für die Schmetterlinge nicht nur Wasser- und Nahrungsquelle, sondern liefern auch Salze, die der Körper zur Aufrechterhaltung des osmotischen Drucks seiner Flüssigkeiten und zum Stoffwechsel benötigt. Von den stark salzhaltigen Flüssigkeiten lockt zum Beispiel menschlicher Schweiß die Schmetterlinge an. Der gleiche Grund veranlaßte auch einige tropische Spanner zu einer interessanten Anpassung; sie sitzen auf dem Kopf von Wirbeltieren und saugen die salzige Tränenflüssigkeit, die in den Augenwinkeln ausgeschieden wird, gegebenenfalls stechen sie auch eine zarte Ader an und saugen dann Blut.

Es ist bei den Schmetterlingen keine Seltenheit, daß die Imago (das erwachsene Individuum) nur verkümmerte Mundwerkzeuge besitzt und überhaupt keine Nahrung aufnimmt. Diese Schmetterlinge schöpfen ihre Energie aus den Fettreserven, die von den Raupen angelegt wurden, und leben nur eine kurz bemessene Zeit; sie haben nur die eine Aufgabe, für Nachkommenschaft zu sorgen und so die Erhaltung der Art zu sichern. Einige Weibchen bewegen sich überhaupt nicht. Sie werden befruchtet und legen ihre Eier an der Stelle ab, an der sie aus der Puppe geschlüpft sind. Übrigens erfüllen Schmetterlinge, die länger leben, die gleiche Aufgabe, nur ist es hier anders eingerichtet. Sie haben von der Raupe keinerlei Fettreserven übernommen und müssen ihre Nahrung selbst suchen, damit die Geschlechtszellen ausreifen und die Eier abgelegt werden können. Meist dauert dies nicht länger als ein paar Wochen. Nur selten überwintern die Falter und werden dann bis zu 10 Monate alt.

Bild 5. Manche Schmetterlinge suchen gern Fallbirnen oder anderes Obst auf.

Bild 6. Feuchter Sand oder Lehm bietet den Schmetterlingen Wasser an heißen Sommertagen.

Der Schmetterlingsflug

Charakteristisch für die Schmetterlinge ist ihr Flugvermögen, obwohl es eine ganze Reihe Ausnahmen gibt und einige Falter diese Fähigkeit sekundär verloren haben. Die Flügel sind der auffallendste Teil des Schmetterlingskörpers. Sie sind durch ein kompliziertes System von kleinen Skleriten mit dem 2. und 3. Brustglied verbunden und werden mit Hilfe einer zierlichen Brustmuskulatur in Bewegung gesetzt. Die Aussteifung der Flügel wird durch eine Längsaderung sichergestellt, die in den Vorderflügeln besonders fest ist. Bau und Form der Flügel entsprechen der Flugart. Einige Kleinfalter schweben mehr als daß sie fliegen, und ihre Flügel gleichen kleinen Federn oder schmalen Leisten, die mit langen Fransen verbreitert sind. Segelnde Falter besitzen große und breite Flügel, um eine möglichst effektive Tragfläche zu erhalten. Je höher die Frequenz der Flügelschläge ist, um so mehr nimmt die Bedeutung der Vorderflügel zu. Bei den besten Fliegern (z. B. bei den Schwärmern) sind sie auffallend verschmälert und mit mächtigen Streben in der Längsäderung verstärkt. Die Hinterflügel übernehmen eher eine stabilisierende Funktion, während der eigentliche Antrieb von den Vorderflügeln ausgeht.

Der ruhende Falter stößt sich beim Start mit den Beinen ab und schlägt die Flügel nach unten. Für den Schmetterlingsflug ist charakteristisch, daß Vorder- und Hinterflügel miteinander verbunden sind und synchron arbeiten – im Unterschied beispielsweise zu den Libellen, wo sich die einzelnen Flügelpaare unabhängig voneinander bewegen können. Die feste Verbindung der Flügel wird durch Einschnitte, Kerben, Vorsprünge oder Stacheln gesichert. Wie schon erwähnt, wird die Hauptarbeit von den Vorderflügeln geleistet. Die Bewegung der Hinterflügel erfolgt immer ein wenig verzögert. Dadurch verdreht sich die Flügelfläche zum Körper abwechselnd, die Luft gleitet die Flügel entlang nach hinten und treibt den Schmetterling nach vorn. Die Vorwärtsbewegung wird noch dadurch verstärkt, daß sich die Vorder-

Bild 7. Flugphasen des Mauerfuchses (*Lasiommata megera*).

flügel nicht nur auf und ab, sondern auch vor- und rückwärts bewegen.
Die artspezifische Flugweise hängt auch von unscheinbaren Abweichungen in der Flügelbewegung ab, woran sich manchmal auch die langen Antennen beteiligen, die den Schmetterling im Gleichgewicht halten, oder die Quasten der langen Schuppen am Hinterleib, die die Richtung besonders schneller Flieger stabilisieren. So wirbeln zum Beispiel die kleinen Falter der Familie Langhornmotten *(Adelidae)* meistens wie Eintagsfliegen *(Ephemeroptera)* in der Luft und steigen fast auf der Stelle nach oben, um dann wieder nach unten zu fallen. Die meisten Schmetterlinge flattern durch die Luft, bewegen sich dabei aber geradeaus oder ein wenig zickzackförmig. Die größten Tagfalter nutzen die aufsteigenden Luftströmungen, die sich durch die Sonnenwärme über der Vegetation bilden, und segeln meist. Wenn sie spüren, daß der Auftrieb nachläßt, schlagen sie nur hin und wieder ein paarmal mit den Flügeln. Die Spanner und die Weibchen der Glucken, Trägspinner, Augenspinner oder Frühlingsspinner haben eine besondere Flugweise: Sie fliegen heftig und zickzackförmig. Das hängt mit der ungleichmäßigen Bewegung der Flügel zusammen. Zu den flugfähigsten Insekten gehören die Schwärmer und viele Eulenfalter, bei denen die Frequenz der Flügelschläge sehr hoch ist (bis zu 200 Bewegungen in der Sekunde), während die Weißlinge nur ungefähr 5mal in einer Sekunde mit den Flügeln schlagen. Dank ihrer Flugtechnik können die Schwärmer wie Hubschrauber auf einer Stelle schweben und dabei mit ihrem langen Rüssel Nektar aus den Blüten saugen.
Mit der Flugweise und der Frequenz der Flügelbewegung hängt auch die Fluggeschwindigkeit zusammen. Kleine Falter bewegen sich mit einer Geschwindigkeit von 2–3 km/h und lassen sich manchmal einfach vom Wind treiben. Tagfalter vom Typ der Weißlinge entwickeln eine Geschwindigkeit von 4–6 km/h, Ritter von ungefähr 15 km/h, und am schnellsten sind einige Fleckenfalter, die eine Geschwindigkeit von nahezu 20 km/h erreichen können. Schneller als die Tagfalter fliegen verschiedene Eulenfalter mit Geschwindigkeiten von 30 bis 40 km/h. Am schnellsten bewegen sich die Schwärmer, deren Geschwindigkeit auf 60–70 km/h geschätzt wird, und einige Langmäuler (z. B. das Taubenschwänzchen), die in der Lage sind, sich Geschwindigkeiten von 100 km/h zu nähern. Mit der Flugfähigkeit hängt die Wanderung (Migration) vieler Arten zusammen. Eine ganze Reihe europäischer Schmetterlinge überwintert in Mitteleuropa nicht, sondern fliegt alljährlich aus den Tropen und Suptropen hierher, um während des Sommers ihre Nachkommenschaft zu sichern. Dazu gehören beispielsweise der Distelfalter, der Admiral, der Kleine Perlmutterfalter, der Postillon oder Wandergelbling und die großen Schwärmer.
Die Flugzeit der meisten Arten ist auf bestimmte Stunden beschränkt. Bei fast allen Nachtfaltern und vielen Tagfaltern gibt es eine zeitliche Trennung von Nahrungsflug und Paarungsflug.

Die Paarung der Schmetterlinge

Beim Zueinanderfinden der Schmetterlinge spielen chemische Geruchsstoffe, sogenannte Sexualpheromone, eine wichtige Rolle. Das sind Drüsenausscheidungen, die von den Individuen beider Geschlechter abgegeben werden. Während die Duftstoffe der Weibchen die oft weit entfernten Männchen anlocken sollen, dienen die Duftstoffe der Männchen dazu, die Weibchen paarungsbereit zu machen. Die Duftstoffdrüsen der Weibchen sind immer an den letzten Hinterleibsgliedern angebracht, während sie bei den Männchen an verschiedenen Stellen liegen: Sie befinden sich entweder ebenfalls am Hinterleib oder an den Beinen, meistens

Bild 8. Einige Balzphasen des Moorgelblings (*Colias palaeno*).

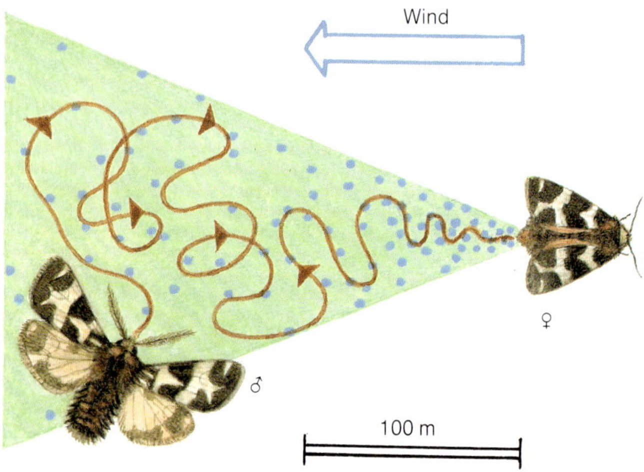

Bild 9. Flugbahn eines Männchens, das auf Pheromone eines Weibchens reagiert (hier Waldmeisterbär – *Eucharia casta*).

jedoch auf den Flügeln, die mit ihrer Bewegung gleichzeitig die Verbreitung des Dufts in der Umgebung sichern. Die Angehörigen des anderen Geschlechts nehmen den Geruch mit den Fühlern wahr, an denen sich bei den Schmetterlingen die Geruchsorgane befinden und die bei den Männchen so empfindlich sind, daß das Tier schon auf ein einziges Molekül des weiblichen Pheromons reagiert. Sobald das Männchen eine Spur wahrnimmt, sucht es der zunehmenden Konzentration in der Luft folgend die Duftquelle, bis es schließlich gegen den Wind zum Weibchen gelangt.

Das Weibchen sitzt gewöhnlich mit aufgerecktem Hinterleib, an dem es den Duft produziert. Es kann auch eine größere Zahl von Männchen anlokken. Während sich die Nachtfalter überwiegend nach dem Geruch richten, orientieren sich die Tagschmetterlinge wenigstens anfangs eher visuell. In der Natur können wir oft den Reigen beobachten, der beim Zusammentreffen von zwei oder mehreren Faltern in der Luft stattfindet. Die Tiere identifizieren sich bei dieser Bewegung meistens auf kurze Entfernung nach dem Geruch. Die Angehörigen verschiedener Arten, zum Beispiel der Weißlinge und Fleckenfalter, trennen sich dann bald wieder. Die Männchen der gleichen Art interessieren sich jedoch länger füreinander, denn sie können sich mit ihrem Duft verständigen. Trifft dann ein Männchen auf ein Weibchen, werden sich beide bald niederlassen. Nach einem kurzen Umherlaufen und erregtem Flügelflattern kommt es dann verhältnismäßig schnell zur Paarung. Bei der endgültigen Vereinigung sind die Hinterleibsenden verbunden, wobei das Männchen das Weibchen mit den Klappen seines Kopulationsorganes umklammert. Die Partner sind hierbei mit den Köpfen voneinander abgewandt.

Einige große Augenfalter, beispielsweise die *Hipparchia,* weisen zur Paarungszeit Territorialverhalten auf. Das Männchen sitzt an einer erhöhten Stelle, von der es einen guten Ausblick hat, und wartet auf ein vorbeifliegendes Weibchen, mit dem es dann sofort Kontakt aufnimmt. Stellt sich ein fremdes Männchen ein, wird es energisch aus dem Gebiet vertrieben.

Ungeschlechtliche Fortpflanzung ist selten, sie wird vor allem bei den Sackspinnern beobachtet.

Entwicklungsstadien

Die Entwicklung der Schmetterlinge – Metamorphose

Die Entwicklung eines Schmetterlings beginnt mit der Befruchtung des Eis durch die männliche Samenzelle, das Spermium. Der weiblichen Keimzelle werden hierbei die Erbinformationen des Männchens übergeben, und es entscheiden sich die Grundzüge des Aussehens und das Geschlecht des zukünftigen Lebewesens. Eventuell unbefruchtete Eier vertrocknen nach der Ablage. Die Entwicklung eines Lebewesens aus unbefruchteten Eiern, die sogenannte Parthenogenese, die bei vielen Insekten üblich ist, ist bei den Schmetterlingen eine ausgesprochene Ausnahme.

Innerhalb der Eihülle, dem Chorion, beginnt sich die befruchtete Eizelle, die Zygote, so oft zu teilen, bis ein vielzelliges kugelförmiges Gebilde entsteht. Dann differenzieren sich die einzelnen Organe, und es beginnt sich ein kleiner Embryo abzuzeichnen, der von reichlichen Dotterreserven umgeben ist, die gerade für die Ernährung bei der Entwicklung einer kleinen Raupe ausreichen. Leben und Entwicklung des Embryos werden von der Eihülle zum einen vor mechanischen Beschädigungen, zum anderen vor plötzlichen Witterungsschwankungen geschützt. Richtige Temperatur, Feuchtigkeit, Sauerstoff und machmal auch Licht gehören zu den Lebensansprüchen des Embryos.

Von dem Augenblick an, in dem die Raupe die Eihülle durchbeißt, muß sie sich um sich selbst kümmern. Die Dotterreserven des Eis sind erschöpft, und als letzte Nahrung kann nur noch die leere Eihülle dienen.

Während der Entwicklung durchlau-

Bild 10. Entwicklungsstadien des Kohlweißlings (*Pieris brassicae*).

Bild 11. Verpuppungsphasen der Raupe des Schwalbenschwanzes (*Papilio machaon*). Typ der stehenden Puppe.

fen die Raupen mehrere Wachstumsphasen, die Instarien. Es sind meistens fünf, können aber in Abhängigkeit vom Wachstumstempo, von der Nahrungsqualität, der jährlichen Generationszahl und dem Zeitpunkt, zu dem sich die Raupe entwickelt, auch mehr als zehn sein. Der Übergang von einer Phase zur anderen erfolgt durch das Abstreifen der alten und die Ausbildung einer neuen, größeren, locker sitzenden Haut. Die letzte Häutung der ausgewachsenen Raupe ist mit der Verwandlung zu einer Puppe verbunden. Die Veränderungen von Größe und Masse der Raupen während der Entwicklung ist beachtlich. In der Länge wachsen die Raupen in das Zehn- bis Zwanzigfache, die Breite des Kopfes vergrößert sich ungefähr sechsmal. Das Gewicht erhöht sich zwei- bis dreitausendfach.

Die Puppe ist ein unauffälliges, fast unbewegliches Gebilde. Sie nimmt weder Nahrung auf noch kann sie den Standort wechseln. Im Inneren vollzieht sich aber ein kleines Wunder. Alle Organe der Raupe lösen sich auf, und die Puppe wird von einer formlosen, lebenden Flüssigkeit ausgefüllt, aus der sich um unscheinbare Keimscheiben ein völlig neuer Organismus, der zukünftige erwachsene Schmetterling, zu bilden beginnt. Geht die Puppenentwicklung zu Ende, ist die Hülle mit einem Lebewesen ausgefüllt, das alle Organe des erwachsenen Individuums besitzt. In der letzten Phase scheinen die Au-

Bild 12. Verpuppungsphasen der Trauermantelraupe (*Nymphalis antiopa*). Typ der hängenden Puppe.

gen, die farbigen Flügel und der Körper des Schmetterlings durch die Puppenhülle hindurch. Wir können dann erwarten, daß die Puppe jeden Augenblick aufplatzt und der erwachsene Schmetterling ausschlüpft, um den komplizierten Prozeß der Metamorphose abzuschließen.
Wer erwartet, gleich nach dem Entpuppen einen Schmetterling zu erblicken, der sich in seiner ganzen Pracht erhebt und davonfliegt, wird

Bild 13. Die Imago des Wickenwidderchens (*Zygaena ephialtes*) schlüpft aus dem Kokon.

enttäuscht sein. Aus der Puppe schlüpft nämlich ein seltsames, langbeiniges Geschöpf mit farbigen Miniaturflügeln, das vollkommen flugunfähig ist. Der geschlüpfte Falter sucht erst einmal eine erhöhte Stelle, einen Zweig, Grashalm oder Stein auf. Hier klammert er sich mit den Vorderbeinen so an, daß die Flügel frei hängen können. Hierauf erfolgen kaum merkbare Bewegungen des Körpers, eine Art Pumpen, durch die der Schmetterling seine Flügeladern mit Körperflüssigkeit (Hämolymphe) und die Atemröhren (Tracheen) mit Luft füllt. Dabei erweitern sich die Flügel innerhalb von 10 bis 15 Minuten zur normalen Größe und werden erst während der folgenden ein bis zwei Stunden, noch in der Ruhelage, soweit steif, daß der Schmetterling abfliegen kann. In diesem Augenblick hat das Tier seine endgültige Größe erreicht und wächst nicht mehr.

Die Imago

Der Körper des Schmetterlings setzt sich aus drei Teilen, dem Kopf, der Brust und dem Hinterleib zusammen. Seine Hülle besteht aus kleinen, festen, braunen Teilen, den sogenannten Skleriten, die mit elastischen Häuten verbunden sind und das Außenskelett der Insekten bilden. An dieses sind innen die Muskulatur und verschiedene Organe befestigt. Das Au-

Bild 14. Schema des Schmetterlingskörpers.

ßenskelett ist völlig mit dichten Borsten und Schuppen bedeckt und dadurch nicht sichtbar.

Am Kopf, der durch den Hals mit der Brust beweglich verbunden ist, fällt ein Paar großer kugelförmiger, zusammengesetzter Augen auf. Bei den primitiven Gruppen der Schmetterlinge ist darüber hinaus noch ein Paar einfacher Augen ausgebildet. Am Kopf befinden sich außerdem zwei auffallende, gegliederte Fühler. Die Zahl der Glieder ist unterschiedlich. Meistens sind es einige Dutzend. Auch Fühlerlänge und -form sind bei den verschiedenen Arten recht vielfältig. Am häufigsten treten fadenförmige Fühler auf (beispielsweise bei den Eulen und Spannern), andere sind keulenförmig (bei den Widderchen), gekämmt (bei den Trägspinnern, Glucken, Augenspinnern, den Männchen der Spanner und Eulen u. a.) oder gefiedert (bei den Sackträgern). Die Schwärmer weisen dicke und kantige Fühler auf, die manchmal mit einem festen Haken abschließen. Dünne und feste Fühler mit einem Klöppel am Ende finden wir bei den Tagfaltern. Die Weibchen besitzen meistens einfachere und kürzere Fühler als die Männchen. Sie sind bei ihnen niemals gekämmt.

Mit dem Begriff Mundwerkzeuge wird in der Regel der Rüssel einiger Schwärmer oder Tagfalter bezeichnet. Kaum jemand weiß jedoch, daß bei den primitivsten Familien der Schmetterlinge, den Urmotten *(Micropterigidae)* und den Trugmotten *(Eriocraniidae)*, Kiefer erhalten geblieben sind, die bei einigen Arten noch funktionieren. Diese Schmetterlinge ernähren sich nicht von Nektar, sondern von Blütenstaub. Meistens sind die Beißwerkzeuge jedoch verkümmert und nur als funktionsunfähige Reste ausgebildet, und die Imagines nehmen überhaupt keine Nahrung auf. Bei den höher entwickelten Schmetterlingen entstand aus den Wangen (Galeae) der Rüssel. Das ist ein paariges Organ, bei dem zwei miteinander verbundene Rinnen eine schmale Röhre bilden. Die längsten, bis zu 20 cm reichenden Rüssel besitzen die Schwärmer. In der Ruhelage ist der Rüssel an der Kopfunterseite spiralig eingerollt. Er zeigt sich nur beim Saugen in seiner ganzen Länge.

Außer dem Rüssel sind noch andere Mundwerkzeuge erhalten geblieben. Aus der Unterlippe bildeten sich die zwei- bis dreigliedrigen Lippentaster

Bild 15. Verschiedene Fühlertypen der Schmetterlinge: **a** fadenförmig, **b, c** borstenförmig, **d, e** gesägt, **f** klöppelförmig, **g** keulenförmig, **h, i** spindelförmig, **j** bis **n** gekämmt, **o** gefiedert.

(Palpi labiales), die am Kopf sehr auffällig sein können.
Die Brust besteht aus drei Gliedern: Der Vorderbrust (Prothorax), der Mittelbrust (Mesothorax) und der Hinterbrust (Metathorax). Die einzelnen Teile sind so dicht aneinander gefügt, daß sie beim flüchtigen Betrachten ein geschlossenes Ganzes zu bilden scheinen. An jedem Brustglied sind von unten ein Beinpaar (im ganzen drei Paare) und an der Mittelbrust und Hinterbrust jeweils ein Flügelpaar befestigt (der Schmetterling besitzt also zwei Paar Flügel). Es kommt nur selten vor, daß Beine und Flügel sekundär verkümmert sind und ihre Anzahl reduziert ist.
Die Flügel sind an der Brust durch ein kompliziertes System kleiner Sklerite eingelenkt. Sie sind häutig und zweischichtig, denn sie haben sich aus sackförmigen Ausstülpungen der Oberhaut entwickelt, deren Wände sich aneinanderlegten. Die zarten Membranen der Flügel können dem beim Fliegen entstehenden Luftdruck allein nicht widerstehen. Sie würden wie Tücher flattern und sind deshalb mit hohlen Längs- und Querstreben, sogenannten Adern, ausgesteift, die mit Körperflüssigkeit (Hämolymphe) und Luft gefüllt sind. Es gibt mehrere Gruppen von Adern, die mit Namen bezeichnet werden (siehe Bild 17). Die Adern schließen kleine Flächen ein, die ähnlich gekennzeichnet werden. Das gleichnamige Flügelfeld liegt immer hinter der zugehörigen Ader. Einige Adern verzweigen sich, andere bleiben in ihrem gesamten Verlauf einfach. Bei den einzelnen Schmetterlingsgruppen befindet sich auf den Flügeln eine unterschiedliche Anzahl von Adern, und ihre Anordnung ist für die Abgrenzung der Familien sehr wichtig. Jede Familie wird durch einen bestimmten Äderungstyp charakterisiert.
Die Flügel der Schmetterlinge sind mit kleinen farbigen Schuppen überzogen, die in einer Richtung liegen (vom Körper nach außen) und sich dachziegelartig überdecken. Auf diesen Schuppen beruht die ganze Herrlichkeit der Schmetterlinge, denn an sie ist die Färbung gebunden. Die Schuppen enthalten entweder Pigmente oder reflektieren, beziehungsweise brechen das Licht. Im zweiten Fall entstehen metallisch glänzende, blaue, rötliche und regenbogenartig schillernde Flächen, wie wir sie bei den Bläulingen, den Feuer- und den Schillerfaltern sehen. Die pigmentierten Schuppen bilden eine komplizierte Zeichnung, der einige gewellte Querlinien und Flecken in der Flügelmitte zugrunde liegen. Manche Schuppen stehen mit kleinen Drüsen in Verbindung und geben Duftstoffe ab, die der sexuellen Annäherung von Männchen und Weibchen dienen. Sie werden Duftschuppen genannt und können auf den Flügeln geschlossene Flächen bilden, die sich in Glanz oder Färbung von der Umge-

Bild 16. Verschiedene Typen von Mundwerkzeugen bei den Schmetterlingen: **a** entwickelte Kauwerkzeuge bei den primitivsten Faltern, **b** entwickelter Rüssel, **c** verkümmerte Mundwerkzeuge, unfähig zur Nahrungsaufnahme.

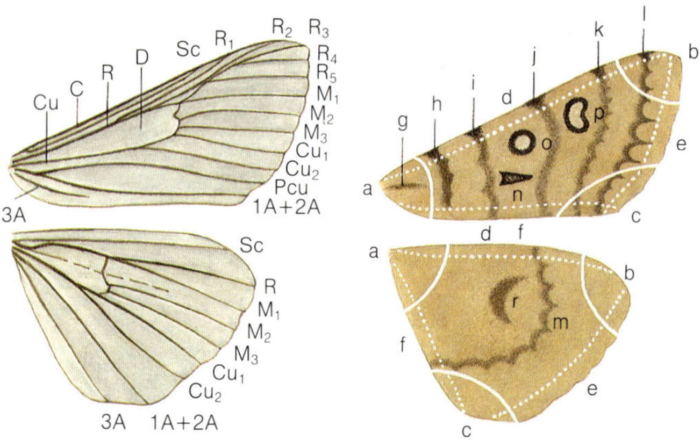

Bild 17. Links: Adern und Felder des Vorder- und Hinterflügels: **C** Costa (deckt sich mit dem Vorderrand des Flügels), **Sc** Subcosta, **R** Radius und seine Äste (R_1–R_5), **M** Medialader und ihre Äste (M_1–M_3), **Cu** Cubitus und seine Äste (Cu_1, Cu_2), **Pcu** Postcubitus (fehlt im Hinterflügel einiger Familien), **A** Analis, oft auch Axillaris genannt (1A + 2A, oft in der ganzen Länge verschmolzen, 3A). Die Felder sind nach der entsprechenden Ader genannt (z. B. Analfeld, Cubitalfeld). Eine Ausnahme ist **D** Discoidalfeld.
Rechts: Flügelteile und charakteristische Teile der Zeichnung: **a** Flügelwurzel, **b** Spitze oder Apex, **c** Innenwinkel, **d** Vorderrand, **e** Außenrand, **f** Hinterrand (Innenrand), **g** Basallinie, Wurzelstrieme, **h** basale Querlinie, **i** innere Querlinie, **j** Mittelband, **k** äußere Querlinie, **l** Wellenlinie, **m** Mittelband des Hinterflügels, **n** Zapfenmakel, **o** Ringmakel, **p** Nierenmakel, **r** Mittelmond oder Mittelfleck.

bung unterscheiden. In anderen Fällen können sie auf den Flügeln in Form von aufgerichteten Büscheln zusammengedrängt oder aber unter besonderen Klappen versenkt sein.
Die Beine setzen seitlich an der Brust an und bestehen meistens aus fünf Grundgliedern: Hüftglied (Coxa), Schenkelring (Trochanter), Schenkel (Femur), Schiene (Tibia), Fuß (Tarsus). Der Fuß baut sich wiederum aus fünf Gliedern auf, am Praetarsus befinden sich ein Polster und zwei Häkchen. Die einzelnen Beinpaare sind mit Stacheln, Sporen und Anhängseln versehen und können sich in der Ausbildung unterscheiden. So sind zum Beispiel die Vorderbeine der Flecken- und Augenfalter stark reduziert und dienen nicht zum Kriechen. Zünsler und Federgeistchen wiederum besitzen sehr lange Hinterbeine. Die stärkste Reduktion der Beine erfolgte bei den Weibchen einiger Sackträger, die ihren Sack überhaupt nicht verlassen und die Beine, die manchmal auch völlig fehlen, zur Fortbewegung nicht benutzen.
Der Hinterleib ist walzenförmig und setzt sich aus 10 Gliedern zusammen. Die ersten 7–8 Glieder stimmen

Bild 18. Die farbigen Schuppen auf den Flügeln überdecken sich wie Dachziegel.

in Form und innerem Aufbau überein. Die letzten zwei (bei den Männchen) oder drei Glieder (bei den Weibchen) haben sich zu den äußeren Kopulationsorganen umgewandelt, und ihre Form weicht von den vorderen Gliedern vollkommen ab. Im Inneren des Hinterleibs befinden sich die Muskulatur (an den Wandungen), die Verdauungsröhre (auf der Rückenseite), ein Nervenband (auf der Bauchseite), Drüsen und die inneren Kopulationsorgane (bei den Männchen die Hoden mit Spermien, bei den Weibchen die Eierstöcke mit Eiern). Das Innere wird außerdem von einem Fettkörper ausgefüllt (vor allem bei Arten, die keine Nahrung aufnehmen) und ist vollkommen vom Netz der Atemröhrchen (Tracheen), die Sauerstoff heranführen, durchwoben. Die äußeren Geschlechtsorgane, die in das letzte, ringförmig ausgebildete Hinterleibsglied eingelagert sind, kommen während der Kopulation als mechanische Apparatur zur Geltung. Ihre Ausbildung ist verschiedenartig. Sie sind so spezifisch, daß wir nach ihnen die meisten Schmetterlingsarten bestimmen könnten, ohne auch nur die Flügelfärbung gesehen zu haben.

Der männliche Kopulationsapparat ist kompliziert und sehr variabel. Die Valvae, mit denen das Männchen das Weibchen packt und festhält, können wir uns als Zange vorstellen. Andere auffallende Gebilde sind der unpaarige Uncus auf der Rücken- und der Saccus auf der Bauchseite. All das sind verwandelte Sklerite des letzten Hinterleibsgliedes. Zwischen ihnen verläuft der Penis oder Aedeagus, eine mit den Hoden verbundene Röhre. Der Penis ist ein ausgesteiftes (sklerotisiertes) walzenförmiges Gebilde, das auf der Oberfläche manchmal Zähne und im Inneren zahnartige und dornige, oft bündelförmig angeordnete Auswüchse hat. Daneben gibt es noch zahlreiche weitere Chitinstrukturen. All diese Gebilde sind für die einzelnen Arten charakteristisch.

Bei den Weibchen ist der größte Teil

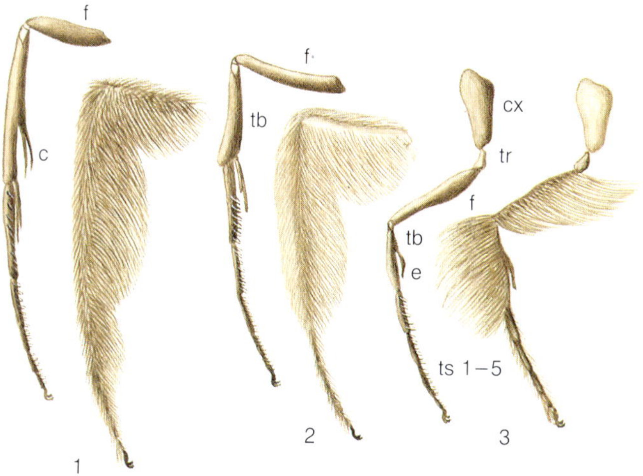

Bild 19. Die Beine der Schmetterlinge (jeweils ohne Haare und mit Haaren). **1.** Hinterbeine, **2.** Mittelbeine, **3.** Vorderbeine. **cx** Hüfte (Coxa), **tr** Schenkelring (Trochanter), **f** Schenkel (Femur), **tb** Schiene (Tibia), **ts** 1. bis 5. Glied des Fußes (Tarsus), **u** Praetarsus mit Kralle (Unguis), **c** Sporen (Calcaria), **e** Anhängsel (Epiphysis), das zur Reinigung der Fühler dient. Bei einigen Familien sind die Vorderbeine zu Putz- und Sinnesorganen umgebildet.

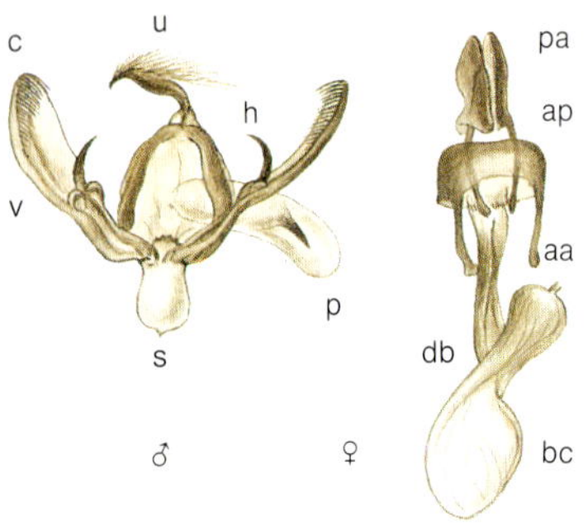

Bild 20. Geschlechtsorgan des Männchens (links) und des Weibchens (rechts) einer Eule: **v** Valva, **u** Uncus, **s** Saccus, **c** Corona, **h** Harpe, **p** Penis (Aedeagus), **db** Gang der Bursa (Ductus bursae), **aa** vordere Apophysen, **ap** hintere Apophysen, **bc** Bursa copulatrix, **pa** Analpapillen (Papillae anales).

des Geschlechtsapparates im Hinterleib verborgen. An der Oberfläche sind nur die Mündung der Geschlechtsröhre und die Analklappe zu sehen. Der auffallendste Teil des Organs ist die sogenannte Bursa copulatrix, ein häutiger Sack, in dem sich die Behälter mit den Spermien, die Spermatophoren, die von den Männchen übergeben werden, sammeln. Sie sind die Spermienreserve für die Befruchtung der Eier, die sich nacheinander in den Eierstöcken bilden.
Die männlichen und weiblichen Geschlechtsorgane bilden ein spezifisches System, das die Kopulation mit fremden Arten verhindert, ungefähr so, wie sich ein Türschloß nicht mit dem falschen Schlüssel öffnen läßt. Die Bedeutung der Kopulationsorgane ist für die Systematik und Taxonomie so groß, daß ihre Morphologie (die Lehre von der Gestalt) detailliert durchgearbeitet wurde und bei allen Schmetterlingen bekannt ist. Bei der Beschreibung neuer Arten, bei der Suche verwandtschaftlicher Beziehungen zwischen den Schmetterlingen und bei der zuverlässigen Bestimmung vieler Arten kommt man nicht ohne Hilfe dieser Fachdisziplin aus.

Das Ei

Das Ei ist in eine feste Hülle, das Chorion, eingeschlossen und enthält vor allem Nährstoffe (Dotter), die für die Entwicklung des Embryos benötigt werden. Das Chorion hat verschiedenste Formen und eine reiche Struktur. An einer bestimmten Stelle befinden sich die Mikropyle, eine Öffnung oder eine Gruppe von Öffnungen, durch die die Spermien zur weiblichen Keimzelle vordringen.
Die Schmetterlingseier sind meistens kugel- oder halbkugelförmig und sitzen mit der Basis auf der Unterlage auf. Wir finden aber auch schlanke, stehende Eier von zylindrischer, kegel- oder spindelförmiger Gestalt (zum Beispiel bei den Tagfaltern), oder niedrige, brotlaib- oder schuppenartige Eier, die an die Schalen von Meeresweichtieren erinnern. Diese sind beispielsweise für einige Eulen und Wickler typisch. All diese Eier haben einen kreisförmigen Grundriß. Viele Eier sind unregelmäßig, kantig und mit Auswüchsen oder Vertiefungen und Grübchen an der Oberfläche versehen. Sehr oft schmücken senkrecht verlaufende Rippen die Eier. Sie verlaufen gerade oder zickzackförmig, manchmal verzweigen sie sich. Gerippte Eier sind charakteristisch für die Eulen und einige Tagfalter, wie beispielsweise für die Flecken- und Augenfalter oder Weißlinge. Andere Eier sind fein gekörnt, wobei sich die Struktur als matter Überzug zeigt und erst bei einer stärkeren Vergrößerung unter dem Mikroskop erkennbar ist. In Richtung zur Mikropyle hin ändert

Bild 21. Ein Eierhäufchen der Hausmutter (*Noctua pronuba*).

sich die Struktur gewöhnlich, und in ihrer Nähe befindet sich eine Rosette aus blattförmigen Gebilden, die offensichtlich die Bewegung der Spermien zur Öffnung der Mikropyle hin ausrichtet. Die Struktur der Eier einiger Arten ist überhaupt nicht sichtbar, denn sie sind mit einer erstarrten, glasartigen Masse, mit Schaum oder Borsten, die vom Hinterleib des Weibchens stammen, bedeckt.

Die Eier sind nach der Ablage meistens weißlichgelb und weich. Nach kurzer Zeit erstarrt das Chorion und die Eier erhalten ihre Grundfärbung. Sie sind hellgelb, gelborange oder auch grau, hellgrün, braunrot oder schwarz. Die Färbung der Eier bleibt manchmal die ganze Entwicklungszeit hindurch unverändert, manchmal verwandelt sie sich entsprechend der Embryonalentwicklung. Am Ende der Embryonalentwicklung scheinen gewöhnlich die kleinen Raupen durch die Schale, vor allem wenn sie dunkel gefärbt sind.

Die Weibchen legen ihre Eier einzeln, in kleinen Gruppen von zwei bis zehn Stück oder in großen Gelegen ab, die mehrere tausend enthalten können. Reiche Gelege finden wir zum Beispiel bei den Weibchen der Bärenspinner, Trägspinner, Glucken und vieler Eulenfalter. Die Gelege können einschichtig, oft schön in Reihen oder dachziegelartig geordnet oder aber mehrschichtig ohne erkennbare Ordnung angebracht sein. Um die Eier vor Feinden zu schützen, schiebt sie

Bild 22. Einzeln gelegte Eier der Kupferglucke (*Gastropacha quercifolia*).

Bild 23. Verschiedene Formen der Schmetterlingseier.

Bild 24. Mikropylarzone des Schmetterlingseis mit der Rosette und Mikropylaröffnung.

das Weibchen manchmal mit dem schmalen Hinterleibsende in Rindenrisse, unter die Blattscheiden, in die Rosetten von Blättern, hinter Knospen und in leere Samenkapseln trockener Pflanzen. Oder es überdeckt das Gelege mit Borsten vom Hinterleib oder einem erstarrenden Sekret. Auf ungewöhnliche Weise legen die Wurzelbohrer ihre Eier ab. Ihre Weibchen besitzen keine Drüsen, um ein Sekret abzuscheiden, das die Eier an der Unterlage festklebt. Sie lassen die Eier während des Flugs frei ins Gras fallen. Diese Eier rollen auf einer Schale wie Mohnkörner durcheinander. Bei Arten, deren Raupen auf den oberirdischen Teilen der Pflanzen leben, würden hierbei erhebliche Verluste eintreten. Die Raupen der Wurzelbohrer aber kriechen nach dem Schlüpfen in den Boden und ernähren sich hier von den Wurzeln verschiedener Pflanzen.

Von den äußeren Einflüssen spielt bei der Entwicklung der Eier die Temperatur die größte Rolle. Temperatur-

Bild 26. Eigelege in zwei Schichten (*Mamestra suasa*).

Bild 25. Verschiedene Gelegetypen der Schmetterlingseier.

Bild 27. Eigelege des Schwammspinnerweibchens (sog. Eispiegel) mit Hinterleibshaaren bedeckt (als Filztupfen sichtbar).

schwankungen von einigen Graden können die Entwicklung wesentlich beschleunigen oder um ein Vielfaches verlangsamen. Das Gelege erfordert einen bestimmten Grad von Feuchtigkeit; völlige Trockenheit verträgt es meistens nicht, zu starke Nässe jedoch ist auch schädlich.

Die Raupe

Die Raupe stellt in der Entwicklung des Schmetterlings das aktive Freß- und Wachstumsstadium dar. Ihr Körper ist meistens walzenförmig und wurmartig, manchmal flach oder spindelförmig. Er besteht immer aus dem Kopf und 13 Gliedern, von denen die ersten drei die Brust, die übrigen zehn den Hinterleib bilden.
Der Kopf wird von einer festen Kapsel gebildet, die zwei verwachsenen Halbkugeln ähnelt. Zwischen diesen befindet sich vorn eine dreieckige Stirn und oben der Scheitel. An den Seiten des Kopfes sind hufeisenförmig je sechs einfache Augen angebracht, die manchmal so engstehen, daß sie eine Art vereinfachtes zusammengesetztes Auge bilden. Sie können auch sekundär verschwinden. Vor den Augen befindet sich ein drei- bis viergliedriges Fühlerpaar, das sich in einem runden Ausschnitt der Kopfkapsel bewegt. Das mächtigste Organ des Kopfes sind die Mundwerkzeuge. Sie bestehen aus zwei großen, löffelförmigen Kiefern (Mandibulae), die am Rand meistens mehrere zahnartige Vorsprünge tragen. Man könnte ihre Form mit dem Greifer eines Baggers vergleichen. Oben werden die

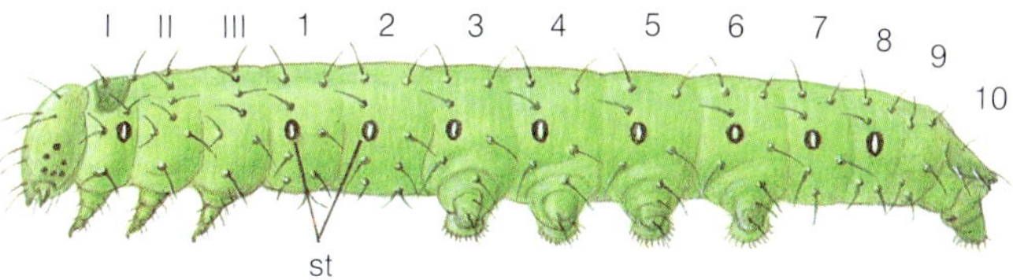

Bild 28. Raupe und Hauptteile ihres Körpers: I bis III: Brustglieder mit den Thorakalbeinen, dem Nackenschild und einer Atmungsöffnung an der Vorderbrust. 1 bis 10: Glieder des Hinterleibs mit den Bauchfüßen und Atmungsöffnungen (**st** Stigmata).

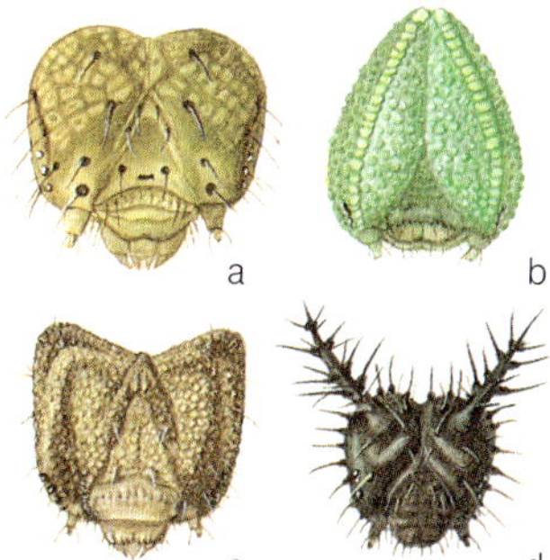

Bild 29. Beispiele der Raupenköpfe: **a** Einfacher Kopf der Raupe eines Eulenfalters, **b** Abendpfauenauge (*Sphingidae*), **c** Birkenspanner (*Geometridae*), **d** Landkärtchen (*Nymphalidae*).

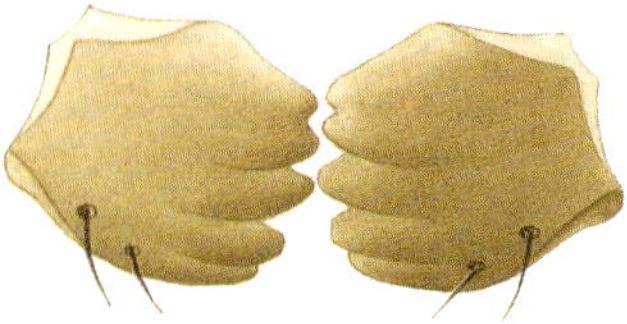

Bild 30. Das Kauwerk der Gammaeulenraupe erinnert an den Löffel eines Baggers.

Kiefer von der Oberlippe (Labrum) bedeckt, unter der sich die Unterlippe (Labium) mit einem unauffälligen Paar Lippentaster (Palpi lapiales) befindet. Weit deutlicher ist die Spinnröhre, ein spezifisches Raupenorgan, das bei den anderen Entwicklungsstadien nicht existiert. Sie mündet in der Spinndrüse, die eine an der Luft schnell erstarrende Flüssigkeit produziert. Mit Hilfe der Spinnröhre spinnen die Raupen einen Seidenfaden oder verkleben beim Nest- oder Kokonbau mit der ausgeschiedenen Flüssigkeit Blattschnipsel, Holzspäne, Erdklumpen und anderes Material. Während bei den Imagines das zweite Kieferpaar (Maxillae) stark reduziert ist, tritt es bei den Raupen als mächtige Kiefertaster auf (Palpi maxillares). Dieses Organ packt die Nahrung so, daß sie von den Kiefern verarbeitet und in den Schlund transportiert werden kann.
An jedem Brustglied befindet sich ein Paar gliedriger Beine, die sich aus ähnlichen Teilen zusammensetzen wie die Beine der Imagines. Sie sind jedoch einfacher gebaut. Die Brust-

Bild 31. Thorakalbein (links) und Bauchfuß (rechts) der Raupe: **f** Schenkel (Femur), **tb** Schiene (Tibia), **ts** Fuß (Tarsus).

beine fehlen bei den Raupen nur ausnahmsweise. Außerdem können wir an der Brust noch ein Paar Atemöffnungen und bei manchen Raupen an der Bauch- oder Rückenseite ausstülpbare Halsdrüsen sehen. Letztere sind bei den Raupen der Ritter besonders interessant, wo sie die Form doppelter Körner haben.
An den Seiten des Hinterleibs befinden sich weitere acht Paar Atemöffnungen. Sie fehlen nur am 9. und 10. Glied. Die Beine des Hinterleibs, die sogenannten Bauchbeine, sind weich und muskulös und im Unterschied zu den Brustbeinen nicht gliedrig. Ihr Fuß trägt eine größere Anzahl von Häkchen, die regelmäßig in Reihen hufeisen- oder kreisförmig angeordnet sind. Die Zahl der Bauchbeine ist bei den einzelnen Familien der Schmetterlinge verschieden, kann sich aber bis zu einem bestimmten Maße auch während des Wachstums der Raupen ändern. So besitzen beispielsweise die Raupen der 1. Entwicklungsphase oft weniger Beine als die erwachseneren Exemplare. Meistens haben die ausgewachsenen Raupen fünf Paar Bauchbeine, die sich am 3., 4., 5., 6. und 10. Glied des Hinterleibs befinden. Die ersten vier Paare ähneln einander sehr, die Beine am 10. Glied, sie werden Nachschieber genannt, sind funktionell abgewandelt. Sie sind für die Kriechbewegung am wichtigsten und deshalb auch am mächtigsten ausgebildet. Das heißt jedoch nicht, daß es nicht auch Ausnahmen gibt: Die Nachschieber können in Auswüchse verwandelt sein, die mit der Fortbewegung überhaupt nichts mehr zu tun haben. Die Funktion des wichtigsten Beinpaars wird dann von den Beinen am 6. Glied übernommen, wie wir es bei den Zahnspinnern sehen. Die Zahl der Bauchbeine ist oft reduziert. So fehlen beispielsweise bei den Ordensbändern die Beine des 3. Hinterleibsgliedes und sind am 4. Glied so verkürzt, daß sie die Raupe fast nicht zum Kriechen verwendet. Andere Eulenfalter, zum Beispiel aus der Unterfamilie *Plusiinae*, haben gewöhnlich nur am 5., 6. und 10. Glied Beine und bilden eine Art Übergang zu den Spannern, die meistens nur am 6. und 10. Glied Beine tragen. Die bekannte Spannerbewegung ist Folge dieser

Reduktion. Bei einigen Raupen (z. B. der primitiven Familie der Trugmotten *Eriocraniidae*) fehlen die Bauchbeine völlig. Die Raupen kriechen so, daß die Bewegung immer am Hinterleibsende beginnt und die Nachschieber sich ein Stück vorlagern. Diese Bewegungswelle setzt sich dann von hinten nach vorn über die einzelnen Beinpaare fort. Die Haut der Raupe kann mit Auswüchsen, Stacheln und Warzen bedeckt sein, sie ist kahl oder behaart. Doch auch die scheinbar nackten Raupen tragen auf dem Körper feine Wimpern. Die Anordnung der Wimpern (die sogenannte Chaetotaxie) ist so feststehend und gesetzmäßig, daß sie ein wichtiges taxono-

Bild 32. Verschiedene Raupentypen: **a** Augenfalter (*Satyridae*), **b, c, d** Eulen (*Noctuidae*), **e** Schwärmer (*Sphingidae*), **f, g** Eulen (*Noctuidae Apatelinae*), **h** Glucken (*Lasiocampidae*), **i** Edelfalter (*Nymphalidae*), **j** Bärenspinner (*Arctiidae*).

Bild 33. Raupe des Großen Frostspanners (*Geometridae*).

Bild 34. Farbänderungen der Raupe des Kleinen Nachtpfauenauges im Laufe ihrer Entwicklung.

misches Merkmal darstellt, nach dem die Raupe oft bis zur Art hin bestimmt werden kann. Diese lockere, sogenannte primäre Behaarung wird bei den borstigen Raupen von vielen Sekundärborsten maskiert. Diese wachsen entweder aus großen Warzen hervor, oder es sind vergrößerte Hautstacheln.

In der Zeichnung und Färbung der Raupen treffen wir eine unerschöpfliche Vielfalt an. Trotzdem ist auch die am kompliziertesten gefärbte Raupe nach bestimmten Gesetzmäßigkeiten gezeichnet.

Die Größe der Raupen hängt von der entsprechenden Schmetterlingsart ab. Die ausgewachsenen, minierenden Raupen der kleinsten Schmetterlinge sind nicht größer als 4 mm. Die riesigen Raupen der tropischen Nachtfalterarten erreichen dagegen Längen bis zu 15 cm und sind 2–3 cm dick. Von den europäischen Schmetterlingen haben die Augenspinner, Schwärmer und Glucken die größten, 8–10 cm langen Raupen. Die ausgewachsenen Raupen der meisten europäischen Bärenspinner, Eulen und Zahnspinner sind 30 bis 70 mm, die der größeren Tagfalter 20 bis 40 mm lang. Dünne und lange Raupen finden wir bei den Spannern, kurze und dicke bei den Widderchen, kurze und flache bei den Zipfelfaltern und Bläulingen.

Bild 35. Raupe des Buchenspinners (*Notodontidae*).

Die meisten Raupen sind Pflanzenfresser und verzehren sprießende Teile der Pflanzen, grüne Blätter, Blüten, Früchte und Knospen. Die Raupen der Holzbohrer und Glasflügler nagen Gänge in Baumstämme, in Äste von Sträuchern und in Pflanzenwurzeln. Viele Raupen leben auch auf abgestorbenem Pflanzensubstrat. Zu den Familien Echte Motten *(Tincidae)* und Zünsler *(Pyralidae)* gehören Arten, die sich auf Stoffe tierischer Herkunft spezialisiert haben. Ihre Raupen leben in der Natur vom Fell und den Hornteilen der Tiere und vom Gefieder der Vögel. Wir finden sie in Vogelnestern, in den Höhlen von Säugetieren oder auf toten Tieren. Am besten gedeihen sie jedoch in Lagern, die Produkte tierischer Herkunft enthalten, und in menschlichen Behausungen. Andere Raupen ernähren sich von Bienenwachs und sind in den Bienenstöcken unangenehme Schädlinge.

Eine für Schmetterlinge ungewöhnliche Lebensweise führen die Raupen einiger Gattungen der Zünsler. Sie leben unter der Wasseroberfläche auf Wasserpflanzen und nehmen den Sauerstoff aus dem Wasser mit Hilfe einer Luftschicht auf, die ihren Körper umgibt. Eine Ausnahme bilden die Raupen des Wasseraloe-Zünslers *(Paraponyx stratiotata)*. Ihre Atmungsorgane, die Tracheen, sind aus dem Körper ausgestülpt und in Kiemen verwandelt, die den Sauerstoff direkt aus dem Wasser entnehmen.

Wenn auch selten, gibt es bei den Schmetterlingen doch auch räuberische Raupen, die sich von anderen Tieren, auch anderen Raupen, ernähren. Die Raupen der Satellit-Eule *(Eupsilia transversa)* sind häufige Feinde kleiner Raupen. Wir finden sie oft in den Kokons von Wicklern und Zünslern.

wächse, die Raupen des Pfauenauges auf Brennesseln und Hopfen. Manchmal wird die Oligophagie vom Milieu begrenzt. So wurden die Raupen der Rohrkolbeneule *(Arthanara sparganii)* auf Rohrkolben, Igelkolben und Wasserschwertlilie, also auf verschiedenen Sumpfpflanzen gefunden. Wir können zwischen Polyphagie und Oligophagie nur schwer eine scharfe Grenze ziehen. Beide Typen gehen ineinander über. Es gibt Raupen, die normalerweise nur auf einer beschränkten Zahl von Pflanzenarten leben, im Notfall aber, z. B. bei Übervermehrung, ihr Nahrungssortiment erheblich erweitern können.

Bild 36. Raupe des Totenkopfes (*Sphingidae*).

Die einzelnen Raupenarten nehmen verschiedenste Nahrung auf. Die Polyphagen unter den Raupen können auf vielen Pflanzenarten der verschiedensten Familien leben und gedeihen auf allen gut. Die Raupen der Gammaeule wurden auf mehr als 220 Pflanzenarten aus 51 Familien beobachtet. Besonders wenig wählerisch sind die Raupen, die sich von Pflanzenwurzeln ernähren oder im Holz nagen.

Oligophagen sind spezialisierter. Sie ernähren sich höchstens von einigen Pflanzenarten, die der gleichen Familie angehören. So leben zum Beispiel die Raupen des Wolfsmilchschwärmers auf verschiedenen Wolfsmilcharten, die des Totenkopfs auf einigen Arten der Familie Nachtschattenge-

Am weitgehendsten spezialisiert ist die Gruppe der Monophagen. Sie können sich nur von einer einzigen Pflanzenart, manchmal sogar nur von einem bestimmten Pflanzenteil, der Blüte oder der Frucht, ernähren. Monophagie ist, wie jede strenge Spezialisierung, für die Art riskant, denn beim Untergang der Pflanzenart ist auch das Schicksal der an sie gebundenen Schmetterlingsart besiegelt. Bei den Schmetterlingen kommt am häufigsten die Oligophagie vor.

Die Qualität der Nahrung beeinflußt

Bild 37. Raupe des Fichtenträgspinners (*Lymantriidae*).

Bild 38. Die ruhende Raupe des Holunderspanners (*Geometridae*) ähnelt einem kleinen Zweig.

die Entwicklung der Raupen und die Fruchtbarkeit der Imagines. Die Nahrungsqualität wird erheblich von der Entwicklung der Pflanze während der Vegetationsperiode beeinflußt, dem Reifen, Absterben oder der Anlage von Reservestoffen. Die Auswahl der geeigneten Nahrung wird meistens schon vom Weibchen getroffen, das befähigt ist, bestimmte Pflanzenarten für die Eiablage aufzufinden.

Die blattfressenden Raupen verhalten sich unterschiedlich. Manche von ihnen benagen die Blätter immer von der Seite her, andere beginnen in der Mitte und fressen zwischen Blattrippen Löcher und Fenster. Junge Raupen durchlöchern die Blätter gewöhnlich nicht ganz, sondern lassen an der Blattoberfläche die durchsichtige Haut unbeschädigt. Auch die Blüten und Samenbehälter der Pflanzen dienen den Raupen vieler Eulen, Wickler und Spanner als Nahrung. Manche Raupen sind durch ihre Färbung der Umgebung angepaßt, in der sie leben, und wir müssen ein sehr geübtes Auge haben, um sie zu entdekken. So leben beispielsweise die Raupen der kleinen Spanner der Gattung *Eupithecia* sehr oft in Blüten. Solange sie sich nicht bewegen, können wir sie nur schwer vom Stempel unterscheiden. Wir tragen sie oft mit Blumen nach Hause. Die Raupen verraten sich dann durch den feinen Kot, der neben der Vase auf das Tischtuch fällt.

Die Raupen der Familien der Sackträger, Sackmotten und Langhornmotten *(Psychidae, Coleophoridae* und *Adelidae)* leben in Säcken, die sie mit sich umhertragen. Manchmal ist der Sack völlig aus Fasern gesponnen oder aus einer glänzenden, pergamentartigen Masse hergestellt, manchmal besteht er aus Blattschnipseln oder Strohstückchen. Einige Raupen der Sackmotten verwandeln ein ausgenagtes Blattstück, das sie allmählich mit den Kiefern lösen, zu einer Hülle. Die Raupe verläßt den Sack niemals, erweitert ihn aber durch das Hinzufügen neuer Teile. Während des Fressens schiebt sie nur den Vorderkörper aus der Sacköffnung, um die Nahrung zu erreichen. Wenn sie herangewachsen ist, spinnt sie den Sack mit der Öffnung

Bild 39. Säcke der Sackträgerraupen (*Psychidae*).

Bild 40. Säcke der Futteralmottenraupen (*Coleophoridae*).

an ein Blatt oder eine andere Unterlage, dreht sich gewöhnlich mit dem Kopf zum anderen Ende des Sacks, an dem sich Klappen zur Kotabscheidung befinden, und verpuppt sich. Die Weibchen einiger Sackträger verbleiben im Sack, werden hier befruchtet und legen in diesem auch ih-

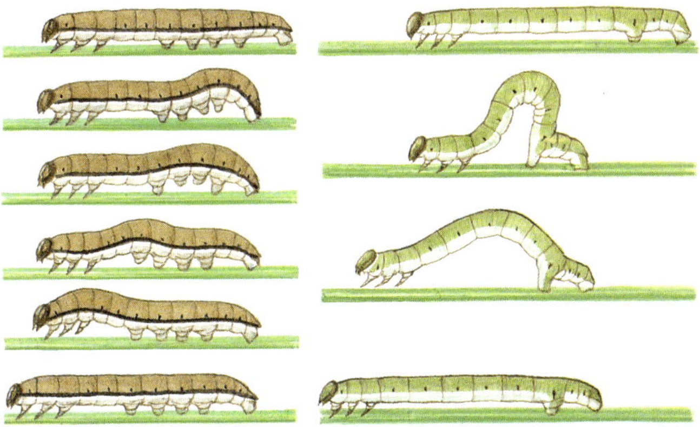

Bild 41. Schema der Bewegung einer Raupe. Links: Eulenraupe, rechts: Spannerraupe.

re Eier ab. Erst die Raupen kriechen heraus. Die Form und das Material, aus dem die Säcke angefertigt werden, sind für jede Art sehr charakteristisch, und wenn wir auch die Wirtspflanze kennen, können wir schon nach der Raupe die Schmetterlingsart genau bestimmen.

Außerordentlich interessant ist das Leben der Raupen bei den kleinsten Schmetterlingen, deren Flügelspannweite nur 4–8 mm beträgt. Zu ihnen gehört die artenreiche Familie der Zwergmotten *(Nepticulidae).* Die Raupen dieser Falter sind so klein, daß sie in Knospen oder öfter noch in Blättern leben können, in denen sie Gänge und Kammern, sogenannte Minen, ausfressen. Betrachten wir den Querschnitt eines dünnen Blatts unter dem Mikroskop, sehen wir mehrere Zellschichten. An der Ober- und Unterseite des Blatts ist eine zarte Oberhaut, die Epidermis, die aus einer Zellschicht besteht. Zwischen beiden Hautschichten befindet sich grünes Gewebe, das den Raupen als Nahrung dient. Die Raupen fressen die einzelnen Zellen; sie hinterlassen

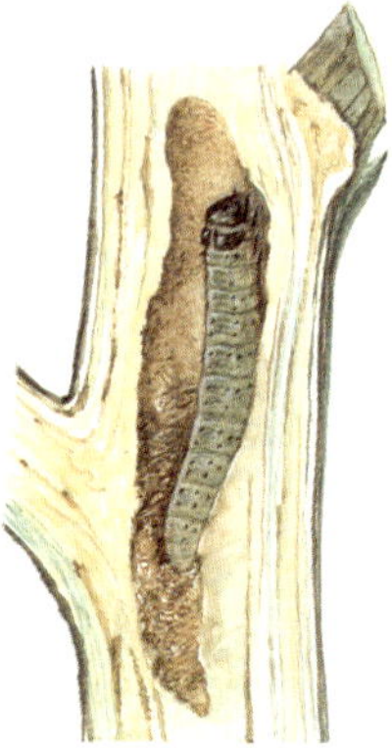

Bild 42. Manche Raupen leben im Inneren von Stengeln, Ästen, Knollen, Früchten (Endophagie).

beim Fressen Gänge, die sogenannten „Minen" (daher auch der Name „Minierer"). Die Raupe frißt mit dem Kopf voran, im dahinterliegenden Hohlraum lagert sie Kot ab. Die Minen bilden auf den Blättern verschiedene Ornamente. Manchmal erfolgt der Fraß nur in der Nähe einer der beiden Epidermisschichten (meistens an der Blattunterseite), die geschwächte Schicht wird mit Fasern zusammengezogen, wodurch sich die gegenüberliegende Seite auswölbt. Die meisten Minen, ob nun gangartig oder flächig angelegt, sind für die einzelnen Schmetterlingsarten so typisch, daß wir diese danach bestimmen können, ohne überhaupt einen Falter oder eine Raupe gesehen zu haben. Der Gang der gleichen Art beginnt gewöhnlich an der gleichen Stelle des Blatts, bildet ähnliche Krümmungen oder Wellenlinien, und auch der Kot ist in den Minen auf die gleiche Weise abgelegt. Auch die ausgewachsenen Raupen der entsprechenden Arten verhalten sich immer gleich. Einige Arten verlassen die Minen und verpuppen sich im Boden, andere an der Blattoberfläche, wieder andere verpuppen sich direkt in der Mine, in einer versponnenen Kammer, die erst der geschlüpfte Falter verläßt.

Die Raupen leben meistens solitär und bemühen sich, größtmöglichen Abstand voneinander zu erreichen. Sie reagieren auf die Anwesenheit von Nachbarn unwirsch, und sollten notwendigerweise viele von ihnen auf beschränktem Raum zusammentreffen (zum Beispiel bei Übervermehrung oder in Zuchten), tritt manchmal Kannibalismus auf. Legt das Weib-

Bild 43. Raupe des Nagelflecks (*Saturniidae*). Beispiel für Änderungen der Raupenform im Laufe der Entwicklung.

chen viele Eier in einer Gruppe ab, heißt das noch nicht, daß die Raupen zusammen leben werden. So kriechen beispielsweise die Raupen der meisten Bärenspinner, Eulen und Spanner, wenn die Weibchen ihre Eier in Gruppen abgelegt haben, nach dem Schlüpfen auseinander und leben solitär. Einige Arten sind sogar

Bild 44. Raupe des Wolfsmilchschwärmers (*Sphingidae*) beim Fraß.

mit Vorrichtungen versehen, die es ermöglichen, sich weit voneinander zu entfernen. Die kleinen Raupen des Schwammspinners besitzen zum Beispiel sehr lange Borsten, mit deren Hilfe sie vom Wind weggetragen werden können.

Demgegenüber verbringen die Raupen einiger Glucken, Trägspinner, Fleckenfalter und anderer Gruppen lange Zeit, gegebenenfalls sogar ihr ganzes Leben gesellig. Die Mondvogelraupen befressen gemeinsam, schön eine neben die andere gereiht, zuerst ein Blatt und später den ganzen Zweig einer Linde, Haselnuß oder Birke. Ähnlich verhalten sich die Raupen des Trauermantels, des Großen Fuchses, Kleinen Fuchses und anderer. Sie trennen sich erst während der letzten Entwicklungsphase, wenn sie mehr Nahrung benötigen, oder sogar erst vor dem Verpuppen.

Bild 45. Gruppenfraß junger Raupen des Mondvogels (*Notodontidae*).

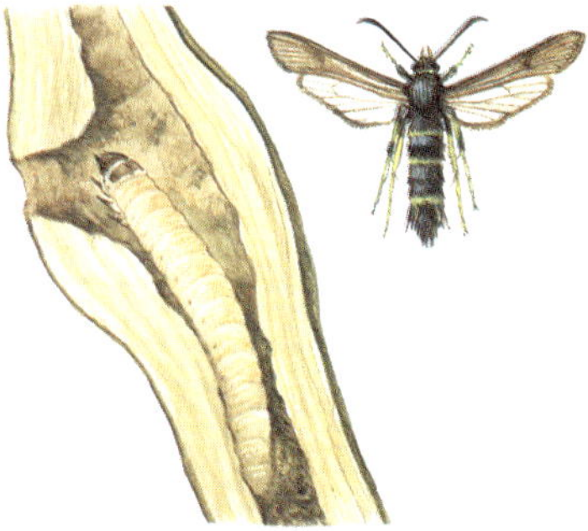

Bild 46. Beispiel einer im Holz bohrenden Raupe und die daraus geschlüpfte Imago des Bremsenschwärmers (*Paranthrene tabaniforme*).

Bild 47. Viele Raupen leben in der Streu und ernähren sich von welkenden und trockenen Pflanzen und abgefallenem Laub. Ein Beispiel dafür ist *Idia calvaria*.

Bild 48. Die Raupen des Bärenspinners der Gattung *Eilema* fressen an Flechten.

Gesellig lebende Raupen spinnen sich aus Fasern oft ein Nest. So ist zum Beispiel das graue, birnenförmige Nest des Wollafters, das aus dichten Fasern gesponnen ist, auf dem befallenen Baum schon von weitem erkennbar. Es ist mit einigen Dutzend großer schwarzer Raupen und deren Kot belastet und kann durch sein Gewicht dünnere Zweige so umbiegen, daß sie aus der Baumkrone oder dem Gebüsch hervorstehen. Von diesem Nest aus führen Fasern und Seidenfäden in die Baumkrone, die dazu dienen, die Raupen zum Nest zurückzuführen, wenn sie in den Zweigen die tägliche Nahrungsaufnahme beendet haben. Das Nest bietet den Raupen Unterschlupf vor Feinden und ungünstigem Wetter. Es ist so fest, daß es nicht leicht ist, hineinzugelangen, und wenn die Raupen auf seiner Oberfläche ruhen, werden sie vor dem Angriff von Vögeln durch kaum sichtbare Fäden geschützt, die zwischen den Zweigen aufgespannt sind. Bei Einbruch kälterer Witterung kriechen die Raupen tiefer in das Nest, in die inneren Schichten hinein, wo sie besser geschützt sind.

Ein ähnliches Nest wie der Wollafter spinnen sich auch die jungen Raupen des Goldafters und des Ringelspinners. Wenn sie heranwachsen, kehren sie nicht mehr in das Nest zurück, das in den bis auf das letzte Blatt kahlgefressenen Ästen hängen bleibt. Die Raupen des Goldafters leben dann in der Baumkrone frei, die des Ringelspinners flechten sich irgendwo in der Gabelung starker Äste ein geräumiges Polster aus grauen Fasern. Dort kriechen sie zusammen, um sich zu häuten und auszuruhen. Bei Sonnenschein versammeln sich hier oft mehrere hundert Raupen. Werden sie aufgeschreckt, schütteln sie heftig und gewöhnlich alle gleichzeitig den vorderen Teil des Körpers. Erfolgt keine weitere Belästigung, beruhigt sich die ganze Gesellschaft wieder. Andernfalls wird die Bewegung einiger Raupen zum Signal für eine Massenflucht: Die Raupen fallen wie Regen zu Boden und suchen im Unterholz unter dem Baum größere Sicherheit. Mit der Zeit kehren sie auf den Baum zurück. Versuche haben gezeigt, daß bei den Raupen einiger Arten die Adaptation an das gesellige Leben sehr tief greift, so daß die Tiere schließlich von der Gruppe abhängig sind. Werden sie aus der Gemeinschaft entfernt, entwickeln sie sich langsamer und sind oft sogar nicht in der Lage, ihre Entwicklung abzuschließen.

Die Raupen der Prozessionsspinner pilgern in langen Reihen von einer Stelle zur anderen, um Nahrung zu suchen. Dabei berührt immer eine Raupe mit dem Kopf den Hinterleib der vorankriechenden. Diese Formation erweitert sich manchmal keilförmig, so daß nach hinten zu immer mehr Raupen nebeneinanderlaufen. Bei der üblichsten europäischen Art

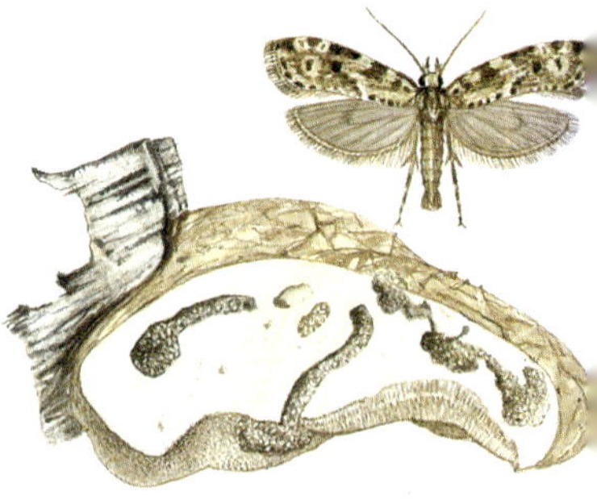

Bild 49. Baumpilze bieten den Raupen verschiedener Mottenarten Nahrung. Hier *Morophaga choragella (Tineidae)*.

wird dieses Verhalten im Artnamen festgehalten – Eichenprozessionsspinner *(Thaumetopoea processionea)*. Es lohnt sich, den Versuch mit einer amerikanischen Art zu erwähnen: Eine lange Reihe von Raupen wurde zu einem geschlossenen Kreis zusammengeführt. Die Raupen pilgerten dann einige Tage bis zur Erschöpfung im Kreis herum. Es ist möglich, diesen Ring an jeder beleibigen Stelle zu unterbrechen. Die Raupen folgen dem Exemplar, das sich gerade an der vordersten Stelle befindet. Daraus ist zu ersehen, daß die Anordnung dieses Kreises instinktiv und unorganisiert erfolgt und keiner Raupe eine führende Rolle vorbestimmt ist.

Die Puppe

Die Puppe der Schmetterlinge ist eine feste, meistens fast völlig kompakte, längliche Hülle, auf der sich undeutlich einige Organe des zukünftigen erwachsenen Falters, wie Flügelscheiden, Fühler und Beine, abzeichnen. Die Puppe ist das Ruhestadium in der Entwicklung. Sie nimmt keine Nahrung auf und kann ihren Standort nicht selbst verändern.

Wir unterscheiden bei den Schmetterlingen drei Grundtypen von Puppen. Am primitivsten ist die freie Puppe (Pupa libera), bei der einige Teile abgegliedert und sogar ein wenig beweglich sind. Dieser Puppentyp ist für die urtümlichen Schmetterlingsfamilien Urmotten *(Micropterigidae)* und Trugmotten *(Eriocraniidae)* charakteristisch.

Der zweite Typ ist die unvollständige Puppe (Pupa incompleta oder semilibera), die ebenfalls bei den primitiven Familien, zum Beispiel bei den Holzbohrern oder Widderchen, auftaucht. Die Flügel und Extremitäten sind frei, aber unbeweglich. Die Zahl der beweglichen Hinterleibsglieder ist reduziert, und die Puppen sind fester als die des ersten Typs.

Am häufigsten und entwicklungsgeschichtlich am weitesten fortgeschritten ist der Typ der vollkommenen oder Mumienpuppe (Pupa obtecta). Sie ist ein fast einheitliches Gebilde mit Andeutungen von Skleriten. Der Hinterleib ist aus Ringen zusammengesetzt und auf der Rückenseite vom 1. Glied an, auf der Bauchseite vom 5. Glied an sichtbar. Die ersten vier Glieder werden von den gestreckten Skleriten der Brust überdeckt. Beweglich sind höchstens das 5. und 6. Hinterleibsglied, manchmal überhaupt keines. Bei einigen Schwärmern ist die Rüsselscheide vergrößert, anderswo bildet sie zusammen mit den Skleriten der Flügel eine Überlappung, die einen Teil des Hin-

Bild 50. Stützende und mit einem Faserbündel umgürtete Puppe des Zitronenfalters (*Pieridae*).

Bild 51. Hängende Puppe des Roten Schneckenfalters (*Nymphalidae*).

Bild 52. Schnitt durch einen Kokon des Eichenspinners (*Lasiocampidae*) mit der Puppe im Inneren.

terleibs überdeckt. Das letzte Hinterleibsglied ist zum sogenannten Kremaster umgebildet. Der Kremaster ist meistens ein wenig langgezogen und mit einer auffallenden Skulptur versehen, die arttypisch ist. Am Ende befinden sich gewöhnlich mehrere Häkchen, die die Puppe in den Fasern des Kokons oder im Gespinst auf der Unterlage verankern sollen.
Während wir bei den Raupen das Geschlecht der einzelnen Exemplare nicht feststellen können, läßt sich an den Öffnungen auf der Bauchseite des 8. und 9. Hinterleibsgliedes der Puppe das Männchen vom Weibchen unterscheiden. Bei Arten mit ausgeprägtem Geschlechtsdimorphismus,

Bild 53 (links). Die Puppe des Schwammspinners (*Lymantriidae*) verbirgt sich oft in einem Riß der Borke.

Bild 54 (rechts). Die Raupen der Eulen (*Noctuidae*) verpuppen sich oft in einer festen Bodenkammer.

das heißt mit Geschlechtsunterschieden in der Körpergröße oder der Fühlerform, erkennen wir das Geschlecht der Puppe auch am gesamten Habitus und an der Form der Sklerite, die die Fühler bedecken.
Die Größe der Puppen schwankt zwischen 2–3 mm bei den kleinsten Schmetterlingen und 60–70 mm Länge bei den mächtigen Puppen der Schwärmer. In der Regel gilt, daß die Puppe so groß ist wie der Körper des zukünftigen Schmetterlings.
Die Färbung der Puppen ist bei den Tagfaltern recht bunt, bei den Nachtfaltern verhältnismäßig einheitlich.
Die Raupen der Tagfalter verpuppen sich frei, das heißt, sie liegen entweder auf dem Boden in einem lockeren

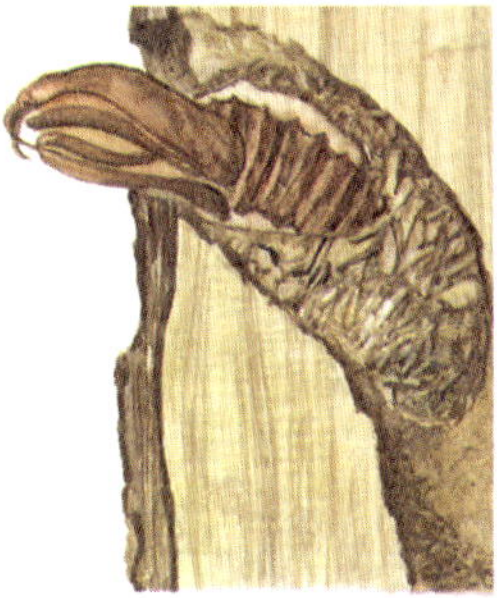

Bild 55. Die Raupe des Weidenbohrers verpuppt sich im Holz.

Gespinst oder verspinnen sich mit dem Hinterleib fest an einer Unterlage – einem Halm, Stengel, Zweig, Stein oder Baumstamm. Die Raupe spinnt aus Fasern ein kleines Polster, das sehr gut an der Unterlage haftet, und klammert sich mit Hilfe der Nachschiebehäkchen daran fest. Die Puppen der Tagfalter hängen entweder am Kremaster kopfüber nach unten, wie einige Flecken- oder Augenfalter, oder sie stehen aufrecht und lehnen sich so auf den Kremaster, wie sich der Specht beim Klettern an den Bäumen auf die Schwanzfedern stützt. Um diese Lage einzuhalten und nicht kopfüber abzustürzen, umgürten sich die Puppen an der Brust mit einem Faserbündel. So verpuppen sich die Ritter, Weißlinge und Gelblinge.
Im Gegensatz hierzu suchen oder schaffen sich die Raupen der Nacht-

Bild 56. Das Blattinnere bietet den winzigen minierenden Raupen (*Gracillariidae*) Raum zur Verpuppung.

falter zum Verpuppen irgendeinen Unterschlupf. Im einfachsten Fall ist das ein Riß in der Borke der Bäume, ein Astloch oder eine Spalte im Gestein. Eine beliebte Stelle zum Verpuppen ist bei vielen Arten der hohle Halm oder Stengel der Nährpflanzen. Die Raupe bildet hier eine Kammer, die sie durch Querwände vom übrigen Raum trennt und schwächt die Stengelwand von innen an einer Stelle so, daß nur die dünne äußere Schicht erhalten bleibt.

Eine ganze Reihe von Raupenarten sucht auf dem Boden oder in der Erde Unterschlupf. Auf der Erdoberfläche befinden sich immer genügend Pflanzenteile, verrottendes Laub und

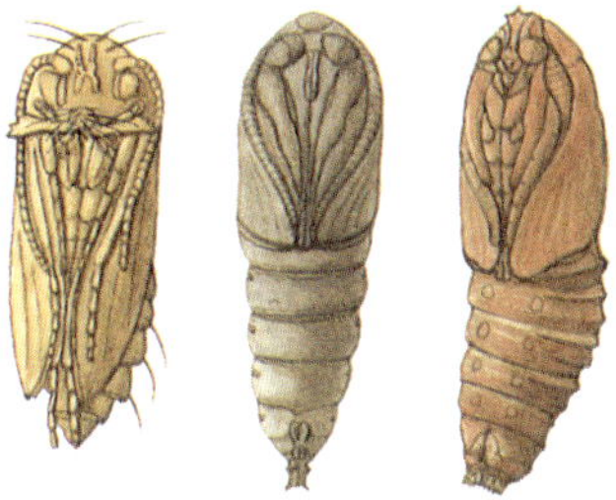

Bild 57. Drei Typen von Schmetterlingspuppen: **1.** (links) – Pupa libera (z. B. *Eriocraniidae*): Fühler, Füße und die Flügelscheiden sind frei, nicht verwachsen, auch die Kauwerkzeuge sind sichtbar. **2.** (rechts) – Pupa semilibera (z. B. *Cossidae*): Die Körperanhängsel sind nicht frei, aber treten stark hervor, der Hinterleib ist sehr beweglich. **3.** (Mitte) – Pupa obtecta (z. B. *Noctuidae*). Die Sklerite treten wenig hervor, der Hinterleib ist wenig oder überhaupt nicht beweglich.

moderndes Holz, also immer geeignetes Material für den Bau einer Puppenkammer. Manchmal geben sich die Raupen damit zufrieden, ein wenig Material mit ein paar Fasern zu verbinden und sich darin zu verpuppen. Dieses „oberflächliche" Verpuppen treffen wir beim Nagelfleck und vielen Spannern und Bärenspinnern, aber auch bei einigen Schwärmern an. Die meisten Raupen der Eulen kriechen tiefer in den Erdboden und bilden dort Kammern mit festen Wänden aus, die sie manchmal mit zartem Gespinst weich auspolstern. Werden diese Kammern ausgegraben, erinnern sie an gewöhnliche Erdklumpen. In großen Erdkammern liegen tief im Boden die Puppen der großen Schwärmer, wie Totenkopf, Liguster- oder Windenschwärmer.

Beachtenswert sind die verschiedenen Typen von Kokons, die sich die Raupen vor dem Verpuppen spinnen. Am vollkommensten sind in dieser Richtung wohl die regelmäßig gesponnenen Kokons der Seidenraupen, der Maulbeerseidenspinner. Man kann sie gegen die Spinnrichtung aufwickeln und den feinen Seidenfaden für die Textilindustrie gewinnen. Die meisten Raupen lagern in die Kokons zwischen die Seidenfasern verschiedene Materialien ein, bei Bären- und Trägspinnern sind dies Blattstückchen oder Körperhaare. Anderswo sind die Fasern so gründlich verklebt, beziehungsweise das Sekret der Spinndrüsen trocknet so langsam, daß die faserige Struktur des Kokons recht undeutlich ist und eine feste Hülle aus glänzender pergamentartiger Masse entsteht. Feste, kompakte Kokons haben die Glucken der Gattung Wollafter *(Eriogaster)*; glasig glänzende, gelbe oder weiße Hüllen schaffen sich die Raupen der Widderchen. Die Glucken der Gattung *Malacosoma* bilden weiche Kokons aus Fasern, denen ein feiner gelber Staub beigemischt ist, den die Raupen beim Spinnen ausscheiden und der die menschliche Haut reizt. All das sind Schutzvorrichtungen der sonst wehrlosen Puppen.

Die festesten Kokons finden wir bei den Arten der Familie Zahnspinner, vor allem bei den Gabelschwänzen der Gattungen *Cerura* und *Harpyia*. Die Raupen mischen das Sekret ihrer Speicheldrüsen mit zerbissenen Blatt-, Holz- oder Borkenstückchen und formen daraus in einer Rindenspalte oder Astgabel eine Kammer mit festen Wänden. Diese Kammer steht in ihrer Widerstandsfähigkeit dem Holz in nichts nach. Sie ähnelt darüber hinaus so vollkommen einem Geschwür oder der Überwallung an der Stelle eines ausgebrochenen Astes, daß man sie, obwohl sie nicht

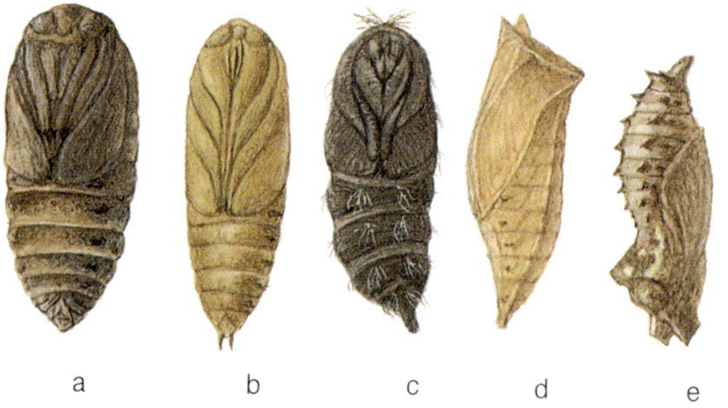

Bild 58. Verschiedene Typen von Schmetterlingspuppen: **a** Nachtpfauenaugen (*Saturniidae*), **b** Eulenfalter (*Noctuidae*), **c** Trägspinner (*Lymantriidae*), **d** Ritter (*Papilionidae*), **e** Fleckenfalter (*Nymphalidae*).

klein ist, nur sehr schwer finden kann.
Für zahlreiche Raupen ist es typisch, daß sie überhaupt keine Kokons oder Kammern bilden, sondern sich viel einfacher verpuppen: Sie rollen sich in eine Blattröhre ein, sichern diese mit einigen Fasern ab und verpuppen sich im Inneren. Manchmal nutzen sie auch die natürliche Lage einiger Blätter und verbinden diese mit Gespinst. Diese Puppen sind nicht sehr gut geschützt und fallen Vögeln oder Raubkäfern leicht zum Opfer. Die lebenden Blätter sichern den Puppen aber durch die ständige Wasserverdunstung ausreichende Feuchtigkeit. Zwischen Blättern verpuppen sich die meisten Wickler und Zünsler, von den auffallenderen Eulen zum Beispiel die Ordensbänder, von den Tagfaltern die Eisvögel.

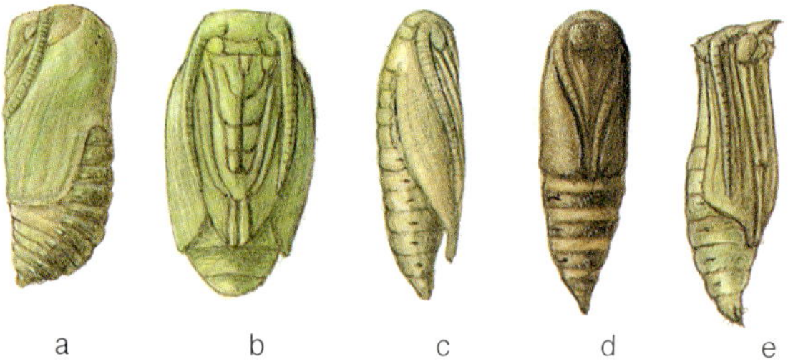

Bild 59. Verschiedene Typen von Schmetterlingspuppen: **a** Bläulinge (*Lycaenidae*), **b** Zwergmotten (*Nepticulidae*), **c** Gespinstmotten (*Yponomeutidae*), **d** Spanner (*Geometridae*), **e** Federgeistchen (*Pterophoridae*).

Der jährliche Entwicklungszyklus

Als Entwicklungszyklus wird die Entwicklung von Imago zu Imago bezeichnet, das heißt die Ausbildung einer Generation. Der Jahreszyklus umfaßt dagegen die Entwicklung, die eine Art beispielsweise von einem Frühjahr zum anderen durchläuft. Hätten alle Schmetterlinge den gleichen Entwicklungszyklus, käme es in einer bestimmten Jahreszeit zu einer solch großen Anhäufung von Schmetterlingen und anderen Insekten und zu solch hohen Anforderungen an die Nahrungsversorgung, daß bei weitem nicht alle Individuen zufriedengestellt werden könnten. Zu einer anderen Zeit würde dann ein nicht verbrauchter Überfluß eintreten. Es ist also im Rahmen des natürlichen Gleichgewichts viel „zweckmäßiger", wenn die aktiven Stadien der einzelnen Arten proportional so über die gesamte Vegetationszeit verteilt auftreten, wie gerade Nahrung vorhanden ist. Der gegenwärtige Zustand ist das Ergebnis eines langfristigen Entwicklungsprozesses der einzelnen Arten, der entweder durch ihre angeborenen Fä-

Bilder 60 bis 64. Die Zimteule (*Scoliopteryx libatrix*) hat zwei Generationen, der erwachsene Schmetterling überwintert. Der Zitronenfalter (*Gonepteryx rhamni*) hat nur eine Generation, die Imago überwintert und macht zudem im Sommer eine Ruheperiode durch. Ei, Raupe und Puppe entwickeln sich sehr schnell. *Amphipyra perflua* und ihr verwandte Arten haben überwinternde Eier, die mehr als ein halbes Jahr liegen. *Noctua interposita* und weitere Vertreter der Gattung *Noctua* haben eine Generation, und die Raupen überwintern. Beim Großen Jungfernkind (*Archiearis parthenias*), genauso wie bei vielen weiteren Arten, deren Raupen die Frühjahrsvegetation nutzen, überwintern die Puppen.

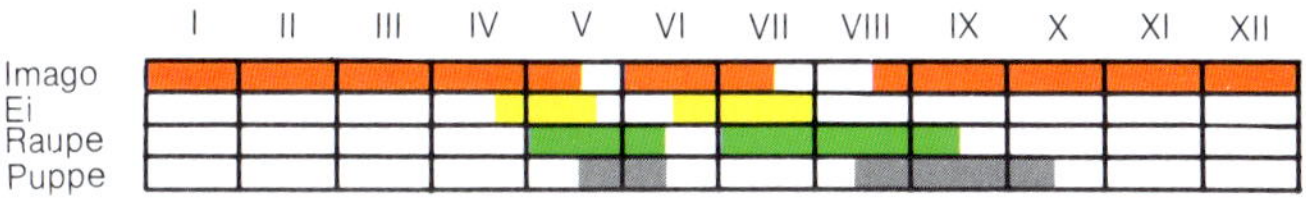

Zimteule

Zitronenfalter

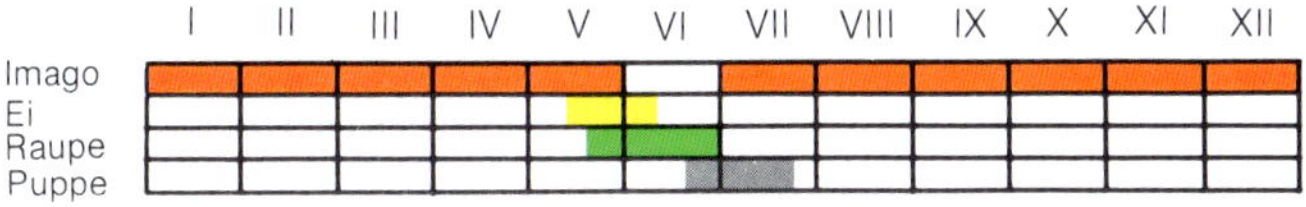

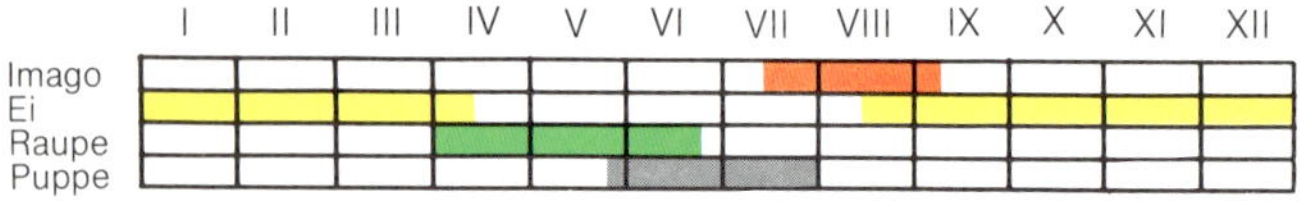

Amphipyra perflua

Noctua interposita

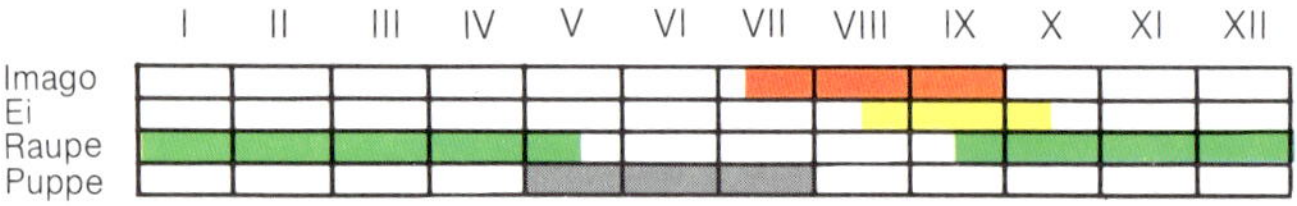

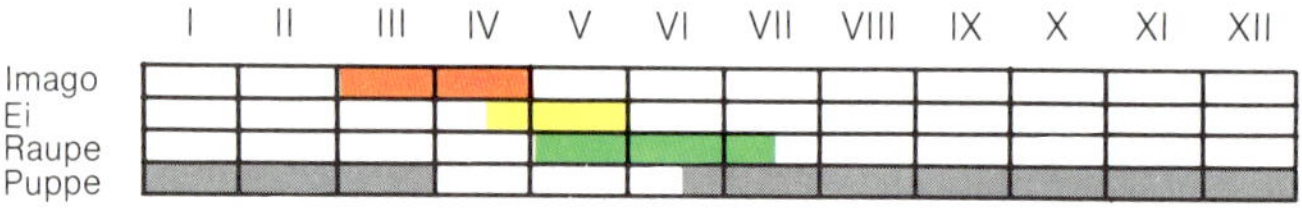

Großes Jungfernkind

higkeiten oder dadurch gelenkt ist, daß sie zu einer bestimmten Verhaltensweise gezwungen werden. Die einzelnen Arten haben in ihrer Entwicklungsstrategie nämlich nur zwei Möglichkeiten: Entweder sich der Konkurrenz zu stellen oder ihr einfach auszuweichen, indem sie eine andere freie Nische besetzen.

Bei den Schmetterlingen der gemäßigten Zone Europas ist die Überwinterung wichtig, und wir können danach, ob das Ei, die Raupe, die Puppe oder die Imago überwintert, vier Grundtypen des ganzjährigen Zyklus unterscheiden. Ein anderes Kriterium ist die Zahl der Generationen pro Jahr. Die meisten Arten bilden eine Generation, weniger oft kommen zwei Generationen vor, mehrere Generationen sind eine Ausnahme. Manche Arten vollenden ihre Generation innerhalb eines Jahres nicht und benötigen dazu mehrere Jahre, zum Beispiel der Eschen-Schneckenfalter, der für seine Entwicklung zwei Jahre benötigt. Oft tritt auch der Fall ein, daß die Puppe zwei bis drei Jahre im Boden liegt, bevor der Falter schlüpft.

Andere Typen von Entwicklungszyklen hängen mit der Lebensdauer des jeweiligen Entwicklungsstadiums zusammen. Auch das Ei kann sehr lange liegen, bevor die Raupe ausschlüpft. Bei anderen Arten wiederum dauert die Embryonalentwicklung nur 2–3 Tage. Das längste Entwicklungsstadium ist in der Regel die Puppe, manchmal lebt auch die Imago sehr lange, vor allem dann, wenn sie überwintert, wie zum Beispiel beim Zitronenfalter. Einen besonderen Fall stellen die wandernden Arten dar, die in Mitteleuropa nicht überwintern (Achateule, Totenkopf, Ypsiloneule). Sie fliegen aus den Tropen oder Subtropen hierhier, bilden hier ein bis zwei Generationen und ziehen zurück oder sterben.

Durch die Kombination dieser Lebensweisen erhalten wir einige Dutzend Typen von Jahreszyklen, so daß unsere Natur stets den Möglichkeiten des Nahrungsangebots entsprechend belebt ist.

Veränderlichkeit und Vielgestaltigkeit

Individuelle Variabilität

Wollten wir die Eigenschaften einer bestimmten Schmetterlingsart genau beschreiben, würden wir bald in Verlegenheit geraten. Wir würden nämlich feststellen, daß sich die Exemplare einer Art oder sogar der gleichen Population nur in einem bestimmten Eigenschaftskomplex gleichen, während sie in Einzelheiten voneinander abweichen.

Variabilität in verschiedenster Richtung existiert überall in der Natur. Sie ist die Grundeigenschaft der lebenden Organismen und erhöht die Wahrscheinlichkeit, daß in der Evolution Individuen zur Geltung kommen, die befähigt sind, auf Umweltveränderungen zu reagieren. Im Extremfall können diese Individuen die Art retten. Man kann das an jenen Insektenpopulationen veranschaulichen, die gegen Pestizide resistent sind: Exemplare, die im Rahmen der Variabilität die Fähigkeit besitzen, giftigen Chemikalien zu widerstehen, haben sich stärker vermehrt und die Art vor dem Aussterben bewahrt.

Die Einzelexemplare mancher Arten unterscheiden sich nicht sehr. Wir sagen, die Art hat eine kleine Variabilität. Das sind gewöhnlich entwick-

Bild 65. Variabilität der Färbung und Zeichnung der Spanischen Fahne (*Callimorpha dominula, Arctiidae*).

Bild 66. Variabilität der Färbung und Zeichnung beim Spanner (*Hydriomena furcata, Geometridae*).

Bild 67. Variabilität der Färbung und Zeichnung des Wurzelfressers (*Apame monoglypha, Noctuidae*).

Bild 68. Variabilität der Färbung bei den Raupen des Zickzackspinners (*Notodonta ziczac, Notodontidae*).

Bild 69. Zwei Typen der Färbung bei den Raupen der Erbseneule (*Mamestra pisi, Noctuidae*).

lungsgeschichtlich ältere Arten, die unter Bedingungen leben, in denen sie keinem besonderen Konkurrenzdruck oder keinen starken Umweltveränderungen ausgesetzt sind.
Im Gegensatz hierzu zeichnen sich die entwicklungsgeschichtlich jüngeren Arten, die noch ständig ihre optimale Existenzform suchen, durch eine große individuelle Variabilität aus. Bei der Herausbildung individueller Abweichungen spielt die Temperatur eine wichtige Rolle. So kann beispielsweise die Population, die sich bei kalter Witterung entwickelt, in Färbung und Zeichnung von jener Population abweichen, die bei höheren Temperaturen herangewachsen ist.

Die Entstehung individueller Formen kann auch von Zivilisationsfaktoren beeinflußt werden. So ist das verstärkte Vorkommen dunkel gefärbter Exemplare bekannt, die unter dem Einfluß der Luftverschmutzung entstanden. Einige dieser Abweichungen können erblich sein.

Saisonpolyphenismus

Einige Arten bilden zwei und mehr Generationen im Jahr. Dabei können sich die einzelnen Generationen im Aussehen stark voneinander unterscheiden. Für diesen saisonbedingten Polyphenismus (früher Polymorphismus) finden wir die meisten Beispiele bei den Tagfaltern. Das bekannteste und auffallendste Beispiel liefert das Landkärtchen *(Araschnia levana)*, dessen Frühlingsgeneration (f. *levana*) braune Flügel mit schwarzer Zeichnung hat, während die Sommergeneration (f. *prorsa*) schwarze Flügel mit gelblichweißen Tupfen und rötlichen Linien zeigt. Versuche haben ergeben, daß die Färbung von der Länge des Tages während der Raupenentwicklung abhängt. Entwikkelt sich die Raupe am Frühjahrsende, wenn die Tage am längsten sind, schlüpft aus der Puppe der schwarze Falter der Sommergeneration. Leben die Raupen im Herbst während der sich verkürzenden Tage, und die Puppe überwintert, dann schlüpfen die braunen Falter der Frühlingsgeneration. Ähnlich, wenn auch nicht so auffallend wie hier, unterscheiden sich die einzelnen Generationen des C-Falters, des Segelfalters, des Resedaweißlings, des Rapsweißlings, vieler Bläulinge und Feuerfalter und der Nachtfalter. Zwischen den beiden Generationen des Spanners *Lythria purpuraria* bestehen so große Unterschiede, daß sie ursprünglich als zwei selbständige Arten beschrieben wurden.

Sexualdichroismus und -dimorphismus

Das Männchen unterscheidet sich vom Weibchen immer in der Ausbildung der inneren und äußeren Geschlechtsorgane. Beide Geschlechter können sich aber auch im gesamten Aussehen, also in der Größe, in

Bild 70. Frühlingsformen (links) und Sommerformen (rechts) der Schmetterlinge. Von oben: C-Falter (*Polygonia calbum*), Rapsweißling (*Pieris napi*), Mondfleckspanner (*Selenia tetralunaria*).

der Form der Flügel, der Fühler, der Beine und des Hinterleibs und in der Färbung unterscheiden. Soweit nur die Farben voneinander abweichen, sprechen wir von Sexualdichroismus, gegebenenfalls von Polychroismus (wenn mehr als zwei farbige Typen auftreten), wenn es sich um die Gestalt handelt, sprechen wir von Dimorphismus (Polymorphismus).
Viele Beispiele für den geschlechtlichen Dichroismus finden wir bei den Tagfaltern. Betrachten wir doch nur die metallisch glänzenden Männchen der Bläulinge und ihre dunkelbraunen Weibchen. Beim Männchen des Gro-

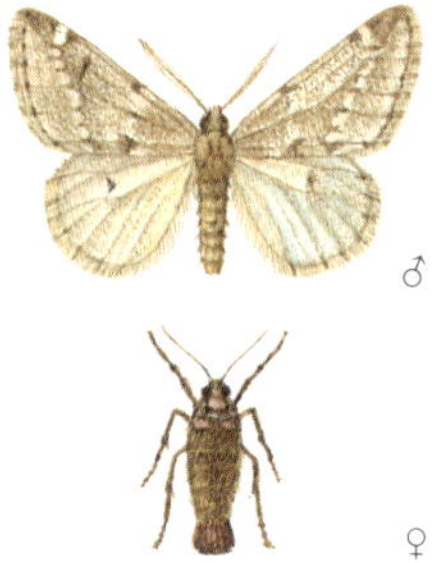

Bild 71. Sexualdimorphismus beim Isabellaspanner (*Lycia isabellae*).

Bild 73. *Crambus lathoniellus.*

ßen Kohlweißlings sind nur die vorderen Flügelecken schwarz, während das Weibchen auf den Flügeln noch mehrere schwarze Tupfen aufweist.
Auch unter den Nachtfaltern gibt es Arten, bei denen sich Männchen und Weibchen in der Färbung auffallend

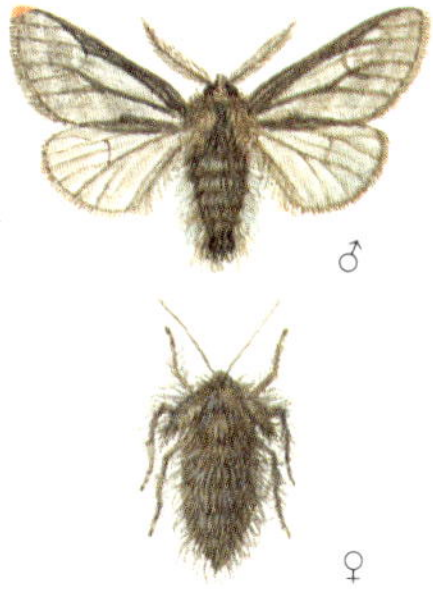

Bild 72. Sexualdimorphismus beim Kreuzflügel (*Alsophila aescularia*).

Bild 74. Weibchen mit verschiedenen reduzierten Flügeln. Oben, von links: *Diurnea lipsiella (Oecophoridae),* Großer Frostspanner (*Erannis defoliaria, Geometridae), Operophtera fagata (Geometridae),* unten: *Alsophila aceraria (Geometridae),* Trauerspinner (*Pentophera morio, Lymantriidae), Leptopterix hirsutella (Psychidae),* Isabellaspanner (*Lycia isabellae, Geometridae*), *Orgyia antiqua (Lymantriidae).*

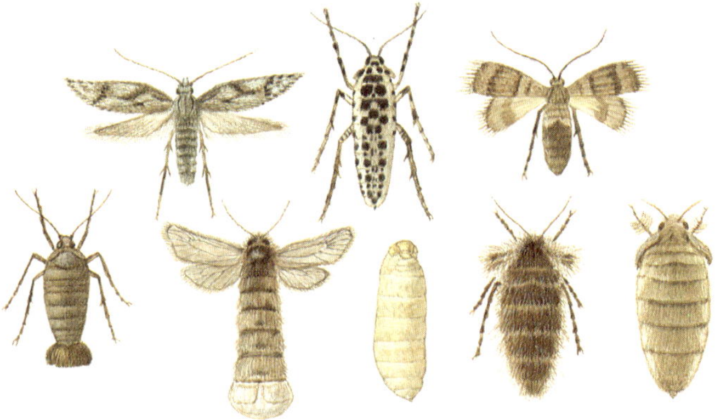

unterscheiden. So ist zum Beispiel das Weibchen des Graubären weiß und das Männchen braun, das Männchen des Kiefernspanners trägt gelblichweiße, das Weibchen braune Fenster auf den Flügeln.
Der Geschlechtsdimorphismus äußert sich sehr oft in Größenunterschieden. Die Weibchen sind gewöhnlich größer oder im Körperumfang mächtiger als die Männchen. Das ist vor allem bei den Glucken, Augenspinnern und Zahnspinnern so. Manchmal äußert sich der Geschlechtsdimorphismus in unterschiedlicher Ausbildung der Flügel. In solchen Fällen sind die Flügel der Weibchen oft so weit reduziert, daß sie flugunfähig sind, wie beispielsweise bei den Spannern der Gattungen *Operophtera, Lycia* und *Alsophila*, einigen Wicklern, den Palpenmotten der Gattung *Diurnea* und den Trägspinnern der Gattung *Orgyia*.
Eine beachtenswerte Gruppe bilden die Sackträger, bei denen die Männchen normal beflügelt sind und wie Schmetterlinge aussehen, während die Weibchen ständig in ihren Säcken verbleiben und den Larven gleichen.
Bei vielen Nachtfaltern äußert sich der Sexualdimorphismus in der Form der Fühler. Die Männchen haben gewöhnlich gekämmte Fühler, bei den Weibchen sind sie viel einfacher – kurz gekämmt, gesägt oder fadenförmig. Mitunter sind die Fühler der Männchen viel länger als die der Weibchen, und die Weibchen tragen auf den Fühlern besondere Schuppenbüschel, die ihnen ein ungewöhnliches Aussehen verleihen, so z. B. bei den kleinen Schmetterlingen der Familie Langhornmotten *(Adelidae)*.

Bild 75. Unterschiede in der Fühlerform beim Männchen und Weibchen. Oben: Schwammspinner (*Lymantria dispar, Lymantriidae*), Mitte: Nagelfleck (*Aglia tau, Saturniidae*), unten: Haarrückenspanner (*Colotois pennaria, Geometridae*).

Waldmeisterbär

Goldeule

Bild 76. Beispiele für den Sexualdimorphismus und -dichroismus bei den Schmetterlingen.

Nierenfleck

Himmelblauer Bläuling

Eichenzipfelfalter

Graubär

Zu den Kennzeichen des Sexualdimorphismus gehört auch die Art der Verbindung von Vorder- und Hinterflügeln, die bei den Männchen der meisten Schmetterlinge von einem gebogenen Stachel hergestellt wird, der am Vorderrand des Hinterflügels hervorspringt, bei den Weibchen dagegen wird sie von einem Bündel aus drei Stacheln gebildet.

Geographische Variabilität

Viele Arten bewohnen ein ausgedehntes Gebiet, ihr Siedlungsareal kann sich von der Westküste Europas bis nach Ostasien und Japan erstrekken. Innerhalb eines so großen Raumes beeinflussen die Klimaunterschiede die Variabilität der Organismen auf verschiedenste Weise. Im

Bild 77. Beispiele für geographische Formen der Schmetterlinge. Links: *Pararge aegeria tircis* im Norden, *P. aegeria aegeria* im Süden; Mitte: *Aglais urticae urticae* im Norden, *A. urticae ichnusa* im Süden; rechts: *Melanargia galathea galathea* im Norden, *M. galathea lachesis* im Süden.

Verlauf langer Epochen haben sich örtlich entfernte Populationen der gleichen Art unterschiedlich entwikkelt, in ihrer Färbung oder Biologie sind große Abweichungen entstanden. Diese voneinander abweichenden Formen werden im zoologischen Sinne als „geographische Rassen" oder „Subspezies" beziehungsweise als Unterarten klassifiziert. In der wissenschaftlichen Bezeichnung der Art steht der Name der Subspezies an dritter Stelle hinter den Namen von Gattung und Art. Die geographische Rasse, nach der die Art erstmals beschrieben wurde, wird als namensgebend angesehen und ihr Art- und Unterartname gleichen sich (zum Beispiel *Heliothis maritima maritima*). Die Rassen anderer Gebiete tragen gewöhnlich einen Unterartnamen, der die Zugehörigkeit zu dem Gebiet, in dem sie leben, ausdrückt (zum Beispiel *Heliothis maritima bulgarica*). Die Bedingungen für die Entstehung von Subspezies sind dort am besten, wo das ursprünglich zusammenhängende Areal einer Art durch später entstandene Barrieren geteilt wurde. Das können Meere, große Seen, Ströme, Gebirgskämme oder Wüsten sein. Ideale Voraussetzungen für die Herausbildung von Unterarten bestehen auf Inseln, in Hochgebirgen oder in den Randgebieten der biogeographischen Zonen, wo viele Typen der Pflanzengemeinschaften inselartig vorkommen. In Mitteleuropa sind das zum Beispiel Torfmoore, die vieles mit der nordwesteuropäischen Tundra gemeinsam haben, von dieser aber räumlich isoliert sind. Ähnliches gilt für die Steppeninseln in Europa, die heute von den Steppen Mittelasiens getrennt sind. Die höheren Lagen der europäischen Gebirge stellen isolierte Refugien einer kälteliebenden Fauna dar, die in der Zeit der Vereisung Europas ein zusammenhängendes Areal besiedelte.

Die geographische Variabilität stellt eine Stufe der Veränderlichkeit dar, und es wäre in gewisser Hinsicht besser, von geographischem Polymorphismus zu sprechen, wobei jeder Vertreter einer entsprechenden geographischen Rasse weiterhin der von örtlichen Bedingungen beeinflußten, individuellen Variabilität unterliegt.

Die Verbreitung der Schmetterlinge auf der Erde

Eine der typischen Eigenschaften der lebenden Organismen ist die Bestrebung, auf der Erde jeden freien, bewohnbaren Raum zu besiedeln. Sie wiederholen diese Versuche auch unter unermeßlichen Opfern immer wieder. Die benutzten Wege sind dabei unterschiedlich, sie führen über Wasser, durch die Luft und über Land und werden mit Hilfe der eigenen Gliedmaßen und Flügel, unter Nutzung lebender und gegenwärtig auch moderner technischer Verkehrsmittel unternommen.

Die Schmetterlinge sind, bedingt durch ihre Lebensweise, reine Landbewohner. Einige Arten, deren Raupen im Wasser leben, stellen eine ausgesprochene Ausnahme dar. Die Schmetterlinge fehlen in der Natur nur in den kältesten und den trockensten Gebieten: In der Arktis und Antarktis, in den höchsten Lagen der Hochgebirge und in den Wüsten. Sie sind mit ihrer Lebensweise direkt oder indirekt an die Vegetation gebunden und überall dort verbreitet, wo Pflanzen wachsen können. In manchen Gegenden haben sie sich nur mit Hilfe des Menschen ansiedeln können, der ihnen in seinen Häusern, Lebensmittel- und Materiallagern günstige Lebensbedingungen schafft.

Die Wissenschaft, die sich mit der Besiedelung der Erdoberfläche durch Tiere und Pflanzen und deren gegenwärtiger Ausbreitung befaßt, heißt Biogeographie. Sie geht in erster Linie von den Ergebnissen geologischer Forschungen aus, nutzt aber auch die Erkenntnisse der Paläontologie und der Evolutionssystematik, vor allem der vergleichenden Morphologie. Die Forschungsergebnisse der vergleichenden Morphologie zeigten, daß die Organismen entfernter Konti-

Bild 78

Bild 79

nente vieles gemeinsam haben und grundsätzlich nach einem einheitlichen Plan aufgebaut sind, was sich nicht mit Streuung, Wanderung oder Verschleppung erklären läßt.
Wir müssen daher annehmen, daß sich die heutigen Arten aus gemeinsamen Vorfahren entwickelt haben, die gemeinsame, zusammenhängende Gebiete bewohnten. Diese Territorien zerfielen dann erst später durch die geologische Entwicklung, und die einzelnen biogeographischen Einheiten isolierten sich allmählich. Es entstand hierzu eine ganze Reihe von Theorien, von denen die Wegener'sche Theorie von der Verschiebung der Kontinente am bekanntesten ist. Sie erklärt einleuchtend viele biogeographische Erscheinungen und wird auch durch die neuesten Entdeckungen unterstützt. Sie setzt voraus, daß die heutigen Kontinente irgendwann im Erdaltertum einen einheitlichen großen Komplex bildeten, der auf seiner Unterlage wie eine Eisscholle auf dem Wasser „schwamm". Im Verlaufe der Zeit zerbrach dann die ursprüngliche Scholle, und die einzelnen Stükke, die heutigen Kontinente, entfernten sich voneinander, wobei sich die Lücken mit den Ozeanen füllten. Fauna und Flora der heutigen Kontinente sind um so einzigartiger, je früher sich ihr Areal abgelöst hat, so daß sich die Organismen isoliert entwickeln konnten.

Die Faunenreiche

Unter Berücksichtigung der Erkenntnisse der Biogeographie versuchte eine Reihe von Wissenschaftlern des 19. Jahrhunderts unseren Planeten in Einheiten aufzuteilen, die die verwandtschaftlichen Beziehungen zwischen den Lebewesen der einzelnen Kontinente charakterisieren. In der neuesten Zeit erfolgt diese Gliederung entsprechend dem gegenwärtigen Zustand auf ökologischer Grundlage. Die ökologische Biogeographie (Chorologie) unterteilt die Erde in Meere, Süßgewässer und Trockenland. Auf dem Land werden die Zonen der Wälder, Steppen, Wüsten, Tundren usw. unterschieden. Die regionale Biogeographie berücksichtigt weit mehr die Zusammenhänge der geologischen Entwicklung und teilt die Erde entsprechend der folgenden Übersicht in drei Bioreiche (auch Faunenreiche), fünf Regionen und sieben Unterregionen auf, wobei die Abgrenzung der Regionen und Unterregionen entsprechend den verschiedenen Autoren einige kleine Abweichungen aufweisen kann.

Faunenreich: Megagaea (= Arctogaea)
- Holarktische Region
  - Paläarktische Unterregion

- Nearktische Unterregion
- Orientalische Region
- Äthiopische Region
  - Afrikanische Unterregion
  - Madagassische Unterregion

Faunenreich: Neogaea

- Neotropische Region

Faunenreich: Notogaea

- Australische Region
  - Kontinental-australische Unterregion
  - Neuseeländische Unterregion
  - Polynesische Unterregion

Vom Standpunkt des Studiums der europäischen Schmetterlinge aus ist die riesige paläarktische Unterregion am wichtigsten. Sie erstreckt sich von den Kanarischen Inseln über Nordafrika und ganz Europa nach Ostasien bis Japan, zu den Kurilen und nach Kamtschatka. Es ist interessant, daß die Fauna in einem so großen Gebiet verhältnismäßig einheitlich ist. Viele europäische Schmetterlingsarten treffen wir nur wenig abgewandelt bis nach Ostsibirien an. Auch die Fauna der paläarktischen Unterregion und Nordamerikas (also der nearktischen Unterregion) weist viele gemeinsame Züge auf. Viele Arten der Eulen, Spanner, Tagfalter und anderer Schmetterlinge gehören den gleichen Gattungen an. Manche Arten sind sogar holarktisch verbreitet, das heißt, sie kommen in Europa, Asien und Nordamerika vor. Sie zeugen davon, daß diese Unterregionen vor nicht allzu langer Zeit (vom Standpunkt der geologischen Zeitmessung aus) miteinander verbunden waren.

Bild 80. Zoogeographische Aufteilung der Erde

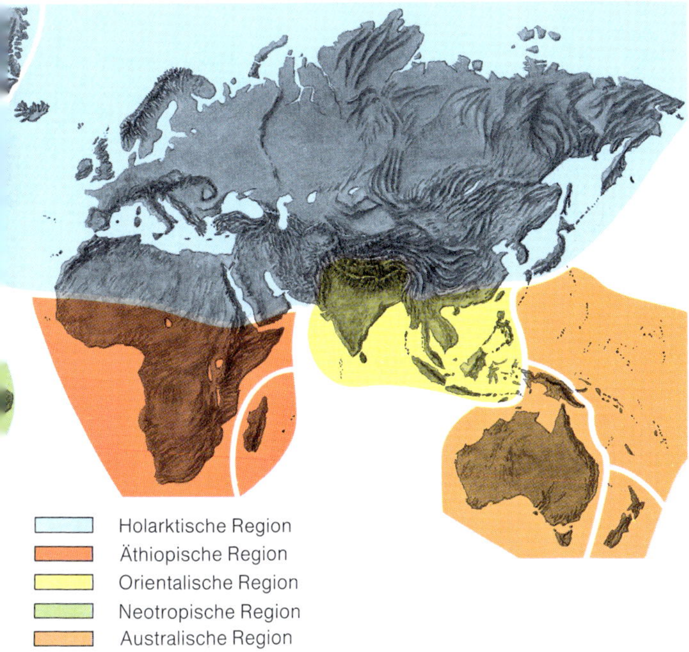

Höhen- und Vegetationszonen

Mit zunehmender Höhe über dem Meeresspiegel nimmt die Temperatur ab. In Mitteleuropa sinkt sie je 100 m Höhe um ungefähr 0,6°C. Da der Charakter der Vegetation vom Klima abhängig ist, entstehen in verschiedenen Meereshöhen unterschiedliche Vegetationszonen, die noch durch lokale Witterungsbedingungen, die geologische Unterlage, die Bodenart und die Bewässerung modifiziert sein können. Von der Vegetationszone hängt im engeren oder weiteren Sinn die Fauna ab, die sich mit zunehmender Meereshöhe ebenfalls mehr oder weniger verändert. Es gibt zwar Arten mit einer weiten ökologischen Valenz, die von den Niederungen bis in die Berge auftreten, viele Arten sind aber für bestimmte Höhen- und Vegetationszonen charakteristisch.
In den niedrigen Lagen, in der Regel bis zu 300 m ü. d. M., haben sich entweder Auwälder (auf nassem oder überschwemmtem Gelände entlang Flüssen) oder – an trockeneren Stellen – Steppen und Waldsteppen gebildet. Der Auwald beherbergt die Schmetterlingsfauna, die für Baumkronen (Weide, Erle, Sommereiche u. a.) und einige Lianen (Waldrebe, Hopfen) charakteristisch ist. Hier leben Großer und Kleiner Schillerfalter, Großer Eisvogel, Eschen-Scheckenfalter, Blaues Ordensband. Für die Steppen dagegen sind verschiedene Arten der Augenfalter, Widderchen,

Bild 81. Schmetterlinge nach Höhenstufen ü. d. M. dargestellt: Von oben: Kleiner Mohrenfalter (*Erebia gorge*) und Lappländischer Schwärzling (*E. pandrose*), Mohrenfalter (*Erebia epiphron*) und Riesengebirgsspanner (*Psodos quadrifaria*), *Erebia euryale* und Grünlichgraue Erdeule (*Xestia speciosa*), *Phlogophora scita* und *Euphyia biangulata, Catocala sponsa* und Schwarzbrauner Trauerfalter (*Neptis sappho*), *Perigrapha l-cinctum* und *Zygaena carniolica*.

Eulen und andere Gruppen charakteristisch.
In Höhen um 300 bis 500 m wachsen verschiedene Eichengehölztypen: An trockeneren Stellen sind es sogenannte suberophile Eichengehölze und an feuchteren Standorten die an sie anschließenden acidophilen Eichenbestände mit reichhaltigem Kräuter- und Strauchwuchs. Für diese Zone typische Schmetterlinge sind beispielsweise der Große Eichenkarmin, der Frühlingsscheckenfalter, der Schwarzbraune Trauerfalter, der Spanner *Melanthia procellata*, und der Zünsler *Pyralis regalis*.
Manchmal gehen die Eichenbestände schon ab 350 m ü. d. M. in die ausgedehnte Zone verschiedener Buchenwaldtypen über, die einen in der Höhenausdehnung weiten Raum einnimmt und bei annähernd 1100 m endet. Anfangs sind den Beständen recht viele Tannen und Kräuter beigemischt, ab 800 m Höhe sind es fast reine Buchengehölze mit nur einigen typischen Kräutern und reichlichem Farnwuchs. Von den Schmetterlingen könnten wir hier eine Reihe von Spannern, die an Tannen gebunden sind, einige Monophagen auf Buchen und beispielsweise die Eule *Phlogophora scita* nennen, deren Raupen Farn fressen.
In den Gebirgen befindet sich ungefähr in einer Höhe von 1000 bis 1400 m ü. d. M. die letzte Zone höheren Waldes, die vor allem von Fichten gebildet wird, denen Eschen und im Unterholz Heidelbeeren beigemischt sind. Recht typische Schmetterlinge für diese Zone sind in Europa der Augenfalter *Erebia euryale,* die Spanner *Aplocera praeformata* und *Entephria caesiata* und der Zünsler *Udea alpinalis*.
Über die Zone der natürlichen Fichtenwälder erstreckt sich bis ungefähr 2000 m Höhe das Gebiet der Knieholzbestände und Alpenwiesen, die wiederum von zahlreichen Augenfaltern der Gattung *Erebia* und Spannern der Gattung *Psodos* bewohnt werden.
Die letzten Ausläufer der Vegetation und Fauna bilden die alpine Zone. Hier gibt es Felsen und kleine Rasenstücke zwischen Geröll und auf Terrassen. In dieser Landschaft leben nur wenige Arten, z. B. der Kleine Mohrenfalter oder der Lappländische Schwärzling.
Die einzelnen Zonen verschieben sich selbstverständlich entsprechend der geographischen Breite, so daß etwa in Südeuropa die Waldzone bis zu Höhen um 3000 m reichen kann, während wir in Nordeuropa die Gebirgsarten direkt an der Küste antreffen. Interessant sind auch einige Ökosysteme, die unter Einwirkung des lokalen Klimas oder der Boden- und Wasserverhältnisse innerhalb der Hauptzonen entstanden sind, wie die Torfmoore oder Sandgebiete.
Die natürliche Abfolge der Zonen wurde durch die Tätigkeit des Menschen erheblich gestört. In der Eichenwaldzone finden wir kaum noch ursprüngliche Bestände. Hier dehnen sich entweder Kultur- oder Unkrautgesellschaften aus, die von sehr anpassungsfähigen, ubiquistischen Schmetterlingsarten bewohnt werden. Zu ihnen zählen viele Schädlinge.

Die Schmetterlinge in ihrer Umwelt

Die Schmetterlinge sind ein untrennbarer Bestandteil der Natur. Sie reagieren auf die Umwelt, in der sie leben, und beteiligen sich gleichzeitig mit den übrigen Lebewesen an der Ausbildung der Lebensbedingungen und des Milieus für verschiedene Organismen. Einerseits sind sie Konsumenten anderer Organismen, vor allem von Pflanzen, andererseits bilden sie selbst die Nahrung für Raubtiere oder Parasiten. Sie sind also ein wichtiges Glied in der Nahrungskette vieler Lebewesen und Bestandteil der verschiedensten Ökosysteme auf der ganzen Erde.
Der Begriff Umwelt ist sehr umfas-

Bild 82. Schmetterlinge im Gebirge.

send. In erster Linie wird sie von der leblosen Natur gebildet, zu der die geologische Unterlage und das Klima (vor allem Temperatur, Feuchtigkeit und Licht) gehören, mit denen sich dann die komplizierten Faktoren der lebendigen Welt verbinden. Jeder Faktor kann auf das Einzellebewesen, die Population, die Art oder einen Gesellschaftstyp einwirken. So sind auch die rückwirkenden Einflüsse der Organismen auf die Umwelt Reaktionen von Einzellebewesen, Populationen oder höheren ökologischen Einheiten. Das ist ein ununterbrochener Prozeß gegenseitiger Beeinflussung. Die Individuen, Arten oder Gesellschaften müssen entweder bestehen, oder sie gehen zugrunde. Das ist das gewöhnliche Schicksal, von dem die fossilen Funde von Lebewesen zeugen, die ihre Zeit nicht überlebt haben. Die Fähigkeit zu bestehen, hängt von der ökologischen Valenz eines Organismus ab. Arten mit einer weiten ökologischen Valenz sind anpassungsfähig und können in der Natur an verschiedenen Orten mit ganz unterschiedlichen Umweltbedingungen leben. Unter den Schmetterlingen finden wir Arten, die von den Niederungen bis hoch in die Berge, vom Mittelmeer bis nach Nordeuropa vorkommen. Auch das vielfältige Nahrungssortiment, von dem einige Arten leben können, zeugt von ihrer weitreichenden ökologischen Valenz. Das Anpassungsvermögen hat es vielen Arten ermöglicht, sich auch in einer Landschaft fortzupflanzen, die vom Menschen bewirtschaftet wird, und wo sich die Bedingungen drastisch von den Verhältnissen in der freien Natur unterscheiden. Im Gegensatz hierzu sind Arten mit einer beschränkteren ökologischen Valenz weniger anpassungsfähig und an Bedingun-

Bild 83. Manche Schmetterlingsarten sind in ihrer Entwicklung an Obst und verschiedene Früchte gebunden: **a** Apfelwickler (*Cydia pomonella*, Äpfel, Birnen), **b** *Cydia splendana* (Eicheln, Nüsse), **c** *Cydia funebrana* (Zwetschen, Schlehen), **d** Apfelmotte (*Argyresthia conjugella*, Vogelbeeren, Äpfel).

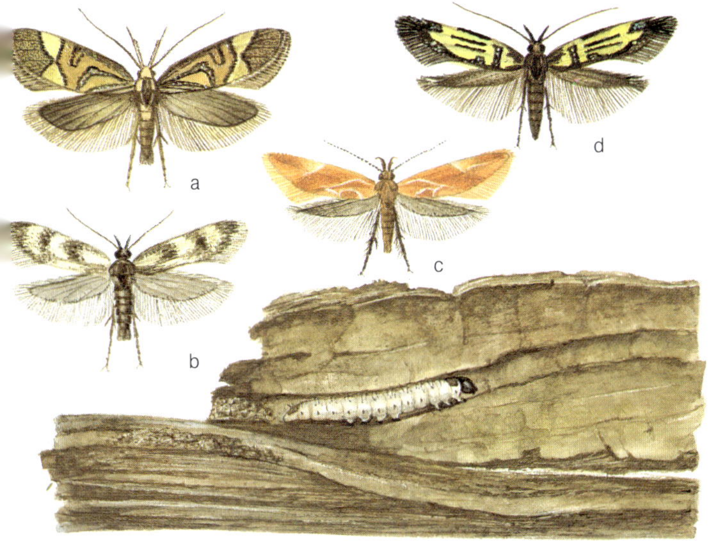

Bild 84. Die Raupen einiger Schmetterlinge bohren unter der Rinde oder im Moderholz alter Baumstümpfe: *Oecophora staintoniella* (**a**), *Schiffermuelleria similella* (**b**), *Dafa formosella* (**c**), *Schiffermuelleria schaefferella* (**d**), alle Faulholzmotten (*Oecophoridae*).

gen gebunden, unter denen sie zwar gut gedeihen, in denen aber ihre Existenz von jeder kleinen Veränderung gefährdet werden kann.

Jeder Einfluß der leblosen Natur, der sogenannten abiotischen Faktoren, wirkt in bestimmtem Maße unabhängig von anderen. Da die Schmetterlinge keine gleichbleibende Körpertemperatur besitzen (sie sind poikilotherm) und sehr stark von äußerer Erwärmung abhängig sind (Sonnenstrahlen oder Luftwärme), ist für sie die Temperatur der wichtigste Lebensfaktor. Die Schmetterlinge können nur dann existieren, wenn die Temperatur der Umwelt ein bestimmtes Lebensminimum übersteigt, das bei verschiedenen Arten unter verschiedenen Umständen zwischen −40°C und +5°C liegt. Unterhalb der Minimaltemperatur tritt früher oder später der Tod ein. Die Schmetterlinge können nur über der Schwelle eines Minimums von +5 bis +10°C fliegen, sich entwickeln und fortpflanzen. Unterhalb dieser Temperatur bricht die Entwicklung der Raupen ab, hört die Nahrungsaufnahme auf und stellt sich die Entwicklung der generativen Organe der Imagines ein. Jegliche Aktivität reduziert sich auf physiologische Prozesse, die das Überleben sichern. Ähnlich besteht auch eine obere Temperaturschwelle. Schmetterlinge halten Dauertemperaturen über 40°C nicht aus. Die optimalen Temperaturen für die meisten Schmetterlinge der gemäßigten Zone bewegen sich zwischen 20 und 25°C.

Die Temperaturschwellen und Optima unterscheiden sich von Art zu Art, im Verlauf des Jahres bei der gleichen Art und auch in verschiedenen klimatischen Zonen erheblich. Die überwinternden Raupen, die im Frühling in der erwachenden Natur ihre erste Nahrung suchen, sind eiskalt, wenn wir sie in die Hand nehmen. Tropische Arten stellen ihre Aktivität erst bei verhältnismäßig hohen Temperaturen ein. Die niedrigen Temperaturen, die für die Art der gemäßigten Zone normal sind, können bei längerer Einwirkung für tropische Arten den Tod bedeuten. Die abgehärteten Arten der Hochgebirge, des polaren Nordens oder des späten Herbstes und zeitigen Frühjahrs fliegen, nehmen Nahrung auf, paaren und vermehren sich bei Temperaturen, die sich dem Gefrierpunkt nähern.

Ein weiterer wichtiger Faktor ist die Feuchtigkeit. Der Körper der Schmetterlinge enthält eine große Menge Wasser (60–70%), der der Raupen 90%. Wasser ist einerseits eine wichtige Chemikalie für die biochemischen Prozesse beim Aufbau des Körpergewebes, andererseits ein Transportmedium der gelösten Stoffe im Körper. Es verteilt Nährstoffe und ermöglicht die Ausscheidung von Abfallprodukten. Die Zufuhr von Wasser und seine Speicherung im Organismus ist deshalb lebenswichtig für jedes Individuum. Die Anforderungen an die Feuchtigkeit sind je nach Art und Entwicklungsstadium verschieden. Einige Eier, Raupen oder Puppen können ohne 100%ige Feuchtigkeit nicht überleben. Andere Schmetterlinge sind dem Leben unter trockensten Bedingungen angepaßt. Eine starke Behaarung oder eine undurchlässige Körperhülle vermindern die Wasserverluste. Die Eier sind durch ein starkes Chorion, die Puppen durch den Kokon gegen Austrocknen geschützt. Die erwachsenen Falter erreichen fliegend leicht die Stellen, an denen eine für sie geeignete Feuchtigkeit besteht, die Weibchen legen ihre Eier in Blattrosetten, Grasbüschel, an der Unterseite von Blättern oder in Rindenrissen ab. Die Raupen leben oft in Pflanzenstengeln oder Blattminen, wo immer eine hohe Feuchtigkeit herrscht. Andere leben im Erdboden oder verbergen sich wenigstens tagsüber dort. Die nächtliche Aktivität vieler Raupen hängt mit der erhöhten Luftfeuchtigkeit in der Nacht zusammen. Die Falter, die einen Rüssel besitzen, gewinnen das Wasser entweder aus den Säften, von denen sie sich ernähren, oder saugen es direkt aus Tümpeln, dem feuchten Boden oder Tau. Die Raupen erhalten ihr Wasser mit der Nahrung. Die grünen Blätter versorgen sie also nicht nur mit Nährstoffen, sondern auch mit Wasser. Die Schmetterlinge, deren Mundwerkzeuge verkümmert sind, erhalten die für biochemische Prozesse benötigte Wassermenge durch den Abbau der Fettreserven ihres Körpers.

Die Rolle, die das Licht im Leben der Schmetterlinge spielt, ist überaus interessant. Der regelmäßige Wechsel von Licht und Dunkel während der Evolution der Schmetterlinge hat zur Ausbildung der Lebensrhythmen und ihrer Anwendung in der Evolutionsstrategie der Arten geführt. Die Schmetterlinge haben gelernt, die astronomische Uhr zu ihrem Vorteil zu nutzen, denn diese Uhr gibt ihnen unbeirrbar den Wechsel der Jahreszeiten mit ihren verschiedenen Qualitäten der Lebensbedingungen, vor allem der Temperatur, der Feuchtigkeit und des Nahrungsangebots an. Die astronomische Uhr ermöglicht den Schmetterlingen auch, das Auftreten der einzelnen Entwicklungsstadien zu synchronisieren; das in der Zeit vorbestimmte Erscheinen der Imagines erhöht die Wahrscheinlichkeit des Zusammentreffens der Geschlechter, der Befruchtung und Reproduktion. Die Überbrückung ungünstiger Jahreszeiten (Kälte, Trockenheit, Nahrungsmangel) wird durch einen Ruhezustand, die sogenannte Dormanz, ermöglicht. Es gibt viele, oft sehr komplizierte Typen abgeschwächter Aktivität. Die beiden grundlegenden sind die Quieszenz und die Diapause.

Die Quieszenz ist die unmittelbare Reaktion des Organismus auf Veränderungen der äußeren Umstände, vor allem der Temperatur und der Feuchtigkeit. Bei deren Verschiebung unter oder über das Optimum verlangsamt oder unterbricht sich die Entwicklung, um dann bei erneuter Regulierung wieder in Gang zu kommen. Die Diapause dagegen ist eine sehr komplizierte Erscheinung, die von grundsätzlichen hormonalen Veränderungen im Körper des Lebewesens hervorgerufen wird. Impuls für diese Veränderungen ist gewöhnlich die Länge des Tageslichts. Während der kurzen Tage verlaufen die physiologischen Prozesse im Körper anders als während der langen. Die Drüsen produzieren andere Stoffe oder stellen ihre

Bild 85. Phylogenetische Artentrennung: Paare verwandter Arten, von denen die eine im Herbst (links) und die andere im Frühling (rechts) lebt. Oben: *Alsophila aceraria* und Kreuzflügel (*A. aescularia*), in der Mitte: *Agriopis aurantiaria* und Braunrandiger Frostspinner (*A. marginaria*), unten: *Diurnea lipsiella* und Buchenmotte (*D. fagella*).

Funktion ein. So weckt im Frühling die Veränderung der Tage die Raupen aus dem Winterschlaf und gibt den Anstoß, daß die Falter aus den Puppen oder die Raupen aus den Eiern schlüpfen können. Die Tageslänge kann für das Reifen der Eier in den Ovarien der Weibchen, für die jährliche Generationenzahl, für die Zahl der Entwicklungsphasen der Raupen und für die Dauer des Puppenstadiums verantwortlich sein. Das hat für das Überleben der Art große Bedeutung, denn eine bestimmte Länge des Tages und ihre Veränderung signalisiert im voraus die Zeit ausreichender oder mangelnder Nahrung und optimale oder ungünstige Witterung. In extremen Fällen hat sich der Lebensrhythmus während der Evolution so tief in der Erbmasse einiger Arten verankert, daß diese von einem inneren Rhythmus gesteuert werden und vom äußeren Milieu weitgehend unabhängig sind.

Von den Faktoren der lebenden Natur, den biotischen Faktoren, ist die Nahrung am wichtigsten. Sie ist Hauptquelle der für das Leben notwendigen Energie. Die Schmetterlinge sind heterotrophe Organismen, d. h., sie sind auf die Produktion der übrigen lebenden Organismen, vor allem der Pflanzen, angewiesen. Pflanzen und Pflanzenprodukte dienen den Imagines (Nektar, Pflanzen- und Obstsäfte) und Raupen (Blätter, Früchte, Holzmasse, Wurzeln) als Nahrung. Nur ausnahmsweise fressen Schmetterlinge Nahrung tierischen Ursprungs (Kadaver, Fell, Federn, Hornteile).

So wie die Schmetterlinge Konsumenten von Pflanzen sind, sind sie selbst Nahrung oder Nahrungssubstrat anderer Insekten, Gliedertiere, Wirbeltiere und auch niedriger Organismen. Wäre das nicht so, käme es bald zu einer Übervermehrung, und sie würden die Natur überschwemmen und vernichten. Die Feinde der Schmetterlinge helfen, ihre Anzahl zu regulieren, und tragen so zum Gleichgewicht der Organismen in der Natur bei, denn die Vermehrungsfähigkeit der Schmetterlinge ist, wie bei allen Insekten, überaus groß. Die Weibchen legen in der Regel Hunderte von Eiern, bei manchen Arten sogar Tausende. Dort, wo innerhalb eines Jahres mehrere Generationen auftreten, würde sich schon während einer Saison eine astronomische Menge von Insekten entwickeln. Um das zu verhindern und die gleichmäßige Populationsdichte zu erhalten, die während der Generation der Eltern bestand, dürfen von der gesamten Nachkommenschaft eines Paars nur zwei Exemplare überleben, die gerade die Zahl der Eltern ersetzen. Das heißt, fast 100% der Nachkommen müssen zugrunde gehen. Starke Regenfälle oder heftige Temperaturschwankungen vernichten viele junge Raupen. Weit mehr jedoch werden von Vögeln, Fledermäusen und Spitzmäusen vertilgt. Auch größere Säugetiere, wie Füchse, Wildschweine und Bären, konsumieren viele Insekten und auch deren Puppen und Larven. Feld- und Wühlmäuse werden gewöhnlich als pflanzenfressende Kulturschädlinge angesehen, sie fressen jedoch auch viele Insekten.

Die Schmetterlinge leiden oft an verschiedenen Krankheiten, die von Viren, Bakterien und parasitischen Pilzen hervorgerufen werden. Außerdem haben sie viele Feinde unter den Raub- und Parasitinsekten. Die Eier werden von mikroskopisch kleinen Wespen angestochen, deren Larven sich dann in ihnen entwickeln. In den Raupen können die Larven der Brackwespen, Schlupfwespen, Erzwespen und einiger Zweiflügler leben. Manchmal befindet sich der Parasit allein im Körper der Raupe, manchmal ist dieser mit Dutzenden kleiner Larven regelrecht angefüllt. Viele Schlupfwespen legen ihre Eier in die Puppen, aus denen dann kein Schmetterling, sondern eine Schlupfwespe schlüpft.

Unter den Insekten und anderen Gliedertieren gibt es viele Räuber, die die Jugendstadien der Schmetterlinge fressen. Dazu gehören die räuberischen Goldkäfer, Puppenräuber und Vierpunkt-Aaskäfer, Einsiedlerbienen, die die Raupen für ihre Nachkommen in ihre Nester schleppen, Ameisen und verschiedene Spinnen. Auch die erwachsenen Schmetterlinge sind ihres Lebens nicht sicher. Auf sie lauert Gefahr von seiten der räuberischen Jagdfliegen oder der kleinen bunten Krabbenspinnen.

Die Schmetterlinge müssen sich gegen ihre Feinde wehren. Gegen Krankheiten wird durch natürliche Auslese die Widerstandsfähigkeit erhöht, und zwar dadurch, daß sich nur die Lebewesen fortpflanzen, die die Erkrankung überlebt haben. An tierische Feinde haben sie sich auf verschiedene Weise angepaßt. Viele Eulen und Spanner verschwimmen durch ihre Färbung mit der Unterlage, auf der sie sitzen. Viele Tagfalter, die mit zusammengeklappten Flügeln sitzen, lassen sich nicht von der Baumrinde, andere wieder nicht von Steinen oder der erdigen Unterlage unterscheiden. Eine ganze Reihe von Raupen bildet eine Mimikry aus, das heißt, sie ahmen bis zur Unkenntlichkeit Strauchzweige, Gallen und Geschwüre an Blättern und Stengeln oder die Färbung von Blüten und ganzer Blüten- und Fruchtstände der Pflanzen nach. Einige Imagines (beispielsweise die Netzflügler – *Sesiidae*) ahmen mit ihrer auffälligen Färbung besser gewappnete Insekten nach, denen die Räuber ausweichen. Sie kopieren Wespen, Hornissen, Raubfliegen oder erinnern mit ihrer augenähnlichen Zeichnung auf den Flügeln an die Augen kleiner Raubsäuger und sind so in der Lage, im entscheidenden Moment den Insektenfresser vom Angriff abzuhalten. Einige Arten besitzen auch chemische Waffen, das heißt Drüsensekrete, die ihren Geschmack als Beute verderben, oder sie tragen brüchige Borsten, die dem Feind Magenbeschwerden bereiten können. Sie bemühen sich also, als Beute unbrauchbar zu sein.

Bild 86. Stunden der Flugaktivität einiger Schmetterlinge.

Gefährdung und Schutz der Schmetterlinge

Von Dr. Josef Blab

Ziel des Schmetterlingsschutzes ist es, alle für die geographische Lage und Eigenart eines Landes typischen Falterarten möglichst über ihr gesamtes natürliches Verbreitungsgebiet zu erhalten und zu fördern. Wie überall im Artenschutz so stellt dabei auch im Schmetterlingsschutz die Flächensicherung, also der Biotopschutz, das mit Abstand wichtigste Instrument und die bei weitem bedeutsamste Aufgabe dar. Hierbei kommt es darauf an, die Lebensstätten der Falterarten in einem Zustand zu erhalten bzw. dorthin zu entwickeln, daß sie insgesamt (also nicht nur abgegrenzte, kleinerflächige Bereiche, sogenannte „Biotope") qualitativ, quantitativ und auch hinsichtlich ihrer räumlichen Ausdehnung, Verteilung und Vernetzung („Biotopverbund") den Fortbestand aller Arten garantieren.
Da die Bestandssituation und -entwicklung nicht für sämtliche heimischen Schmetterlingsarten gleich kritisch ist, sind in einem Schutzprogramm Prioritäten zu setzen, die man zweckmäßigerweise am Erhaltungszustand bzw. der Gefährdung der Arten orientiert, also nach der Dringlichkeit von Sicherungsmaßnahmen (vgl. dazu insbesondere die Rote Liste).

Gefährdungssituation der heimischen Falterarten nach der Roten Liste

Von den etwa 3000 Schmetterlingsarten, die es in Mitteleuropa gibt, zählen rund 1300 zu den sogenannten Großschmetterlingen, die übrigen zu den Kleinschmetterlingen. Rote Listen existieren bisher lediglich für die Großschmetterlinge und für zwei Gruppen der Kleinschmetterlinge, nämlich die *Pyralidae* (Zünsler) und die *Oecophoridae*. Dies bedeutet freilich keineswegs, daß nicht auch wesentliche Teile der sonstigen Kleinschmetterlingsfauna bestandsbedroht sind.
Die Gefährdungssituation der Großschmetterlinge nach der derzeit für die Bundesrepublik Deutschland gültigen Roten Liste wird in Tabelle 1 wiedergegeben.
Danach sind von den 1292 einheimischen Großschmetterlingsarten 28 Arten (2%) ausgestorben oder ver-

Tabelle 1 **Gefährdungsgrad der Großschmetterlinge** (Blab et al. 1984)

Artengruppen	*Zahl der Arten*	*Zahl der gefährdeten Arten/Gefährdungsgrad*					*Gefährdung insgesamt*	
		ausgest. verscholl.	*v. Ausst. bedroht*	*stark gefährdet*	*gefährdet*	*potentiell gefährdet*	*Zahl*	*in % von Spalte 2*
Tagfalter (einschließlich Dickkopffalter)	177	2	13	27	42	9	93	53
Spinner und Schwärmer (einschl. Bohrer, Glasflügler, Sackträger und Widderchen)	255	9	11	33	49	11	113	44
Eulenfalter	460	8	21	62	81	12	184	40
Spanner	400	8	15	50	63	8	144	36
Großschmetterlinge insgesamt	1292	27	60	172	235	40	534	41

Tabelle 2 **Rangfolge der Schadenseinflüsse auf gefährdete Tagfalterarten – absolut und prozentual** (BLAB & KUDRNA 1982)

	Schadfaktor	Anzahl	Prozent
1.	Grünlandintensivierung	45	49,5
2.	Beseitigung der Kleinstrukturen, Ökotone, Sonderstandorte	38	41,8
3.	Abbau von Steinen, Erden, Torfen	32	35,2
4.	Kritische Verinselung des Areals	31	34,1
5.	Sehr kleines natürliches Verbreitungsgebiet*	(25)	(27,5)
6.	Biozide	22	24,2
7.	Forst-Intensivierungsmaßnahmen	22	24,2
8.	Entwässerungen	21	23,1
9.	Direkte Verfolgung, Sammeln	21	23,1
10.	Begradigung und Veränderung der Waldsäume	20	21,9
11.	Aufforstung	16	17,6
12.	Biotopzerschneidung	11	12,1
13.	Falsch terminierte Pflegemaßnahmen, Bekämpfung von Futterpflanzen	11	12,1
14.	Mooreutrophierung	8	8,8
15.	Überbauung, Verschüttung, Auffüllung	5	5,5
16.	Teeren von Wegen	3	3,3
17.	Anbau von Hybridpappeln	2	2,2
18.	Ulmensterben	2	2,2
19.	Klimaänderungen	2	2,2

* Bei stark isolierten Populationen besteht zusätzlich zu der Bedrohung durch anthropogene Schadfaktoren die Gefahr der Inzucht bis hin zur Folge, daß dadurch die Bestände erlöschen. Dies gilt besonders für Arten mit natürlicherweise niedriger Adultendichte.

schollen und 507 Arten (39%) gefährdet. Darüber hinaus zeigen aber auch von den noch nicht bestandsbedrohten Arten zahlreiche Vertreter deutlich rückläufige Bestandsentwicklungen! Beispielsweise haben BLAB & KUDRNA bei ihrer Auswertung der Situation der bundesdeutschen Tagfalter- und Widderchenfauna bereits 1982 festgestellt, daß neben den rund 45% gefährdeter Arten mindestens weitere 16% auffällige Rückgangserscheinungen aufweisen, und diese Arten dann sozusagen in einer „Kandidatenliste für die Rote Liste" zusammengestellt. Mittlerweile taucht auch bereits der eine oder andere Vertreter aus dieser Gruppe in den Roten Listen der Länder auf. Hierzu zählen z. B. so markante Vertreter der heimischen Falterfauna wie Kaisermantel, Schachbrett, Dukatenfalter und Kleiner Perlmutterfalter.

Ermittlung der Gefährdungsfaktoren und ihrer Verursacher

Eine wichtige Vorarbeit für einen erfolgversprechenden Schmetterlingsschutz ist es, die Schadeinflüsse, die die Arten bedrohen, und deren Verursacher zu ermitteln. Außerdem ist anzustreben, den Stellenwert der einzelnen Schadfaktoren für die Bestandsgefährdung aller Falterarten zu gewichten, damit die Schutzprioritäten richtig gesetzt werden.
Um das Gewicht der einzelnen Schadeinflüsse und ihrer Verursacher für die Gefährdung der Schmetterlinge festzustellen, ist es notwendig, die Fülle der Belege, empirischen Befunde und Beobachtungen, die zu diesem Problemkreis vorliegen, in Typen zu fassen. Wichtig ist in diesem Zusammenhang außerdem zu wissen, daß ein und derselbe Schadfaktor auf

unterschiedliche Verursacher (z. B. Entwässerung auf Land- bzw. Forstwirtschaft) zurückgehen kann und jeweils auch mehrere Arten betreffen kann. Eine einzelne Art wird außerdem in der Regel durch mehr als einen Schadfaktor, nicht selten auch durch mehr als einen Verursacher bedroht. (Entsprechend übersteigt die Summe der Nennungen bei Schadfaktoren und Verursachern die Anzahl der gefährdeten Arten.)

Eine Auswertung des Kenntnisstandes (Stand der Wissenschaft) über die Schadeinflüsse auf gefährdete Tagfalter- und Widderchenarten ergibt die in Tabelle 2 dargestellte Rangfolge.

Diese Übersicht zeigt, daß die Grünlandintensivierung (z. B. Standortmeliorierungen, Mechanisierung, Erhöhung des Düngemitteleinsatzes u. a. m.) im Dauergrünland für rund die Hälfte, die Beseitigung von Kleinstrukturen, d. h. vor allem breiten, kaum genutzten Übergangsstreifen zwischen verschiedenen Biotoptypen und Sonderstandorten (insbesondere auch im Rahmen der Flurbereinigungen) für rund 42 Prozent, und schließlich der Abbau von Steinen, Erden, Torfen für 35 Prozent der gefährdeten Arten besonders wichtige Gefahren sind. Andererseits können z. B. die natürlichen Einflüsse zwar bei einzelnen Arten Bedeutung haben; sie spielen insgesamt gesehen jedoch eine vergleichsweise untergeordnete Rolle.

Entwicklung von Schutzprioritäten

Wie Tabelle 2 belegt, stellt die Sicherung der Lebensstätten die vordringlichste Aufgabe auch im Schmetterlingsschutz dar. Auf der anderen Seite lasten auf dem nicht vermehrbaren Raum eine Fülle unterschiedlicher Nutzungsansprüche, die den Schutzzielen meist völlig entgegengesetzt sind. Aufgrund solcher Interessenkonflikte ist ein gleichmäßiger Schutz für die Gesamtlandschaft nicht möglich. Mithin gilt es, Prioritäten für den Biotopschutz der Falter zu erarbeiten und daneben für die übrigen Lebensstättentypen Zielvorstellungen zu entwickeln, wie auch dort die Schmetterlinge ausreichend geschützt werden können.

Um die Prioritäten für den Biotopschutz der Falter richtig zu setzen, liegt es nahe, die Informationen, die die Rote Liste neben der Gefährdungsaussage zusätzlich enthält, für die Schutzpraxis weiter aufzuschlüsseln, indem man vor allem eine biotopbezogene Auswertung dieser Artenkataloge vornimmt. Eine solche gewichtete Zuordnung der gefährdeten Falterarten zu den von ihnen hauptsächlich bewohnten Biotoptypen zeigt nach der bundesdeutschen Roten Liste folgende Ergebnisse:

An der Spitze der gefährdeten Arten (nur Schwerpunktvorkommen gezählt) stehen mit 229 Arten (58 %) die Bewohner waldfreier Biozönosen (ohne Moore). Ursache für diesen hohen Prozentanteil sind negative Veränderungen durch den Menschen (starke Düngung, Giftanwendung, Meliorationen, Luftverschmutzung) sowie die Totalbeseitigung vieler Offenlandbereiche, insbesondere des blütenreichen Extensivgrünlandes mit seinem vielfältigen Angebot an Raupenfutterpflanzen und Nektarspendern für zahlreiche Falterarten. Ferner ist hierfür die natürliche Sukzession (Verbuschung usw.) sowie die Aufforstung von Heiden und Halbtrockenrasen infolge aufgegebener extensiver Nutzungsformen (Beweidung, Plaggenhieb u. a.) mitverantwortlich.

Mit rund 200 Arten (39 %) folgen die Falter der Trockenbiotope (Trokken- und Halbtrockenrasen, Sandrasen, Felsbandgesellschaften, Trokkenwälder, Ruderalfluren, Felsengebüsche, Sand-Kiefernwälder, Besenginsterheiden u. a.). Diese Lebensbereiche (oft dem Offenland angehörend) werden durch Einsatz von Mineraldünger und Gülle, Dränierung, Grünlandaufforstung, Rebflächenerweiterung (Weinberg-Flurbereinigung), Wildkräutervernichtung an Weg- und Ackerrändern durch Herbizidanwendung sowie die Beseitigung von Trümmer- und Ödlandflächen fortlaufend zurückgedrängt.

Mit 109 Arten (21 %) folgen die Falter der Feuchtgebiete (Moore, Feuchtwiesen, Großseggenriede, Auwälder, Birken- und Erlenbrüche, Ufer-Hochstaudengesellschaften, Röhrichte, Salzwiesen u. a.). Die massiven Biotopeinbußen sind hier zurückzuführen auf Großflächen-Entwässerungen,

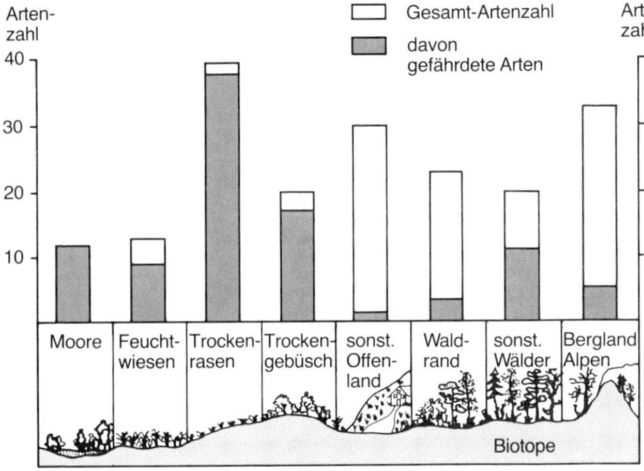

Bild 87. Gefährdung der Tagfalter in verschiedenen Lebensräumen (nach BLAB und KUDNRA 1982).

Quellwasserbeseitigung, Feuchtsenken-Dränage, Abtorfung, Flußbegradigung mit Uferverbau, Erholungserschließung und Eindeichungsmaßnahmen an der Küste, mechanische und chemische Entkrautung von Stillgewässern usw.

87 Waldfalterarten (17 %) sind gefährdet. Ihre Bedrohung ist überwiegend auf die großflächigen Nadelholzaufforstungen in ehemaligen Laubwaldgebieten, aber auch auf die Umwandlung der reicher strukturierten Nieder- sowie Mittelwälder in Hochwälder unter Verzicht auf ökologisch ausgewogenere Bewirtschaftungsformen (z. B. Femelschlag) zurückzuführen. Die Beseitigung oder der Verzicht auf den Aufbau naturnaher Waldmäntel und -gebüsche, die als Rückzugs- und Ersatzbiotope zahlreicher verdrängter Waldfalterarten fungieren, trifft 40 (8 %) gefährdeter Arten.

Eine entsprechende Auswertung für die 200 Arten von Tagfaltern und Widderchen in der Bundesrepublik Deutschland ergibt die in Bild 87 wiedergegebene Aufschlüsselung.

An Hand solcher Lebensraum-bezogener Auswertungen läßt sich demnach erkennen, wo Biotop-Sicherungsmaßnahmen für Schmetterlinge ganz besonders vorrangig durchgeführt werden müssen. Erstes Ziel eines erfolgversprechenden Schmetterlings-Schutzprogrammes ist es damit, möglichst alle verbliebenen Populationen bzw. die Rückzugsgebiete dieser bestandsbedrohten Arten bleibend sicherzustellen. Diese „Refugialbiotope" bilden das Rückgrat eines Schutzprogrammes (Vorrangflächenkonzept). Soweit es sich dabei um sogenannte halbnatürliche Biotoptypen handelt (z. B. Halbtrockenrasen, Feuchtwiesen, Wildkrautfluren, Zwergstrauchheiden usw.) bedarf es allerdings zusätzlich zwingend auch noch der Aufstellung von Pflege- und Entwicklungsplänen für diese Falterlebensstätten und deren Umsetzung. Dieses Herausheben der besonders vordringlich zu sichernden Falterbiotope darf jedoch umgekehrt nicht zu der Annahme verleiten, daß der Habitatschutz auf den sonstigen Flächen vernachlässigt werden kann.

Den heutigen Erfordernissen des Arten- und Biotopschutzes entsprechend muß davon ausgegangen werden, daß eine Beschränkung des Schutzes auf einzelne Biotopflächen oder isolierte Reststrukturen (auch wenn diese 10 Prozent der Landesfläche umfassen würden, wovon wir derzeit noch weit entfernt sind), den stän-

dig anwachsenden Artenschwund nicht wirksam aufhalten kann. Fast noch wichtiger als die weiterhin durchaus sehr dringend notwendige Forcierung von Biotopschutzausweisungen ist es damit, landschafts- und lebensraumschädigende Nutzungsformen zu unterbinden oder so zu erschweren, daß nachhaltig wirksame Naturschutzprogramme auf wesentlichen Teilen der Gesamtfläche möglich werden.
Ein effektiver Schmetterlingsschutz erfordert spezielle Maßnahmen zur Erhaltung der verschiedenen elementaren Biotoptypen. Bevor wir darauf eingehen, sei zunächst am Beispiel der Grünlandintensivierung exemplarisch dargestellt, welche Probleme eine flächendeckende Nivellierung der Landschaft für die Falterfauna mit sich bringt.

Was ist Grünlandintensivierung?

Unter dem Sammelbegriff Grünlandintensivierung faßt man eine Vielzahl von Anstrengungen und Arbeiten zusammen, durch die sich der Bauer eine Steigerung des Ertrages und Futterwertes des Grases verspricht. An erster Stelle muß dabei die regelmäßige Düngung mit Gülle oder Mineraldünger genannt werden. Der Düngereintrag hat sich gegenüber früher etwa verachtfacht. Weitere Einzelmaßnahmen mit oft verheerenden ökologischen Konsequenzen stellen der Umbruch extensiverer Wiesenbereiche mit nachfolgender Einsaat hochgezüchteter Futtergrassorten, das Abhobeln und Einebnen aller, auch kleinster Bodenunebenheiten, die weitgehende Beseitigung von Wieseneinschlüssen wie beispielsweise Büschen und Tümpeln, und – nicht zuletzt – die sehr geringe Schnitthöhe bei der Mahd dar.
Je nach Umfang, Dauer und Intensität der einzelnen Maßnahmen ändern die Wiesen ihr Gesicht und ihren ökologischen Charakter. Auffällig ist hierbei vor allem der völlige Wandel im Pflanzenkleid. Aus artenreichen, bunten Wiesen entstehen artenarme Grasäcker.
Verstärkt wird die aus der Sicht des Artenschutzes katastrophale Wirkung der Düngung noch zusätzlich durch die allgemeine Luftverschmutzung, ein bisher im Naturschutz vielfach unterschätztes Problem. Denn immerhin rund 40–50 Kilogramm Stickstoff aus Industrieemissionen und Hausbrand, aus Autoabgasen und aus vielen weiteren Quellen gehen Jahr für Jahr zusätzlich auf jeden Hektar bundesdeutscher Fläche nieder. Allein dies entspricht einer landwirtschaftlichen Volldüngung alle fünf bis acht Jahre.

Was bedeutet Grünlandintensivierung für die Wiesenschmetterlinge?

Wiesenschmetterlinge sind durch die Grünlandintensivierung und allgemeine Luftverschmutzung schwer betroffen. Dies wird schnell verständlich, wenn man weiß, daß es insbesondere die nährstoffarmen Wiesenformationen, also die extensiven Wirtschaftswiesen, die Trocken- und Halbtrockenrasen sowie die Feucht- und Naßwiesen sind, die aus ökologischen Gründen einer sehr großen Zahl von heute vielfach gefährdeten Arten ausschließlich als Lebensstätte dienen können.
Wie bereits ausgeführt, verändert die Düngung die Artenzusammensetzung bei den Wiesenpflanzen in ganz charakteristischer und eindeutiger Weise: Waren früher bei einer floristischen Bestandsaufnahme, also einer genauen Kartierung aller vorkommenden Pflanzenarten, 40–50 verschiedene Kräuter oder Gräser pro 100 Quadratmeter Wiese ein üblicher Wert, so finden wir heute auf derselben Fläche im Intensivgrünland im Durchschnitt nur noch 8–12 verschiedene Pflanzenarten. Hinzu kommt noch, daß früher je nach der geographischen Region und dem Wiesentyp außerdem immer wieder andere Wiesenpflanzen festgestellt werden konnten, während man heute in Wirtschaftswiesen selbst in Nord- und Süddeutschland zumeist immer nur dieselben wenigen Pflanzenarten antrifft, und das über Quadratkilometer hin.
Es handelt sich dabei vor allem um düngerdankbare, schnellwüchsige Grasarten, z. B. Wiesenfuchsschwanz, Glatthafer, Knäuelgras, und um wenige düngerliebende Kräuter, wie zum Beispiel den Löwenzahn, während das Gros der ursprüngli-

chen Wiesenblumen und -gräser, ohne die unsere Wiesenfalter nicht leben und überleben können, an nährstoffärmere Bedingungen angepaßt sind. Von daher nimmt es dann auch nicht wunder, wenn die ursprünglichen Wiesenpflanzen unter den heutigen Wirtschaftsbedingungen im Grünland keine Konkurrenzchance gegen die schnellwüchsigen Arten mit hohem Nährstoffbedarf besitzen und somit auf breiter Front verschwunden sind.

Wie wirkt die Düngung und Entrophierung speziell auf unsere Wiesenfalter?

Wiesenschmetterlinge brauchen als Raupe ganz bestimmte Pflanzenarten, meist Kräuter, von denen sie sich ernähren. Die einzelnen Arten sind dabei meist sehr eng auf eine oder einige wenige Pflanzenarten oder Kräuterfamilien spezialisiert. Und auch nach der Verwandlung, als erwachsener Falter, benötigen die Tiere Kräuter, da Fliegen eine ausgesprochen energiezehrende Fortbewegungsform ist. Diese Energie holen sich die Falter wiederum, indem sie Nektar tanken, und zwar vorzugsweise aus Kräuterblüten.
Vergleicht man nun die Liste der Futterpflanzen, an denen die Schmetterlingsraupen leben, aber auch eine Liste der Blumen, die von den ausgewachsenen Faltern hauptsächlich angeflogen werden, mit dem Stickstoffanzeigerwert, d. h. der Stickstofftoleranz der jeweiligen Pflanzen, so ergeben sich unübersehbare Zusammenhänge: Beinahe alle Pflanzen, auf die die Wiesenfalter angewiesen sind, benötigen ihrerseits stickstoffärmere Standorte, gehen also bei Düngung zurück! Beispielsweise veränderte sich im norddeutschen Grünland das Gräser-Kräuter-Verhältnis von 70:30 auf 85:15. Damit ist auch das Schicksal der von diesen Pflanzen abhängigen Falter untrennbar mit dem der Pflanzen verbunden. So gesehen wird angesichts der flächendeckenden Wiesendüngung auch der galoppierende Bestandsrückgang sowohl der Wiesenblumen als auch der Wiesenfalter und vieler, vieler weiterer Arten leicht verständlich.
Nicht selten verschwinden die Falter dabei sogar noch vor ihren Futterpflanzen. Man führt dies unter anderem darauf zurück, daß die hohen Ammonium- oder Nitratgaben die physiologische Konstitution der Pflanzen derartig verändern, daß diese nunmehr von den Raupen überhaupt nicht mehr ohne Schaden gefressen werden können oder sich wenigstens sehr negativ auf die Vitalität und Verpuppungsrate der Raupen auswirken. Dabei handelt es sich keineswegs um ein ausschließlich auf die Schmetterlinge beschränktes Phänomen. Vielmehr wurden ähnliche ökotoxikologische Wirkungen auch schon bei anderen Wiesenarten festgestellt. So hat man etwa bei der Heuschreckenart *Acrotylus patruelis* im Laborexperiment nachgewiesen, daß Harnstoff, der unter anderem in der Gülle in Mengen enthalten ist, bereits in Konzentrationen ab 0,23 Gramm Stickstoff pro Kilogramm Trockensubstanz eine deutliche Reduzierung der Absetzrate von Ootheken (Eikokons) und Eiern bei dieser Art bedingt, bis schließlich bei noch höheren Konzentrationen die Eibildung ganz unterbleibt.
Wenn die Düngung also wirklich der Hauptgrund für das Verschwinden der Wiesenfalter ist, so muß umgekehrt gelten, daß alle die Schmetterlingsarten, die auf düngerliebende oder stickstoffindifferente Pflanzenarten angewiesen sind, nicht zurückgehen, soweit nicht andere Schadensursachen zum Tragen kommen. Und tatsächlich, Falterarten mit diesem Anspruchsprofil, wie beispielsweise der Kleine Kohlweißling an verschiedenen Kreuzblütlerarten (z. B. der Knoblauchsrauke im Heckensaum), sind nach wie vor häufig.
Damit ist einer der ganz wesentlichen Verursacher des Falterschwundes im Grünland erkannt (vgl. auch Tabelle 2), der aber auch noch andere Schadwirkungen nach sich zieht. Herauszustellen sind vor allen Dingen die erheblich veränderten Licht- und Klimabedingungen in den bodennahen Schichten der Wiesen infolge des guten und kräftigen Graswuchses, da dies unübersehbare Konsequenzen für die wieseneigene Falterfauna hat. Während nämlich in mageren Wiesen die Vegetation zumindest über weite Bereiche relativ locker, schütter ist,

die Sonne also stellenweise bis zum Boden vordringen kann, mit der Folge, daß dort vielfach recht warmtrokkene Bedingungen herrschen, ist dies in hochproduktiven Grasbeständen nicht oder kaum der Fall. Die dichtgeschlossene Grasnarbe verwehrt den Sonneneintritt in bodennahe Bereiche. Damit wird das Kleinklima dieser Bestände insgesamt deutlich kühl-feuchter, woraus wiederum folgt, daß alle die Arten zurücktreten, die etwas höhere Wärmeansprüche haben. Hierzu zählen beispielsweise sehr viele Tagfalter.
Ein nicht zu unterschätzendes Problem der Grünlandintensivierung ist außerdem, daß die Entwicklungszyklen der Falter und die Rhythmen der Mahd zunehmend auseinanderlaufen.

Entwicklungsziele sowie Schutz- und Pflegemaßnahmen für die wichtigsten Falterbiotope

Nachfolgend werden, in stark gerafften, z. T. stichwortartiger Form, die wichtigsten Aspekte für den Schutz der Falter in ihren Biotopen, bzw. für einen erfolgversprechenden Biotopschutz als Schmetterlingsschutz zusammengestellt (zur weitergehenden Detaillierung vgl. BLAB et al. 1987).

Falterschutz in Tockenbiotopen

Typenpalette

Trocken- und Halbtrockenrasen, Trokkenwälder und -gebüsche, trockenere Typen der Zwergstrauchheiden.
Zahlreiche warm-trocken-liebende Falterarten wie ebenso viele gefährdete Schmetterlingsarten besitzen in der Bundesrepublik Deutschland nur noch wenige isolierte Vorkommen in diesen Biotopbereichen.
Entsprechend zählt es zu den vordringlichsten Aufgaben, diese Refugialbiotope zu erfassen, bindende Sperren für abträgliche Landschaftsveränderungen (vgl. Bereinigungsmaßnahmen, Aufforstungen, Überbauung, Abbau von Steinen und Erden, Düngung und Nutzungsintensivierung) in diesen Bereichen festzuschreiben und am Bedarf der hier siedelnden Falterarten orientierte Pflegeprogramme zu entwickeln. Generell sollten alle verbliebenen Trockenbiotope aus der Sicht des Falterschutzes streng geschützt, aber auch gepflegt werden.

Trocken- und Halbtrockenrasen

Entscheidende Qualitäten für den Falterschutz
- Erhaltung als blütenreiche, höchstens geringfügig bebuschte Rasengesellschaften;
- relativ schütterer, lichter Vegetationsaufbau;
- Nährstoffarmut der Böden;
- möglichst große Flächenausdehnungen der einzelnen Bereiche. Unbedingt schützenswert sind aber auch kleinflächige Ausprägungen.

Schutz- und Pflegemaßnahmen
- extensive Nutzung als einschürige Mähwiese (Mahd im September) bzw. pflegliche Beweidung mit geeigneten Schafrassen (Wanderschäferei, keine Koppelhaltung!);
- wo die extensive Nutzung wegfällt, Erstellung und Umsetzung von Pflegeprogrammen;
- Ausmagern von Varianten, die erst in jüngerer Zeit mittels Düngung intensiviert wurden, wo solche Ausmagerungsaktionen also noch Erfolg versprechen;
- dort, wo Trockenwiesen neu angelegt und gestaltet werden können (z. B. Wände von Abgrabungsgebieten, Dämme und Hanganschnitte bei Verkehrsstraßen usw.), ist im Interesse späterer Pflegeerleichterungen von Anfang an auf jede Humusauflage und Düngung zu verzichten.

Zwergstrauchheiden

Entscheidende Qualitäten für den Falterschutz
- Nährstoffarmut der Biotope;
- relativ geschlossene Zwergstrauchdecke;
- Erhaltung möglichst großflächiger, zusammenhängender Bereiche.

Schutz- und Pflegemaßnahmen
Pflegeprogramme nach folgenden Alternativen:
- Mähen mit tiefschneidendem Gerät (ca. alle 10 Jahre);
- Plaggen (ca. alle 10–15 Jahre);
- Brennen (ca. alle 10–15 Jahre);

● Beweiden mit geeigneten Schafrassen.

Trockenwälder und -gebüsche

Entscheidende Qualitäten für den Falterschutz
● Lichter Waldaufbau mit freistehenden Einzelbäumen, verstreuten Buschgruppen, eingestreuten Wiesen- und Trockenrasenfragmenten.

Schutz- und Pflegemaßnahmen
● Verzicht auf gezielte und planmäßige Aufforstung sowie Holznutzung;
● Rückbau von Nadelforsten auf Standorten natürlicher Trockenwälder;
● gelegentliche Waldpflege, vor allem von Zeit zu Zeit stärkere Auflichtung des Kronendaches durch Holzeinschlag. Bei Mittel- und Niederwäldern Fortführung dieser traditionellen extensiven Waldbewirtschaftungsformen;
● Streichung der Fördermittel zur Umwandlung solcher Waldtypen und Betriebsformen in Hochwälder.

Schmetterlingsschutz in Feuchtgebieten

Typenpalette

Feucht- und Naßwiesen, Uferzonen von Still- und Fließgewässern, Gräben, Moore, Feuchtheiden, Au- und Bruchwälder

Grundvoraussetzung für die Sicherung dieser Faltergemeinschaften ist die Abwehr biotopzerstörender Maßnahmen:
Z. B. Entwässerung der Feuchtgrünländereien, Moore und Feuchtwälder, Kanalisierung von Fließgewässern, standortverändernde Grundwasserentnahme, Auffüllen mit Müll, Erde, Bauschutt usw., Abtorfung, Umwandlung in Äcker, Düngung, Grünlandintensivierung, Aufforstung, Brachfallen.
Generell sind alle hier genannten Feuchtgebietstypen auch von weiterer Zerschneidung – z. B. durch Straßen mit ihrem trockenwarmen und damit gegenüber dem Umland völlig abweichenden Kleinklima – freizuhalten, da diese oft als Wanderbarrieren wirken und folglich Raupen- und Falterlebensraum trennen bzw. dazu führen können, daß das notwendige Minimalareal unterschritten wird. Auch ist der Erholungsbetrieb möglichst von diesen Flächen fernzuhalten, bzw. gezielt um die wertvolleren Biotopteile herumzuleiten.
Da Lebensräume mit hochanstehendem Grundwasser oder Staunässe zwar allenthalben vernichtet, aber kaum irgendwo neu geschaffen werden, wäre es angezeigt, einen hohen Wasserstand durch Schließen bestehender Entwässerungsgräben anzustreben oder auf Wiedervernässung meliorierter Flächen durch örtliches Anheben des Wasserspiegels hinzuarbeiten. Freilich lassen sich diese nach dem Übermaß an Entwässerungen der letzten Jahrzehnte eigentlich zwingend logische Maßnahmen sicherlich nur punktuell, z. B. in Abtorfungsgebieten oder Abgrabungsbereichen, bedingt evtl. auch auf Brachflächen, durchsetzen. Entsprechend ungünstig sind auch die Aussichten für eine Rückeroberung erst in jüngster Zeit aufgegebener Arealteile durch die Schmetterlinge.

Feucht- und Naßwiesen

Entscheidende Qualitäten für den Falterschutz
● Hochanstehende Feuchte/Nässe;
● lückige Vegetationsstruktur mit abwechselnd unterschiedlichen Höhen der Gräser und Kräuter auf engstem Raum;
● Nährstoffarmut (ganz besonders in Streuwiesen und Flachmooren);
● ein im Kleinen möglichst abwechslungsreiches Bodenrelief;
● möglichst große Flächenausdehnungen der einzelnen Bereiche.

Schutz- und Pflegemaßnahmen
● Extensive Nutzung als Grünland mit relativ späten Mähterminen;
● Vergrößerung der Flächen, Wiedervernässung, Anheben des Grundwasserstandes;
● Verbindung benachbarter Feuchtwiesenkomplexe durch staudenreiche, nicht entwässernde Gräben;
● Ausmagern stärker gedüngter Varianten;
● Einrichtung von Pufferzonen (Säume aus Hochstauden bzw. Sumpf-

seggenrieden von wenigstens 15 m Breite), um z. B. die nährstoffarmen Kleinseggenflachmoore und Streuwiesen gegen Düngereintrag aus den benachbarten landwirtschaftlich genutzten Flächen etwas „abzuschotten".

Uferzonen und Land-Wasser-Übergangsbereiche

Entscheidende Qualitäten für den Falterschutz

- Reiche Bestände an Wasser- und Verlandungsvegetation in standortgerechter Ausprägung;
- gute Wasserqualität;
- lange und vielgestaltige Uferrandlinie, ausgedehnte Flachwasserbereiche.

Schutz- und Pflegemaßnahmen

- Verbesserung der Wasserqualität (z. B. durch Kläranlagen mit biologischer Reinigung sowie Stickstoff- und Phosphorfällung);
- Rückbau der massiven Ufersicherungen von Fluß- und Bachstrecken (soweit keine Hochwassergefährdung von Siedlungen) und Ersatz durch moderne Lebendbaumaßnahmen, wie z. B. Röhrichte;
- nachträgliche Sohlen- und Querschnittsverbreiterungen über größere Strecken gegenüber den Regelprofilen in verbauten Fließgewässern.

Moore

Entscheidende Qualitäten für den Falterschutz

- wüchsiges Hochmoor mit mooreigenem Wasserhaushalt;
- möglichst größere zusammenhängende Flächen vor allem ab 100 ha aufwärts, aber auch kleine Moore und Moorreste sind besonders schutzwürdig.

Schutz- und Pflegemaßnahmen

- Abwehr von Entwässerung, Abbau, Aufforstung, Vieheintrieb, Düngung und Kalkung, Erholungsnutzung und Verschmutzung;
- Moorsanierung, wo noch möglich durch: Aufbau eines mooreigenen Wasserhaushalts (dies setzt voraus: Abdichten der Entwässerungsgräben, Zerstörung der Drainagen, Abdichten aufgerissener Moorränder); Wiedervernässung mit nährstoffarmem Wasser; Beseitigung von Gehölzaufwuchs (Entkusseln);
- Anlage ungedüngter Pufferzonen von 300–500 m Breite gegenüber dem intensiv genutzten Wirtschaftsland, um das Einwandern von düngenden Substanzen zu erschweren;
- Falterfreundliche Gestaltung der engeren Moorumgebung. Infolge der Blütenarmut intakter Hochmoore muß für die Falter ausreichend Nektar in unmittelbarer Nähe der eigentlichen Hochmoorflächen (mit den spezifischen, mooreigenen Raupenfutterpflanzen) verfügbar sein (randständiger Blütengürtel). Wird die Pufferzone als Streuwiese genutzt, so stellt sich ausreichendes Blütenangebot in der Regel von selbst ein. In Waldhochmooren findet sich diese elementare Habitatstruktur für die Imagines insbesondere am Moorrand oder an etwas trockeneren, baumbestandenen Stellen im Moorkern.

Feucht- und Naßwälder

Sicherungs- und Entwicklungsziele

Bestandssicherung. Unverzichtbar dafür ist:

- daß Bruchwälder wenigstens in Teilen durch Frühjahrshochwässer überstaut werden;
- daß bei Auewäldern die natürliche Flußdynamik erhalten bleibt;
- vielfach ist auch eine Verbesserung der Wasserqualität bei Fließgewässern erforderlich;
- Naturgemäßer Waldaufbau in Struktur und Artenzusammensetzung. Bestockungsziele für Weichholzauen: natürliche Gesellschaft der Weidenbüsche und Weidenwälder sowie von Schwarz-, Silber- und Graupappeln. Hartholzaue: Eichen-Ulmenbestände.

Schutz- und Pflegemaßnahmen

- Abwehr der Schadeinflüsse, Umkehr von eingetretenen Fehlentwicklungen (z. B. Schließen bestehender Entwässerungsgräben bei Bruchwäldern, nachträglicher Einbau von Überlaufdämmen und Heberleitungen an Dämmen ausgebauter Fließgewässer);
- Weichholzauen sollten der natür-

lichen Sukzession überlassen werden;
- bei Hartholzauen ist es wünschenswert, die oft auf großen Flächen angepflanzten Pappelforste in naturgemäße Mischwaldbestände umzubauen;
- Lichtung des Kronendaches durch gelegentliche Nutzungs- oder Pflegehiebe.

Agrarlandschaft

Biotop-Palette

Wiesen, Weiden, Äcker, Raine, Hekken, Brachen

Wiesen und Weiden

Entscheidende Qualitäten für den Falterschutz
Pflanzenvielfalt, hoher Blütenreichtum, und zwar nach Blütendichte wie auch Blütenvielfalt, ein lichter, lockerer Aufbau der Vegetation, keine zu starke Belastung durch Gülle oder Mineraldünger, kleinräumig wechselndes Mikrorelief.

Schutz- und Pflegemaßnahmen
- Verzicht auf Umbruch von Wiesen in Äcker (vgl. auch Bild 88).
- Abwehr der Intensivierungsbestrebungen bei extensiv oder relativ extensiv genutztem Dauergrünland, insbesondere auch der ungedüngten Magerrasenreste an Geländekuppeln, Hangkanten, Terrassenböschungen, Waldsäumen und Flurwegen;
- deutliches Rückfahren der Düngermengen auf großer Fläche. (Der Düngereinsatz in der Landwirtschaft ist in den letzten 50 Jahren teilweise um das Acht- bis Zehnfache gesteigert worden.) Ausmagern (!) möglichst vieler großflächiger Grünlandbereiche;
- gezieltes „Wiesenblumenmanagement" in den Grünlandflächen, die aus der landwirtschaftlichen Nutzung ausscheiden oder aber gezielt auf einzelnen, großflächigen, in das Intensivgrasland eingebetteten Wiesenparzellen, indem diese nicht mehr gedüngt und nur ein- bis zweimal im Jahr gemäht werden, wobei der erste Schnitt nicht vor Mitte Juni erfolgen soll.

Alternativ zu letztgenannter Maßnahme (und bei den aktuellen Wirtschaftsbedingungen zumeist eher realisierbar):
- Sicherung bzw. Neuausweisung eines ausreichenden Flächenanteils an möglichst breiten, wenigstens aber 2–3 m breiten, nicht oder nur extensiv bewirtschafteten und auch chemisch nicht behandelten Wildkrautparzellen in landwirtschaftlichen Intensivgebieten. Im Interesse der Bestandssicherung gliedert man diese zweckmäßigerweise an Flurstücks- und Wegegrenzen (z. B. breite Raine), Bäche, Gräben, die Südränder von Heckenzeilen u. a. m. an. Windgeschützte und sonnenexponierte Lagen werden dabei von den Faltern bevorzugt. Eine etwaige Mahd wie auch die Pflege von Straßen- und Grabenrändern sollte nicht vor dem Spätsommer (Anfang September) durchgeführt werden.
- Schmetterlingsschutz über ein „Wiesenblumenmanagement" läßt sich auch in Privatgärten sowie Grünanlagen des Siedlungsbereichs praktizieren, indem wenigstens wesentliche Teile der Rasenflächen nur mehr ein- bis zweimal im Jahr gemäht (September und Juni) und nicht mehr gedüngt werden.

Äcker, Brachen, Raine

Entscheidende Qualitäten für den Falterschutz
- Hohe Vielfalt raumgliedernder Elemente (wie Raine, Bracheflecken, Hecken usw.) und allmähliche Übergänge zwischen verschiedenen Biotoptypen;
- möglichst geringe Belastung durch Dünger und Pestizide;
- Wildpflanzenreichtum auf möglichst vielen Flächen.

Schutz- und Pflegemaßnahmen
- Deutliche Verringerung der Gesamtdüngermenge und des Herbizideinsatzes wenigstens auf wesentlichen Teilen der Feldfläche;
- mittelfristig: Ablösung der Breitbandwirkstoffe zugunsten „nützlingsschonender" Pestizide mit kurzer Wirkungsdauer;
- deutliche Reduktion der Schlaggrößen der Äcker;
- Umkehrung der Kahlschlagwir-

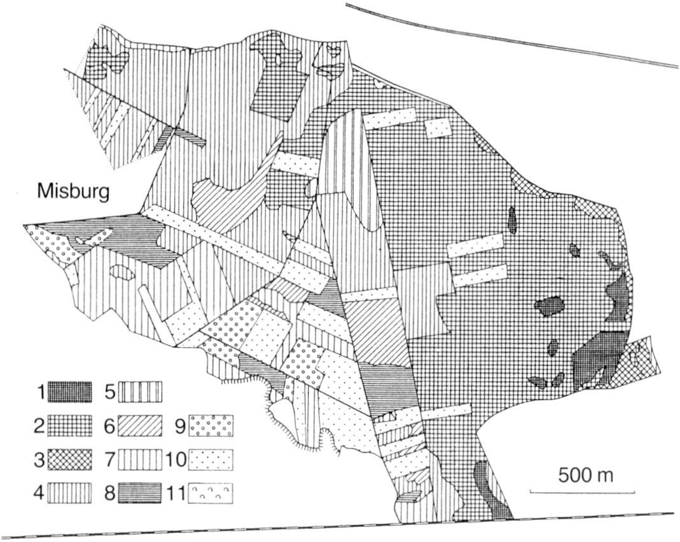
Misburg
1
2
3
4
5
6
7
8
9
10
11
500 m

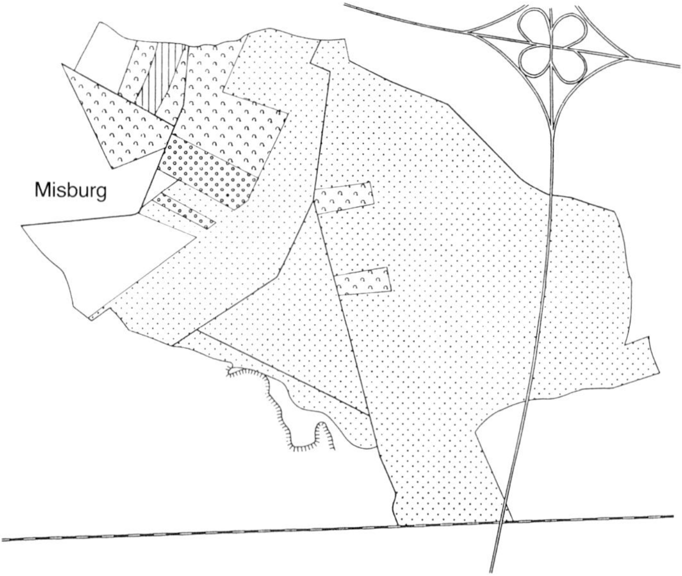
Misburg

Bild 88. Das Vegetationsinventar des Seckbruch östlich Hannover-Misburg. Oben Zustand 1950, aufgenommen von K. Walther, Unten Zustand 1975, aufgenommen von K. Meisel.
1 Großseggen-Gesellschaften, **2** Dotterblumenwiese, **3** Kohldistelwiese, **4** Wiesenknopfwiese, **5** Benthalmwiese, **6** Hochstaudenflur, **7** Glatthaferwiese, **8** Flutrasen, **9** Weiselgraswiese, **10** Äkker, **11** Wald- und Forstgesellschaften, Aufforstungen (aus Meisel, 1978).

kung der Flurbereinigung, indem in großem Stile wieder zusammenhängende Rainsysteme, Brachlandzwikkel, Hecken und Gewässer in die Feldflur eingebracht werden;

- Verbot der Anwendung von Herbiziden auf Böschungen, Feldrainen, Weg- und Straßenrändern sowie Brachen;
- verstärkte Durchführung sog. Akkerrandstreifen-Programme in den verschiedenen Ackerbaugebieten.

Hecken und Gebüsche

Entscheidende Qualitäten für den Falterschutz

- Erhaltung von und Anreicherung der Feldflur mit Hecken und Gebüschen;
- hohe Grenzlinienanteile (der Gehölze) im Verhältnis zu ihrer Fläche, also bandartige Formen mit sehr unregelmäßigen Ausbuchtungen, insbesondere in Richtung Süden;
- enge Benachbarung aller Heckenaltersklassen von wenigen Jahren bis zu 25, 30 Jahren (in Heckengebieten);
- Heckenbreite nicht zu schmal (ab 4 m Breite);
- breite, gehölzbegleitende Wildkrautsäume allseits, zumindest aber am Südrand.

Schutz- und Pflegemaßnahmen

- Ergänzungen, Neuanpflanzungen mit standortgerechten Gehölzen, vielfältige Gehölzmischung;
- gelegentliche niederwaldartige Nutzung bzw. Pflege. Faustregel für Pflegeprogramm in Heckengebieten: ca. alle 6 Jahre von Oktober bis Februar umschichtig rund 20 % des Bestandes „auf den Stock" setzen;
- gelegentliche, abschnittsweise Mahd der Wildkrautsäume im Herbst.

Schmetterlingsschutz im Wald

Für die stenotoperen Arten dieser Faltergruppierung ist die flächenhafte Sicherung und Pflege spezieller Waldpflanzengesellschaften (z. B. der Feucht- und Trockenwälder, der Edellaubholz-Schluchtwälder, der Orchideen-Buchenwälder und vor allem auch der Eichenwälder) von ausschlaggebender Bedeutung (Erhalt bzw. Entwicklung der Waldvegetation in naturgemäßer Baumartenverteilung und Altersstruktur).
Die Ziele für den Waldfalterschutz in den sonstigen Waldbereichen sind:

- Abkehr von reinen Koniferenforsten und der Dunkelwaldwirtschaft durch:
Sicherung eines hohen Laubholzanteils bzw. Durchmischung von Nadelforsten mit Laubbäumen unter ausschließlicher Verwendung standortgerechter Baumarten sowie unter Ausnutzung der Naturverjüngung;
Reduktion der großen Flächen von Altersklassewäldern durch enge Verzahnung unterschiedlicher Altersstufen; Sicherung bzw. Aufbau möglichst vielfältiger und vielgestaltiger Baumbestände;
Lichtung des Laubdaches z. B. durch Einzelstammnutzung;
Belassen kleiner Blößen und Windwurflücken mit ihrer reicheren Krautschicht und dem wärmeren Binnenklima.
- Erhaltung und Schaffung kleinräumig wechselnder Unterschiede des Bodens, des Licht-, Wärme- und Wasserangebots bei der Bestandspflege, Verjüngung und Jungwuchspflege;
- Sicherung und Entwicklung von staudenreichen Waldmänteln. Die Waldaußen- und -innenränder – ganz besonders in südexponierten und windgeschützten Lagen – müssen ausreichend breite Säume mit Kraut- und Grasbeständen aufweisen. Abteilungs- und Gliederungslinien, unbefestigte Wege und Wegbankette müssen entsprechend breit angelegt sein. Die Säume sollten höchstens alle paar Jahre gemäht und nicht gespritzt werden.
- Erhaltung der Weichhölzer (v. a.

Espen, Weiden, Pappeln, Birken) wenigstens an Wegen und Bestandsrändern;
- völliger Verzicht auf die Anwendung von Gift in Wäldern, auf Kahlschlägen, Aufforstungsflächen und Wegsäumen;
- Mahd der Wegränder nicht vor Ende August;
- Verzicht auf Teeren der Waldwege;
- Erhaltung sowie Fortführung der extensiven Nutzung von Waldwiesen sowie bachbegleitenden Wiesen in Waldnähe.

Schmetterlingsschutz in den Alpen

Entscheidende Qualitäten für den Falterschutz
- Freihalten möglichst vieler und auch möglichst großer, repräsentativer Teile der Alpen von Erschließung und menschlicher Nutzung;
- Flächenhafte Erhaltung des Bergwaldes in seinem natürlichen Bestandsaufbau und seiner natürlichen Waldstruktur;
- Erhaltung des überkommenen Wald-Grünland-Verteilungsmusters, auch kein Aufforsten grasiger Bestandslücken der Bergwälder;
- Beibehaltung der extensiven Almbewirtschaftung oder stellenadäquate Almpflege.

Schutz- und Pflegemaßnahmen
- Bündelung von Nutzungen, Lenkung neuer Großinvestitionen in bereits erschlossene Gebietsteile, großräumige Nutzungsentflechtung, Sicherung großflächiger, wenig berührter Naturräume;
- drastische Einschränkung des Waldverbrauchs für Pisten, Lifte, Loipen und Forstwege;
- nachhaltige Eindämmung der Luftverschmutzung;
- standortgemäße Naturverjüngung der Bergwälder;
- Verzicht auf Nutzungsintensivierung in der Forstwirtschaft und auf weitere Walderschließung;
- strikte Trennung von Wald und Weide;
- deutliche Verringerung der viel zu hohen Wildbestände (gegebenenfalls zunächst Verjüngung der Wälder mit Hilfe von Zaunschutz);
- Fortführung der traditionellen Almnutzung als Extensivweide oder einschürige Mähwiese – alternativ – Pflegeprogramme für brachfallende Almen.

Ortsunabhängige, übergeordnete Maßnahmen

Unverzichtbar für den Falterschutz ist darüber hinaus:
- eine Luftreinhaltepolitik, die bei den Hauptverursachern (Industrie, Verkehr, Hausbrand) ansetzt und möglichst rasch zu spürbaren Entlastungen hinsichtlich der Schadstofffracht der Luft führt.
- Nachhaltige Begrenzung/Reduzierung der Mengen an Düngemitteln und Bioziden, die in Mitteleuropa ausgebracht werden dürfen.

Das System der Schmetterlinge

Ordnung Lepidoptera (Schmetterlinge)

Unterordnung Zeugloptora

Überfamilie Micropterigoidea

Familie Urmotten – *Micropterigidae*
Entwicklungsgeschichtlich primitivste Gruppe der Schmetterlinge. Kleine Arten mit einer Flügelspanne bis 10 mm. Vorder- und Hinterflügel sind ähnlich ausgebildet, sie sind also

Bild 89. *Micropterix auratella.*

gleich groß, haben ähnliche Äderung und sind mit einem Jugum verbunden. Bei den Imagines sind funktionierende Kiefer ausgebildet. Die Schmetterlinge ernähren sich vom Blütenstaub. Im ganzen sind ungefähr 40 Arten bekannt, in Europa leben ungefähr 230 Arten.

Unterordnung Dacnonympha

Überfamilie Eriocranioidea

Familie Trugmotten – *Eriocraniidae*
Sehr primitive Schmetterlinge, kleine Arten bis 10 mm. Vorder- und Hinterflügel sind ähnlich ausgebildet und tragen kurze Fransen. Die Kiefer sind nicht funktionell, jedoch ist ein kurzer Rüssel ausgebildet. Die Falter nehmen damit nur Wasser auf. Die Raupen minieren oft. In Europa ungefähr 15 Arten.

Bild 90. *Dyseriocrania subpurpurella.*

Unterordnung Exoporia

Überfamilie Hepialoidea

Familie Wurzelbohrer – *Hepialidae*
Primitive Schmetterlinge kleiner bis sehr großer Ausmaße. Vorder- und Hinterflügel ähnlich ausgebildet und mit einem Jugum verbunden. Unauffällige Färbung. Mundwerkzeuge verkümmert, so daß die Imagines keine Nahrung aufnehmen. An den Beinen tragen sie keine Tibialsporen. Die Raupen sind schlank, schmutzigweiß gefärbt und bohren vor allem in Pflanzenwurzeln, manchmal mehrere Jahre. Auf der Erde sind 400 Arten beschrieben, in Europa ungefähr 10.

Bild 91. *Hepialus sylvina.*

Unterordnung Monotrysia

Überfamilie Nepticuloidea

Familie Zwergmotten – *Nepticulidae*
Gehören zu den kleinsten Schmetterlingen der Erde, Flügelspannweite 3 bis 8 mm, fliegen nachts aus. Färbung schwarz oder metallisch glänzend, auf den Flügeln manchmal einfache helle Zeichnung (Bänder, Tupfen). Die Raupen minieren in Blättern und verpuppen sich im Boden. 400 Arten, in Europa ungefähr 150 bekannt.
Die verwandte Familie *Opostegidae* ist in Europa mit ungefähr 10 Arten vertreten.

Bild 92. *Stigmella argentipedella.*

Überfamilie Tischeroidea

Familie Schopfstirnmotten – *Tischeriidae*
Kleine Schmetterlinge, Spannweite bis 10 mm, einfach gefärbt. Die Raupen bilden in Blättern flache, blasenförmige Minen. Ungefähr 50 Arten bekannt, in Europa nicht ganz 10 Arten.

Bild 93. *Tischeria heinemanni.*

Überfamilie Incurvarioidea

Familie Miniersackmotten – *Incurvariidae*
Kleine, metallisch glänzende Schmetterlinge mit einfacher, heller Zeichnung (Flecken), Flügelspanne bis 10 mm. Fühler fadenförmig oder gekämmt. Die Raupen minieren oft, wenigstens in der Jugend. Auf der Erde ungefähr 75 Arten beschrieben, in

Europa um 20. Die Familie *Prodoxidae* mit einigen wenigen Arten ist verwandt.

Bild 94. *Lampronia capitella.*

Familie Langhornmotten – *Adelidae*
Kleine Schmetterlinge mit einer Flügelspanne bis 20 mm, meistens mit auffallend langen Fühlern, vor allem bei den Männchen (sie sind bis 4mal länger als die Flügel). Die Vorderflügel sind sehr bunt oder glänzen metallisch. Fliegen meistens tagsüber

Bild 95. Degeers-Langfühler (*Nemophora degeerella*).

aus, manche Arten auch nachts. Die Raupen minieren in der Jugend, später leben sie in Säcken, die aus Pflanzenteilen gesponnen sind. Auf der Erde sind rund 250 Arten, in Mitteleuropa ungefähr 30 bekannt. Die Familie wird oft als Unterfamilie der Familie *Incurvariidae* zugeordnet, manchmal auch umgekehrt.

Unterordnung Ditrysia

Überfamilie Cossoidea

Familie Holzbohrer – *Cossidae*
Primitive, einfach gefärbte Schmetterlinge mit verkümmerten Mundwerkzeugen und kurzen, bei den Männchen manchmal gekämmten Fühlern. Kleine bis riesige Arten. Einige tropische Arten gehören zu den größten Schmetterlingen überhaupt. Sie fliegen nachts aus. Die Raupen bohren mit ihren mächtigen Kiefern in Holz, Stengeln, Zwiebeln und Knollen und entwickeln sich bei einigen Arten mehrere Jahre lang. Auf der Erde sind ungefähr 600, in Europa nicht ganz 10 Arten bekannt.

Bild 96. Weidenbohrer (*Cossus cossus*).

Familie Mottenspinner – *Limacodidae*
Kleine bis mittelgroße, tags und nachts ausfliegende Schmetterlinge. Die Raupen sind kurz und dick, erinnern an Schnecken. Um 1000 Arten bekannt, in Europa nur 3.

Bild 97. *Apoda limacodes.*

Überfamilie Zygaenoidea

Familie Widderchen – *Zygaenidae*
Kleine bis mittelgroße Schmetterlinge mit gut entwickelten Mundwerkzeugen und markanter Färbung. Die Füh-

ler sind relativ lang, gekeult oder gekämmt. Fliegen tagsüber aus. Die Raupen sind kurz und dick, locker mit Pinseln besetzt, mit einziehbarem Kopf. Verpuppen sich in einem glänzenden, pergamentartigen Kokon. Ungefähr 1000 Arten bekannt, in Europa über 50.

Bild 98. Gemeines Blutströpfchen (*Zygaena filipendulae*).

Überfamilie Tineoidea

Familie Sackträger – *Psychidae*

Sehr kleine oder kleine Schmetterlinge mit verkümmerten Mundwerkzeugen und markant ausgeprägtem Sexualdimorphismus: Die Männchen haben unauffällig gefärbte, oft durchscheinende, abgerundete Flügel und gefiederte Fühler; die Weibchen sind flügellos, oft wurmartig, nackt und beinlos und verlassen den Sack nicht. Einige Arten können sich parthenogenetisch, das heißt ohne Befruchtung, entwickeln und in bestimmten Gebieten (in Nordeuropa, in den Bergen) kommen überhaupt keine Männchen vor. Die Raupen leben in Säcken, die sie aus Pflanzenstücken spinnen. Es sind ungefähr 900, vor allem in den Tropen lebende Arten bekannt, in Europa treten ungefähr 100 Arten auf.

Bild 99. *Megalophanes viciella.*

Familie Echte Motten – *Tineidae*

Sehr kleine oder kleine Falter, meist mit einer Flügelspanne bis 15 mm, überwiegend unauffällig gefärbt. Auf dem Kopf befinden sich aufrechte Schuppen. Meistens nachts aktiv. Die Raupen fressen oft Materialien tierischer Herkunft (Haare, Leder, Federn) aber auch Samen, Pilze und Pflanzenreste. Auf der Erde sind ungefähr 2000, in Europa gegen 100 Arten bekannt.

Bild 100. *Tinea semifulvella.*

Familie Blatt-Tütenmotten, Miniermotten – *Gracillariidae*

Kleine Schmetterlinge mit einer Flügelspanne bis 10 mm. Die Vorderflügel sind schmal und bunt, beide Flügel mit langen Fransen. Fliegen tagsüber und nachts aus. Die Raupen bilden Minen in Blättern. Auf der Erde sind gegen 2000 Arten bekannt, ungefähr 200 davon in Europa. Diese Familie wird oft in mehrere kleinere Familien unterteilt, zum Beispiel in *Lithocolletidae* und *Phyllocnistidae*.

Bild 101. Fliedermotte (*Gracillaria syringella*).

Überfamilie Sesioidea

Familie Glasflügler – *Sesiidae*

Kleine bis mittelgroße Schmetterlinge mit einer Flügelspanne bis 45 mm, mit verkümmerten Mundwerkzeugen und stärkeren, gebogenen Fühlern. Die Flügel sind glasig, nicht völlig mit Schuppen bedeckt, aber mit einer markanten Äderung versehen. Der Hinterleib endet mit einem Pinsel aus längeren Borsten oder Schuppen. Fliegen meistens tagsüber aus. Die Raupen bohren im Holz oder in den Wurzeln von Pflanzen und haben manchmal eine mehrjährige Entwicklung. Es sind ungefähr 1000, vor allem in Südamerika lebende Arten bekannt, in Europa kommen etwa 30 vor.

Bild 102. Hornissenschwärmer (*Sesia apiformis*).

Familie Rundstirnmotten *Choreutidae*

Zierliche Schmetterlinge, meist dunkel gefärbt, mit weißen oder silbrigen Flecken. Die Hinterflügel sind verhältnismäßig breit und mit nicht sehr langen Fransen besetzt. Es sind ungefähr 350 Arten, in Europa weniger als 20 bekannt.

Bild 103. *Anthophila fabricians.*

Überfamilie Yponomeutoidea

Familie Gespinstmotten – *Yponomeutidae*

Sehr kleine bis kleine Schmetterlinge mit einer Flügelspanne bis 25 mm. Die Vorderflügel sind schmal, oft bunt oder aber weiß mit schwarzen Punkten, Hinterflügel meistens dunkel, Fühler fadenförmig, recht lang. Fliegen nachts aus. Die Raupen leben oft gesellig auf Sträuchern und anderen Pflanzen, die sie dicht mit Fasern umspinnen. Auf der Erde sind gegen 1000 Arten bekannt, in Europa ungefähr 50. Die Auffassung von dieser Familie ist bisher nicht einheitlich, sie wird oft in mehrere kleinere Familien unterteilt (*Argyresthiidae, Plutellidae*).

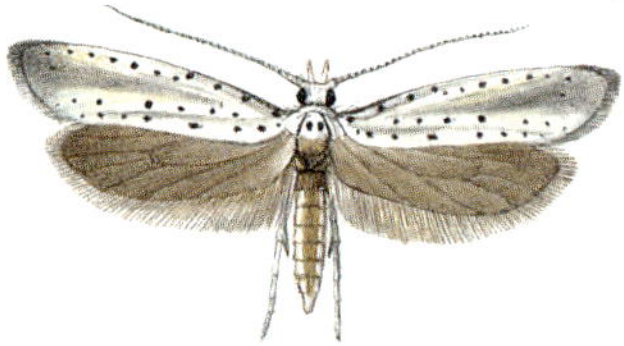

Bild 104. *Yponomeuta irrorella.*

Familie Rundstirnmotten – *Glyphipterigidae*

Zierliche Schmetterlinge, dunkel metallisch gefärbt mit weißen Flecken. Auf der Flügelvorderecke befindet sich ein schwarzer Fleck, die schmalen Hinterflügel tragen lange Fransen. Fliegen tagsüber und nachts. Es sind ungefähr 300 Arten bekannt, davon ungefähr 20 in Europa.

Bild 105. *Glyphipterix thrasonella.*

Familie Langhorn-Blattminiermotten – *Lyonetiidae*

Kleinfalter mit bunter Färbung und langen Fransen an den Flügeln. Mit einer Flügelspannweite bis zu 10 mm gehören sie zu den kleinsten Schmet-

Bild 106. Schlangenminiermotte (*Lyonetia clerkella*).

terlingen überhaupt. Die Raupen minieren in Blättern. Es sind 100 Arten bekannt, nur ungefähr 15 davon in Europa.

Überfamilie Gelechioidea

Familie Faulholzmotten, Palpenmotten – *Oecophoridae*

Sehr kleine bis kleine Schmetterlinge mit einer Flügelspanne bis 30 mm. Viele Arten sind bunt gefärbt, andere Gruppen bräunlich, unauffällig. Der Rüssel ist entwickelt, die Fühler sind fadenförmig, die Taster sind sichelförmig gebogen oder lang nach vorn gerichtet. Die Flügelfransen sind kurz. Die Raupen leben oft im Holzmulm, unter der Rinde von Bäumen, in Stengeln und versponnenen Blättern und Blütenständen. Fliegen meistens nachts. Auf der Erde sind ungefähr 4000 Arten, in Europa nicht ganz 300 bekannt.

Bild 107. *Schiffermuelleria schaefferella.*

Familie Ethmiidae

Eine kleine Familie charakteristisch ausgebildeter kleiner Schmetterlinge mit einer Flügelspanne bis 35 mm.

Bild 108. *Ethmia pusiella.*

Die Fühler sind fadenförmig, die Lippentaster schlank, lang gebogen, die Mundwerkzeuge gut entwickelt. Die Raupen der meisten Arten sind an die Familie Boretschgewächse gebunden. In der Paläarktis sind gegen 80 Arten, in Europa nicht ganz 15 bekannt. Alle werden zu einer einzigen Gattung zusammengefaßt. Diese Familie wird oft der großen Familie *Oecophoridae* als Unterfamilie zugeordnet.

Familie Grasminiermotten – *Elachistidae*

Sehr kleine Schmetterlinge mit langen Fransen an den Flügeln und einer Flügelspanne bis 10 mm. Sie sind meistens nicht auffällig gefärbt (schwarz oder grau), manchmal mit weißen Streifen auf den Flügeln. Diese eng begrenzte Familie umfaßt nur einige Gattungen. Die meisten Arten gehören der Gattung *Elachista* Tr. an. Die Raupen minieren in den Blättern von Gräsern. In Europa sind um 100 Arten bekannt.

Bild 109. *Elachista nobilella.*

Familie Sackmotten, Futteralmotten – *Coleophoridae*

Sehr kleine oder kleine Schmetterlinge mit einer Flügelspanne bis 25 mm, meistens unauffällig gefärbt, mit schmalen, spitzen und lang gefransten Flügeln. Fliegen nachts aus. Die Fühler sind fadenförmig, an der Basis durch zusammengedrängte Schuppen erweitert. Die Raupen leben in Säcken und fressen in Blätter runde blasenartige Minen mit einer Öffnung in der Mitte, in den Minen befindet sich kein Kot. Es wurden ungefähr 1000 Arten, vor allem auf der nörd-

Bild 110. *Coleophora ornatipennella.*

lichen Halbkugel, beschrieben. In Europa leben davon ungefähr 300.

Familie Blastodacnidae
Kleine Familie zierlicher Motten mit einer Flügelspanne bis 10 mm. Die Raupen minieren in Knospen und Trieben von Bäumen. Auf der Erde sind ungefähr 30, in Europa ungefähr 15 Arten bekannnt.

Bild 111. *Blastodacna hellerella.*

Familie Fransenmotten – *Mophidae*
Kleine Familie zierlicher Motten. Flügelspannweite meistens bis 15 mm. Innerhalb der einzigen Gattung sind auf der Erde gegen 60, in Europa nicht ganz 20 Arten bekannt. Die Raupen sind mit ihrer Ernährung an die Familie Nachtkerzengewächse, überwiegend an verschiedene Weidenröschen-Arten gebunden.

Bild 112. *Mompha conturbatella.*

Familie Ziermotten – *Scythrididae*
Eine nicht große, einheitlich ausgebildete Familie kleiner Schmetterlinge

Bild 113. *Scythris muelleri.*

mit einer Flügelspanne bis ungefähr 25 mm. Auf der Erde sind ungefähr 400 Arten, in Europa davon nicht ganz 100 bekannt.

Familie Palpenmotten – *Gelechiidae*
Kleine Schmetterlinge mit einer Flügelspanne bis zu 20 mm, meistens mit entwickelten Mundwerkzeugen. Typisch sind die sichelförmig gebogenen Taster. Die Vorderflügel sind schmal, die Hinterflügel trapezförmig oder linear, mit langen Fransen. Fliegen nachts aus. Die Raupen vieler Arten minieren in Blättern. Auf der Erde sind ungefähr 5000 Arten bekannt, in Europa ungefähr 400.

Bild 114. *Scrobipalpa moritzella.*

Überfamilie Tortricoidea

Familie Wickler – *Tortricidae*
Sehr kleine, höchstens kleine Schmetterlinge mit einer Flügelspanne bis 25 mm. Die Fühler sind fadenförmig, verhältnismäßig kurz, Mundwerkzeuge meistens gut entwickelt. Bei einigen Gruppen recht markant ausgeprägter Sexualdimorphismus.

Bild 115. *Archips xylosteana.*

Fliegen nachts aus. Die Raupen leben in versponnenen Blättern und in Trieben, viele Arten in Früchten. Es sind ungefähr 8000, überwiegend in der gemäßigten Zone lebende Arten bekannt, in Europa treten davon etwa 600 auf.

Familie Wickler – *Cochylidae*
Zierliche Schmetterlinge mit einer Flügelspannweite bis 15 mm und charakteristisch abgeschrägten Vorderflügeln. Eine Reihe von Arten ist sehr bunt gefärbt. Fliegen nachts aus. Die Raupen leben in versponnenen Blättern und Früchten, aber auch in den Stengeln der Pflanzen. Es sind ungefähr 400 Arten bekannt, davon annähernd 100 in Europa.

Bild 116. *Cochylis roseana.*

Überfamilie Epermenioidea

Familie Epermeniidae
Kleine, aber charakteristisch ausgebildete Familie zierlicher Schmetterlinge, deren Flügelspanne 15 mm nicht überschreitet. Am Hinterrand der Vorderflügel befinden sich charakteristische Büschel dunkler Schuppen. Die Raupen leben auf Möhrengewächsen. Es sind ungefähr 60 Arten bekannt, in Europa nicht ganz 30.

Bild 117. *Ochromolopis ictella.*

Überfamilie Alucitoidea

Familie Federmotten – *Alucitidae*
Zierliche und zarte Motten. Die Flügel sind in Längsrichtung immer gleichmäßig in 6 Federn aufgespalten, so daß sie einen breiten Fächer bilden. Der Kopf ist anliegend beschuppt. Fliegen nachts aus. Den *Pteroperidae* ähnlich, aber nicht mit ihnen verwandt. Die Raupen leben in den Stengeln verschiedener Pflanzen. Es sind annähernd 100 Arten bekannt, in Europa davon nicht ganz 10.

Bild 118. *Alucita grammodactyla.*

Überfamilie Pterophoroidea

Familie Federgeistchen – *Pterophoridae*
Sehr kleine bis kleine Schmetterlinge mit einer Flügelspanne bis 35 mm. Charakteristisches Merkmal ist bei den meisten Arten die Aufspaltung der Hinterflügel in 3 Federn und der Vorderflügel in 2 Lappen. Die Beine sind sehr lang. Die Färbung ist unauffällig, meistens bräunlich. Fliegen nachts aus. Die Raupen sind locker behaart, meistens grün und kriechen langsam. Sie leben oft in versponnenen Blättern oder Vegetationskegeln, aber auch in Stengeln. Es sind 600 Arten bekannt, in Europa davon mehr als 100.

Bild 119. *Pterophorus tridactyla.*

Überfamilie Pyraloidea

Familie Zünsler – *Pyralidae*
Umfangreiche Familie kleiner bis mittelgroßer Schmetterlinge mit einer Flügelspannweite bis 40 mm. Die Taster sind oft lang und gerade nach vorn gerichtet. Die Hinterflügel sind breit, fächerförmig, die Fühler fadenförmig. Die Beine sind verhältnismäßig lang. Fliegen nachts aus. Die nicht markant gefärbten Raupen leben in

versponnenen Blättern, in Stengeln, in Samen, in Mehlprodukten, manchmal auch in Materialien tierischer Herkunft. Auf der Erde sind gegen 20000 Arten bekannt, in Europa ungefähr 600. Diese Familie wird oft in kleinere Familien unterteilt *(Crambidae, Phyticidae, Pyraustidae)*. Nach neuerer Auffassung handelt es sich dabei nur um Unterfamilien.

Bild 120. *Pyrausta purpuralis.*

Familie Fensterschwärmer – *Thyrididae*
Mittelgroße Schmetterlinge mit glasartig durchscheinenden Flügelteilen. Fliegen tagsüber bei sonnigem Wetter aus. Es sind ungefähr 700, überwiegend in den Tropen lebende Arten bekannt, in Europa nur 2.

Bild 121. Kletten-Fensterschwärmer (*Thyris fenestrella*).

Überfamilie Hesperioidea

Familie Dickkopffalter – *Hesperiidae*
Kleine bis mittelgroße Schmetterlinge mit breitem Kopf und festen, am Ende erweiterten Fühlern. Die Flügel sind fest und bei den Männchen oft mit Duftklappen ausgestattet. Die Raupen sind nackt oder locker behaart, ihr Kopf ist deutlich abgeteilt. Es sind ungefähr 4000, überwiegend in Südamerika lebende Arten bekannt. In Europa kommen nicht ganz 40 Arten vor.

Bild 122. Ockergelber Braundickkopffalter (*Thymelicus sylvestris*).

Überfamilie Papilionoidea

Familie Ritter- oder Edelfalter – *Papilionidae*
Große, in den Tropen bis sehr große Tagfalter, oft mit gespornten Hinterflügeln. Hierher gehören die größten Schmetterlinge mit einer Flügelspannweite bis zu 30 cm. Die Fühler sind fest und am Ende klöppelförmig verdickt. Die Raupen sind nackt, gewöhnlich sehr bunt. Es wurden über 700 Arten beschrieben, von denen die meisten in den Tropen leben. In Europa gibt es 10 Arten.

Bild 123. Schwalbenschwanz (*Papilio machaon*).

Familie Weißlinge – *Pieridae*
Mittelgroße Schmetterlinge, gewöhnlich weiß oder gelb gefärbt und mit schwarzen Flecken auf den Flügeln. Bei ihnen ist ein markanter Sexualdichroismus ausgebildet. Die Fühler sind drahtartig fest und schließen mit einem Klöppel ab. Die Raupen sind kurz und dicht behaart, meist grün, oft mit gelben Längsbändern auf dem Rücken und an den Seiten. Die Puppen sind frei, auf den Kremaster gestützt und mit Fasern umgürtet. Es sind ungefähr 1500 Arten, in Europa 45 bekannt.

Bild 124. Kleiner Kohlweißling (*Pieris rapae*).

Familie Fleckenfalter – *Nymphalidae*
Mittelgroße bis große Tagfalter, auf der Flügelober- und -unterseite bunt gefärbt. Die Fühler sind fest, drahtartig, am Ende zu einem Klöppel erweitert. Das vordere Beinpaar ist verkümmert. Die Analfelder am Hinterflügel sind erweitert und pergamentartig fest. Der Kopf der Raupen ist deutlich abgeteilt und mit verschiedenen Stacheln oder Auswüchsen versehen, der Körper ist ebenfalls mit Auswüchsen bedeckt. Es sind bis zu 4000, überwiegend tropische Arten bekannt, in Europa leben davon ungefähr 70.

Bild 125. Großer Fuchs (*Nymphalis polychloros*).

Familie Augenfalter – *Satyridae*
Kleine bis große Tagfalter, meistens dunkel gefärbt und mit augenförmiger Zeichnung. Die Flügelunterseite weist oft bunte Tarnfärbungen auf. Die Fühler sind dünn, fest, am Ende ein wenig klöppelartig erweitert. Die Flügeladern sind an der Basis aufgebläht. Die Raupen sind spindelförmig, nackt, längsgestreift und am Körperende mit zwei Vorsprüngen versehen. Eine ganze Reihe siedelt an extremen Standorten: Hochgebirge, Polargebiete oder Wüstenränder. In Europa sind ungefähr 100 Arten bekannt.

Bild 126. Berghexe (*Chazara briseis*).

Familie Scheckenfalter, Würfelfalter – *Riodinidae*
Kleine Tagfalter, überwiegend in den Tropen Amerikas verbreitet. Es sind ungefähr 1500 Arten bekannt, in Europa lebt eine einzige Art. Diese Familie wird von manchen Autoren nicht als selbständig angesehen und der Familie *Lycaenidae* zugeordnet.

Bild 127. Frühlingsscheckenfalter (*Hamearis lucina*).

Familie Bläulinge – *Lycaenidae*
Kleine bis mittelgroße Schmetterlinge mit markantem Sexualdimorphismus. Die Fühler sind am Ende klöppelförmig erweitert und setzen am Kopf unmittelbar bei den Augen an. Die Raupen sind kurz und breit, mit nacktschneckenartigem Aussehen. Der Kopf ist klein und fein behaart und in Ruhe in den Körper eingezogen. Sie leben oft in Ameisenkolonien. Auf der Erde sind über 6000 Arten bekannt, ungefähr 1000 davon in Europa.

Bild 128. Hauhechelbläuling (*Polyommatus icarus*).

Überfamilie Geometroidea

Familie Sichelflügler – *Drepanidae*
Kleine bis mittelgroße, den Spannern nahestehende Schmetterlinge mit breiten, gewöhnlich sichelförmigen Flügeln. Der Rüssel ist kurz oder fehlt, die Fühler sind kurz, kurz gekämmt oder gesägt. Fliegen nachts aus. Die Raupen sind fast nackt, ihr letztes Körperglied läuft spitz aus. Auf der Erde sind ungefähr 400 Arten bekannt, in Europa nur 7. Diese Familie ist in Südamerika überhaupt nicht vertreten.

Bild 129. Weiden-Sichelspinner (*Drepana falcataria*).

Familie Eulenspinner – *Thyatiridae*
Mittelgroße, an Eulenfalter erinnernde Schmetterlinge. Die Mundwerkzeuge sind entwickelt, die Taster recht lang und grob schuppig. Die Färbung ist meist unauffällig. Sie fliegen nachts aus. Es sind ungefähr 150 Arten beschrieben, von denen nicht ganz 20 in Europa leben.

Bild 130. Roseneule (*Thyatira batis*).

Familie Spanner – *Geometridae*
Artenreiche Familie kleiner bis mittelgroßer Schmetterlinge mit überwiegend nächtlicher Aktivität. Auf dem Kopf befindet sich ein charakteristisches Organ, das Chaetosema, dessen Funktion nicht geklärt ist. Die Fühler sind fadenförmig, bei den Männchen oft gekämmt. Mundwerkzeuge entwickelt, seltener verkümmert. Bei den Weibchen einiger Arten, die im zeitigen Frühjahr oder im Spätherbst leben, sind die Flügel verkümmert. Die Raupen sind schlank und tragen auf dem Körper verschiedene Auswüchse, mit denen sie Ästchen oder Puppen nachahmen (Mimikry). Sie besitzen nur 2 oder 3 Paar Bauchbeine. Auf der Erde sind ungefähr 4000, in Europa ungefähr 800 Arten bekannt, die vor allem in der Waldzone leben.

Bild 131. Gemeiner Blattspanner (*Xanthorhoe fluctuata*).

Überfamilie Bombycoidiea

Familie Glucken – *Lasiocampidae*
Mittelgroße bis große Schmetterlinge, stark behaart, mit breiten Flügeln. Die Flügel sind nicht mit einem Stachel, sondern durch die verbreitete Basis

Bild 132. Quittenvogel (*Lasiocampa quercus*).

des Hinterflügels verbunden. Fliegen überwiegend nachts aus, die Männchen einiger Arten nur nachmittags. Die Raupen sind behaart, ihre Entwicklung verläuft verhältnismäßig langsam. Es sind ungefähr 1300, überwiegend in den Tropen lebende Arten bekannt. In Neuseeland und Ozeanien fehlen sie völlig. In Europa leben nur etwas über 20 sehr unterschiedliche Arten.

Familie Frühlingsspinner – *Endromidae*
Eine sogenannte monotype Familie mit einer einzigen Gattung und einer einzigen Art, dem Birkenspinner *(Endromis versicolora)*. Die Fühler sind gekämmt, die Mundwerkzeuge verkümmert. Die Falter fliegen nachts aus, die Männchen bei sonnigem Wetter auch vormittags.

Bild 133. *Endromis versicolora.*

Familie Herbstspinner – *Lemoniidae*
Kleine Familie mittelgroßer Schmetterlinge mit einer Gattung und mehreren in der Paläarktis lebenden Arten. In Mitteleuropa kommen nur zwei Arten vor, von denen die eine tagsüber, die andere nachts ausfliegt. Die Fühler sind gekämmt, die Mundwerkzeuge verkümmert. An den Füßen kräftige Haken zum Klettern. Die behaarten Raupen sind sehr gefräßig.

Bild 134. Habichtskrautspinner (*Lemonia dumi*).

Familie Augenspinner, Pfauenspinner – *Saturniidae*
Große bis sehr große Schmetterlinge mit gedrungenem Körper. Die tropischen Arten gehören zu den größten Schmetterlingen überhaupt. Die Flügel sind breit und oft mit Augen verziert. Die Fühler sind gekämmt, besonders auffallend bei den Männchen, die Mundwerkzeuge sind verkümmert. Fliegen meistens nachts aus, die Männchen manchmal auch tagsüber. Die mächtigen Raupen tragen auf dem Körper bunte Warzen und feste Borsten und sind markant gefärbt. Verpuppen sich in großen Seidenkokons. Auf der Erde wurden ungefähr 1200 Arten beschrieben, die vor allem in den Tropen und im Orient leben, nicht ganz 10 Arten kommen in Europa vor.

Bild 135. Kleines Nachtpfauenauge (*Saturnia pavonia*).

Überfamilie Sphingoidea

Familie Schwärmer – *Sphingidae*
Große bis sehr große Schmetterlinge mit kräftigem, torpedoförmigem Körper. Die Vorderflügel sind schmal und robust, die Hinterflügel verhältnismäßig klein. Die Fühler sind kräftig und kurz, am Ende oft mit einem Haken versehen. Die Mundwerkzeuge sind nur selten verkümmert, meistens ist ein sehr langer, spiralig eingerollter Rüssel ausgebildet. Fliegen in der Abenddämmerung, nachts und manche Arten ausschließlich tagsüber aus. Die großen Raupen sind nackt,

quer gekerbt, bunt, oft mit einem Horn am Körperende. Es wurden ungefähr 1000 Arten beschrieben, die überwiegend in den Tropen leben, in Europa kommen annähernd 20 Arten vor.

Bild 136. Ligusterschwärmer (*Sphinx ligustri*).

Überfamilie Notodontoidea

Familie Zahnspinner – *Notodontidae*
Mittelgroße, meistens unauffällig gefärbte Nachtfalter mit kurzen, gekämmten oder bewimperten Fühlern und verkümmerten Mundwerkzeugen. Die Raupen sind bunt, nackt, oft recht bizarr, mit Auswüchsen versehen oder behaart. Es wurden ungefähr 2000 Arten beschrieben, die vor allem in Südamerika leben, in Europa kennt man ungefähr 40.

Bild 137. Erlenzahnspinner (*Notodonta dromedarius*).

Familie Prozessionsspinner – *Thaumetopoeidae*
Artenarme Familie mittelgroßer, unauffällig gefärbter Schmetterlinge mit zottig behaartem Körper. Die Fühler sind gekämmt, die Mundwerkzeuge verkümmert. Die haarigen Raupen leben in gemeinsamen Nestern und ziehen mitunter in „Prozessionen“ umher. Ihre langen Haare sind giftig – Vorsicht! Es sind ungefähr 80, in Europa 3 Arten bekannt. In Amerika ist diese Familie nicht vertreten.

Bild 138. Eichenprozessionsspinner (*Thaumetopoea processionea*).

Überfamilie Noctuoidea

Familie Trägspinner – *Lymantriidae*
Mittelgroße Schmetterlinge mit ausgeprägtem Sexualdimorphismus. Bei den Weibchen oft verkümmerte Flügel. Die Männchen mit markant gekämmten Fühlern. Die Mundwerkzeuge sind verkümmert. Sie fliegen überwiegend in der Nacht aus, die Männchen mancher Arten auch tagsüber. Die Raupen sind behaart, sehr bunt und mit Rückendrüsen oder Bürsten aus dichten brüchigen Borsten versehen. Verpuppen sich in weichen Kokons. Es sind ungefähr 1800 überwiegend in Südafrika und dem Orient lebende Arten bekannt. In Europa treten nicht ganz 30 Arten auf.

Bild 139. Nonne (*Lymantria monacha*).

Familie Bärenspinner –*Arctiidae*
Behaarte, mittelgroße bis große, überwiegend nachts aktive Schmetterlinge mit breiten, in der Regel sehr bunten Flügeln. Die Fühler der Männchen sind gekämmt, die der Weibchen borstenartig. Die Mundwerkzeuge funktionieren nur selten und sind meistens verkümmert. Die Raupen sind lang behaart, braun, schwarz oder auch bunt und gewöhnlich recht lebhaft. Es sind ungefähr 8000 Arten bekannt, die vor allem in Südamerika auftreten.

Bild 140. Brauner Bär (*Arctia caja*).

In Europa leben ungefähr 40 Arten. Der Familie *Arctiidae* wird oft die kleine Schmetterlinge umfassende Familie *Nolidae* zugeordnet, von der in Europa annähernd 10 Arten leben. Auch die Familie *Ctenuchidae* (Widderbären), deren Habitus an die Widderchen erinnert, wird in letzter Zeit zu den Bärenspinnern gezählt. Von ihr sind ungefähr 2300 Arten bekannt, nur gegen 10 davon leben in Europa.

Bild 141. Weißfleckenwidderchen (*Syntomis phegea*).

Familie Eulen – *Noctuidae*
Umfangreiche und auf der gesamten Erde verbreitete Familie kleiner bis großer Schmetterlinge mit einer Flügelspannweite bis zu 100 mm, meistens unauffällig gefärbt. Die Fühler sind fadenförmig, nur selten bei den Männchen gekämmt. Mundwerkzeuge gut entwickelt, nur ausnahmsweise reduziert. Die Taster sind bei manchen Gruppen sehr lang. Fliegen überwiegend nachts aus, Tagaktivität tritt nur selten auf. Die Raupen sind meistens nackt oder mit einfachen

Bild 142. *Agrotis crassa*.

Wimpern versehen, seltener behaart (zum Beispiel bei der Unterfamilie *Acronytidae*). Sie besitzen meistens 5 Paar Bauchbeine, manchmal 1–2 Paar weniger. Es ist die größte Familie mit 20000 beschriebenen Arten, von denen gegen 1100 in Europa leben. Diese Familie wird in eine größere Zahl Unterfamilien gegliedert von denen einige (vor allem in letzter Zeit) als selbständige Familien angesehen werden (*Acronyctidae, Hypenidae*).

Bestimmungsteil

S. 88-343

Erklärung der Symbole und Abkürzungen

♂ = Männchen
♀ = Weibchen
a = Das Symbol **a**, das hinter der Nummer des Schmetterlings eingefügt ist, bedeutet, daß die Unterseite des Schmetterlings abgebildet ist.
b = Raupe
c = Puppe, Kokon, usw.
f. = forma
ssp. = Subspezies

Unter Naturschutz stehende Arten sind durch roten Druck hervorgehoben.

Urmotten – Familie Micropterigidae

1 Micropterix tunbergella F. 8–9,5 mm. In Mittel- und Nordeuropa verbreitet. Bildet jährlich eine Generation, die im Mai und Juni an feuchten Stellen ausfliegt. Hier läßt sich der Falter mit Vorliebe auf Dotterblumen nieder. Als Nährpflanze wird Hainbuche angegeben. Es ist aber nichts Genaueres bekannt.

2 Micropterix aureatella Sc. 9–11 mm. Über die Verbreitung dieses Falters ist wenig bekannt. Er wurde in West-, Mittel- und Nordeuropa beobachtet und tritt in lichten Wäldern nicht selten auf. Er fliegt im Juni und Juli aus. Die Raupe lebt auf Heidelbeeren. Diese Art ist mit der Nährpflanze von den Niederungen bis in die Berge verbreitet.

3 Dotterblumen-Schabe *Micropterix calthella* L. 7–8,5 mm. Aus ganz Europa bekannt. Tritt in den feuchten Biotopen der Niederungen und Gebirge auf. Es ist der gewöhnlichste Vertreter dieser Familie. Der Falter fliegt im Frühling, im Mai und Juni, aus. Die Raupe lebt von Juli bis Oktober auf Dotterblumen. Als Futterpflanzen werden auch verschiedene Moose angegeben.

Trugmotten – Familie Eriocraniidae

4 Eriocrania sparrmannella Bosc. 8–12 mm. In ganz Mittel- und Nordeuropa und auch in Sibirien verbreitet. Der Falter bildet jährlich eine Generation, die im April und Mai ausfliegt. Die Raupe lebt im Mai und Juni auf Birkenblättern in blasenartigen Minen. Diese Art ist häufig und fliegt tags und nachts aus.

5 Eriocrania semipurpurella St. 11–14 mm. In der Laubwaldzone Nord- und Mitteleuropas verbreitet. Fliegt sehr zeitig im Frühling, im März und April aus. Die Raupe entwickelt sich im Mai in blasenförmigen Minen auf Birkenblättern (**5c**). Wenn sie ausgewachsen ist, fällt sie auf den Boden und verbringt den Sommer und Winter in einem Kokon. Erst dann verpuppt sie sich, und bald schlüpft der Falter. Diese Art ist sehr zahlreich und hat Tag- und Nachtaktivität.

6 Eriocrania haworthi Bradl. (= *rubroaurella auct.*). 9–11 mm. Wird nur aus Nord- und Mitteleuropa angeführt und ähnelt in der Lebensweise den vorigen Arten. Der Falter fliegt bald im Frühling, im April, aus. Die Raupe entwickelt sich im Mai in Minen auf Birkenblättern.

Zwergmotten – Familie Nepticulidae

7 Stigmella malella Stt. 4–5 mm. Der Vertreter einer an Arten äußerst reichen Familie, in der wir die kleinsten Falter überhaupt finden. Diese sind untereinander sehr ähnlich und unterscheiden sich eher in der Lebensweise, der Nährpflanze und im Minentyp als in der Flügelzeichnung. Diese Art kommt im ganzen gemäßigten Europa häufig vor. Sie bildet zwei Generationen, die im Juni und August ausfliegen. Die Raupen leben im Juli und im Herbst in schlangenförmigen Minen auf Apfelblättern (**7c**).

8 Stigmella oxyacanthella Stt. 5–6 mm. Wärmeliebende Art, die außer in der gemäßigten Zone Mitteleuropas auch in Palästina bekannt ist. Sie bildet zwei Generationen, die im Mai und August ausfliegen. Die Raupen leben im Juli und im Herbst bis zum Oktober in Minen auf Weißdorn, Birne und verschiedenen *Prunus*-Arten.

9 Stigmella prunetorum Stt. 4,5–5 mm. Geläufige Art, die in der ganzen gemäßigten und wärmeren Zone Europas, in Kleinasien und in Osteuropa bis zum Kaukasus verbreitet ist. Sie bildet zwei Generationen, die im Mai und August ausfliegen. Die Raupe lebt im Juli und Herbst in Blattminen auf verschiedenen Arten der Gattung *Prunus* und auf Weißdorn.

Urmotten / Trugmotten / Zwergmotten

Wurzelbohrer – Familie Hepialidae

1 Hopfenwurzelbohrer, Geistermotte *Hepialus humuli* L. 40–70 mm. In der ganzen gemäßigten Zone Europas, in Kleinasien und im Osten bis nach Sibirien verbreitet. Wir treffen ihn sowohl in den Niederungen wie auch hoch in den Bergen an. Am häufigsten ist der Falter jedoch in Vorgebirgen, wo er vor Einbruch der Dunkelheit auf Wiesen und grasbewachsenen Stellen niedrig über dem Pflanzenwuchs ausfliegt. Nach dem Dunkelwerden stellt er seine Aktivität ein. Er fliegt der Höhenlage entsprechend im Juni und Juli aus und taucht in den Bergen später auf. Die Raupen leben über zwei Jahre (**1b**). Bis zum Herbst entwickeln sie sich sehr langsam. Vor dem zweiten Winter sind sie schon fast ausgewachsen, und danach verpuppen (**1c**) sie sich. Sie leben im Boden von den Wurzeln verschiedener Kräuter, Gräser und Sträucher. Bei dieser Art bestehen zwischen beiden Geschlechtern erhebliche Unterschiede. Das Männchen ist silbrigweiß, das Weibchen ockerfarben mit einer sehr veränderlichen, rötlichen Zeichnung. Auch in der Größe bestehen Unterschiede, die von den Lebensbedingungen der Raupe abhängen.

2 Hepialus fusconebulosa DE GEER. 30–35 mm. In den nördlicheren und mittleren Gebieten Europas vor allem in den Berg- und Hügelländern verbreitet. Im Osten reicht sein Verbreitungsgebiet über den Ural bis nach Sibirien und in den Fernen Osten. Der Falter bildet eine Generation, die von Mai bis Juli ausfliegt. Das Weibchen ist etwas heller und größer als das Männchen. Die Raupe lebt vom Herbst bis zum Frühling auf Adlerfarn.

3 Hepialus carna ESP. 30–45 mm. Tritt lokal in den Gebirgen Mitteleuropas, vor allem in den Alpen und Karpaten auf und bewohnt die Biotope an der oberen Waldgrenze, die Knieholzzone und auch alpine Wiesen in Höhen über 2000 m. Zwischen Männchen und Weibchen besteht in der Färbung ein erheblicher Unterschied. Die einzige Generation fliegt im Juli und August aus, und die Falter sind am frühen Morgen und bei wolkigem Wetter auch tagsüber aktiv. Die Lebensweise der Raupe ist nicht bekannt.

4 Salatwurzelbohrer *Hepialus sylvina* L. 25–45 mm. In der ganzen gemäßigten Zone Europas, im Osten bis nach Transkaukasien verbreitet. Der Falter bildet eine Generation, die im August und September ausfliegt. Das Männchen unterscheidet sich vom Weibchen erheblich in Größe und Färbung. Die Raupen leben vom Herbst bis zum nächsten Sommer und befressen die weichen Wurzeln verschiedener Pflanzen. Die Imagines fliegen in der Abenddämmerung aus.

5 Hepialus hecta L. 23–33 mm. In Mittel- und Nordeuropa und in ganz Asien bis in den Fernen Osten und nach Sachalin verbreitet. Der Falter bildet jährlich eine Generation und fliegt von Juni bis August aus. Er ist vor Einbruch der Dunkelheit aktiv. Die Männchen suchen dann eifrig die Weibchen auf und fliegen manchmal in regelrechten Schwärmen aus. Diese Art tritt in den Niederungen und Bergen sehr häufig in Wäldern mit reichem Heidelbeer- und Farnwuchs auf. Die Raupe lebt vom Sommer bis zum Frühling und ist polyphag. Sie nährt sich von den Wurzeln von Adlerfarn, Heidelbeere, Ampfer und anderen Pflanzen.

6 Kleiner Hopfenwurzelbohrer *Hepialus lupulinus* L. 22–35 mm. In der gemäßigten Zone Europas und Asiens bis zum Altai verbreitet. Die Falter der einen Generation fliegen im Mai und Juni gegen Abend auf Wiesen und Feldern aus. Die Raupen entwickeln sich vom Sommer bis zum zeitigen Frühling und sind polyphag. Sie befressen im Boden die Wurzeln verschiedener Pflanzen und befallen oft Luzerne und einige Gartengemüse und Blumen, zum Beispiel Maiglöckchen.

Wurzelbohrer

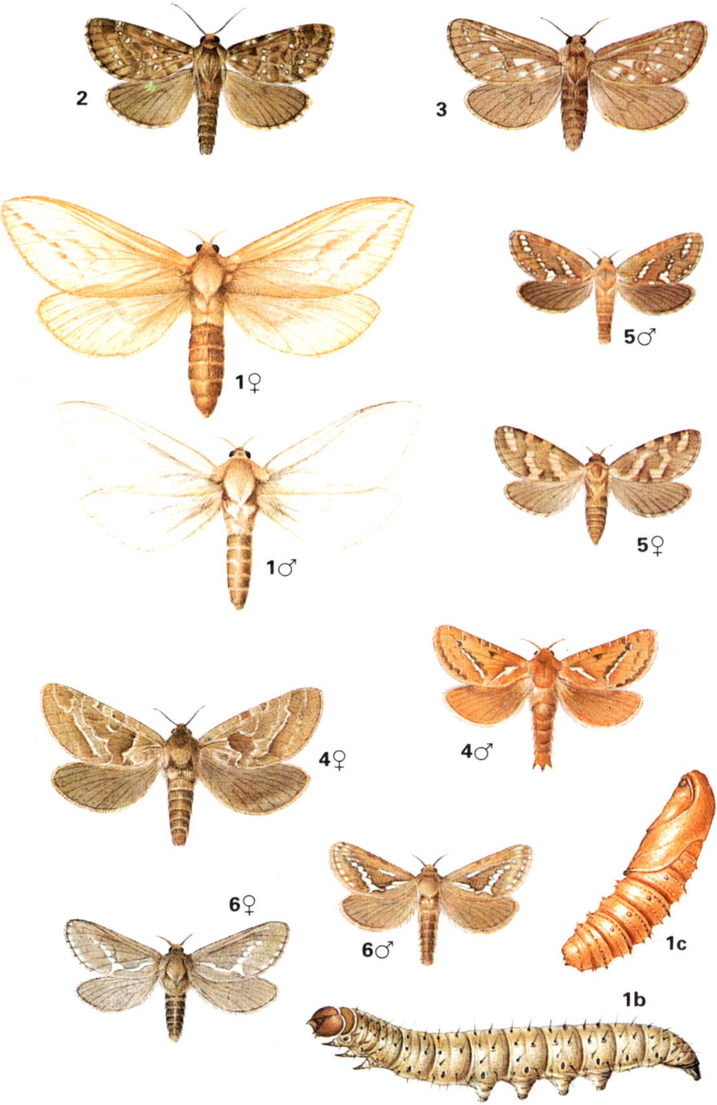

Familie Miniersackmotten – Incurvariidae

1 Incurvaria praelatella SCHIFF. 11–13 mm. In Nord- und Mitteleuropa verbreitet. Bildet jährlich eine Generation, die im Juni und Juli ausfliegt. Die Raupe entwickelt sich vom Sommer bis zum Frühling auf verschiedenen Rosengewächsen.

2 Himbeermotte, Himbeerschabe *Lampronia corticella* L. (= *rubiella* BJERK.). 11–14 mm. In ganz Europa verbreitet. Die Falter fliegen im Juni und Juli nachts aus und legen ihre Eier in die Blüten der Himbeeren ab. Die Raupen (**2b**) leben vom Sommer bis zum nächsten Frühling. Anfangs beschädigen sie die heranreifenden Früchte, nach dem Überwintern fressen sie sich in die Knospen und jungen Triebe (**2c**) ein. Die Art tritt häufig auf und kann in Himbeerplantagen Schäden anrichten.

3 Incurvaria masculella SCHIFF. 14–16 mm. In Europa bis zum Kaukasus verbreitet. Die Falter fliegen schon im April und Mai in Laub-, vor allem Eichenwäldern aus. Die Raupen leben vom Sommer bis zum Frühling auf Eiche, Buche, Hainbuche u. ä. Anfangs bilden sie in den Blättern Minen, später stellen sie aus Blattabschnitten einen kleinen Sack her und leben darin auf dem Boden auf abgefallenen Blättern.

4 Incurvaria pectinea Hw. 14–16 mm. In der gemäßigten Zone Europas und Asiens über den Kaukasus bis zum Altaigebirge verbreitet. Der Falter fliegt im April und Mai in Bergwäldern aus. Die Raupe lebt ähnlich wie die der anderen Arten dieser Gattung auf Birke, Haselnuß, Eiche u. ä.

5 Johannisbeermotte *Lampronia capitella* CL. 14–17 mm. In Mittel- und vor allem in Nordeuropa und in ganz Asien bis in den Fernen Osten verbreitet. In Mitteleuropa tritt der Falter in den Vorgebirgslagen zahlreicher auf. Die Falter fliegen im Mai und Juni, in der Zeit, in der sich die grünen Johannisbeeren bilden, aus. Sie legen ihre Eier mitten in die Beeren ab. Die jungen Raupen leben in den Früchten und nähren sich von den Samen, dann kriechen sie zum Fuß der Sträucher und bereiten sich in einem Kokon auf das Überwintern vor. Im Frühling fressen sie dann die Blütenknospen der Johannisbeeren aus. In Nordeuropa gehört dieser Falter zu den ernsten Schädlingen dieses Beerenobstes, und oft fällt ihm der ganze Ertrag zum Opfer.

6 Incurvaria oehlmanniella HB. 13–16 mm. In Mittel- und Nordeuropa und im Osten bis in den Kaukasus verbreitet. Die einzige Generation fliegt von Mai bis Juli in Nadelwäldern aus. Die Raupe lebt von Juni bis Oktober auf Heidelbeere.

Familie Schopfstirnmotten – Tischeriidae

7 Tischeria ekebladella BJERK. 8–10 mm. Lebt in der Laubwaldzone ganz Europas und im Osten bis zum Kaukasus und Ural. Der Falter fliegt im Mai und Juni aus. Die Raupe lebt in flächigen Minen auf den Blättern junger Eichen und Eßkastanien (**7c**). Im Herbst, im September und Oktober, treten sie manchmal sehr zahlreich auf und befallen vor allem niedrige, zwei- bis dreijährige Sämlinge.

8 Tischeria gaunacella DUP. 7–8 mm. In Mittel- und Südeuropa und in Kleinasien bis zum Kaukasus verbreitet. Die Falter fliegen im Mai und Juni in Wäldern, Waldsteppen und auch auf buschigen Hängen und in Gärten aus. Die Raupen minieren in Blättern vor allem der Gattung *Prunus* (Pflaume).

Miniersackmotten / Schopfstirnmotten

Familie Langhornmotten – Adelidae

1 Degeers-Langfühler *Nemophora degeerella* L. 16–21 mm. In der gesamten gemäßigten Zone Europas bis zum Kaukasus verbreitet, bewohnt die Laub- und Mischwaldzone und lebt an feuchten Stellen vor allem in den niedrigeren Lagen und entlang der Wasserläufe. Der Falter fliegt im Mai und Juni an sonnigen Tagen aus und wirbelt dann, den Eintagsfliegen ähnlich, auf Lichtungen und zwischen den Bäumen umher. Er trägt, wie übrigens die meisten Arten dieser Familie, interessante, lange Fühler, die bei den Männchen die fünffache, bei den Weibchen die doppelte Flügellänge erreichen können. Die Raupe lebt vom Herbst bis zum Frühling auf Buschwindröschen. Anfangs miniert sie in den Blättern, später lebt sie in einem Sack.

2 Grüner Langfühler *Adela reaumurella* L. 14–17 mm. In der Laubwaldzone, vor allem aber in den Eichenwäldern ganz Europas und Asiens verbreitet und bildet jährlich eine Generation. Der Falter fliegt an sonnigen Tagen zeitig im Frühling, im April und Mai, aus und wirbelt in ganzen Schwärmen um die ausschlagenden Zweige von Eichen, Ahorn u. ä. Die Raupe lebt vom Sommer an bis zum zeitigen Frühjahr in einem kleinen Sack und nährt sich am Boden von trockenem Laub von Eiche, Buche, Haselnuß u. ä.

3 Cauchas fibulella Schiff. 7–8 mm. Die kleinste Art dieser Gattung. In der gemäßigten Zone Europas, einem Teil Südeuropas und im Norden Kleinasiens verbreitet. Sie lebt in blütenreichen grasbewachsenen Biotopen, auf Wiesen, Lichtungen und an Waldrändern. Der Falter ist in der Natur sehr unauffällig. Er fliegt tagsüber von Mai bis Juli zwischen Grashalmen und Kräutern umher. Die Raupe lebt vom Sommer bis zum Frühling in einem kleinen Sack und ernährt sich von Gamander und Ehrenpreis, später frißt sie am Boden die Reste der Nährpflanze.

4 Nemophora ochsenheimerella Hb. 14–17 mm. In den Tannenwäldern der Vorgebirgslagen Europas beheimatet. Der Falter fliegt im Mai und Juni aus. Die Raupe lebt vom Sommer bis zum Frühling auf Tannen.

5 Adela croesella Sc. 11–13 mm. In Europa, Kleinasien und Sibirien verbreitet und recht selten. Der Falter fliegt im Mai und Juni in Laubwäldern mit reichem Buschwuchs im Unterholz aus. Die Raupe lebt anfangs in Minen auf Ligusterblättern, später in einem kleinen Sack auf dem Boden. Man kann sie vom Sommer bis zum Herbst finden.

6 Nemophora metallica Poda. 17–20 mm. Lebt in feuchten Grasbiotopen der gemäßigten Zone ganz Europas. Die Falter fliegen von Juni bis August am Tage aus und lassen sich auf den Blüten der Witwenblume nieder. Die Raupe lebt vom Sommer bis zum Frühling auf den Blüten von Witwenblumen, Skabiosen und Flockenblumen, später auf dem Boden. Auf Wiesen kommt diese Art zahlreich vor.

7 Nematopogon robertella Cl. (= *pilulella* Hb). 12–15 mm. In ganz Europa verbreitet und kommt überall dort vor, wo die Nährpflanze wächst, vor allem jedoch in den Bergen bis zur Waldgrenze. Die Falter der einzigen Generation fliegen im Juni und Juli am Tage und abends aus. Die Raupen leben auf Heidelbeeren, später in einem kleinen Sack.

8 Nematopogon swammerdamella L. 19–21 mm. Die größte unter einigen sehr ähnlichen Arten. Bewohnt die Laubwälder ganz Europas bis zum Kaukasus. Der Falter fliegt im Frühling im April und Mai in lichten Wäldern aus. Die Raupe lebt vom Sommer bis zum Frühling auf Eiche und Buche. Anfangs miniert sie in den Blättern, baut sich später aus Blattabschnitten einen kleinen flachen Sack und lebt in diesem auf dem Boden.

Langhornmotten

Familie Holzbohrer – Cossidae

1 Weidenbohrer *Cossus cossus* L. 65–80 mm. Mit Ausnahme der nördlichen Gebiete in ganz Europa und weiter über die gemäßigte Zone Asiens und Nordafrika verbreitet. Lebt in Laubwäldern bis hoch in die Berge hinauf und in Uferbiotopen, die Baumbestand aufweisen. Der Falter fliegt im Juni und Juli nachts aus. Die Raupen (**1b**) leben zwei Jahre (sie überwintern zweimal) und bohren im Holz verschiedener Laubbäume. Meistens werden Weiden und Pappeln, aber auch Mehlbeerbäume, Apfelbäume u. a. geschädigt. Die befallenen Bäume erkennt man schon von weitem am Holzessiggeruch. Aus den Fraßstellen fallen Späne. Vor dem Verpuppen nagt die Raupe im Holz eine größere Kammer und baut sich darin einen weichen Kokon aus Fasern und Holzspänen, in dem sie sich auch verpuppt (**1c**). Wir können die Raupen oft im Frühling antreffen, wenn sie zu anderen Bäumen umziehen.

2 Spargelbohrer *Hypopta caestrum* HB. 30–35 mm. In den wärmeren Gebieten Europas und in Vorderasien verbreitet. Die nördliche Grenze seines Verbreitungsgebietes liegt in Mitteleuropa. Der Falter bildet jährlich eine Generation und fliegt im Juni und Juli aus. Die Raupen fressen bis zum Herbst und nach dem Überwintern bis zum Verpuppen im Mai die Wurzeln des Spargels aus. Sie richten manchmal erhebliche Schäden in den Spargelkulturen in Frankreich, Italien und auf dem Balkan an.

3 Zwiebelbohrer *Dyspessa ulula* BKH. 18–28 mm. Von Nordafrika über die warmen Gebiete Mittel- und Südeuropas bis nach Kleinasien, Armenien und Turkestan verbreitet. Die Falter der einzigen Generation fliegen in den Abendstunden im Mai und Juni aus. Die Raupen leben im Boden und fressen vom Sommer bis zum nächsten Frühling die Zwiebeln einiger Knoblaucharten aus. In steppenartigen Gebieten kommt diese Art am häufigsten vor. Die Falter sind variabel in der Zeichnung und auch in der Größe. Diese hängt davon ab, wie groß die Zwiebel war, in der die Raupe gelebt hat.

4 Rohrbohrer *Phragmataecia castaneae* HB. 27–50 mm. Lebt stellenweise in den wärmeren Gebieten Europas und Asiens bis nach China und Japan. Mit seiner Lebensweise und durch die Futterpflanze ist der Falter an stehende und ruhig fließende Gewässer gebunden. Er bildet zwar nur eine Generation, fliegt aber trotzdem über einen langen Zeitraum von Mai bis September aus. Die Weibchen sind viel größer als die Männchen, haben einen beachtlich langen Hinterleib und anders geformte Fühler. Die Flügelfärbung ist bei beiden Geschlechtern gleich. Die Falter fliegen nachts aus und werden oft vom Licht angelockt, auch wenn dieses weit entfernt vom Biotop ist. Die Raupen leben auf Schilfrohr und überwintern zweimal. Sie verpuppen sich in den Stengeln, nachdem sie von innen her eine Flugöffnung vorbereitet haben. Diese ist nur mit einer dünnen Haut verschlossen.

5 Blausieb, Kastanienbohrer *Zeuzera pyrina* L. 35–60 mm. Über ganz Europa und Asien verbreitet und lebt auch in Nordamerika, wohin der Falter im vergangenen Jahrhundert verschleppt wurde. Am häufigsten tritt er in warmen Gebieten auf. Er fliegt von Juli bis September nachts aus, ruht tagsüber, und fliegt auch bei Störungen nicht auf. Die Raupen (**5b**) leben zwei Jahre. Sie wurden auf ungefähr 150 Holzarten festgestellt, meistens aber auf Apfelbäumen und anderen Obstbäumen, denn hier erwecken sie als Schädlinge in Gärten und Plantagen besondere Aufmerksamkeit. Die Art ist in ihrer Größe von der Qualität der Raupennahrung abhängig und darum sehr variabel.

Holzbohrer

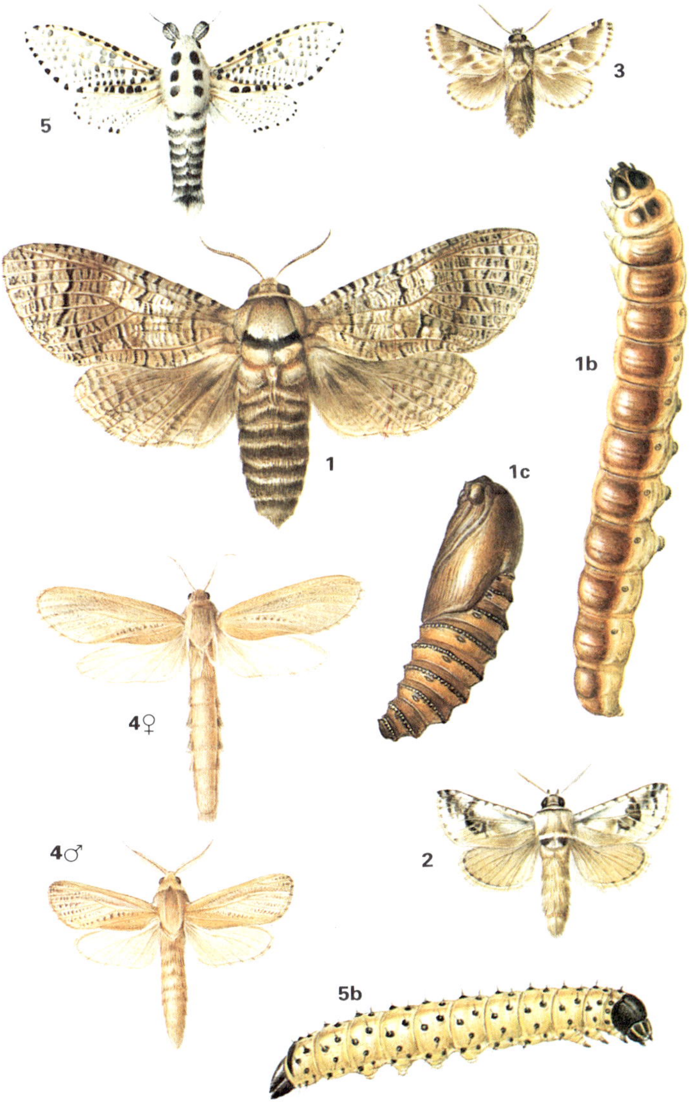

Familie Sackträger – Psychidae

1 Talaeporia tubulosa RETZ. 16–18 mm. Überall in den Laub- und Mischwäldern in den wärmeren Gebieten Europas und in Kleinasien verbreitet. Das Männchen fliegt im Mai und Juni aus. Das Weibchen ist flügellos. Die Raupe lebt in einem röhrenförmigen Sack mit drei Klappen am Ende (**1c**) und ernährt sich von Flechten auf Baumstämmen.

2 Solenobia triquetrella HB. 14–15 mm. Mit Ausnahme Englands im ganzen gemäßigten Europa verbreitet. Das Männchen fliegt im April und Mai, doch nur im Süden. Das Weibchen ist flügellos und vermehrt sich oft parthenogenetisch. Die Raupe lebt vom Sommer bis zum Frühling in einem kurzen, dreikantigen Sack (**2c**) und ernährt sich von Moosen und Pflanzenresten.

3 Gemeiner Sackträger *Psyche casta* PALL. 12–15 mm. In ganz Europa und im Osten bis zum Kaukasus verbreitet. Der Falter bildet jährlich eine Generation. Das Männchen fliegt im Mai und Juni aus. Das Weibchen ist flügellos. Die Raupe lebt in einem Sack aus Stückchen dünner Gräser (**3c**) und ist polyphag.

4 Weichgras-Sackträger, Kleiner Wollsackträger *Epichnopterix plumella* SCHIFF. (= *pulla* ESP.). 10–12 mm. In ganz Europa und in Asien bis zum Amur verbreitet. Der Falter bildet jährlich eine Generation, die von April bis Juli zu finden ist. Den schwarzen Falter, der tagsüber aktiv ist, finden wir in grasreichen Biotopen. Die Raupe lebt vom Sommer bis zum Frühjahr in einem Sack aus Abschnitten von Gras (**4c**). In klimatisch rauhen Gebieten lebt sie bis zu zwei Jahre. Sie ist polyphag und befrißt vor allem Gräser.

5 Rebelia plumella O. 12–16 mm. Lokale Art, die an wärmeren Stellen in Mitteleuropa auftritt. Die Imago lebt im Mai. Die Männchen fliegen abends aus, die Weibchen sind flügellos. Die Raupe lebt vom Sommer bis zum Frühling in einem einfachen Sack (**5c**). Sie frißt Gräser und Moose.

6 Apterona helix SIEB. (= *A. crenulella* BR.). 12–14 mm. In Mittel- und Südeuropa, im Osten bis nach Turkestan verbreitet und hält sich in warmen Bereichen auf. Die Männchen leben nur in den südlicheren Gebieten, anderswo nur die flügellosen Weibchen, die den Sack nicht verlassen und sich parthenogenetisch vermehren, d. h. ohne Befruchtung. Die Imago lebt im Juni und Juli, sonst kann man nur die polyphagen Raupen in ihren schneckenförmigen Säcken (**6c**) finden.

7 Megalophanes viciella SCHIFF. 20–23 mm. In ganz Europa und im Osten bis zum Ural verbreitet. Lebt auf feuchten Wiesen und Lichtungen. Die Imago taucht in den Niederungen von Juni bis August auf. Das Weibchen ist flügellos und vermehrt sich oft parthenogenetisch. Die Raupe trägt einen faßförmigen Sack aus dünnen Stengelfasern (**7c**). Sie lebt vom Sommer bis zum Frühling und ist polyphag.

8 Leptopterix hirsutella SCHIFF. 18–20 mm. In der Laubwaldzone ganz Europas und Asiens verbreitet. Die Imago taucht im Juni und Juli auf. Das Weibchen ist flügellos. Die Raupe lebt zwei Jahre in einem zylindrischen Sack, der mit Blatt- und Borkenstückchen (**8c**) bedeckt ist. Sie bewohnt verschiedene Laubbäume.

9 Pachythelia villosella O. 22–25 mm. Auf Heideland in Mittel- und Südeuropa verbreitet. Die Männchen fliegen im Juni und Juli in der Abenddämmerung aus. Die Weibchen sind flügellos. Die polyphage Raupe lebt 1–2 Jahre in einem Sack.

10 Canephora unicolor HFN. 25–30 mm. Dieser größte europäische Sackträger ist im gemäßigten Europa zu Hause. Die Imago lebt von Juni bis August. Das Weibchen ist flügellos. Die polyphage Raupe lebt in einem großen Sack, der sich bei Männchen (**10c**) und Weibchen (**10d**) durch das benutzte Material unterscheidet und am Ende in eine einfache Röhre ausläuft.

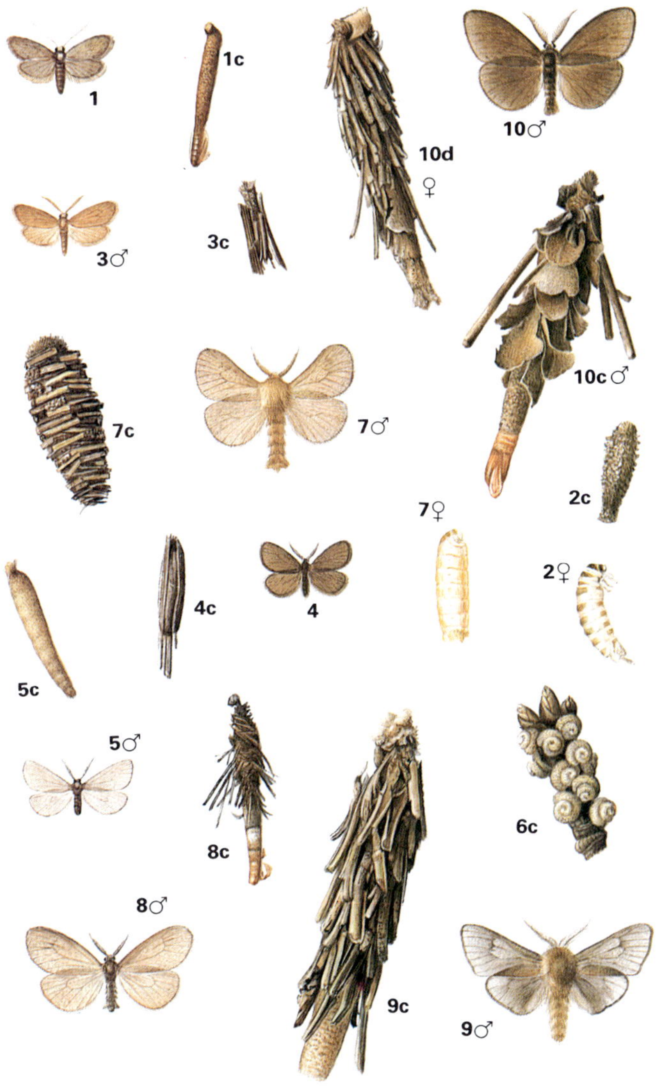
1
1c
10d
♀
10♂
3♂
3c
10c♂
7c
7♂
2c
7♀
5c
4c
4
2♀
5♂
8c
6c
8♂
9c
9♂

Familie Echte Motten – Tineidae

1 Kornmotte *Nemapogon granella* L. 8–12 mm. Dieser Falter ist über die ganze Welt verbreitet, d. h. mit dem Kornhandel überall hin verschleppt worden. In der Natur bildet er zwei Generationen, die im April und Mai und im Juli und August erscheinen. Er fliegt nachts aus. Die Raupen (**1b**) finden wir praktisch das ganze Jahr über, sie ernähren sich von Pflanzenresten, Getreide, Dörrobst und trockenen Pilzen und richten erhebliche wirtschaftliche Schäden an.

2 Nemapogon clematella F. (= *arcella auct.*). 10–15 mm. In Europa und im Osten bis in das Kaukasusgebiet verbreitet. Der Falter fliegt in einer einzigen Generation im Juli und August aus. Die Raupe lebt vom Frühling an auf Pilzen, die unter der Rinde und auf den Zweigen von Ulmen und Eichen wachsen, auch auf Porlingen.

3 Tapetenmotte *Trichophaga tapetzella* L. 12–22 mm. Wie viele Lagerschädlinge über die ganze Welt verbreitet. Der Falter fliegt von Mai bis August aus, die Raupe lebt vom Herbst bis zum Frühling auf Materialien tierischer Herkunft. In der Natur ist diese Art recht selten. Sie ernährt sich hier in den Nestern der Vögel und in den Höhlen der Säugetiere von Resten. Massenhaft kann sie in Lagern und Hausböden auf alten Wollstoffen und Kleidern auftauchen. In der letzten Zeit ist sie aus unerklärlichen Gründen zurückgegangen.

4 Kleidermotte *Tineola bisselliella* Hum. 10–16 mm. Unauffälliger, gelblicher Kleinschmetterling, dessen Raupen durch ihre Tätigkeit auf Wollkleidern und Stoffen (**4b, 4c**) in den Haushalten gut bekannt sind. Er ist über die ganze Welt verbreitet. In der Natur fliegt der Falter von Mai bis September aus, im Haushalt treffen wir ihn das ganze Jahr über an. Er nährt sich in der Natur von tierischen Resten in den Nestern der Vögel und in den Höhlen und Lagern von Säugetieren.

5 Tinea semifulvella Hw. 12–20 mm. In Nord-, Mittel- und Osteuropa verbreitet und fliegt in einer Generation von Mai bis August aus. Die Raupe lebt in der Natur über den Winter an ähnlichen Stellen wie die beiden vorigen Arten.

6 Tinea trinotella Thbg. 12–18 mm. Wird nur aus Europa beschrieben. Bildet von Mai bis August zwei Generationen. Die Raupe lebt vom Herbst bis zum Frühling in Vogelnestern, wo sie von den Resten organischer Nahrung zehrt. Der Falter fliegt nachts, vor allem in Laubwäldern, aus.

7 Monopis monachella Hb. 12–16 mm. In Europa, Afrika, Vorder- und Südostasien und auf den Hawaii-Inseln verbreitet. Der Falter fliegt von Juni bis August aus. Die Raupen entwickeln sich vom Herbst bis zum Frühling. Sie leben ähnlich wie die der vorigen Art.

8 Morophaga choragella Schiff. (= *boleti* F.). 18–30 mm. In Europa, Kleinasien, Mittel- und Ostasien verbreitet und bildet jährlich eine Generation. Der Falter fliegt von Juni bis August recht zahlreich in älteren Wäldern, vor allem in Laubwäldern aus. Die Raupe lebt vom Herbst an bis zum nächsten Frühling auf verschiedenen Arten von Baumpilzen und moderndem Holz.

9 Euplocamus anthracinalis Sc. 26–32 mm. Verschieden in der Laubwaldzone der wärmeren Gebiete Europas, vor allem im Südosten verbreitet und reicht im Osten bis zum Kaukasus. Der Falter bildet eine Generation, die von Mai bis August ausfliegt. Wir treffen ihn in lockeren, aber feuchten Laubwäldern, in denen er bei Sonnenschein tagsüber ausfliegt. Die Raupe lebt vom Herbst bis zum Frühling in Röhrlingspilzen und moderndem Holz von Eiche, Buche, Hainbuche u. a.

Echte Motten

Familie Langhorn-Blattminiermotten – Lyonetiidae

1 Schlangenminiermotte *Lyonetia clerkella* L. 7–9 mm. Ist in ganz Europa und Nordafrika von den Niederungen bis zur oberen Laubwaldgrenze verbreitet und bildet entsprechend der klimatischen Verhältnisse eine bis drei Generationen. Den Falter können wir das ganze Jahr über antreffen. Die letzte Generation überwintert von September bis April. Die Raupen bilden auf den Blättern der Bäume mit ihren Minen charakteristische Bilder (**1c**). Wir finden sie meistens auf Kirschbäumen, Apfelbäumen und anderen Bäumen der Familie *Rosaceae* (Rosengewächse).

Familie Blatt-Tütenmotten, Miniermotten – Gracillariidae

2 Phyllonorycter sylvella Hw. (= *acerifoliella* Z.). 6–8 mm. In den Laubwäldern Nord- und Mitteleuropas verbreitet und bildet jährlich zwei Generationen. Der Falter fliegt im Mai und August aus. Die Raupe lebt im Juni und im Herbst, wo sie in den Minen in abgefallenen Blättern überwintert.

3 Phyllonorycter roboris Z. 8 mm. Sehr zahlreich überall in den Eichenwäldern Mittel- und Südeuropas verbreitet. Der Falter bildet zwei Generationen, die im April und Mai und im Juli ausfliegen. Die Raupen bilden an den Blattunterseiten Minen. Im Herbst spinnen sie sich darin ein und verpuppen sich nach dem Überwintern.

4 Phyllonorycter nigrescentella Log. 7–9 mm. Lebt auf Wiesen und Steppen, oft auch auf Feldern. Der Falter fliegt im Mai und im Juli in zwei Generationen aus. Die Raupe bildet in den Blättern von Klee, Schneckenklee und Platterbse blasenartig aufgeblähte Minen.

5 Phyllonorycter cerasicolella H.S. 7–8 mm. In Nord- und Mitteleuropa verbreitet, lebt hier in Laubwäldern und auf buschigen Hängen und ist in Obstgärten häufig. Der Falter bildet im Mai und im Juli zwei Generationen. Die Raupe entwickelt sich Anfang des Sommers und dann wieder im Herbst. Sie überwintert in länglichen, blasenartigen Minen auf der Unterseite der Blätter von Kirsche, Pflaume und Schlehe.

6 Phyllonorycter blancardella F. 6–8 mm. Weist den gleichen Lebensrhythmus auf wie die vorigen Arten. Die Raupe miniert an der Blattunterseite auf Apfelbäumen (**6c**). Hier überwintert die Wintergeneration und verpuppt sich im Frühjahr. Diese Art bewohnt Laubwälder und Gärten.

7 Phyllonorycter kleemannella F. 8 mm. In den Laubwäldern Europas verbreitet und taucht überall dort zahlreich auf, wo Erlen wachsen. Eine Generation fliegt im Mai aus. Die Raupe überwintert in blasenförmigen Minen und verpuppt sich dort im Frühjahr.

8 Parornix devoniella Stt. (= *avellanella* Stt.). 9 mm. Lebt in den Wäldern und Waldsteppen Europas. Sonst ist über die Verbreitung dieser Art nichts bekannt. Sie bildet von April bis August zwei Generationen. Die Raupe lebt und überwintert in einer Mine, die aus dem umgebogenen Rand eines Haselnußblattes gebildet wird.

9 Callisto denticulella Thbg. 10–12 mm. In ganz Europa und im Osten bis nach Mittelasien verbreitet und bewohnt Wälder, Baumsteppen und Apfelbaumplantagen. Die Falter fliegen von Mai bis August in zwei Generationen aus. Die Raupen leben in Blattrollen auf Apfelbäumen (**9c**).

10 Fliedermotte *Gracillaria syringella* F. 12–14 mm. Lebt in ganz Europa und bewohnt feuchte Laubwälder mit Strauchwuchs im Unterholz und auch Stadtparks. Der Falter fliegt von April bis August in zwei Generationen aus. Die Raupe lebt gruppenweise in mächtigen blasenartigen Minen (**10c**) oder in eingerollten Blättern von Flieder, Esche und Liguster. Sie verpuppt sich im Boden.

Langhorn-Blattminiermotten / Blatt-Tütenmotten

Familie Glasflügler – Sesiidae

1 Hornissenschwärmer *Sesia apiformis* Cl. 30–40 mm. In den wärmeren Gebieten Europas, Mittelasiens, Sibiriens und auch Nordamerikas verbreitet. Wir treffen den Falter vor allem in den Niederungen in feuchteren Biotopen an Wasserläufen. Er fliegt von Mai bis August tagsüber aus. Die Raupe lebt zwei Jahre in den Wurzeln von Pappeln und Trauerweiden.

2 Bremsenschwärmer *Paranthrene tabaniforme* Rott. 25–40 mm. In Europa und fast ganz Asien verbreitet und wird aus dem Kaukasus, aus Zentralasien, Sibirien und der Mongolei beschrieben. Der Falter fliegt von Mai bis August und ist tagsüber aktiv. Die Raupe lebt zwei Jahre im Holz von Pappeln.

3 Himbeerglasflügler *Pennisetia hylaeiformis* Lasp. 20–25 mm. In Europa, Klein- und Mittelasien verbreitet. Der Falter fliegt von Juni bis August tagsüber aus, und wir finden ihn meistens auf den Blättern von Himbeersträuchern sitzend. Die Raupen (**3b**) entwickeln sich von August über den Winter bis zum Mai in den Wurzelhälsen der Himbeersträucher (**3c**). Dort können sie im Frühling auch am leichtesten entnommen werden, um in der Zucht frisch geschlüpfte Falter zu erhalten.

4 Birkenglasflügler *Synanthedon scoliaeformis* Borkh. 24–32 mm. In Mittel- und Osteuropa verbreitet und bewohnt die Laubwaldzone dort, wo Birken wachsen. Der Falter fliegt im Juni und Juli aus. Die Raupe lebt zwei Jahre niedrig über dem Boden in den Stämmen der Birke. Soweit genügend alte Bäume vorhanden sind, ist diese Art häufig.

5 Johannisbeerglasflügler *Synanthedon tipuliformis* Cl. 16–18 mm. In Europa, Asien, Nordamerika und auch in Australien und auf Neuseeland verbreitet. Der Falter wurde durch den Versand von Johannisbeersträuchern verbreitet. Er fliegt von Juni bis August in einer Generation aus. Die Raupe (**5b**) lebt von August über den Winter bis zum Frühling in den Ruten der Roten und Schwarzen Johannisbeere und in Stachelbeersträuchern (**5c**). In den Pflanzungen dieser Nutzsträucher können erhebliche Schäden auftreten. Die Falter fliegen bei Sonnenschein aus.

6 Synanthedon conopiformis Esp. 16–20 mm. Lebt in den Eichenwäldern der wärmeren Gebiete Europas und in Vorderasien. Der Falter bildet jährlich eine Generation und fliegt an sonnigen Tagen im Mai und Juni aus. Die Raupen entwickeln sich zwei Jahre in den Ästen von Eichen und bewohnen vor allem die Kronen alter Bäume.

7 Synanthedon vespiformis L. 18–20 mm. Diese wärmeliebende Art ist in den südlicheren Teilen Mitteleuropas, im Mittelmeergebiet und im Osten über Kleinasien bis zum Kaukasus verbreitet. Sie bildet eine Generation. Der Falter fliegt von Mai bis Juli in Laubwäldern aus. Die Raupe lebt zwei Jahre unter der Rinde auf Baumstämmen und -stümpfen von Eichen und Buchen.

8 Apfelbaumglasflügler *Synanthedon myopaeformis* Bkh. 16–20 mm. In Nordafrika, in Europa in den niedrigeren und wärmeren Lagen und weiter in Kleinasien bis zum Kaukasus verbreitet. Der Falter bildet jährlich eine Generation und fliegt von Mai bis August tagsüber aus. Die Raupen leben von August bis zum nächsten Mai unter der Rinde von Apfelbäumen vor allem im Kallus unter abgebrochenen oder abgeschnittenen Ästen. Sie richten in Apfelbaumplantagen oft Schäden an und leben nur selten auch auf anderen Obstbäumen.

9 Chamaesphecia tenthridiniformis Schiff. (= *empiformis* Esp.). 14–18 mm. Diese Art wird aus Mittel- und Südeuropa, Kleinasien und Armenien beschrieben und begleitet auf trockenen, steppen- und baumsteppenartigen Standorten ihre Nährpflanze, die Zypressenwolfsmilch. Der Falter fliegt von Mai bis August tagsüber aus. Die Raupe lebt über den Winter in den Wurzeln der Wolfsmilch.

Glasflügler

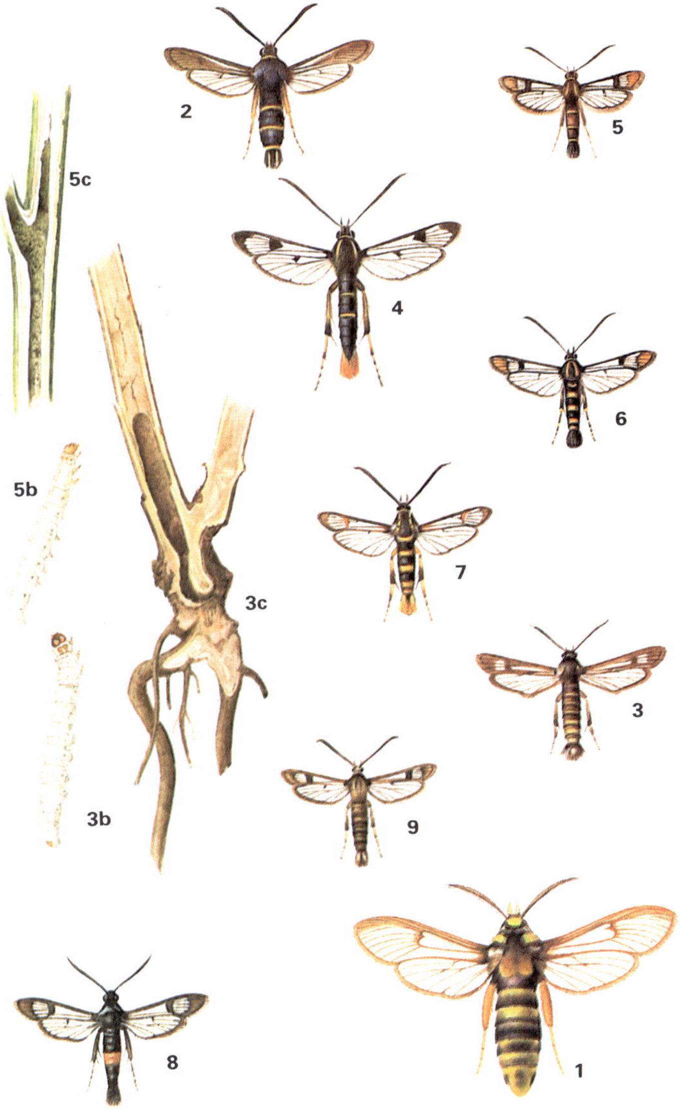

Familie Gespinstmotten – Yponomeutidae

1 Pflaumenblütenmotte *Argyresthia pruniella* CL. 10–12 mm. Gehört zur Gruppe der sehr kleinen Vertreter der artenreichen Gattung *Argyresthia*. In ganz Europa und Kleinasien verbreitet. Bildet jährlich eine Generation, die über einen recht ausgedehnten Zeitraum, von Mai bis September, ausfliegt, wobei die meisten Falter am Frühlingsende und Sommeranfang auftreten. Die Eier überwintern, und im Frühling schlüpfen die Raupen (**1b**), die sich in die ausschlagenden Knospen (**1c**) der Bäume einfressen. Diese Motte ist ein bekannter und wichtiger Schädling auf Kirsche, Pflaume, Aprikose, Pfirsich, Mehlbeere, Weißdorn und Haselnuß.

2 Erlenblütenmotte *Argyresthia goedartella* L. 10–11 mm. Vor allem in Mittel- und Nordeuropa verbreitet und bewohnt dort Misch- und Laubwälder. Die einzige Generation des Jahres fliegt von Juni bis August aus. Die Raupen entwickeln sich vom Herbst bis zum Frühling, überwintern also und leben in Baumkätzchen und Knospen, später unter der Rinde von Birke und Erle.

3 Argyresthia ivella Hw. (= *andereggiella* DUP.). 10–12 mm. Diese wärmeliebende Art ist eher im Süden Mitteleuropas beheimatet. Sie bildet jährlich eine Generation, die von Juni bis August ausfliegt. Die Raupen entwickeln sich im Frühling in den Knospen von Apfelbäumen und Haselsträuchern.

4 Apfelmotte *Argyresthia conjugella* Z. 10–12 mm. Zahlreich in ganz Europa und Asien und auch in Nordamerika verbreitet und bewohnt überall die Laubwaldzone von den Niederungen bis zur oberen Grenze in den Bergen. Der Falter bildet jährlich eine Generation und fliegt von Mai bis Juli aus. Die Raupen leben am Ende des Sommers bis zum Herbst in den Früchten von Mehlbeere und Apfel. Sie verpuppen sich auf dem Boden in einem festen Kokon.

Familie Rundstirnmotten – Glyphipterygidae

5 Glyphipterix thrasonella Sc. 10–13 mm. In ganz Europa und Kleinasien verbreitet. Der Falter bildet eine Generation, die im Juni und Juli ausfliegt. Die Raupen entwickeln sich vom Herbst bis zum Frühling auf verschiedenen Arten von Binsen und Sonnentau.

6 Glyphipterix bergstraesserella F. 11–14 mm. In Mittel- und Nordeuropa verbreitet und lebt überwiegend in den Gebirgen. Bildet eine Generation und fliegt etwa zur gleichen Zeit aus wie die vorige Art. Die Raupe lebt vom Sommer bis zum Frühling auf verschiedenen Arten der Hainsimse.

Familie Choreutidae

7 Tebenna bjerkandrella THBG. 11–15 mm. Bewohnt ein riesiges Areal, das sich über die Gebirge Nordafrikas, Europas, Asiens, Australiens und Neuseelands erstreckt. Lebt in Mitteleuropa in den Alpen, Sudeten und Karpaten. Ist überall selten. Die einzige Generation fliegt im Juli und August aus. Die Raupen leben in Gruppen unter einem feinen Gespinst auf den Blättern der Silberdistel.

8 Anthophila fabriciana L. 11–16 mm. In ganz Europa, Asien und Nordamerika zahlreich verbreitet und bewohnt überall feuchtere Laubwälder, Stromgebiete und feuchte Ruderalgelände. Der Falter fliegt in zwei Generationen von Mai bis September aus. Die Raupe lebt hauptsächlich auf Brennessel.

9 Choreutis pariana CL. 11–13 mm. Aus ganz Europa und Asien bekannt. Die Falter fliegen in zwei unvollständigen Generationen im Mai und am Sommerende aus und überwintern. Die Raupen (**9b**) befressen die Blattoberfläche verschiedener Bäume aus der Familie der Rosengewächse, vor allem der Apfelbäume (**9c**).

Gespinstmotten / Rundstirnmotten

Familie Gespinstmotten – Yponomeutidae

1 Harpipteryx xylostella L.
18–22 mm. In ganz Europa und im Osten bis nach Armenien verbreitet. Bewohnt feuchte Laubwälder, in denen die Nährpflanze der Raupe, das Geißblatt, wächst. Auf diesem Strauch taucht die Art oft auch in Stadtparks auf. Sie bildet jährlich eine Generation, die von Juni bis August ausfliegt. Die Raupe (**1b**) entwickelt sich entsprechend der Höhenlage und den klimatischen Verhältnissen von Mai bis Juli.

2 Harpipteryx falcella Hb.
16–18 mm. In der Laubwaldzone Europas zu Hause und viel seltener als die vorangehende Art. Der Falter bildet jährlich eine Generation und fliegt von Juni bis August aus. Die Raupen leben im Frühling auf Geißblatt.

3 Ypsolopha sequella Cl.
16–20 mm. Im gemäßigteren Europa und in Kleinasien verbreitet und bewohnt Laubwälder, Gärten und Parks. Der Falter fliegt, jedoch nur verstreut, von Juni bis August aus. Tagsüber sitzt er auf Baumstämmen und ist schon von weitem zu sehen. Die Raupe lebt im Frühling auf Salweide, Linde oder anderen Laubbäumen. Diese Art ist in der Flügelzeichnung sehr variabel.

4 Ypsolopha parenthesella L.
16–20 mm. In den Laubwäldern ganz Europas und im Osten bis nach Zentralasien verbreitet. Der Falter fliegt von Juni bis Oktober und bildet vielleicht stellenweise zwei Generationen. Die Raupe entwickelt sich im Frühling auf Hainbuche, Buche, Eiche und Weißdorn, vor allem auf niedrigen Sträuchern und Stockholz. Die Färbung dieser Art ist außerordentlich variabel.

5 Ypsolopha sylvella L.
18–20 mm. Folgt in Europa der Verbreitung der Eiche, bildet jährlich eine Generation und fliegt von Juli bis September aus. Die Raupe lebt am Frühlingsende in Gespinsthüllen an der Unterseite der Eichenblätter. In wärmeren Gebieten ist diese Art häufig.

6 Ypsolopha lucella F. 18–20 mm.
In ganz Europa bis zum Kaukasus verbreitet. Der Falter fliegt von Juni bis September aus. Die Raupe entwickelt sich am Frühlingsende auf Eiche, auf der sie die Blätter verspinnt. In Eichenwäldern ist diese Art regelmäßig vorhanden.

7 Ypsolopha alpella Schiff.
16–20 mm. Ähnlich wie die vorangehende Art verbreitet, und auch die Flugzeit und die ganze Lebensweise der Raupe verläuft auf dieselbe Art; auf Eichen (**7b** Raupe, **7c** Kokon).

8 Ypsolopha persicella L.
18–24 mm. Diese wärmeliebende Art ist in den wärmeren Gebieten ganz Europas, in Kleinasien und östlich bis nach Transkaukasien verbreitet. Sie bildet jährlich eine Generation. Die Flugzeit der Falter ist recht ausgedehnt und erstreckt sich von Juni bis September. Das Ei überwintert, und die Raupe entwickelt sich im Frühling in jungen, eingerollten Blättern auf Pfirsich, Aprikose und manchmal auch Pflaume.

9 Ypsolopha asperella L.
18–21 mm. Im ganzen gemäßigten Europa und im Osten über Kleinasien bis nach Südsibirien verbreitet. Lebt in Laubwäldern, auf buschigen Hängen, in Baumsteppen und auch in Obstgärten, ist aber überall recht selten. Die Imago überwintert, sie fliegt von Juli bis Mai aus. Die Raupe können wir im Frühling auf Apfel- und anderen Obstbäumen, aber auch im Wald auf Eichen oder Weißdorn finden.

10 Ypsolopha scabrella L.
20–22 mm. Wird aus verschiedenen Gebieten Europas angeführt, ist aber nirgends häufig. Der Falter bildet jährlich eine Generation und fliegt im Juni und Juli aus. Die Raupe lebt im Frühling auf Apfel, Birne, Pflaume und Weißdorn. Wir treffen die Art in Laubwäldern, auf buschigen Hängen und in Obstgärten an.

Gespinstmotten

Familie Gespinstmotten – Yponomeutidae

1 Yponomeuta sedella Tr.
16–18 mm. In Steppen, Waldsteppen und auch auf steinigen Hängen in ganz Europa und im Osten bis in das Ussurigebiet verbreitet und kommt überall dort vor, wo die Nährpflanze wächst. Der Falter bildet jährlich zwei Generationen. Die erste taucht im April und Mai, die zweite im Juli und August auf. Die Raupen leben im Sommer und Herbst gesellig auf einigen Arten der Fetthenne, vor allem auf der Großen Fetthenne, und umspinnen die Pflanzen mit einem feinen, grauen Gespinst (**1b**). Die Puppe überwintert.

2 Faulbaum-Gespinstmotte
Yponomeuta evonymella L.
22–24 mm. Häufig auftretende Art, die sich von einigen sehr ähnlichen Faltern durch fünf Reihen schwarzer Punkte auf den Flügeln unterscheidet. Sie ist über die ganze paläarktische Unterregion von den Niederungen bis in die Gebirge zur oberen Laubwaldgrenze verbreitet. Der Falter fliegt im Juli und August aus. Die Raupen leben im Frühling gesellig auf Faulbaum. Sie umweben die Bäume mit weißlichen Gespinsten, auf denen sie sich sehr schnell bewegen, und sie fressen die Bäume oft ganz kahl.

3 Yponomeuta cagnagella Hb.
20–25 mm. In ganz Europa häufig. Der Falter fliegt im Juni und Juli in lokkeren Laubwäldern mit buschigem Unterholzwuchs oder auf strauchbewachsenen Hängen, oft auch auf Ruderalgelände und an inselartig in den Feldern und an Landstraßen wachsendem Buschwerk, aus. Die Raupen (**3b**) leben im Mai und Juni gesellig auf Pfaffenhütchen und fressen die mit weißem Gespinst umgebenen Sträucher kahl. Sie verpuppen sich gemeinsam am Fuß der Pflanze. Diese Art ähnelt einigen anderen Schmetterlingen sehr, die auf Apfelbaum, Schlehe, Weide u. ä. leben. Sie unterscheidet sich vor allem durch die Lebensweise und die Nährpflanze.

4 Yponomeuta plumbella Schiff.
16–18 mm. Unterscheidet sich von den weißen Arten durch einen auffallenderen schwarzen Fleck auf den Vorderflügeln. Ist in Europa und Mittelasien verbreitet und fliegt im Juli und August aus. Die Raupe lebt im Frühling auf Spindelbaum, meistens einzeln und inmitten der Raupen der vorangehenden Art, manchmal auch gesellig.

5 Prays fraxinella Bjerk
(= *curtisellus* Don.). 14–18 mm. In Europa und in der Waldzone Asiens bis in den Fernen Osten verbreitet. Der Falter fliegt von Juni bis September aus und bildet in dieser Zeit zwei Generationen. Die Raupe überwintert. Sie lebt auf Esche und Erle. Diese Art wird manchmal mit den anderen Arten der Familie *Plutellidae* der größeren Familie *Yponomeutidae* zugeordnet.

6 Eidophasia messingiella F. v. R.
12–14 mm. In Nord- und Mitteleuropa und über Kleinasien bis nach Turkestan verbreitet. Dieser Falter lebt vor allem auf feuchteren Wiesen. Er fliegt im Juni und Juli aus. Die Raupe lebt zwischen den versponnenen Blättern von Bitterem Schaumkraut und Wiesen-Schaumkraut.

7 Kohlschabe, Schleiermotte
Plutella xylostella L. (= *P. maculipennis* Curt.).
13–15 mm. Über die ganze Erde verbreitet. Ursprünglich Steppenart, heute gut an landwirtschaftlich genutzte Flächen angepaßt. Wurde als Gemüseschädling über die ganze Welt verschleppt. Die Verbreitung des Falters wird auch durch seine Wandereigenschaften unterstützt. Wir finden ihn in der Natur von Mai bis September. Er bildet in dieser Zeit zwei bis fünf Generationen. Die junge Raupe miniert in Blättern, später lebt sie unter einem lockeren Netz, das aus Fasern an der Blattunterseite von Kreuzblütlern, und zwar Gemüsepflanzen, wilden Pflanzen und Unkräutern, gesponnen ist. Dort verpuppt sie sich auch. Die Puppe (ausnahmsweise die Imago) überwintert.

Gespinstmotten

Familie Faulholzmotten – Oecophoridae

1 Schiffermuelleria schaefferella L.
11–17 mm. In Europa und Kleinasien verbreitet und bewohnt überall die Laubwaldzone der Niederungen und Gebirge. Bildet jährlich eine Generation, die im Mai und Juni ausfliegt. Die Raupe lebt bis zum Frühjahr unter der Rinde verschiedener Laubbäume, vor allem auf Eiche, Linde, Buche, Pappel.

2 Dafa formosella Schiff.
11–15 mm. In Mittel- und Südeuropa und auch in Nordafrika verbreitet. Bildet jährlich eine Generation, die von Mai bis August ausfliegt. Die Raupe lebt vom Herbst bis zum Frühling unter der Rinde von Laubbäumen.

3 Samenmotte *Endrosis sarcitrella* L. 15–21 mm. Kosmopolitische Art, die als Lagerschädling mit Landwirtschaftsprodukten über die ganze Welt verschleppt wurde. Die Imago lebt während der ganzen Saison von Mai bis Oktober, und die Raupen tauchen das ganze Jahr über auf. Sie ernähren sich in der Natur und in Lagerhäusern, in denen es oft zu einer Massenvermehrung kommt, von Samen und modernden Pflanzenresten.

4 Braune Hausmotte *Hofmannophila pseudospretella* Stt.
16–25 mm. Kosmopolitische Art, die sich ähnlich wie die vorher beschriebene Motte über die Welt verbreitet hat. Der Falter fliegt von Frühling bis Herbst. Die Raupe lebt das ganze Jahr über in der Natur von Pflanzen- und Tierresten und in Lagerhäusern von Nahrungsmitteln und Produkten der Landwirtschaft.

5 Oecophora bractella L.
12–16 mm. Verhältnismäßig seltene Art, die in Europa und Kleinasien bekannt ist. Hier lebt sie in Laubwäldern und fliegt im Mai und Juni an feuchten, schattigen Stellen aus. Die Raupe lebt vom Herbst bis zum Frühling unter der Rinde und auf dem Holz modernder Baumstämme, vor allem auf Buchen, Eichen und Hainbuchen.

6 Harpella forficella Sc.
21–27 mm. In der Laubwaldzone Europas und Kleinasiens verbreitet. Bewohnt vor allem alte und feuchte Wälder der Niederungen und auch Gebirge bis zur oberen Laubwaldgrenze. Der Falter fliegt im Juni und Juli aus. Die Raupen leben vom Sommer bis zum Frühling auf moderndem Holz und unter der Rinde von Baumstümpfen. Recht häufig auftretende Art.

7 Oecophora staintoniella Z.
12–20 mm. In Europa und Kleinasien ähnlich wie die vorige Art in Laubwäldern verbreitet. Der Falter bildet eine Generation, die im Mai und Juni tagsüber ausfliegt. Die Raupe lebt bis zum Frühling in moderndem Holz von Laubbäumen. In Wäldern wärmerer Gebiete mit reichem, strauchartigem Unterholzwuchs tritt diese Art zahlreich auf.

8 Topeutis barbella F. 16–22 mm. Aus den wärmeren Gebieten Europas und aus Kleinasien bekannt und fliegt in grasbewachsenen bis steppenartigen Biotopen aus. Der Falter lebt von Mai bis Juli. Über das Leben der Raupen ist nichts bekannt. Selten.

9 Topeutis criella Tr. 18–22 mm. Aus Mitteleuropa und Jugoslawien bekannt. Fliegt von Juni bis August an grasreichen Stellen und auf Steppen in den Niederungen und auch an wärmeren Stellen in den Bergen aus. Die Raupe lebt angeblich im Juni auf Mais. Diese Art ist recht selten.

10 Hypercallia citrinalis Sc.
15–20 mm. Bewohnt vor allem in den Niederungen, aber auch in milderen Vorgebirgen trockenere, warme, gras- und blütenreiche Biotope. Der Falter fliegt im Juni und Juli aus. Die Raupe, von der nicht viel bekannt ist, wurde im Mai auf Zwergbuchsbaum gefunden. Als Nährpflanze wird auch die Gemeine Kreuzblume angegeben.

Faulholzmotten

Familie Faulholzmotten – Oecophoridae

1 Eichen-Faulholzmotte *Carcina quercana* F. 16–20 mm. In Europa, Nordafrika, Kleinasien und Nordamerika verbreitet und fliegt im Juli und August mit einer Generation aus. Die Raupe lebt im Mai und Juni auf den Blättern von Eiche, Buche und Birnbaum.

2 Exaeretia allisella STT. 20–23 mm. Aus Nord- und Mitteleuropa bekannt, kommt aber lokal vor und bildet jährlich eine Generation. Der Falter fliegt von Juli bis August aus. Die Raupe lebt auf Beifuß. Über ihr Leben ist bis jetzt jedoch nichts Genaueres bekannt.

3 Agonopterix alstromeriana CL. 17–19 mm. Gehört zu einer artenreichen Gattung, in der sich die einzelnen Arten nur schwer unterscheiden lassen. Dieser Falter bildet jedoch eine Ausnahme, denn er ist farbiger als die anderen. Sein Verbreitungsgebiet umfaßt Marokko, ganz Europa und auch Sibirien. Er fliegt im Juli und August aus. Die Raupe lebt im Juni und Juli zwischen versponnenen Blättern des Gefleckten Schierlings.

4 Agonopterix arenella SCHIFF. 19–23 mm. In Nordafrika, ganz Europa und auch in Nordamerika verbreitet. Der Falter beginnt im August auszufliegen, überwintert und pflanzt sich dann im Frühling fort. Die Raupen leben im Juni und Juli auf Klette, Kratzdistel, Gänsedistel u. ä.

5 Agonopterix furvella TR. 20–25 mm. Aus Mittel- und Südeuropa und Kleinasien bekannt; folgt der Verbreitung der Nährpflanzen. Der Falter fliegt im Juni und Juli vor allem in wärmeren Lagen in baumsteppenartigen Gegenden aus. Die Raupe (**5b**) lebt im Frühling zwischen versponnenen Blättern auf Diptam.

6 Depressaria chaerophylli Z. 18–21 mm. Vertreter einer ähnlichen Gattung wie die vorangehende. Auch hier gibt es eine Reihe sehr schwer unterscheidbarer Arten, und wir müssen die Präparate der Kopulationsorgane zu Hilfe nehmen. Das Verbreitungsgebiet dieses Falters umfaßt Europa bis zum Kaukasus. Er fliegt im August aus und überwintert dann bis Mai. Die Raupe lebt im Juli auf den Dolden von Kälberkropf.

7 Depressaria pastinacella DUP. (= *heracliana* AUCT.). 23–28 mm. Überall auf Wiesen und an den Ufern von Wasserläufen zahlreich. Der Falter lebt im August und September und dann nach dem Überwintern bis Juni. Die Raupen verspinnen und befressen am Anfang des Sommers die Dolden von Pastinak und Bärenklau.

8 Semioscopis avellanella HB. 20–28 mm. In den Laubwäldern Europas, vor allem in den niedrigeren Lagen und an Wasserläufen in feuchten Biotopen verbreitet. Der Falter bildet jährlich eine Generation und fliegt im März und April aus. Die Raupe lebt im Juli und August auf Hainbuche, Haselnuß, Birke und anderen Sträuchern und Bäumen. Das Weibchen ist viel kleiner als das Männchen.

9 Buchenmotte *Diurnea fagella* SCHIFF. 19–29 mm. In der Laubwald- und Baumsteppenzone Europas, Klein- und Mittelasiens verbreitet. Der Falter bildet jährlich eine Generation, die von März bis Mai ausfliegt. Er steigt in den Bergen bis zur oberen Laubwaldgrenze auf. Die Raupen (**9b**) leben im Sommer auf verschiedenen Laubbäumen. Die Art ist sehr variabel und neigt in den Industriegebieten zu Melanismus. Die Flügel des Weibchens sind verkümmert.

10 Diurnea lipsiella SCHIFF. (= *phryganella* HB.). 18–24 mm. In ganz Europa verbreitet. Auch hier sind die Flügel des Weibchens verkümmert. Im Unterschied zur vorigen Art liegt die Flugzeit im Oktober und November. Die Raupe lebt im Frühling auf Bäumen und Sträuchern.

Faulholzmotten

Familie Sackmotten, Futteralmotten – Coleophoridae

1 Coleophora frischella L. (= *alcyonipennella* KOLLAR). 10–13 mm. In Europa, Kleinasien und Afghanistan verbreitet. Bildet jährlich eine Generation, die von Juni bis September ausfliegt. Häufig. Die Raupe lebt von Oktober an, überwintert und schließt im Mai ihre Entwicklung ab. Sie lebt in dieser Zeit in einem röhrenförmigen Sack auf Disteln, Kratzdisteln, Flockenblumen und einigen anderen Korbblütlern oder Kardengewächsen.

2 Knospenminiermotte, Obstblattmotte *Coleophora hemerobiella* Sc. 12–14 mm. Im größten Teil Europas und in Kleinasien verbreitet. Der Falter fliegt im Juli und August in Laubwäldern, Baumsteppen und Obstgärten aus. Die Raupe lebt zwei Jahre vor allem auf Obstbäumen und verschiedenen Sträuchern der Familie *Rosaceae* (Rosengewächse), vielleicht auch auf Eiche. Der Raupensack ist anfangs hörnchenförmig gebogen, später gerade und fast im rechten Winkel (**2c**) mit der Unterlage verbunden. In wärmeren Gebieten ist die Art zahlreich.

3 Coleophora onosmella BRAHM. 14–20 mm. In Europa verbreitet. Der Falter fliegt im Juni und Juli in steppenartigen und grasbewachsenen Biotopen aus. Die Raupe lebt vom Herbst bis Mai in einem Sack (**3c**), der aus Blattabschnitten angefertigt ist, und miniert in den Blättern von Borretschgewächsen, wie zum Beispiel in Mönchskraut, Ochsenzunge, Natternkopf u. a.

4 Coleophora vibicella HB. 16–24 mm. In Mittel- und Südeuropa und in Kleinasien verbreitet. Lebt in trockeneren Biotopen, vor allem an Waldrändern und auf sandigen Standorten. Der Falter bildet eine Generation. Er fliegt im Juli und August aus. Die Raupe lebt vom Herbst bis zum nächsten Frühling in einem glänzenden, schwarzen, pistolenförmigen Sack (**4c**) auf Ginster. Recht lokal auftretende Art.

5 Coleophora ornatipennella HB. 18–25 mm. In Mittel- und Südeuropa verbreitet. Bewohnt steppenartige Gegenden, grasbewachsene Hänge und Feldraine. Der Falter bildet eine Generation, die im Juni ausfliegt. Die Raupe lebt vom Sommer bis zum Mai in einem Sack (**5c**), der aus Blattabschnitten von Salbei besteht, im Frühling dann auf verschiedenen weichen Gräsern.

6 Lärchenminiermotte *Coleophora laricella* HB. 8–10 mm. Gehört zu den kleinsten unauffällig gefärbten Arten und fliegt im Juni und Juli aus. Wir treffen sie jedoch eher im Raupenstadium an. Die Raupe lebt in einem kleinen, röhrenförmigen Sack (**6c**) und miniert vom Herbst an, besonders jedoch im Frühling in den Nadeln von Lärchen. Nach dem Raupenfraß verbleiben hohle, weiße Nadeln, die dann vertrocknen. Massenauftreten führt manchmal zu Kahlfraß. Diese Art ist in Europa und in Asien bis nach Japan verbreitet und bewohnt vor allem Vorgebirgslagen und im Norden die Taiga.

7 Coleophora leucapennella HB. 16–20 mm. Fliegt an warmen steppen- und waldsteppenartigen Standorten in Europa und Westasien aus. Der Falter bildet jährlich eine Generation, die im Mai und Juni auftaucht. Die Raupe lebt bis zum Herbst auf den Samen von Leimkraut und Pechnelke und spinnt sich aus mehreren kleinen Samen einen Sack. Sie verpuppt sich im Frühling.

8 Coleophora anatipennella HB. 12–16 mm. Am meisten in Nord- und Mitteleuropa, in England und im Osten bis in den Iran verbreitet. Der Falter bildet jährlich eine Generation und fliegt im Juni und Juli in Laubwäldern, Baumsteppen und auch Obstgärten aus. Die Raupe lebt in einem pistolenförmigen Sack (**8c**) und befrißt Blätter von Obstbäumen und auch von Linde, Eiche, Weißdorn u. ä.

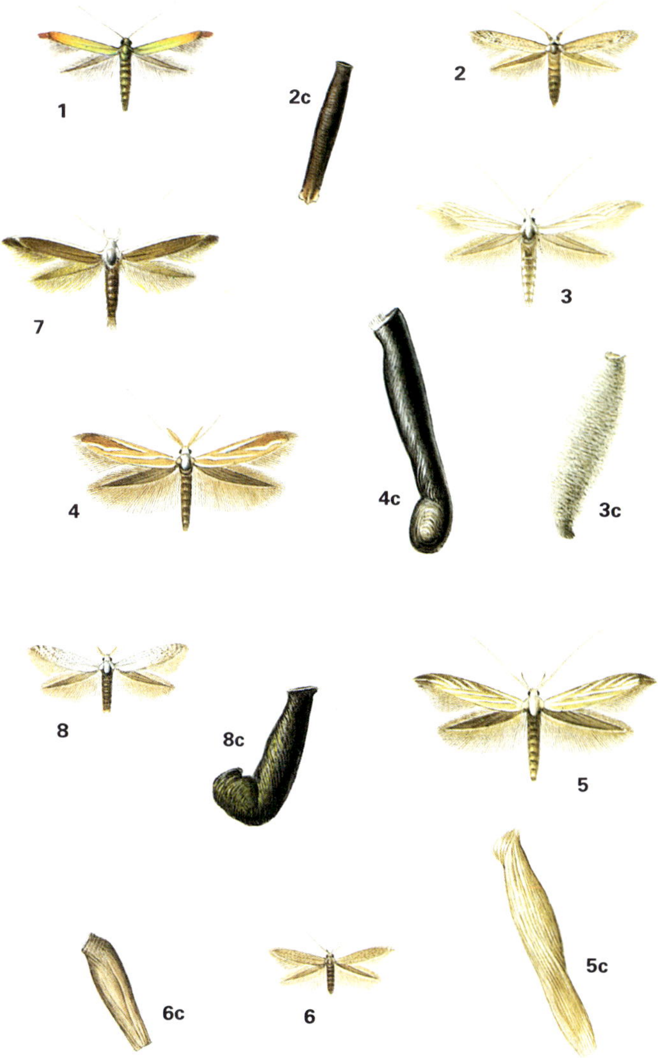
1
2c
2
7
3
4
4c
3c
8
8c
5
6c
6
5c

Familie Palpenmotten – Gelechiidae

1 Pfirsichmotte *Anarsia lineatella* Z. 12–14 mm. In der paläarktischen Unterregion bis nach Mittelasien und auch in Nordamerika, wohin diese Art verschleppt wurde, verbreitet. Der Falter fliegt im Juni und Juli aus. Die Raupen überwintern. Sie befressen Knospen und Blüten von Obstbäumen.

2 Acomptia cinerella CL. 16–18 mm. In Europa und Kleinasien verbreitet. Die einzige Generation fliegt im Juni und Juli aus. Wir treffen den Falter im Wald an. Die Raupe lebt auf Moosen.

3 Sophronia semicostella HB. 15–16 mm. Wird aus Europa beschrieben. Die einzige Generation des Jahres fliegt von Mai bis Juli. Diese Art tritt zahlreich an trockenen Standorten auf. Die Raupe lebt in einem Gespinst auf den bodennahen Blättern verschiedener Pflanzen.

4 Königskerzenmotte *Nothris verbascella* SCHIFF. 18–20 mm. Wird aus Europa, Klein- und Mittelasien beschrieben. Von Mai bis August entwikkeln sich zwei Generationen. Die Raupen finden wir im Juni und im Herbst in den Herzblättern der Königskerzen. Hier halten sich meist mehrere Raupen auf; sie können den Wachstumsgipfel des Blütenstandes völlig zerstören. Diese Art taucht ähnlich wie die Nährpflanze auf trockenen Hängen und Ruderalböden auf.

5 Rübenmotte *Scrobipalpa ocellatella* BOYD. 11–13 mm. Wie die ursprüngliche Nährpflanze, die Wilde Rübe (*Beta maritima*), verbreitet: Über die ganze westeuropäische Küste, im afrikanischen und europäischen Mittelmeergebiet bis nach Kleinasien und zur Schwarzmeerküste. Von da aus dringt sie auch in die wärmeren Gebiete Mitteleuropas vor. Diese Art bildet jährlich zwei und mehr Generationen und hat sich in Landwirtschaftsgebieten der gezüchteten Zuckerrübe angepaßt. Hier lebt die Raupe im Vegetationskegel und verursacht Fäulnis. Wir finden die Raupe das ganze Jahr über. Sie überwintert auch.

6 Gelechia turpella SCHIFF. (= *pinguinella* TR.). 18–22 mm. In Mittel- und Südeuropa verbreitet. Der Falter bildet jährlich eine Generation, die im Juni und Juli ausfliegt. Die Raupe entwickelt sich im Frühling auf den Blättern der Schwarz-Pappel. Häufig.

7 Lita virgella THBG. 14–16 mm. In den Gebirgen und Torfmooren in Mittel- und Nordeuropa und auch weiter nach Osten verbreitet. Die Art folgt der Verbreitung des Heidekrauts, auf dem die Raupe lebt. Der Falter fliegt im Mai und Juni aus.

8 Teleiodes luculella HB. 10 mm. Bewohnt offensichtlich die Laubwälder ganz Europas, bildet eine Generation und fliegt von Mai bis Juli aus. Die Raupe lebt bis zum Herbst zwischen den versponnenen Blättern von Eiche und Birke. Häufig.

9 Recurvaria leucatella CL. 13–15 mm. In der gemäßigten Zone Europas verbreitet, bildet eine Generation und fliegt im Juni und Juli aus. Die Raupe lebt im Frühling zwischen versponnenen Blättern von Laubbäumen. Sie schädigt auch Obstbäume.

10 Chrysoesthia drurella F. (= *hermanella* ANET.). 8 mm. Wird aus Europa und Kleinasien beschrieben. Häufige Art auf Feldern und Steppenland. Der Falter bildet zwei Generationen, die von Mai bis August ausfliegen. Die Raupe lebt minierend auf Melde und Gänsefuß.

11 Metzneria lapella L. 18–22 mm. In Europa und Westasien verbreitet; fliegt von Mai bis August. Die Raupe lebt vom Sommer bis zum Frühling in den Blütenkörben der Großen Klette. Diese Art bewohnt vor allem Uferbiotope und Ruderalgelände.

Palpenmotten

Familie Ethmiidae

1 Ethmia pusiella L. 22–30 mm. In ganz Europa und Kleinasien verbreitet. Lebt auf gras- und kräuterreichen Lichtungen und buschigen Hängen. Der Falter fliegt von Juli bis September, die Raupe (**1b**) entwickelt sich im Frühling auf verschiedenen Borretschgewächsen, wie zum Beispiel auf Vergißmeinnicht, Lungenkraut und Beinwell. Die Art tritt lokal auf und ist nicht häufig.

2 Ethmia funerella F. 16–20 mm. In der Laubwaldzone Europas und Kleinasiens bis zum Kaukasus verbreitet; bewohnt schattige Laubwälder mit reichem Kräuterunterholz und steigt auch recht hoch in die Berge auf. Der Falter fliegt von Juni bis September aus. Die Raupe lebt im Herbst auf verschiedenen Borretschgewächsen, zum Beispiel auf Lungenkraut, Vergißmeinnicht und Steinsame.

3 Ethmia terminella FLETCH. 14–22 mm. Wärmeliebende Art, die in Mittel- und Südeuropa und in Kleinasien verbreitet ist. Sie bewohnt steppen- und waldsteppenartige Gebiete und auch Ruderalgelände, die ähnliche Bedingungen aufweisen. Sie folgt dem Vorkommen ihrer Futterpflanze, dem Natternkopf. Der Falter bildet eine Generation, die im Juni und Juli ausfliegt. Die Raupe lebt von der Mitte des Sommers bis zum Herbst.

4 Ethmia bipunctella F. 20–28 mm. Im gleichen Gebiet und in ähnlichen Biotopen zu Hause wie die vorige Art, denn auch hier ist die Raupe an Natternkopf gebunden. Der Falter fliegt von April bis Juni und von August bis Oktober in zwei Generationen aus. Die Raupen entwickeln sich im Frühling und mitten im Sommer.

Familie Ziermotten – Scythrididae

5 Scythris obscurella SC. 14–22 mm. Zwar in den Berg- und Hügelländern Mittel- und Südosteuropas und Kleinasiens verbreitet, bewohnt aber überwiegend wärmere Täler und exponierte Gebirgs- und Vorgebirgswiesen mit reicher Vegetation. Der Falter bildet jährlich eine Generation und fliegt von Mai bis Juli aus. Die Raupe lebt im Frühling. Als Nährpflanzen werden Schmetterlingsblütler und auch verschiedene Gräser angegeben.

6 Scythris cuspidella SCHIFF. 14–15 mm. Wird aus Mittel- und Südeuropa beschrieben. Das gesamte Verbreitungsgebiet dieser Art ist aber nicht ausreichend bekannt. Sie ist verhältnismäßig selten. Der Falter fliegt im Juni und Juli an trockenen, grasbewachsenen Standorten aus. Über das Leben der Raupe gibt es nur unzureichende Angaben. Man nimmt an, daß sie auf Thymian lebt.

Familie Grasminiermotten – Elachistidae

7 Cosmiotes freyerella HB. (= *Elachista nigrella* Hw.). 7–9 mm. Lebt in den Niederungen und Gebirgen des gesamten nichtpolaren Europas. Die zwei Generationen dieser Art fliegen im Frühling im April und Mai und im Sommer im Juli und August aus. Die Raupen leben von März bis Juni. Sie minieren in Gräsern und bleiben sehr klein. Diese Art ist recht häufig und sehr variabel.

8 Elachista nobilella Z. 7–8 mm. Ein weiterer Vertreter der artenreichen Gattung unscheinbarer und systematisch äußerst schwieriger Schmetterlinge, über deren Leben bisher sehr wenig bekannt ist und über die offensichtlich viele falsche Angaben gemacht werden, die der Revision bedürfen. Der Falter bildet eine Generation und fliegt im Juli aus. Die Raupe entwickelt sich im Frühling in Minen in verschiedenen harten Binsen und Gräsern, wie zum Beispiel in Hainsimse, Schwingel, Haferschmiele u. ä. Diese Art wird aus verschiedenen Teilen des mittleren und südlicheren Europas beschrieben.

Ziermotten / Grasminiermotten

Familie Wickler – Tortricidae

1 Pandemis corylana F. 16–25 mm. In Europa und im Osten bis nach Mittelasien verbreitet. Der Falter fliegt von Juli bis September. Die Eier überwintern, und die Raupen entwickeln sich im Frühling zwischen versponnenen, ausschlagenden Blättern von Birke, Buche, Eiche u. ä.

2 Johannisbeerwickler *Pandemis cerasana* Hb. 16–25 mm. Mit Ausnahme des äußersten Nordens in der Laubwald- und Baumsteppenzone der ganzen paläarktischen Unterregion bis in den Fernen Osten verbreitet. Der Falter fliegt von Juni bis September aus. Die Raupe entwickelt sich im Frühling in den versponnenen Blättern der verschiedensten Bäume und verpuppt sich dort auch.

3 Obstwickler *Pandemis heparana* Schiff. 16–25 mm. In den wärmeren Teilen Europas und Asiens bis nach China und Japan verbreitet und bewohnt vor allem die Niederungen, kommt aber auch recht hoch in den Bergen vor. Der Falter fliegt von Juni bis August möglicherweise in zwei Generationen, die ineinander übergehen, aus. Die Raupen entwickeln sich im Frühling genauso wie bei der vorigen Art. Äußerst variable und häufige Art.

4 Choristoneura sorbiana Hb. 22–35 mm. Gehört zu den großen Arten der Familie, kommt häufig in den Laubwäldern Europas vor, wurde östlich des Urals nicht festgestellt, ist aber in Kleinasien und vielleicht auch in Japan verbreitet. Die einzige Generation des Falters fliegt von Juni bis August aus. Die Raupen (**4b**) entwickeln sich in Gespinsten auf Eiche und auf Obstbäumen. Die Art ist in Eichenwäldern häufig, sonst verstreut.

5 Weißdornwickler *Archips crataegana* Hb. 20–26 mm. Bewohnt Europa und ist auch über Asien bis nach Japan verstreut. Bewohner der Baumsteppen, buschigen Hänge und auch der Obstgärten in der Kulturlandschaft. Der Falter fliegt von Juni bis August aus, die Raupen entwickeln sich im Frühling auf verschiedenen Sträuchern.

6 Nadelholzwickler *Archips oporana* L. (= *piceana* L.). 18–25 mm. In den warmen Laubwäldern ganz Europas und Asiens bis nach Japan verbreitet. Der Falter fliegt im Juni und Juli aus und zeigt auffallenden Geschlechtsdimorphismus. Das Männchen ist kleiner und anders gefärbt als das Weibchen. Die Raupe lebt vom Herbst bis zum Frühling auf verschiedenen Nadelbäumen.

7 Bräunlicher Obstbaumwickler *Archips podana* Sc. 18–26 mm. In den Laubwäldern und Gärten Europas und Kleinasiens verbreitet. Der Falter fliegt von Juni bis August aus und weist einen noch größeren Geschlechtsdimorphismus auf als die vorige Art. Die Raupe lebt im Frühling auf Laubbäumen.

8 Parasyndemis histrionana Fröl. 16–20 mm. Wird vor allem in den höheren Lagen Europas verzeichnet und bewohnt mit Fichten und Tannen bewachsene Gebiete. Der Falter fliegt von Juni bis August aus. Die Raupe überwintert und nährt sich von Fichten- und Tannennadeln.

9 Ptycholomoides aeriferana H.S. 16–20 mm. In der ganzen gemäßigten Zone Europas und Asiens verbreitet und wird zum Beispiel aus dem Ural, dem Gebiet um den Baikalsee und aus Japan gemeldet. Die Falter fliegen im Juli und August aus. Die Raupen entwickeln sich im Frühjahr auf Lärche und vielleicht auch auf Ahorn und Zitterpappel.

10 Aphelia paleana Hb. 18–22 mm. Über ganz Europa verbreitet und fliegt im Juni und Juli in den Niederungen und auch hoch in den Bergen auf feuchten Wiesen aus. Die Raupen leben im Frühling zwischen versponnenen Blättern und in den Vegetationskegeln verschiedener feuchtigkeitsliebender Pflanzen.

Wickler

Familie Wickler – Tortricidae

1 Clepsis spectrana Tr.
16–22 mm. Lebt in Mittel- und Osteuropa und in Kleinasien bis nach Transkaukasien. Wärmeliebende Art, die von Juni bis August ausfliegt und deren Raupe im Frühling auf verschiedenen saftigen Pflanzen wie Sumpf-Wolfsmilch, Weidenröschen, Sumpfkresse, Ampfer u. ä. lebt.

2 Geißblattwickler *Adoxophyes orana* F. v. R. 14–22 mm. Über das ganze wärmere Europa und Asien bis in den Fernen Osten verbreitet. Der Falter fliegt von Juni bis September aus. Über die Anzahl der Generationen werden verschiedene Angaben gemacht. Die Raupe können wir auch während des ganzen Sommers finden. Sie verspinnt die Blätter der verschiedensten Bäume und Sträucher, befrißt junge Steinobstfrüchte, vor allem Aprikosen und Pfirsiche, und verspinnt sie mit Blättern. Diese Art tritt sehr zahlreich auf und hat wirtschaftliche Bedeutung für den Obstbau.

3 Ptycholoma lecheana L.
16–20 mm. In der Laubwaldzone ganz Europas und Kleinasiens und weiter in Mittelasien bis zum Baikalsee und nach Südsibirien verbreitet. Der Falter fliegt im Mai und Juni vor allem in feuchteren Laubwäldern, in Gärten und Parks. Die Raupe lebt im Frühjahr zwischen den versponnenen Blättern von Bäumen und Sträuchern.

4 Paramesia gnomana Cl.
12–18 mm. In Europa und Kleinasien und im Osten bis zum Südural verbreitet. Der Falter bildet jährlich eine Generation. Er fliegt von Juni bis August aus. Die Raupe lebt im Frühling und befrißt die Blätter von Heidelbeeren, Ziest, Wegerich u. ä.

5 Periclepsis cinctana Schiff.
12–16 mm. Wird von den trockeneren und wärmeren Stellen Europas beschrieben. Der Falter fliegt im Juni und Juli. Die Raupe lebt wahrscheinlich vom Frühling an auf Ginster, Besenginster, Wundklee u. a.

6 Isotrias hybridana Hb.
12–16 mm. In den wärmeren Teilen Mitteleuropas, in Südeuropa und in Kleinasien verbreitet. Der Falter bildet zwei Generationen im Jahr und fliegt im Mai und Juni und im August und September in warmen Laubwäldern und auf buschigen Hängen und Baumsteppen aus. Die Raupe lebt einerseits im Sommer, andererseits vom Herbst bis zum Frühling auf Weißdorn, Ahorn und Eichen.

7 Eulia ministrana L. 18–25 mm. In der nördlichen Zone Europas, in der Waldzone Asiens bis in den Fernen Osten und auch in Nordamerika verbreitet. Der Falter bildet jährlich eine Generation und fliegt im Juni und Juli vor allem in Bergwäldern aus. Die Raupe lebt vom Herbst bis zum Frühling auf Eiche, Birke, Erle, Haselnuß, Mehlbeere u. ä.

8 Cnephasia asseclana Schiff. (*interjectana* Hw.). 10–15 mm. In ganz Europa und Asien bis nach Japan verbreitet und kommt vielleicht auch in Nordamerika vor. Diese Art der Waldsteppen lebt auf niedrigen Kräutern im Wald, hat sich aber auch gut an die Kulturlandschaft angepaßt. Die Falter fliegen im Juni und Juli aus. Die Raupen (**8b**) verspinnen (**8c**) und befressen im Frühling die Blätter und Vegetationskegel der verschiedensten Kräuter.

9 Exapate congelatella Cl.
18–22 mm. Lokal in Mittel- und Nordeuropa verbreitet und wurde auch im Kaukasus beobachtet. Stellenweise, vor allem in den Bergen, tritt der Falter zahlreich auf. Er bildet jährlich eine Generation, die im Oktober und November ausfliegt. Das heißt, nur das Männchen fliegt aus, das Weibchen hat verkümmerte Flügel. Die Raupen (**9b**) leben im Frühling auf den Trieben verschiedener Sträucher, zum Beispiel auf Liguster, Ulme, Weißdorn, Johannisbeere, Weide u. a. und spinnen sie zusammen (**9c**). Die Puppe liegt im Boden.

1
3
5
9♂
7
9♀
9c
9b
2
4
8c
6
8b
8

Familie Wickler – Tortricidae

1 Eichenwickler *Tortrix viridana* L. 18–23 mm. In der Eichenwaldzone in Nordafrika, in ganz Europa und Kleinasien und im Osten bis zum Kaukasus verbreitet. Die Falter fliegen im Juni und Juli aus. Die Raupen (**1b**) leben im Frühling auf den ausschlagenden Blättern von Eichen (**1c**) und verursachen oft Kahlfraß, öfter dort, wo der Wald mit Insektiziden behandelt wird und so die natürlichen Feinde der Raupen ausgerottet wurden. Die schwarzen Puppen finden wir in eingerollten Blättern.

2 Rosenwickler *Croesia bergmanniana* L. 10–14 mm. Holarktisch verbreitet und fliegt im Juni und Juli aus. Die Raupen finden wir im Mai zwischen den versponnenen Blättern und Vegetationskegeln der Rosen.

3 Ahornwickler *Croesia forskaleana* L. 12–18 mm. Im gemäßigteren Europa bis zum Kaukasus verbreitet. Die Falter der einzigen Generation fliegen von Juni bis August. Die Raupen leben im Frühling in eingerollten Ahornblättern.

4 Heidelbeerwickler *Acleris variegana* Schiff. 14–18 mm. Von Nordafrika über Europa und Kleinasien bis nach Mittelasien verbreitet. Der Falter fliegt im Herbst, von August bis November, aus. Die Raupen leben im Frühling und Anfang Sommer auf Heidelbeere, Haselnuß und verschiedenen Bäumen und Sträuchern der Familie *Rosaceae* (Rosengewächse). In der Färbung ist diese Art äußerst variabel.

5 Acleris emargana F. 18–22 mm. Trägt interessante, vorn ausgeschnittene Flügel. Dieses Merkmal ist jedoch veränderlich und kann auch fehlen. Die Art ist in der Laub- und Mischwaldzone Europas und Asiens verbreitet und lebt auch in Nordamerika. Der Falter fliegt von Juli an bis zum Frühling aus, überwintert also. Die Raupe lebt im Frühling auf Weiden, Pappeln und Birken.

6 Dichrorampha petiverella L. 10–14 mm. Mit Ausnahme des rauhen Nordens in Europa und in Asien bis zum Amurgebiet verbreitet. Der Falter fliegt von Juni bis August aus. Die Raupe lebt vom Herbst bis zum Frühling in den Wurzeln von Schafgarben oder Margeriten.

7 Cydia splendana Hb. (= *Laspeyresia s.*). 12–16 mm. Folgt in der Verbreitung den Eichenwäldern, bewohnt Europa und reicht im Osten bis zum südlichen Ural und dem Wolgagebiet. Der Falter fliegt mit einer einzigen Generation von Juni bis August aus. Die Raupen entwickeln sich in Eicheln, Walnüssen und Eßkastanien und überwintern.

8 Erbsenwickler *Cydia rusticella* Cl. (= *nigricana* F.). 10–15 mm. In der ganzen paläarktischen Unterregion und auch in Nordamerika verbreitet und fehlt nur im rauhen Norden. Der Falter bildet eine Generation, die von Juni bis August ausfliegt. Die Raupe (**8b**) entwickelt sich am Ende des Sommers auf Erbse, Wicke, Platterbse (**8c**).

9 Apfelwickler *Cydia pomonella* L. 14–18 mm. Stammt aus dem Westen der paläarktischen Unterregion, von wo aus er sich über die ganze Welt verbreitet hat. Er lebt heute überall dort, wo Äpfel gezüchtet werden. Der Falter fliegt mit einer bis zwei Generationen von Mai bis August aus. Die Raupe (**9b**) entwickelt sich in reifenden Äpfeln (**9c**), verspinnt sich auf Baumstämmen in Spalten und unter der Rinde und verpuppt sich im Frühling. Die lange Flugzeit hängt damit zusammen, daß die Raupen mit den Äpfeln in Lager und Haushalte transportiert werden, dort überwintern und sich unter verschiedenen Temperaturbedingungen unterschiedlich schnell entwickeln.

10 Lathronympha strigana F. 14–18 mm. In Europa, Kleinasien und Sibirien verbreitet und bildet eine Generation, die von Mai bis August ausfliegt. Vielleicht besteht noch eine unvollständige, zweite Generation. Die Raupen leben von Mai bis Juli auf Hartheu.

Wickler

Familie Wickler – Tortricidae

1 Aprikosenwickler *Enarmonia formosana* Sc. 14–16 mm. In Nordafrika, dem wärmeren Europa, Kleinasien und in Asien bis nach Sibirien verbreitet. Der Falter fliegt von Mai bis August aus. Die Raupe lebt vom Sommer bis zum nächsten Frühling. Sie bohrt sich unter die Rinde von Obstbäumen ein und lebt vor allem auf Kirschen, Aprikosen und Pflaumen. Sie richtet in Gärten Schäden an.

2 Kieferntriebwickler *Rhyacionia buoliana* Schiff. 16–20 mm. In den Kiefernwaldgebieten in ganz Europa und Asien verbreitet, wurde auch in Nordamerika beobachtet und unlängst nach Südamerika verschleppt. Der Falter fliegt von Juni bis August aus. Die Raupe (**2b**) lebt in den Knospen und Trieben der Kiefern und befällt vor allem junge Bäume (**2d**).

3 Kiefernharzgallenwickler *Retinia resinella* L. (= *Petrova* R.). 16–21 mm. In ganz Europa und in Sibirien verbreitet und fliegt im Mai und Juni aus. Die Raupe lebt und überwintert zweimal in Harzgallen auf den Ästen von Kiefern. Diese Art kommt häufig auf Torfmooren vor.

4 Roter Knospenwickler *Spilonota ocellana* F. 16–18 mm. In der paläarktischen Unterregion verbreitet und wurde auch nach Nordamerika verschleppt. Der Falter fliegt von Mai bis Juli, die Raupe überwintert und lebt im Frühling in den ausschlagenden Knospen und Trieben von Laubbäumen. Sie richtet in den Obstgärten empfindliche Schäden an und tritt überall zahlreich auf.

5 Epiblema foenella L. 18–23 mm. In der gemäßigten Zone Europas verbreitet und reicht im Osten bis nach Armenien. Der Falter fliegt im Juni und Juli auf Steppen und Feldern aus. Die Raupe lebt vom Herbst bis zum Frühling auf Beifuß. Färbung sehr variabel.

6 Brombeertriebwickler *Notocelia uddmanniana* L. 13–20 mm. Im gemäßigten und südlichen Europa und in Kleinasien verbreitet. Der Falter fliegt von Juni bis August aus und bildet jährlich eine bis zwei Generationen. Die Raupe lebt im Frühling und im Sommer in den versponnenen Gipfelblättern verschiedener Brombeerarten.

7 Epinotia stroemiana F. 16–20 mm. In Nord- und Mitteleuropa, in Westsibirien und auch in Nordamerika verbreitet. Der Falter fliegt von Juli bis September aus. Die Raupe lebt am Frühlingsende zwischen versponnenen Blättern von Birke, Erle und Haselnuß.

8 Epinotia solandriana L. 18–20 mm. In Europa und östlich über den Ural und Kaukasus bis zum Baikalsee verbreitet. Der Falter fliegt von Juli bis September aus. Die Raupe lebt gegen Ende des Frühlings und am Anfang des Sommers auf Haselnuß, Birke, Weide und anderen Laubbäumen.

9 Fichtennestwickler, Hohlnadelwickler *Epinotia tedella* Cl. 10–12 mm. In der Kiefernwaldzone Europas und Asiens verbreitet. Fliegt von Mai bis Juli in angepflanzten und natürlichen Fichtengehölzen bis hoch in die Berge aus. Die Raupe lebt bis zum Herbst auf Fichten. Stellenweise richtet sie Schäden an.

10 Ancylis mitterbacheriana Schiff. 12–14 mm. Häufig in Europa und Asien überall dort, wo Eichen wachsen. Die Falter fliegen von Mai bis August in zwei Generationen aus. Die Raupen entwickeln sich im Juli und von September bis April auf Eichen und Buchen.

11 Ancylis badiana Schiff. 12–16 mm. In ganz Europa und in Kleinasien bis zum Kaukasus verbreitet. Der Falter fliegt von April bis Juli in zwei Generationen aus. Die Raupe lebt im Juni und August in versponnenen Blättern von Platterbse, Wicke und Klee. Die Art kommt zahlreich auf grasreichen Biotopen in den Niederungen und Bergen vor.

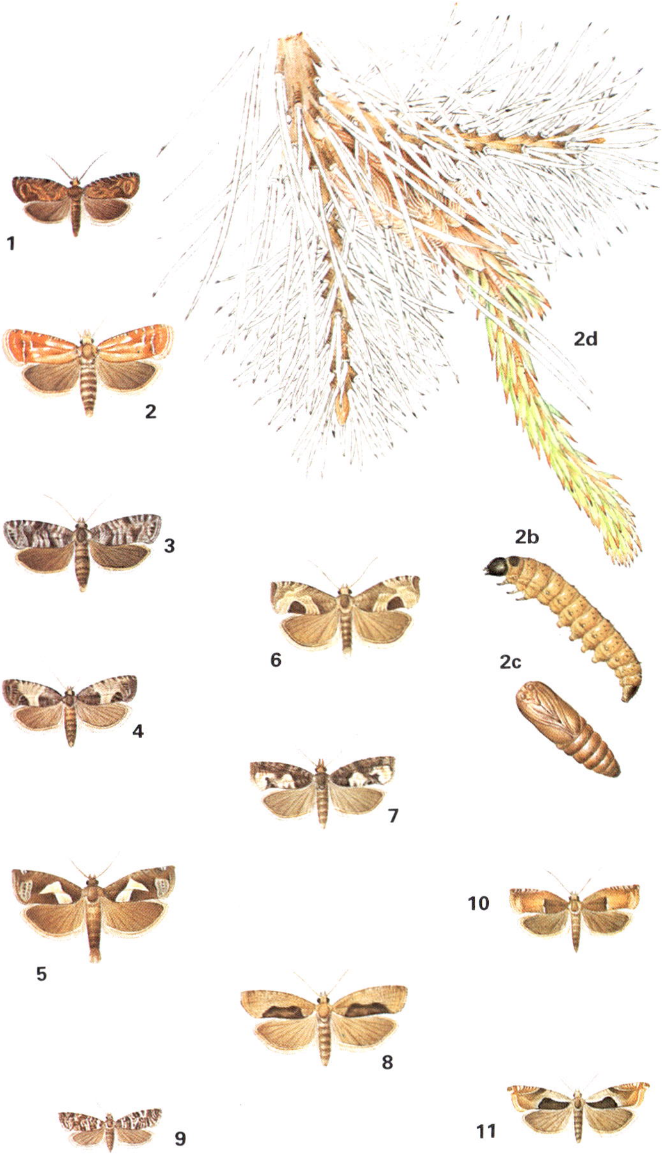
1
2
2d
3
2b
6
2c
4
7
10
5
8
9
11

Familie Wickler – Tortricidae

1 Hedya salicella L. 18–22 mm. Mit Ausnahme des rauhen Nordens in Europa und in Asien bis nach Sibirien verbreitet. Der Falter fliegt in zwei Generationen von Mai bis August in den Niederungen und Bergen an feuchten Stellen und buschigen Biotopen in Wassernähe aus. Die Raupe lebt in versponnenen Blättern von Weiden und Pappeln.

2 Grauer Knospenwickler *Hedya dimidioalba* Retz. (= *nubiferana* Hw.). 18–20 mm. In Europa und Kleinasien bis nach Armenien verbreitet. Bewohnt zahlreich Waldsteppen, buschige Hänge und auch Obstgärten, wo er empfindliche Schäden anrichtet. Der Falter fliegt von Juni bis August aus. Sitzend ahmt er ausgezeichnet auf Blättern haftenden Vogelkot nach. Die Raupe lebt im Frühling und befrißt Knospen und ausschlagende Triebe verschiedener Laubbäume.

3 Apotomis betuletana Hw. 16–20 mm. Wird aus Nord- und Mitteleuropa und aus Sibirien beschrieben. Der Falter fliegt von Juni bis August in Laubwäldern aus und tritt zahlreich auf. Die Raupe lebt im Frühling zwischen versponnenen Birkenblättern.

4 Apotomis inundana Schiff. 18–22 mm. Recht selten, lebt in den Wald- und Baumsteppengebieten ganz Europas. Der Falter fliegt im Juni und Juli in den Niederungen und Bergen aus. Die Raupe lebt im Frühling in eingerollten Blättern von Zitterpappeln.

5 Olethreutes arcuella Cl. 16–18 mm. In den wärmeren Teilen der Laubwälder der gesamten paläarktischen Unterregion verbreitet und kommt besonders häufig in Eichenwäldern vor. Die einzige Generation des Jahres fliegt von Mai bis Juli nachmittags und abends aus. Die Raupen leben vom Sommer bis zum Frühling auf dem Boden auf abgefallenem Laub.

6 Olethreutes siderana Tr. 16–18 mm. In der gemäßigten und nördlichen Zone Europas und in Südostsibirien verbreitet und bewohnt vor allem Moore und feuchte Biotope an Flüssen in den Niederungen und Vorgebirgen. Der Falter fliegt im Juni und Juli aus. Die Raupe lebt im Frühling auf umgebogenen Blättern von Weidenblättrigem Spierstrauch, Geißbart und Echtem Mädesüß.

7 Olethreutes mygindiana Schiff. 15–20 mm. Überall in Nordeuropa verbreitet und kommt sonst in Europa nur in den Bergen und auf Torfmooren vor. Der Falter fliegt im Juni und Juli aus. Die Raupe lebt im Frühling in versponnenen Blättern verschiedener *Vaccinium*-Arten.

8 Olethreutes lacunana Schiff. 16–18 mm. Lebt in ganz Europa und Kleinasien und bildet von Mai bis September zwei Generationen. Wir treffen den Falter häufig in feuchten und grasreichen Biotopen an. Die Raupe lebt von April bis Juli zwischen versponnenen Blättern von Birke, Weide, Himbeere, Kratzdistel, Dotterblume und anderen Pflanzen.

9 Olethreutes bipunctana F. 16–20 mm. In ganz Mittel- und Nordeuropa und im Osten bis nach Sibirien verbreitet und bewohnt überall zahlreich, aber vor allem in den Bergen, die Wälder mit Heidelbeerunterwuchs. Der Falter fliegt von Mai bis Juli aus. Die Raupe lebt im Frühling auf Heidelbeere, Wintergrün und vielleicht auch auf Rhododendron.

10 Olethreutes rivulana Sc. 16–18 mm. In Europa und Asien sehr zahlreich. Der Falter fliegt von Mai bis September auf Wiesen aus und bildet zwei bis drei Generationen. Die Raupen leben während des ganzen Sommers auf verschiedenen Kräutern und vielleicht auf einigen Sträuchern.

11 Celypha striana Schiff. 16–20 mm. Häufig auftretende Art Mittel- und Südeuropas. Sie bildet zwei Generationen, die von Mai bis September in grasbewachsenen Biotopen ausfliegen. Die Raupe lebt im Juli und im Frühling auf Löwenzahn und verpuppt sich im Boden.

Wickler

1

2

3

4

5

6

7

11

8

10

9

Familie Wickler – Cochylidae

1 Aethes hartmanniana CL. 14–25 mm. In Europa und Kleinasien verbreitet und bildet jährlich zwei Generationen, die von Mai bis August nachts ausfliegen. Die Raupe lebt im Juni und vom Herbst bis zum Frühling auf Gelber Skabiose. Diese Art ist auf Waldwiesen und bewaldeten Hängen mit grasbewachsenen Lichtungen häufig.

2 Aethes tesserana SCHIFF. 12–16 mm. Ähnlich verbreitet wie die vorige Art und lebt auf Baumsteppen, Wiesen und Hängen, tritt jedoch nur lokal auf. Der Falter fliegt von Mai bis August in zwei Generationen aus. Die Raupe lebt im Juni und Juli und dann in der zweiten Generation über den Winter in den Wurzelhälsen von Habichtskraut, Pippau und Alant.

3 Eupoecilia angustana HB. 12–15 mm. Kommt in Mitteleuropa und Kleinasien vor. Der Falter fliegt von Juni bis August aus. Die Raupe lebt im Herbst und nährt sich von Blüten und Samen auf Schafgarbe, Feldthymian, Wegerich, Goldrute und anderen Pflanzen.

4 Eupoecilia ambiguella HB. 14–16 mm. Wärmeliebende Art, die in den Weinbaugebieten der gesamten paläarktischen Unterregion verbreitet ist. Die Falter bilden zwei Generationen im Jahr. Die erste fliegt im Mai, die zweite im Juli und August aus. Die Raupen der ersten Generation leben auf den sich entfaltenden Knospen der Weinreben (**4b**). Die zweite Raupengeneration lebt im August und September in Gespinsthüllen zwischen unreifen Trauben und Blättern des Weinstocks (**4c**) und auf vielen anderen Sträuchern und Pflanzen.

5 Cochylis posterana Z. 12–15 mm. In Mittel- und Südeuropa verbreitet. Der Falter lebt von Mai bis August in zwei Generationen auf trockeneren, grasbewachsenen Biotopen, Hängen und Ruderalgeländen. Die Raupe können wir mitten im Sommer oder vom Herbst bis zum März auf den Blüten und Samenständen von Flockenblumen, Klette, Distel und Kratzdistel finden.

6 Agapeta zoegana L. 14–22 mm. In Europa und Kleinasien verbreitet und bewohnt warme, grasreiche Biotope, wie zum Beispiel Steppen, steinige Hänge und einige Ruderalgebiete. Der Falter fliegt von Juni bis August aus. Die Raupe lebt über den Winter in den Wurzeln von Skabiosen und Flockenblumen.

7 Agapeta hamana L. 16–22 mm. In der Grundfarbe der vorigen Art recht ähnlich, zeigt aber eine ausdrucksvolle Zeichnung. Das Verbreitungsgebiet des Falters erstreckt sich über Europa und Kleinasien, er bewohnt aber feuchtere Wiesenbiotope und auch Gebirge. Der Falter bildet eine Generation, die von Juni bis August ausfliegt. Die Raupe lebt im Frühling in eingerollten Blättern von Hauhechel, Kratzdistel oder Klee.

8 Stenodes straminea HW. 14–18 mm. Lebt in trockenen bis ausgedörrten Biotopen in Mittel- und Südeuropa. Der Falter bildet jährlich von Mai bis August zwei Generationen. Eine Generation der Raupen lebt im Sommer, die andere überwintert. Wir finden sie entweder in den Blättern oder Blütenständen von Herzkraut oder auf reifenden Samen von Skabiose und Flockenblume.

9 Aethes margaritana HW. 10–16 mm. Lebt in Mittel- und Südeuropa. Wir treffen den Falter überall auf Wiesen und anderen grasreichen Biotopen in den Niederungen und Vorgebirgen. Er tritt recht zahlreich auf und fliegt von Juni bis August aus. Die Raupen überwintern und leben vielleicht auch im Sommer. Die Anzahl der Generationen ist unklar. Als Nahrung dienen die Blätter und Blüten von Margerite und Schafgarbe.

Wickler

Familie Widderchen, Blutströpfchen – Zygaenidae

1 Schlehenwidderchen *Rhagades pruni* Schiff. 20–25 mm. In Europa lokal verbreitet, von Finnland bis Italien an vielen Stellen. Zusammenhängend in Südosteuropa und Westasien und dann im Fernen Osten. Eine verhältnismäßig wärmeliebende Art. Interessant ist, daß auf den Heiden in Nordeuropa die ssp. *callunae* Spul. lebt, die oft als selbständige Art angesehen wird. Normalerweise ernähren sich die Raupen dieser Art von Schlehenblättern. Der Falter fliegt im Juli aus. Die Raupen überwintern und wachsen im Mai heran.

2 Gemeines Grünwidderchen *Procris statices* L. 22–28 mm. Lebt in ganz Europa und im Osten bis zum Mittelural. Diese Art tritt überall häufig auf feuchten Wiesen, blütenreichen Hängen oder Lichtungen auf. Wir treffen sie auch hoch in den Bergen über der Waldgrenze an. Der Falter fliegt, den klimatischen Verhältnissen entsprechend, von Mai bis August aus. Die Raupe überwintert. Sie lebt auf den üblichen Ampferarten.

3 Kupferglanz–Grünwidderchen *Jordanita chloros* Hb. 18–23 mm. Wärmeliebende Art, die im südlicheren Mittel-, in Süd- und Südosteuropa verbreitet ist. Sie lebt auch in Kleinasien und in der ehemaligen UdSSR bis in das Wolgagebiet. Wir treffen sie im Juni und Juli auf grasbewachsenen, steppenartigen Biotopen. Die Raupe überwintert wie die der anderen Arten. Sie ernährt sich von Skabiosen-, Flockenblume und Kugelblume.

4 Zygaena purpuralis Brünn. 28–35 mm. Gehört zu den größeren und häufigeren Arten und ist (wie die meisten Blutströpfchen) in der Zeichnung sehr variabel. Die Verbreitung zieht sich mit Ausnahme von Spanien über das ganze Europa und Kleinasien bis nach Ostsibirien. Die Art kommt in den Niederungen und auch in den Gebirgen vor, überall, wo die Nahrungspflanze – Feldthymian – wächst. Die Flugzeit der Falter ist Mai–Juni bis August und vom Standort abhängig. Die Raupen überwintern, und wir finden sie von Herbst bis Mai.

5 Vierpunktwidderchen *Zygaena punctum* O. 22–25 mm. Wärmeliebende Art, deren Verbreitungsgebiet sich vom südlicheren Mitteleuropa nach Südosten und über Kleinasien bis Armenien erstreckt. Sie bildet eine Generation, die im Juni und Juli in warmen, steppenartigen Gegenden ausfliegt. Die Raupe lebt nach dem Überwintern vom Frühling bis zum Sommer auf Feld-Mannstreu. Das Puppenstadium dauert nur einige Tage. Die Puppe ist in einem weißlich glänzenden, spindelförmigen Kokon, der für die Widderchen typisch ist, eingeschlossen.

6 Skabiosenwidderchen *Zygaena scabiosa* Schev. 28–32 mm. In den Steppen- und Baumsteppengebieten Europas und Asiens verbreitet, tritt lokal auf. Der Falter fliegt meistens in lichteren Wäldern oder in deren Nähe auf blütenreichen Hängen. Er bildet eine Generation, die im Juni und Juli ausfliegt. Die Raupe lebt vom Sommer bis zum Frühling auf verschiedenen Platterbsenarten.

7 Tragantwidderchen *Zygaena lotis* Schiff. 27–30 mm. Fast im gesamten gemäßigten und südlicheren Europa, dann weiter nach Südosten in Kleinasien und Syrien und über den Kaukasus bis zum Altai verbreitet. Diese zahlreich auftretende Art fliegt von Juni bis August in grasreichen, steppenartigen Gegenden aus und ist, wie alle Widderchen, tagsüber aktiv. Die Raupe lebt vom Sommer bis zum nächsten Frühling auf Kronwicke und Hufeisenklee. Der Kokon der Puppe ist bräunlich.

8 Schwarzkehlwidderchen *Zygaena laeta* Hb. 25–27 mm. Eine südliche, wärmeliebende Art, die von Mitteleuropa südöstlich bis nach Kleinasien verbreitet ist. Sie bildet jährlich eine Generation, die von Juni bis August ausfliegt. Die Raupe (**8b**) überwintert. Wir finden sie am Frühjahrsende auf Mannstreu. Der Kokon ist glänzend weißlich gelb (**8c**). Früher tauchte diese Art auch an warmen Standorten in Mitteleuropa auf.

Widderchen

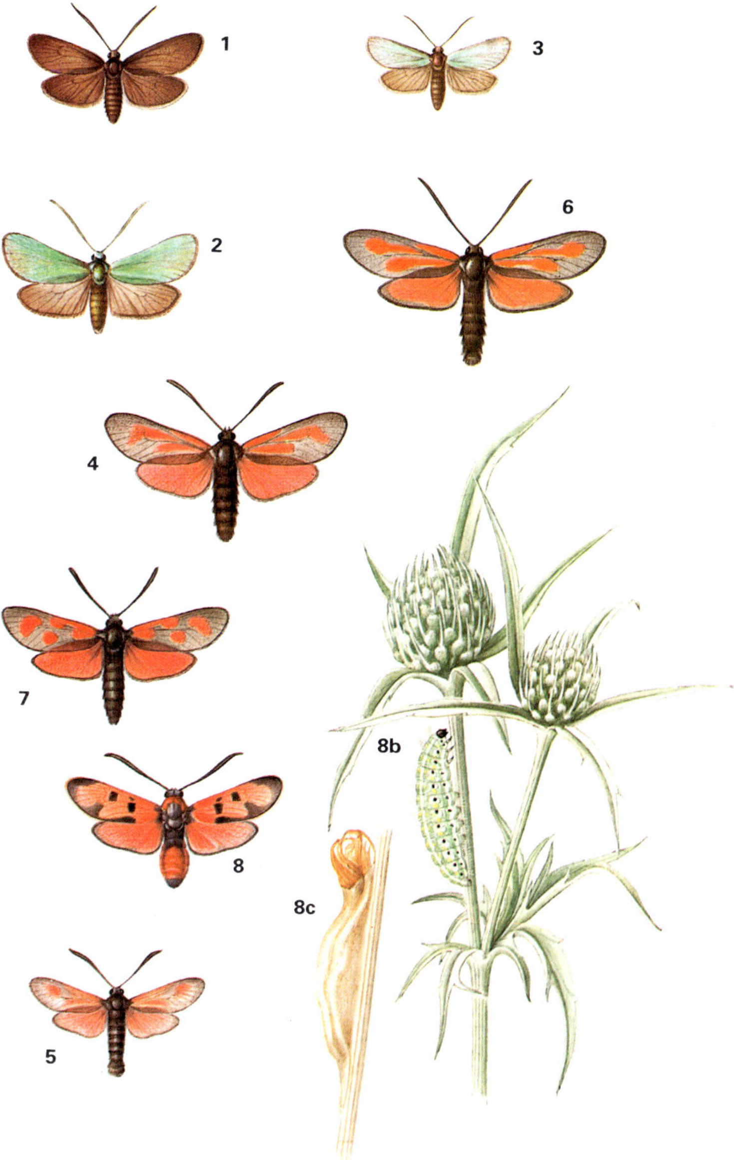

Familie
Widderchen, Blutströpfchen – Zygaenidae

1 Esparsettenwidderchen *Zygaena carniolica* Sc. 25–32 mm. Das Verbreitungsgebiet dieser wärmeliebenden Art erstreckt sich über Kleinasien und den Iran bis zum Altai. Der in der Färbung variable Falter fliegt von Juni bis August nur in den Niederungen und meistens in Gelände mit kalkiger Unterlage aus. Die Raupe (**1b**) lebt vom Sommer über den Winter bis zum Frühling auf Wiesenhornklee und Esparsette. Sie verpuppt sich in einem gelben, spindelförmigen Kokon auf dem Boden (**1c**). Der Falter kam vielerorts häufig vor, ist aber in der letzten Zeit vor allem aus den Biotopen verschwunden, die von der Landwirtschaft durch die Anwendung von Insektiziden und Düngemitteln beeinträchtigt werden.

2 Gemeines Blutströpfchen *Zygaena filipendulae* L. 30–38 mm. Die am häufigsten auftretende Art dieser Gattung. Der Falter bewohnt sowohl Niederungen wie auch Gebirge bis zu Höhen von 2000 m. Mit Ausnahme einiger weniger Gebiete ist er über ganz Europa und östlich bis nach Zentralasien verbreitet. Obwohl er im Vergleich mit anderen Arten keine große Variabilität aufweist, wurden viele Formen beschrieben. Er fliegt von Juni bis September in grasreichen, eher feuchten und frischen Biotopen, aber auch auf Steppen, an Waldrändern, auf Lichtungen und Kahlschlägen und ist überall zahlreich. Die Raupe (**2b**) lebt vom Sommerausgang bis zum nächsten Frühling und verpuppt sich in einem länglichen, weißen und gelben Kokon, der an den Halmen klebt (**2c**). Nährpflanzen sind Kronwicke und Hornklee.

3 Kleewidderchen *Zygaena trifolii* Esp. 28–33 mm. Gehört zu den frühesten Arten, denn es taucht in manchen Jahren schon Ende Mai auf. Der Falter ist in Nordafrika, Europa und im Osten bis Mittelasien verbreitet. Er bewohnt feuchte, blumenreiche Wiesen in den Niederungen und Mittellagen, wo wir ihn bis zum August antreffen können. Die Raupe lebt vom Sommer bis zum nächsten Frühling auf Hornklee und verpuppt sich in einem länglichen gelben Kokon, der an die Grashalme geklebt ist. Diese Art ist überaus variabel, und die roten Tupfen fließen auf den Vorderflügeln zu verschiedenen Ornamenten zusammen. Es wurden viele Formen beschrieben, wie z. B. f. *minoides* (**3c**), mit verbundenen Flecken.

4 Schneckenkleewidderchen *Zygaena angelicae* O. 30–33 mm. In Europa eher im Osten und Südosten verbreitet und lebt an warmen Stellen, vor allem auf kalkigem Gelände, steigt aber auch hoch in die Berge bis zu fast 2000 m auf. Diese häufig auftretende Art fliegt von Juni bis August. Die Raupe lebt von August bis zum nächsten Mai auf Schnekkenklee und Kronwicke und verpuppt sich in einem spindelförmigen, gelben Kokon, der an Grashalme geklebt ist.

5 Wickenwidderchen *Zygaena ephialtes* L. 30–40 mm. In der gemäßigten Zone ganz Europas und Asiens verbreitet. Tritt verhältnismäßig zahlreich in lichten Wäldern, an deren Rändern, auf warmen Hängen und Baumsteppen, vor allem auf Kalkböden auf. Diese Art fällt durch ihre Variabilität auf, und einige Formen sind ausgeprägt geographisch verbreitet. Oft tauchen neben den typischen Exemplaren mit überwiegend weißen Flecken die Falter der rot gefärbten Form *peucedani* (**5c**) oder der gelben Form *icterica* (**5d**) auf. Selbstverständlich gibt es meistens verschiedene Übergangsformen, von denen viele einen eigenen Namen tragen (z. B. f. *coronillae* – **5e**). Der Falter fliegt von Juni bis August aus. Die Raupe lebt vom Sommer bis zum Frühling auf Kronwicke und verpuppt sich in einem silbrig weißen Kokon an den Grashalmen.

Widderchen

Familie
Zünsler – Pyralidae

1 Crambus ericella Hb. 22–24 mm. In Nord- und Mitteleuropa verbreitet, lebt in trockenen Wäldern und auf Heideland. Bildet jährlich eine Generation, die von Juni bis August auftaucht. Die Falter lassen sich gern auf Gräsern nieder. Die Raupe lebt, wie bei den meisten Angehörigen dieser Gruppe, ebenfalls auf Gräsern. Wahrscheinlich überwintert sie.

2 Wiesenzünsler *Crambus lathoniellus* Zinck. (= *nemorellus* Hb.). 19–22 mm. Eine der geläufigsten Arten dieser Gattung, die überall sehr zahlreich auf den Wiesen und grasbewachsenen Stellen in den Niederungen und auch hoch in den Bergen auftritt. In der Literatur ist diese Art unter der Bezeichnung *C. pratellus* L. bekannt, was nach einer Überprüfung geändert werden mußte. Die Imago tritt den ganzen Sommer über auf. Die Raupe lebt von August bis zum Frühling auf verschiedenen Gräsern.

3 Crambus alienellus Zinck. 17–20 mm. Inselartig in Mitteleuropa und zusammenhängend im Norden auf Torfmooren, feuchten Wiesen, in der Tundra und in den Bergen verbreitet. Der Falter fliegt von Mai bis Juli aus. Über das Leben der Raupen ist bis jetzt noch nichts bekannt.

4 Silberzünsler *Crambus perlella* Sc. 21–24 mm. Eine ebenfalls sehr zahlreich auftretende Art, die in den Bergen und Niederungen Europas auf Wiesen und Weiden oder in anderen grasbewachsenen Biotopen vorkommt. Sie fliegt von Juni bis August aus. Die Raupe lebt vom Sommer über den Winter bis zum Frühling in Bodennähe auf Gräsern.

5 Agriphila tristella Schiff. 23–26 mm. In den Niederungen und Gebirgen Europas in trockeneren Biotopen verbreitet. Der Falter fliegt von Juni bis September, ist aber im Spätsommer am häufigsten. Die Raupe lebt auf verschiedenen Gräsern und überwintert. Sehr veränderliche Art.

6 Thisanotia chrysonuchella Sc. 22–25 mm. In Mittel- und Südeuropa verbreitet, fliegt in grasbewachsenen, trockenen bis dürren Biotopen. Die Imago erscheint im Mai und Juni. Die Raupe lebt vom Sommer über den Winter bis zum zeitigen Frühjahr in Bodennähe vor allem auf Schafschwingel.

7 Chrysocrambus craterella Sc. 23–27 mm. Aus Mittel- und Südeuropa bekannt. Lebt hier auf trockenen Wiesen und steppenartigen Stellen. Der Falter fliegt von Mai bis Juli. Über die Raupe ist nichts bekannt.

8 Catoptria permutatella H.S. 20–25 mm. In Mitteleuropa beheimatet. Er tritt in Gebirgen und Vorgebirgen auf feuchten, zwischen kleinen Wäldern liegenden Wiesen recht häufig auf und fliegt von Juni bis August aus. Seine Raupe überwintert und ernährt sich angeblich von Moosen.

9 Catoptria margaritella Schiff. 20–23 mm. In Nordafrika und Europa an feuchten Orten, auf Torfmooren und Heideland und auch an feuchten Stellen in Kiefernwäldern verbreitet. Der Falter fliegt von Juni bis August aus. Über das Leben der Raupe ist nichts bekannt.

10 Platytes alpinella Hb. 19–22 mm. In Mittel- und Südosteuropa verbreitet. Bewohnt trockene Standorte vor allem mit sandiger Unterlage. Der Falter fliegt von Juli bis September. Die Raupe wurde im Frühling gefunden und lebt wahrscheinlich auf einigen Moosen.

11 Schilfzünsler *Chilo phragmitella* Hb. 28–35 mm. Wird aus Mitteleuropa beschrieben, bewohnt jedoch ein viel größeres Territorium. Dieser Falter lebt auf feuchten Wiesen in der Umgebung von Teichen und Bächen, wo Schilf wächst. Das Männchen unterscheidet sich gewöhnlich erheblich vom Weibchen, das größer ist und schmale, zugespitzte Flügel trägt. Die Flugzeit dauert von Juni bis August. Die Raupe lebt vom Sommer bis zum Frühling in den Stengeln des Schilfrohrs.

Zünsler

Familie
Zünsler – Pyralidae

1 Große Wachsmotte *Galleria mellonella* L. 20–30 mm. Auf der ganzen Welt verbreitet und eher als Versuchstier in Laboratorien und als Bewohner von Bienenstöcken als aus der Natur bekannt. In der Natur lebt dieser Falter natürlich auch in den Nestern wilder Bienen und Hummeln. Er fliegt nach der Erwärmung vom Frühling an bis zum Herbst und bildet einige Generationen. Die Raupe überwintert in einer Gespinsthülle. Sie ernährt sich vom Wachs der Bienenwaben.

2 Kleine Wachsmotte *Achroia grisella* F. 13–25 mm. Gehört ebenfalls zu den ungeladenen Gästen der Bienenstöcke und wurde mit der Bienenzucht über die ganze Welt verschleppt. Dieser Falter bildet jährlich einige Generationen. Die Raupen verspinnen die Waben, so daß sich die schlüpfenden Bienen oft nicht nach außen durcharbeiten können. Sie leben von Wachs und Blütenstaub und befallen oft Lager mit verschiedenen Süßwaren.

3 Eichentriebzünsler *Acrobasis repandana* F. (= *A. tumidella* Zinck.). 17–22 mm. Eine Art, die in den europäischen Eichenwäldern weit verbreitet ist. Sie fliegt nachts aus und läßt sich tagsüber aus den Baumkronen aufscheuchen. Wir treffen den Falter im Juni und Juli an. Die Raupen finden wir im Frühling auf Eiche.

4 Pflaumentriebzünsler *Acrobasis obtusella* Hb. 17–22 mm. Überall in Europa verbreitet. Bewohnt buschige Hänge, trockene Laubwälder, Gärten und Plantagen. Der Falter fliegt im Juni und Juli. Die Eier überwintern, die Raupen leben im Frühling auf Schlehen, Pflaumen und anderen Arten der Gattung *Prunus*. Sie verspinnen und befressen die ausschlagenden Triebe.

5 Pempelia palumbella Schiff. 20–25 mm. In Mittel- und Südeuropa verbreitet und fliegt hier von Juni bis August auf den Lichtungen lockerer Laubwälder und auf Heideland aus. Die Falter können am Tage aus dem Heidekraut aufgescheucht werden. Die Raupen leben vom Herbst bis zum Frühling vor allem auf Heidekraut, aber auch auf Sonnenröschen und Feldthymian.

6 Oncocera semirubella Sc. 25–30 mm. In der ganzen paläarktischen Unterregion verbreitet. Lebt hier in den Niederungen und auch recht hoch in den Bergen auf trockenen Wiesen und Weiden und ist stellenweise sehr zahlreich. Die Falter sind sehr verschieden gefärbt. Sie fliegen im Juli und August aus. Die Raupe überwintert. Sie nährt sich von Klee, Schneckenklee, Hauhechel, Hornklee u. ä.

7 Bohnenzünsler *Etiella zinckenella* Tr. 22–25 mm. Lebt in den Tropen und Subtropen Afrikas, Europas, Asiens und Nordamerikas und wurde wahrscheinlich mit landwirtschaftlichen Produkten verschleppt. Der Falter fliegt von Juni bis August aus. Die Raupe lebt in den Kapseln verschiedener Hülsenfrüchte, wie zum Beispiel in Erbsen, Bohnen, Wicken u. ä. In einem Jahr entwickeln sich in Abhängigkeit vom Klima zwei bis sieben Generationen.

8 Fichtenzapfenzünsler *Dioryctria abietella* Schiff. 25–32 mm. In den Nadelwaldgebieten Europas, Asiens und Nordamerikas verbreitet und bildet jährlich eine bis zwei Generationen, die im Juni und dann im August und September ausfliegen. Die Raupe lebt in den Zapfen von Tannen, Fichten, Kiefern und anderen Nadelbäumen. Sie wächst bis zum Herbst heran und überwintert in einer Gespinsthülle am Boden. Diese Art tritt häufig von den Niederungen bis hoch in die Berge auf.

9 Assara terebrella Zinck. 20–25 mm. In Europa und Asien in den Tannenwaldgebieten verbreitet. Bildet jährlich eine Generation. Der Falter fliegt von Juni bis August in der Dämmerung in Tannenwäldern aus, ist also eine Art der Gebirge und Vorgebirge. Die Raupe lebt während des Winters in Tannenzapfen.

Zünsler

Familie
Zünsler – Pyralidae

1 Mehlmotte *Ephestia kuehniella* Z. 20–25 mm. Durch landwirtschaftliche Erzeugnise über die ganze Welt verschleppt. Wir finden diesen Falter in Mühlen und Lebensmittellagern, wo seine Raupen unermeßliche Schäden anrichten. In der Natur treffen wir ihn nur selten an. Er fliegt mit Ausnahme des Winters während der ganzen Saison, und die Raupen bilden jährlich entsprechend der klimatischen Bedingungen zwei bis fünf Generationen.

2 Kupferrote Dörrobstmotte *Plodia interpunctella* Hb. 15–20 mm. Kosmopolitische Art, deren Falter in der Natur von Mai bis September, in Lagern das ganze Jahr über fliegen. Die Raupen finden wir in mehreren Generationen ebenfalls das ganze Jahr über. Sie ernähren sich von verschiedenen Samen, Nüssen, getrocknetem Obst, Getreide, süßem Gebäck u. ä. In Lebensmittellagern richten sie erhebliche Schäden an.

3 Mehlzünsler *Pyralis farinalis* L. 18–30 mm. Eine Art, die in Mühlen, Lagern mit Mehlprodukten und in Haushalten vorkommt. Sie ist über die ganze Welt verbreitet und bildet in Mitteleuropa eine bis mehrere Generationen. Der Falter fliegt von Juni bis August und stellt sich auch in der Natur oft am Licht ein. Er lebt auf verschiedenen Samen und Pflanzenresten. Die Raupen überwintern in röhrenförmigen Gespinsten.

4 Pyralis regalis Schiff. 18–23 mm. Von Mittel- und Südeuropa östlich bis nach Klein- und Ostasien verbreitet. Lebt in warmen Laubwäldern und Baumsteppen und bildet jährlich eine Generation, die von Juni bis August ausfliegt. Die Raupen entwickeln sich von September über den Winter bis zum Mai auf welkem und trockenem Laub.

5 Herculia glaucinalis L. 22–27 mm. Ist mit Ausnahme des äußersten Nordens fast über ganz Europa und Asien in den verschiedensten Biotopen, vor allem an grasbewachsenen Standorten, verbreitet. Der Falter fliegt von Juni bis August. Die Raupe überwintert höchstwahrscheinlich und ist im Frühling am aktivsten. Sie ernährt sich von verschiedenem trokkenen Pflanzenmaterial. Wir finden sie deshalb in Heulagern, Schuppen, Schobern, Vogelnestern u. ä.

6 Endotricha flammealis Schiff. 16–20 mm. In den wärmeren Gebieten Europas, in Nordafrika und Westasien verbreitet und lebt in Laubwäldern, vor allem in wärmeren Eichengehölzen. Der Falter fliegt im Juni und Juli aus. Die Raupe lebt im Herbst und nährt sich vom Laub verschiedener Kräuter und Pflanzen. Sie überwintert in einem Kokon und verpuppt sich im Frühling.

7 Eudonia truncicolella Stt. 20–22 mm. Gehört zu der umfangreichen Gattung sehr ähnlicher Arten und ist eine der häufigsten. Sie ist in Mitteleuropa verbreitet und fliegt hier am Sommeranfang aus. Die Raupe lebt vom Herbst bis zum Frühling auf Moos, wo sie sich auch verpuppt.

8 Eudonia sudetica Z. 18–24 mm. Gehört zu den größeren Arten dieser Gruppe, ist in den Gebirgen Mittel- und Nordeuropas verbreitet und tritt nicht sehr zahlreich auf. In der Zeichnung weicht dieser Falter von den übrigen Arten ab. Er bildet eine Generation, die im Sommer ausfliegt. Die Raupe überwintert und lebt auf den Moosen der Baumstämme.

9 Scoparia pyralella Schiff. (= *arundinata* Thbg.). 16–20 mm. In Mittel- und Südeuropa verbreitet und bewohnt zahlreich alle grasbewachsenen Biotope. Der Falter fliegt am Sommeranfang aus. Die Raupe lebt auf Moosen im Gras von saueren und aufgeweichten Wiesen. Die Gattung *Scoparia* unterscheidet sich von der Gattung *Eudonia* vor allem im Bau der Geschlechtsorgane. Die Imagines sehen sehr ähnlich aus.

2
1
5
4
3
6
9
7
8

Familie
Zünsler – Pyralidae

1 Seerosenzünsler *Elophila nymphaeata* L. 22–30 mm. Mit Ausnahme des extremen Nordens in ganz Europa verbreitet und dort, wo er auftritt, sehr zahlreich. Dieser Falter ist wie die folgenden Arten mit seiner Lebensweise an Wasserpflanzen gebunden. Er fliegt im Juni und Juli in der Umgebung stehender oder langsam fließender Gewässer aus und verbirgt sich tagsüber in der Ufervegetation. Nachts fliegt er oft zum Licht. Die Raupen leben von August bis zum nächsten Frühling auf Teichrose, Seerose und Laichkraut. Sie können in Park- und Gartenanlagen Schäden an Seerosen verursachen. Sie halten sich im Wasser auf und atmen den Sauerstoff der im Gespinst enthaltenen Luftblasen.

2 Nymphula stagnata DON. 18–22 mm. In den wärmeren Gebieten Europas, in Kleinasien und weiter östlich bis nach Ostasien verbreitet und bewohnt ähnliche Biotope wie die vorige Art. Der Falter fliegt am Sommeranfang aus. Die Raupen überwintern und wachsen im folgenden Mai heran. Nährpflanze ist Igelkolben. Die Raupe lebt im Wasser.

3 Wasserlinsenzünsler *Cataclysta lemnata* L. 15–22 mm. In Europa verbreitet, mit interessantem Geschlechtsdimorphismus. Das Männchen ist viel kleiner als das Weibchen und fast weiß. Das Weibchen ist bräunlich. Der Falter fliegt den ganzen Sommer über in der Umgebung stehender Gewässer aus. Die Raupe entwickelt sich von August bis zum nächsten Mai im Wasser in einer Kammer aus versponnenen Wasserlinsen. Hier verpuppt sie sich auch.

4 Wasseraloe-Zünsler *Paraponyx stratiotata* L. 20–23 mm. Mit Ausnahme der rauhen Klimagebiete in ganz Europa verbreitet und bewohnt die Umgebung stehender und ruhig fließender Gewässer. Die einzige Generation des Jahres fliegt von Juni bis August aus. Der Falter verbirgt sich tagsüber in der Ufervegetation und ist nachts aktiv. Seine Färbung ist sehr veränderlich. Die Raupe dieser Art hat sich vollkommen dem Leben im Wasser angepaßt. Ihre Tracheen haben sich aus dem Körper gestülpt und bilden tracheale Kiemen, mit denen sie den Sauerstoff wie die meisten Wasserlebewesen direkt aus dem Wasser übernehmen kann. Sie lebt vom Sommer bis zum Frühling auf verschiedenen Wasserpflanzen wie zum Beispiel auf Krebsschere, Laichkraut, Froschlöffel u. ä.

5 Schoenobius gigantella SCHIFF. 25–40 mm. Sehr veränderliche Art, die von Europa bis nach Ostasien verbreitet ist. Sie fliegt von Juni bis August aus und tritt sehr zahlreich in Schilfröhrichten an den Ufern stehender Gewässer auf. Die Raupe entwikkelt sich im Frühling in den Trieben des Schilfs. Bevor sie diese Entwicklung abschließt, wächst das Schilf heran, und die erwachsene Raupe lebt dann in den Stengeln, wo sie sich schließlich auch verpuppt, wobei sie jedoch zuvor eine von außen kaum sichtbare Flugöffnung ausgebissen hat.

6 Schoenobius forficella THBG. 25–30 mm. In Europa verbreitet und lebt ähnlich wie die vorige Art. Die Raupe miniert anfangs in den Blättern von Schwaden, schneidet später aus diesen einen Teil aus und läßt sich vom Wasser zu einer neuen Nahrungsquelle tragen. Die Überwinterungsart ist nicht geklärt. Wir finden die Raupe im Frühling.

7 Donacaula mucronella SCHIFF. 25–30 mm. Wird aus Mitteleuropa beschrieben und fliegt dort im Juni und Juli in feuchten Biotopen, auf Wiesen und in der Umgebung von Wassergräben aus. Das Weibchen ist größer als das Männchen, etwas heller und trägt lange, zugespitzte Flügel. Die Raupe überwintert. Es wird angegeben, daß sie dicht über dem Boden in den Stengeln von Schwaden, Segge und Schilf lebt und sich dort auch verpuppt.

Zünsler

Familie
Zünsler – Pyralidae

1 Evergestis limbata L.
18–23 mm. In Mittel-, Südost- und teilweise in Südeuropa verbreitet. Bewohnt recht zahlreich warme, trockene Orte, wo der Falter im Juli und August nach Einbruch der Dunkelheit ausfliegt. Die Raupen leben am Ende des Sommers auf Rauke und Waid.

2 Evergestis frumentalis L.
22–30 mm. In Mitteleuropa bis nach Finnland verbreitet, fehlt jedoch in England und Holland. Im Osten erstreckt sich das Verbreitungsgebiet bis nach Westasien. Der Falter bildet jährlich eine Generation, die im Mai und Juli ausfliegt. Er taucht recht häufig überall in Feldern und auf Ruderalgeländen auf. Die Raupe lebt am Ende des Sommers und nährt sich von verschiedenen Kreuzblütlern. Sie überwintert im Boden in einem Kokon, in dem sie sich dann im Frühling auch gleich verpuppt.

3 Kohlzünsler, Meerrettichzünsler *Evergestis forficalis* L. 25–28 mm. In der ganzen gemäßigten Zone Europas und Asiens und auch in Nordamerika verbreitet. Lebt in Biotopen mit üppiger Vegetation, vor allem jedoch auf Feldern und in Gärten. Der Falter bildet von Mai bis September zwei Generationen. Die Raupen leben am Anfang des Sommers und im Herbst in einer Gespinsthülle an der Unterseite der Blätter verschiedener Kreuzblütler, auch auf Gemüsepflanzen. Die ausgewachsene Raupe überwintert in der Gespinsthülle im Boden und verpuppt sich im Frühling.

4 Rübsaatpfeifer *Evergestis extimalis* Sc. 20–25 mm. Im gemäßigten Europa und in Asien verbreitet, wo er überall häufig an warmen Stellen vorkommt. Er bildet eine Generation, die von Juni bis August ausfliegt. Die Raupen leben im Herbst auf den Samen von Kreuzblütlern. Sie verpuppen sich im Frühling.

5 Ginsterzünsler *Titanio pollinalis* Schiff. 20–22 mm. In Mittel- und Südeuropa und in Kleinasien verbreitet. Lebt an trockenen Standorten in Wäldern und auch außerhalb und bildet von Mai bis August zwei Generationen. Die Raupe finden wir bis in den Herbst meistens auf Besenginster, Ginster und Hauhechel. Die Puppe überwintert.

6 Metaxmeste phrygialis Hb.
20–22 mm. In den höheren Bergländern Europas bis zum Ural und auch im Norden Europas verbreitet. Diese sehr variable Art lebt in verschiedenen Höhenlagen bis zur Schneegrenze und fliegt, sobald dort der Frühling anbricht, von Juni bis August aus. Der Falter läßt sich mit Vorliebe auf Geröll nieder. Die Raupe ist polyphag. Über ihr Leben ist wenig bekannt.

7 Cynaeda dentalis Schiff.
22–28 mm. In Mittel- und Südeuropa und östlich bis nach Westasien verbreitet. Fliegt im Juli und August in nicht besonders großer Zahl aus. Zeitweilig taucht der Falter auch in den höheren Lagen auf. Die Raupe lebt vom Sommer bis zum Frühling auf Natternkopf.

8 Diasemia reticularis L. (= *litterata* Sc.). 18–20 mm. In den warmen Gebieten Europas und Asiens bis weit nach Osten verbreitet. Lebt auf trokkenen grasbewachsenen Standorten, Baumsteppen und Steppen und bildet von April bis September wahrscheinlich zwei Generationen. Die Raupe lebt zeitig im Frühling und im Sommer unter den bodennahen Blättern verschiedener Pflanzen.

9 Nomophila noctuella Schiff.
24–28 mm. Eine Art mit kosmopolitischer Verbreitung. Dank ihrer Wanderfähigkeit gelangt sie alljährlich auch an Stellen, wo sie normalerweise nicht lebt, und taucht auch in den höchsten Gebirgen auf. Meistens erscheint der Falter von Juni bis Oktober in grasreichen Biotopen und auf Feldern, ist in den einzelnen Jahren jedoch unterschiedlich zahlreich. Die Raupe lebt während des Sommers. In manchen Gegenden wird sie als Schädling von Klee, Luzerne und Weizen angesehen. Den Umständen entsprechend überwintert die Imago oder die Puppe.

Zünsler

Familie Zünsler – Pyralidae

1 Agrotera nemoralis Sc. 18–22 mm. In Europa und ganz Asien verbreitet. Die Falter der einzigen Generation fliegen im Juni und Juli in Laubwäldern aus, wo Hainbuchen, Zitterpappeln und Haselsträucher wachsen. Die Raupe lebt im Sommer in den versponnenen Blättern dieser Bäume.

2 Nesselzünsler *Pleuroptya ruralis* Sc. 25–40 mm. Sehr zahlreich in der gesamten paläarktischen Unterregion verbreitet. Lebt überall in Auwäldern, auf feuchtem, mit Buschwerk bewachsenem Ruderalgelände und auch auf Feldern. Die Falter fliegen im Juni und Juli aus. Die Raupe (**2b**) lebt von August bis zum Frühling in Röhren, die sie aus den Blättern von Brennesseln, Hopfen und einigen anderen Pflanzen dreht (**2c**). Hier verpuppt sie sich auch (**2d**).

3 Mecyna trinalis Schiff. 24–27 mm. Lebt in den wärmeren Gebieten Mitteleuropas, in Südeuropa, Nordafrika und im Osten bis nach Zentralasien. Bewohnt trockenere Wiesen, steinige Hänge und Biotope mit Steppencharakter. Der Falter fliegt im Juli und August aus. Die Raupe lebt im Mai auf Sonnenröschen.

4 Udea ferrugalis Hb. 18–22 mm. In den wärmeren Gebieten der paläarktischen Unterregion verbreitet, gehört zu den wandernden Arten und fliegt auch nach Nordeuropa. Die Imagines fliegen von Mai bis August aus. Die Raupen finden wir von Juli bis Oktober auf vielen niedrigen Pflanzen und Sträuchern.

5 Udea alpinalis Schiff. 24–28 mm. In den europäischen Gebirgen verbreitet und bewohnt hier Wiesen. Die Flugzeit des Falters dauert von Juni bis August. Die Raupe können wir im Frühling zwischen den versponnenen Blüten von Kreuzkraut, Flockenblumen und Beifuß finden.

6 Udea lutealis Hb. 22–28 mm. Eine sehr zahlreich vorkommende Art, die auf den Wiesen der Vorgebirge und Gebirge Europas bis zum Kaukasus zu Hause ist. Der Falter fliegt im Juli und August und stellt sich häufig am Licht ein. Die Raupe finden wir im Frühling auf den verschiedensten Kräutern.

7 Udea olivalis Schiff. 24–28 mm. Wird aus der gemäßigten Zone Europas und von verschiedenen Stellen Asiens beschrieben. Die einzige Generation fliegt im Juli und August in den Wäldern der Niederungen und Gebirge. Die polyphage Raupe lebt auf niedrigen Pflanzen.

8 Udea prunalis Schiff. 20–24 mm. Mit Ausnahme der kältesten Gebiete in Mittel- und Nordeuropa und in Westasien verbreitet. Die einzige Generation des Falters fliegt von Juni bis August. Die Raupe lebt vom Sommer bis zum Frühling auf den verschiedensten Pflanzen.

9 Brennesselzünsler *Eurrhypara hortulata* L. 24–28 mm. Über die ganze paläarktische Unterregion verbreitet; lebt in feuchten Biotopen, in Wäldern, Buschwerk und Gärten. Der Falter fliegt von Juni bis August. Die Raupe lebt im Frühling in versponnenen oder eingerollten Blättern von Brennesseln, Minze, Ziest u. ä. Sie überwintert in einem festen Kokon auf dem Boden oder auf Baumstämmen und verpuppt sich im Frühling.

10 Perinephela lancealis Schiff. 26–33 mm. Von Europa bis nach Ostasien verbreitet und fliegt von Mai bis Juli in feuchten Biotopen, vor allem in lockeren Wäldern aus. Der Falter fällt durch seine schmalen Flügel auf. Die Raupe lebt vom Sommer bis zum Frühjahr in röhrenförmig versponnenen Blättern von Ziest, Wasserdost, Kreuzkraut u. ä. Sie verpuppt sich in einem festen Kokon auf dem Boden unter dem Laub.

11 Holunderzünsler *Phlyctaenia coronata* Hfn. 22–25 mm. In der paläarktischen Unterregion verbreitet. Bildet von Mai bis August zwei Generationen. Die Raupe lebt im Sommer in einem Gespinst auf der Unterseite der Blätter von Holunder, Flieder, Esche u. a.

Zünsler

Familie Zünsler – Pyralidae

1 Ostrinia palustralis Hb.
32–40 mm. Wird aus dem östlicheren Mitteleuropa und vor allem aus Südosteuropa beschrieben. Lokale Art, die überall recht selten vorkommt, aber durch ihre Färbung auffällt. Die einzige Generation fliegt im Juni und Juli an feuchten Stellen und in Wassernähe aus, wo die Nährpflanze der Raupe, Wasserampfer, wächst.

2 Maiszünsler *Ostrinia nubilalis* Hb.
26–30 mm. Diese ursprünglich europäische Art wurde mit dem Mais über die ganze Welt verschleppt und ist einer der gefährlichsten Schädlinge in der Landwirtschaft. Der Maiszünsler bildet eine bis zwei, in den Tropen bis zu 6 Generationen. Er fliegt von Mai bis September aus. Die Raupen (**2b**) leben in den Stengeln von Mais, Sonnenblumen, Hanf u. ä. Dort wachsen sie heran, überwintern und verpuppen (**2c**) sich dann im Frühling.

3 Anania funebris Ström. (= *octomaculata* L.). 18–22 mm. Lebt lokal in Mittel-, Nord- und Südeuropa und bewohnt trockene steppen- und baumsteppenartige Biotope. Der Falter fliegt von Mai bis Juli. Die Raupe lebt am Ende des Sommers auf Goldrute, Ginster und Geißklee.

4 Anania stachydalis Germ.
20–23 mm. Lebt in Mittel- und Südeuropa. Von Mai bis August tauchen zwei Generationen dieses Falters auf. Die Raupe lebt im Sommer und Herbst, dann spinnt sie sich ein und verpuppt sich erst im Frühling. Nährpflanze sind verschiedene Ziestarten.

5 Pyrausta cingulata L.
14–18 mm. Fast in ganz Europa und Kleinasien verbreitet und bildet jährlich zwei Generationen, von denen die erste im Mai und Juni, die zweite im Juli und August ausfliegt. Die Falter erscheinen bei Sonnenschein auf sonnigen Hängen und Weiden, sind aber auch nachts aktiv. Die Raupe lebt bis zum Herbst auf Feldthymian und Salbei, dann verspinnt sie sich im Boden und verpuppt sich im Frühling.

6 Purpurzünsler *Pyrausta aurata* Sc. 16–18 mm. In Afrika, Europa und Asien verbreitet und fliegt von April bis September in zwei Generationen, die sich gegenseitig überdecken. Wir treffen den Falter auf trockeneren Wiesen und sonnigen, grasbewachsenen Standorten an. Hier ist er im allgemeinen zahlreich. Die Raupen leben auf verschiedenen Lippenblütlern und überwintern, bevor sie sich verpuppen, in einer Gespinsthülle im Boden.

7 Pyrausta sanguinalis L.
16–18 mm. In Nordafrika und in den wärmeren Gebieten Europas und Westasiens verbreitet. Fliegt bei Sonnenschein an warmen, trockenen, grasbewachsenen Stellen und bildet von Mai bis August zwei Generationen. Die Raupe lebt ähnlich wie die der vorigen Arten auf Feldthymian und Salbei.

8 Sitochroa verticalis L.
24–28 mm. In der ganzen gemäßigten Zone der paläarktischen Unterregion verbreitet. Die Falter der einzigen Generation fliegen im Juni und Juli in verschiedenen, waldlosen Biotopen aus. Die Raupen leben am Ende des Sommers auf Gamander, Kratzdistel, Melde und anderen Pflanzen, verpuppen sich aber erst im Frühling.

9 Wiesenzünsler, Rübenzünsler *Margaritia sticticalis* L. 22–27 mm. In ganz Europa, Asien und Nordamerika verbreitet. Steppenart, die sich dem Leben auf den Feldern angepaßt hat und gegenwärtig eher als Zuckerrübenschädling bekannt ist. Sie taucht in größeren Zeitabschnitten massenhaft als Wanderfalter auf. Wir finden den Falter auch in den Höhenlagen der Gebirge gegen 3000 m Seehöhe. Er bildet jährlich von Juni bis September zwei Generationen. Die polyphage Raupe (**9b**) verspinnt sich im Herbst im Boden in einem festen Kokon und verpuppt sich im Frühling.

Zünsler

Familie Zünsler – Pyralidae

1 Acentria ephemerella D. u. S. (= *nivea* OLIV.). 10–12 mm. Die Verbreitung dieses seltsamen Falters ist nicht gut bekannt. Er ist mit seiner Lebensweise an feuchte Biotope gebunden. Wir treffen ihn deshalb in der Umgebung von Teichen, Seen, Flüssen und Bächen oder wenigstens an Quellgebieten und Naßstellen. Die Flugzeit erstreckt sich von Mai bis September. Die Raupe lebt im tiefen Wasser auf Kanadischer Wasserpest oder Hornblatt. Sie wächst im Herbst langsam, dann noch im Frühling, um sich schließlich in einem mit Luft gefüllten Kokon zu verpuppen. Diese Art weist geschlechtlichen Dimorphismus auf, wobei auch noch zwei verschiedene Weibchen existieren. Ein Teil von ihnen trägt Flügel, bei den anderen Weibchen sind die Flügel verkümmert. Die flugunfähigen Weibchen schwimmen auf der Wasserfläche und klammern sich an die Männchen, die dicht über dem Wasserspiegel dahinfliegen.

Familie Fensterschwärmer – Thyrididae

2 Kletten-Fensterschwärmer *Thyris fenestrella* SC. 14–18 mm. In Mittel- und Südeuropa und im Osten über Kleinasien bis in das Amurgebiet, Nordchina und Korea verbreitet. Diese lokale Art kommt nirgends sehr zahlreich vor. Sie bewohnt Uferbiotope und feuchte Schluchten in Kalksteingebieten, wo die Nährpflanze der Raupe, die Echte Waldrebe, wächst. Der Falter fliegt von Mai bis Juli tagsüber aus. Die Raupe lebt gegen Sommerende, und die Puppe überwintert.

Familie Mottenspinner – Limacodidae

3 Große Schildmotte *Apoda limacodes* HFN. 20–30 mm. In der Zone der warmen Laubwälder Europas und weiter im Osten bis zum Südural und nach Vorderasien verbreitet. Der Falter bildet jährlich eine Generation, die von Ende Mai bis Anfang August in den niedrigeren Lagen, vor allem in Eichenwäldern, ausfliegt. Die Raupe (**3b**) lebt bis zum Herbst auf Eiche, Hainbuche und anderen Laubbäumen und Sträuchern. Das Männchen ist kleiner und hat eine markantere Zeichnung als das Weibchen und fliegt bei Sonnenschein auch manchmal tagsüber. Die Puppe überwintert manchmal auch zweimal. Sie ist im Boden verborgen.

4 Heterogenea asella SCHIFF. 15–20 mm. Wie die vorige Art in den Laubwäldern der paläarktischen Unterregion verbreitet, kommt jedoch selten vor. Der Falter der einzigen Generation fliegt im Juni und Juli in warmen Eichen- und Hainbuchenwäldern der niedrigeren Lagen aus. Die Raupe lebt am Sommerende und im Herbst meistens auf Hainbuche. Die Puppe überwintert.

Familie Federmotten – Alucitidae

5 Alucita dodecadactyla HB. 12–14 mm. In Europa lokal verbreitet und selten. Der Falter bildet jährlich eine Generation und beginnt im August nachts auszufliegen und taucht dann nach dem Überwintern wieder bis Mai auf. Die Raupe lebt von Mai bis Juli in den Trieben der Roten Heckenkirsche.

6 Alucita grammodactyla L. 12–14 mm. Aus Mittel- und Südeuropa und Kleinasien bekannt und lebt auf trockenen, steppenartigen Standorten. Der Falter fliegt in zwei Generationen im Mai bis Juni und im August bis September aus. Die Raupe (**6b**) lebt von April bis Mai in angeschwollenen erdnahen Herzknospen und von Juni bis Juli in den Stengelgallen auf Gelber Skabiose (**6c**) und vielleicht auch noch auf anderen Skabiosenarten. Diese Art ist nachts aktiv und kommt lokal begrenzt und selten vor.

Zünsler / Fensterschwärmer / Mottenspinner / Federmotten

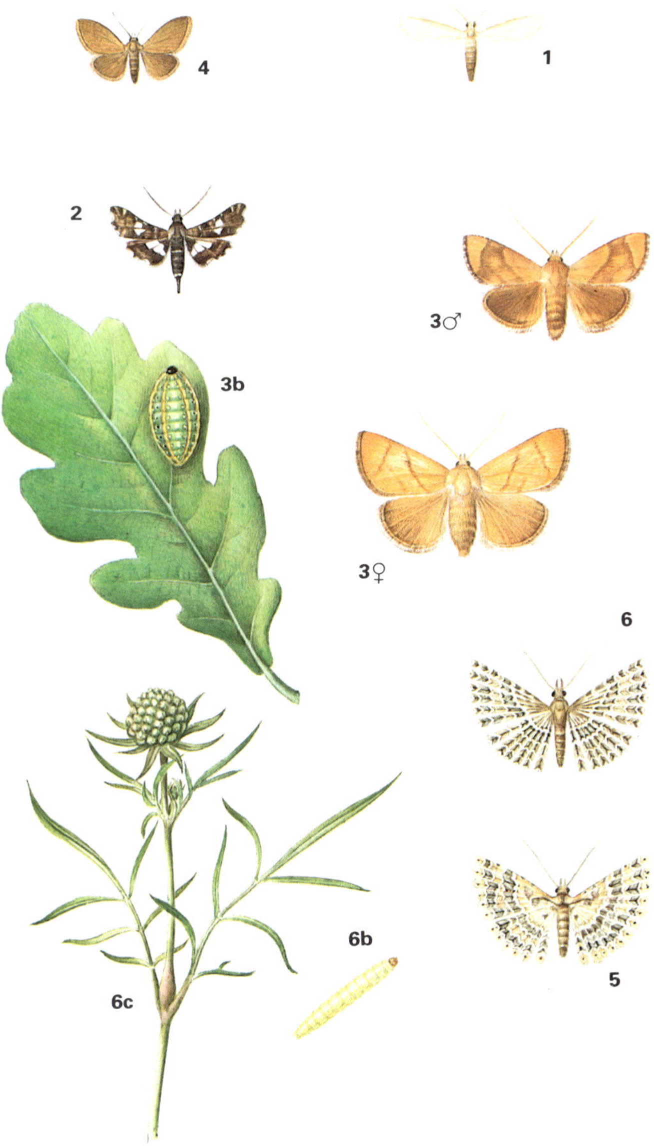

Familie Federgeistchen – Pterophoridae

1 Agdistis adactyla Hb.
20–25 mm. Ist in den wärmeren Gebieten von Marokko über Süd- und Mitteleuropa bis nach Südosteuropa verbreitet. Der Falter fliegt von Juni bis August in trockenen und warmen Biotopen mit meistens sandiger Unterlage aus. Die Raupe lebt wahrscheinlich nach dem Überwintern bis Juni auf Beifuß und Gamander.

2 Platyptilia gonodactyla Schiff.
24–30 mm. In Europa und Kleinasien verbreitet und lebt an feuchten, waldlosen Stellen, auf Ruderalgelände und Feldern und vor allem an Wasserläufen. Der Falter bildet zwei Generationen und fliegt im Mai und Juni und von Juli bis September aus. Die Raupe lebt im Juni und Juli, die zweite Generation überwintert. Sie ernährt sich von Huflattich und Pestwurz.

3 Kreuzkrautgeistchen *Platyptilia nemoralis* Z. 30–32 mm. Unter den europäischen Arten am größten, und in Mittel- und Südeuropa, vor allem in Vorgebirgslagen oder feuchten Biotopen, beheimatet. Eine Generation fliegt im Juli und August aus. Die Raupe lebt im Frühling in den Stengeln des Kreuzkrauts.

4 Stenoptilia pterodactyla L.
20–25 mm. Im ganzen gemäßigten Europa, in Kleinasien und Nordamerika verbreitet. Bildet zwei Generationen, von denen die erste im Juni und Juli ausfliegt, die zweite von August an auftaucht und bis April überwintert. Die Raupe lebt im Frühling und Sommer auf Ehrenpreis. Diese Art tritt häufig auf feuchten Wiesen und an schattigen Stellen an Waldrändern oder in lockeren Wäldern auf.

5 Stenoptilia pelidnodactyla Stein.
20–25 mm. Eine häufig in den niederen und mittleren Lagen Europas vorkommende Art. Die Imago fliegt von Mai bis Juli an grasbewachsenen Stellen, auf Feldrainen und an Waldrändern aus. Die Raupen entwickeln sich im April und Mai auf Steinbrech (**5b**), an dessen Stengeln sie sich auch verpuppen (**5c**).

6 Cnaemidophorus rhododactyla Schiff. 20–25 mm. In ganz Europa und Asien bis in den Fernen Osten und auch in Nordamerika verbreitet. Der Falter fliegt von Mai bis August aus. Die Raupe lebt vom Herbst bis zum Frühling auf Rosen. Diese Art kommt häufig auf buschigen Hängen vor.

7 Capperia trichodactyla Schiff.
18–20 mm. Lebt in Nord- und Mitteleuropa und bildet zwei Generationen, die im Juni und dann im Juli und August erscheinen. Die Raupen leben im Sommer, die zweite Generation überwintert auf Pfennigkraut (Hellerkraut). Diese Art ist lokal verbreitet und lebt recht verborgen an Waldrändern und auf Ruderalgelände, wo meistens die Nährpflanze wächst.

8 Schlehengeistchen *Pterophorus pentadactyla* L. 28–35 mm. Fast in der ganzen paläarkt. Unterregion und in Europa, mit Ausnahme Spaniens, überall verbreitet. Diese zahlreich auftretende Art bewohnt grasbewachsene und buschige Biotope und auch Felder und Gärten. Der Falter fliegt von Mai bis September mit einer Generation aus. Die Raupe lebt von Herbst bis zum Frühling auf Winde, Klee, Rose und Schlehe.

9 Pterophorus tridactyla L.
13–22 mm. In Nordafrika und Europa bis nach Kleinasien verbreitet und tritt häufig auf trockenen Waldwiesen, Hängen und Feldrainen auf, wo Feldthymian wächst. Der Falter fliegt von Mai den ganzen Sommer über bis zum September. Die Raupe überwintert wahrscheinlich und lebt im Mai und Juni. Nährpflanzen sind Feldthymian und Dost.

Federgeistchen

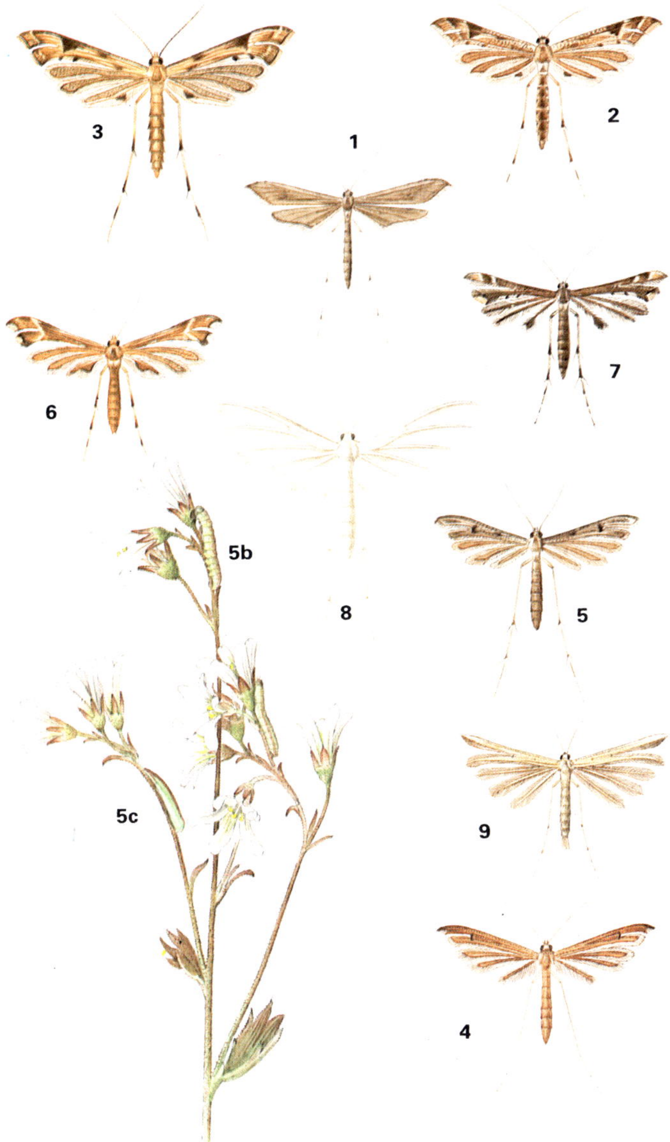

Familie Dickkopffalter – Hesperiidae

1 Malvenwürfelfalter *Pyrgus malvae* L. 18–22 mm. Mit Ausnahme der nördlichsten Gebiete Europas in der gesamten gemäßigten Zone der paläarktischen Region verbreitet. Er lebt an grasbewachsenen, blütenreichen Stellen und bildet jährlich von April bis August zwei Generationen. Die Raupe lebt noch im Herbst. Die Puppe überwintert.

2 Schwarzbrauner Würfelfalter *Pyrgus serratulae* Rbr. 22–25 mm. In den wärmeren Gebieten Europas und in Asien bis hinter den Baikalsee verbreitet. Tritt lokal an trockenen und felsigen Stellen im Hügelland auf und bildet jährlich eine Generation, die von Mai bis Juli ausfliegt. Die Raupe lebt im Herbst und überwintert. Sie ernährt sich von Kriechendem Fingerkraut und Beifuß.

3 Dunkelbrauner Dickkopffalter *Pyrgus fritillarius* Poda. 27–33 mm. Im ganzen wärmeren und mittleren Europa und bis nach Mittelasien verbreitet. Fliegt von Mai bis August in zwei Generationen in steppenartigen Landschaften und waldlosen, sonnenbeschienenen Stellen aus. Er kommt nur lokal begrenzt vor, tritt jedoch an recht zahlreichen Standorten auf. In den Bergen steigt er bis zu 2200 m auf. Die Raupen leben am Ende des Sommers auf Fingerkraut, Eibisch und Malve.

4 Roter Würfelfalter *Spialia sertorius* Hffmsg. 22–24 mm. In Nordafrika, Süd- und Mitteleuropa, weiter über Mittelasien bis zum Amur verbreitet. Er lebt von den Niederungen bis in Höhen gegen 2000 m an trockenen, warmen Stellen. Er bildet jährlich zwei Generationen, von denen die erste von Mai bis Juni und die zweite von Juli bis August erscheint. Die Raupe lebt auf Wiesenknopf, Brombeere und Fingerkraut. Sie überwintert.

5 Malvenfalter *Carcharodus alceae* Esp. 23–30 mm. Lebt in Nordafrika, Süd- und Mitteleuropa und ist im Osten bis nach Mittelasien verbreitet. Bewohnt sonnige, trockene Biotope und grasbewachsene Enklaven inmitten der Felder. Seine 2–3 Generationen gehen ineinander über, so daß der Falter von April an praktisch ununterbrochen bis zum September fliegt. Die Raupe (**5b**) lebt auf Malve und Eibisch. Sie überwintert.

6 Strauchpappeldickkopf *Carcharodus lavatherae* Esp. 25–32 mm. In Europa und Afrika ähnlich verbreitet wie der Malvenfalter, reicht im Osten aber nur bis Kleinasien. Lokal auftretende und seltene Art, die wir meistens im Hügelland auf sonnigen, blütenreichen Hängen mit kalkiger Unterlage antreffen können. Der Falter bildet von Juni bis August eine Generation. Die Raupe lebt auf Bergziest und überwintert.

7 Dunkler Dickkopffalter *Erynnis tages* L. 23–26 mm. Fehlt zwar in Nordeuropa, ist sonst aber von Westeuropa über ganz Europa und Asien bis nach China verbreitet. Er ist einer der am häufigsten vorkommenden Dickkopffalter, und wir treffen ihn überall an trockenen, mit Gras bewachsenen Stellen und steppenartigen Landschaften. Er bildet jährlich zwei Generationen. Die erste fliegt zeitig im Frühling, die zweite im Juli und August aus. Die Raupe lebt auf Mannstreu, aber auch auf Hornklee und Kronwicke.

8 Finsterling, Buchenwalddickkopffalter *Heteropterus morpheus* Pall. 30–35 mm. Fehlt in Süd- und Nordeuropa, tritt sonst inselartig von Spanien über Europa und Asien bis nach Korea auf. Wir finden ihn an Stellen mit recht verschiedenem Charakter, manchmal auf feuchten Wiesen, manchmal in trockeneren Grasbiotopen und auf Lichtungen. Von Mai bis Anfang Juli jährlich eine Generation. Die Raupe lebt auf verschiedenen Gräsern und überwintert.

Dickkopffalter

Familie Dickkopffalter – Hesperiidae

1 Gelbwürfeliger Dickkopffalter *Carterocephalus palaemon* PALL.
22–28 mm. Es handelt sich hier um eine Art der Wälder der gemäßigten Klimazone, die deshalb auch in Südeuropa fehlt. Im Osten erstreckt sich das Areal des Falters über ganz Asien und erfaßt auch Nordamerika. Wir treffen den Falter auf Wiesen und grasigen Lichtungen, oft auch in Bergtälern, wo er bis zu Höhen gegen 1500 m aufsteigt. Seine einzige Generation fliegt von Anfang Mai bis Juli. Die Raupe lebt vom Herbst bis zum Frühjahr auf verschiedenen Gräsern, vor allem auf Trespe. In den letzten Jahren ist der Falter an seinen ursprünglichen Standorten stark zurückgegangen und in der Kulturlandschaft zur Seltenheit geworden.

2 Mattscheckiger Braundickkopffalter *Thymelicus acteon* ROTT.
22–25 mm. In Nordafrika, in Süd- und Mitteleuropa und weiter nach Osten bis nach Kleinasien verbreitet. Der Falter ist wärmeliebend und hält sich auf Dürrböden und Steppenland auf. Wir können ihn schon im Mai entdekken, ansonsten ist er eine spätere Art, deren Flugzeit im Juli und August liegt. Der Falter bildet jährlich eine Generation. Die Raupe lebt auf verschiedenen Grasarten.

3 Gestrichelter Braundickkopffalter *Thymelicus lineola* O.
22–26 mm. Mit Ausnahme des äußersten Nordens ist dieser Dickkopffalter von Nordafrika über ganz Europa und Asien bis in den Fernen Osten verbreitet. Er gelangte auch, wohl vom Menschen verschleppt, nach Nordamerika. Seine einzige Generation lebt von Juni bis August auf trockenen Wiesen, Lichtungen und Kahlschlägen. Der Falter saugt an Korbblütlern, zum Beispiel an Kratzdisteln, Disteln und Flockenblumen, Nektar. Er läßt sich auch auf feuchtem Boden nieder, um dort Wasser aufzunehmen. Die Raupe lebt von April bis Mai auf verschiedenen Gräsern. Das Ei überwintert.

4 Ockergelber Braundickkopffalter *Thymelicus sylvestris* PODA.
24–27 mm. Der westliche Teil des Verbreitungsgebiets dieses Falters entspricht dem Areal der vorangegangenen Art, der östliche Teil reicht jedoch nicht weiter als bis zum Iran. Dieser Schmetterling ist einer der häufigsten Dickkopffalter. Er lebt von Juni bis August in einer Generation. Wir treffen ihn überall in grasigen, verhältnismäßig trockenen Biotopen mit reichem Blütenwuchs und auch auf Kahlschlägen und Waldwegen an. In den Bergen steigt er bis zu 2000 m auf. Die Raupe lebt auf verschiedenen Gräsern und überwintert.

5 Kommafalter *Hesperia comma* L.
25–30 mm. Reicht im Norden weiter als die vorangehende Art, und sein gesamtes Areal ist viel größer; es erstreckt sich über ganz Asien bis nach Nordamerika. In den Bergen steigt der Falter bis zu 2500 m auf. Er bildet von Juni bis September eine Generation und fliegt in ähnlichen Biotopen wie der Ockergelbe Braundickkopffalter. Die Raupe ernährt sich von verschiedenen Gräsern und überwintert.

6 Rostfarbiger Dickkopffalter *Ochlodes venatum* BREMER et GREY.
25–32 mm. Sieht dem Kommafalter sehr ähnlich. Sein Verbreitungsgebiet ist nach Norden verschoben. Er fehlt in Nordafrika und taucht dafür in Skandinavien auf. Im Osten endet das Areal in Japan. Die mitteleuropäische Population wird zur ssp. *septentrionale* VRTY gezählt. Der Falter fliegt von Juni bis August auf grasigen Biotopen und steigt in den Bergen bis zu 2000 m Höhe auf. Die Raupe lebt auf verschiedenen Gräsern und überwintert.

1
2♀
4♂
3♂
5♂
5a
5♀
6a
2a
6♂
6♀

Familie Ritter oder Edelfalter – Papilionidae

1 Schwalbenschwanz *Papilio machaon* L. 50–75 mm. Einer der schönsten europäischen Falter. Lebt außer in Europa noch in Nordafrika, in der gemäßigten Zone Asiens bis nach Japan und in Nordamerika. In England ist er selten, in Irland fehlt er. In Schweden wurde die Nominatrasse (ssp. *Papilio machaon machaon*) beschrieben. Der Schwalbenschwanz bildet innerhalb seines ausgedehnten Verbreitungsgebietes eine ganze Reihe geographischer Formen, zum Beispiel in Mitteleuropa die ssp. *gorganus* F., in England die ssp. *britannicus* SEITZ und in Nordamerika die ssp. *aliaska* SCUDD. Er tritt im Norden mit einer Generation, in Südeuropa und Afrika mit 2–3 Generationen auf. In Mitteleuropa bildet er zwei Generationen aus: Die erste von April bis Juni, die zweite von Juli bis August. Der Falter fliegt an grasigen, steppenartigen Stellen und steigt in den Bergen bis zu 2000 m. Die Raupen leben auf Doldengewächsen, vor allem auf Mohrrüben, Kümmel und Fenchel. Wenn sie gereizt werden, schieben sie hinter dem Kopf zwei kleine, rote, hornförmige Drüsen (**1b**) hervor. Es gibt zwei verschiedene Puppen. Sie sind bei der Sommergeneration grün und bei der überwinternden Generation graubraun.

2 Segelfalter *Iphiclides podalirius* L. 50–70 mm. Wärmeliebender als die vorangegangene Art und auch nicht so weit verbreitet. Die nördliche Grenze seines Gebiets läuft durch Polen und Deutschland. In Schweden oder England wurden nur selten einzelne, verirrte Exemplare gefangen. Im Osten über Kleinasien und Transkaukasien bis nach Westchina verbreitet. In Mittel- und Südeuropa bewohnt der Segelfalter Baumsteppengelände und taucht im allgemeinen dort auf, wo Schlehen vorkommen, die am häufigsten als Nährpflanze für die Raupen dienen. Der Segelfalter bildet in Mitteleuropa zwei Generationen, im Süden drei. Er fliegt im Frühling von April bis Juni, im Sommer dann im August und September aus. Seine Raupen (**2b**) leben einzeln auf Schlehen, Weißdorn, Mehlbeeren und verschiedenen Obstbäumen, zum Beispiel auf Apfelbäumen. Die Puppe wird vom Kremaster gestützt und ist mit einem Faden umgürtet. Die Sommerpuppen sind ähnlich wie beim Schwalbenschwanz grün und die überwinternden braun. Der Segelfalter ist ebenso wie die vorangegangene Art in einigen Staaten geschützt. Beide Arten reagieren offensichtlich empfindlich auf Veränderungen in der Natur, die vom Menschen hervorgerufen werden. Sie verschwinden in letzter Zeit immer mehr, vor allem in den niedrigen Lagen mit intensiver Landwirtschaft. Das Verbot, diese Schmetterlinge zu fangen, scheint zu ihrem Schutz wenig beizutragen. Ihr Verschwinden hängt eher mit der Vernichtung der geeigneten Biotope zusammen.

3 Osterluzeifalter *Zerynthia polyxena* SCHIFF. 45–55 mm. Wärmeliebender Schmetterling. Die nördliche Grenze seines Verbreitungsgebiets führt durch die südlichen Teile Mitteleuropas. Der Schwerpunkt seines Vorkommens liegt im östlichen Mittelmeerraum und erstreckt sich weiter nach Kleinasien. In Spanien fehlt die Art ganz. Sie lebt in den Niederungen, in Ufer- und Aubiotopen. Hier fliegt im April und Mai eine einzige Generation aus. Die Raupen (**3b**) leben im Mai und Juni auf Osterluzei und kommen oft in größeren Mengen gemeinsam vor. Die Puppen sind lang und schlank. Wir finden sie aufrecht stehend, auf den Kremaster (**3c**) gestützt, an den Stengeln der Pflanzen. Der Osterluzeifalter leidet unter der Ufermelioration, der Behandlung des Biotops mit Insektiziden gegen Mükken und unter Insektiziden, die von benachbarten Feldern herangeweht werden. Früher trat er stellenweise häufig auf, heute ist er selten geworden. In einigen Staaten wird er geschützt.

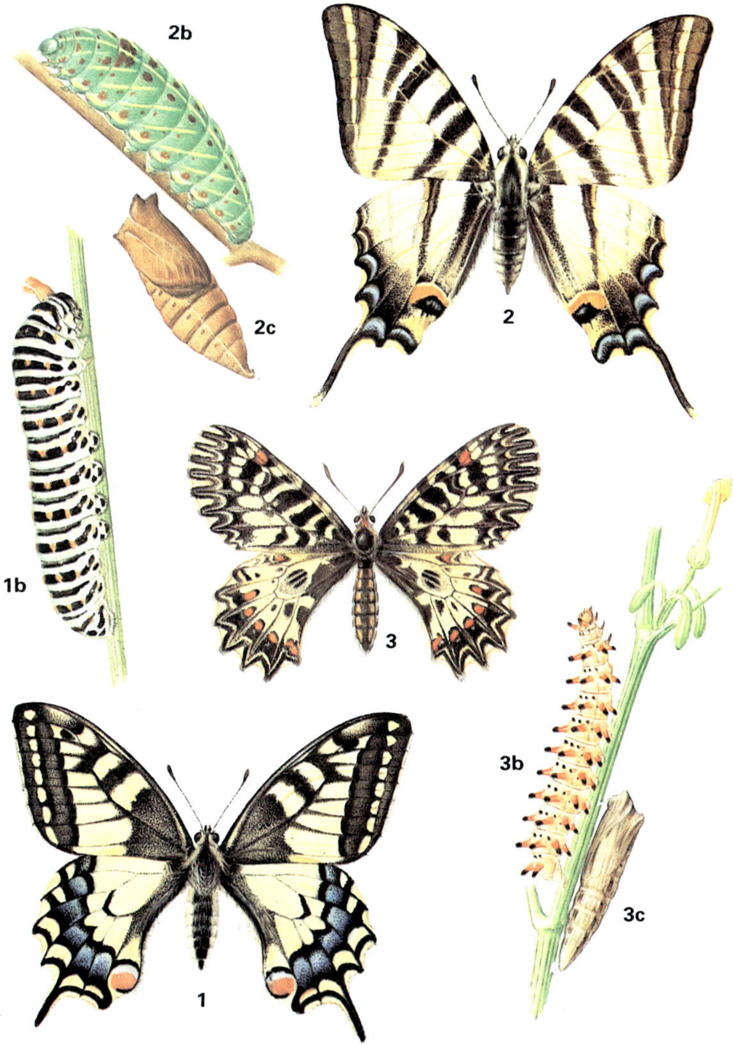

2b
2c
2
1b
3
3b
3c
1

Familie Ritter oder Edelfalter – Papilionidae

1 Apollo *Parnassius apollo* L. 65–75 mm. Das Verbreitungsgebiet dieser Art beginnt in Westeuropa, erfaßt alle europäischen Gebirge, die Karpaten, den Kaukasus und endet in Asien östlich des Baikals. In Ostasien treten andere Arten der gleichen Gattung auf. Der Apollo bewohnt Gebirgstäler und Bergwiesen. Er bevorzugt felsige Biotope mit kalkiger Unterlage. An geeigneten Stellen kann man ihn auch in Höhen von nur 200 m antreffen, andererseits lebt er hoch in den Bergen, zum Beispiel in den Alpen bis zu 2200 m. Das inselartige Auftreten des Falters bedingte die Entstehung vieler lokaler Rassen, vor allem in Europa, wo mehrere Dutzend beschrieben wurden. Der Apollo wird als ein Relikt aus dem Tertiär angesehen, das die europäische Eiszeit überlebt hat. Er bildet jährlich eine Generation und fliegt von Juni bis September aus (entsprechend der Meereshöhe und der Lage des Standorts zur Sonne). Die Eier überwintern. Manchmal schlüpfen die Raupen (**1b**) schon im Herbst, wachsen aber erst im Frühjahr heran. Sie fressen an verschiedenen Arten von Fetthenne und Hauswurz (Abb. **1c** – Puppe). Dieser Falter gehört zu den wirklichen Kleinodien der Schmetterlingswelt und erfreut sich bei den Sammlern einer fast nicht wünschenswerten Beliebtheit. Hieran ist auch seine Verhaltensweise schuld. Er fliegt bei sonnigem Wetter langsam umher und sitzt so ruhig auf Kratzdisteln und Disteln, daß man ihn mit der Hand fangen kann. Zugleich reagiert diese Art aber sehr empfindlich auf Veränderungen der Umwelt. Sie ist an vielen Stellen schon verschwunden und wird auch dort, wo sie bis jetzt noch lebt, immer seltener. Der Apollo ist in vielen Ländern Europas streng geschützt.

2 Alpenapollo *Parnassius phoebus* F. 50–60 mm. In Färbung und Lebensweise ähnelt dieser Falter stark der vorangegangenen Art. Er kommt in Europa nur in den höheren Lagen der Alpen (1500–2500 m) vor und bewohnt sonst den Ural, Sibirien und das Felsengebirge Amerikas. In dem Gebiet, in dem er auftritt, bildet er eine Reihe geographischer Rassen. Die Raupe lebt vom Herbst oder Frühjahr bis zum Sommer auf Steinbrech und Hauswurz.

3 Schwarzer Apollo *Parnassius mnemosyne* L. 45–60 mm. In Europa überall nördlich der Pyrenäen verbreitet. Eine Ausnahme bildet vielleicht der nördlichste Teil Norwegens. Man trifft ihn auch in England an. Im Osten endet sein Verbreitungsgebiet in Mittelasien. Er bewohnt feuchte, grasige Stellen in untergliedertem Gelände und die Ränder von Laubwäldern mit dichtem Unterholz. Wir finden ihn vor allem in den Niederungen, aber auch in den Bergen bis zu Höhen um 1500 m. Der Schwarze Apollo bildet jährlich eine Generation aus. In den Niederungen fliegt er im zeitigen Frühjahr, manchmal schon im April. In den Bergen können wir ihn noch im Juli sehen. Das Weibchen legt die Eier frei oder auf verschiedenen Gegenständen dort ab, wo die Nährpflanze der Raupe wächst, der Lerchensporn, der dann, wenn der Falter ausfliegt, schon vertrocknet ist. Die Raupen schlüpfen bald im Frühling des kommenden Jahres. Sie wachsen schnell heran, und nach einem kurzen Puppenstadium schlüpft der Falter aus. Obwohl die Nährpflanze des Schwarzen Apollos in Europa sehr verbreitet ist, wird der Falter immer seltener und ist an vielen Standorten schon ganz verschwunden. Er ist deshalb in einigen Ländern gesetzlich geschützt. Zweckdienlicher wäre es wohl, wenn man die Gegenden, in denen der Falter auftritt, vor der allgemeinen Umweltverschmutzung bewahren würde.

Ritter

1c

1♂

1♀

1b

3♂

2♂

Familie
Weißlinge – Pieridae

1 Baumweißling *Aporia crataegi* L. 50–65 mm. In der ganzen paläarktischen Zone mit Ausnahme von Nordskandinavien und Großbritannien verbreitet. Fällt durch sein massenhaftes Vorkommen und seine Wanderungen auf, bei denen er plötzlich auch in für ihn nicht typischem Gelände auftaucht. In diesem Jahrhundert sind die Bestände des Baumweißlings stark zurückgegangen, und den bekannten Kahlfraß der Raupen an Obstbäumen findet man nur in wärmeren Gebieten. Der Baumweißling bildet eine Generation, die von Mai bis Juli ausfliegt. Die Raupen (**1b**) entwickeln sich noch im Sommer, überwintern dann gesellig in Gespinstnestern und schließen im Frühjahr ihre Entwicklung ab. In dieser Zeit richten sie auch die größten Schäden an. Sie leben auf Weißdorn, Schlehen und Obstbäumen (Abb. **1c** – Puppe).

2 Großer Kohlweißling *Pieris brassicae* L. 50–65 mm. In ganz Europa mit Ausnahme der nördlichsten Gebiete und in Nordafrika verbreitet. Im Osten endet sein Verbreitungsgebiet im Himalaja. Der Große Kohlweißling gehört zu den am häufigsten vorkommenden Tagfaltern und den bekanntesten Gemüseschädlingen. Er bildet von April bis August zwei Generationen. Die gelben Eier werden haufenweise an den Blattunterseiten abgelegt, und auch die Raupen entwickeln sich lange Zeit gemeinschaftlich (**2b**). Sie ernähren sich von verschiedenen Kreuzblütlern, vor allem von auf Feldern angebautem Weißkraut, Wirsing, Kohlrabi u. ä. Die Puppen der zweiten Generation überwintern. Der Falter zeichnet sich durch Sexualdimorphismus aus. Das Weibchen trägt auf den Flügeln mehr schwarze Flecken als das Männchen.

3 Kleiner Kohlweißling, Rübenweißling *Pieris rapae* L. 40–50 mm. Wohl der am häufigsten auftretende Tagfalter überhaupt. Ursprünglich war er in der paläarktischen Zone verbreitet, wurde aber mit Gemüse allmählich fast über die ganze Welt verschleppt und verursacht nun oft Schäden an landwirtschaftlichen und Gartenkulturen. Der Kleine Kohlweißling hat sich dem Leben in der Kulturlandschaft gut angepaßt. Entsprechend den klimatischen Verhältnissen bildet der Falter 1–3 Generationen aus. Wir treffen ihn sowohl in warmen Niederungen als auch hoch in den Bergen an. In Mitteleuropa entwickeln sich gewöhnlich zwei Generationen, die sich in Größe und Zeichnung ziemlich stark unterscheiden und so ein Beispiel für saisonbedingten Polymorphismus abgeben. Die Raupen (**3b**) leben auf Kreuzblütlern, aber auch auf Reseda, Kapuzinerkresse u. ä. Die Puppe überwintert.

4 Rapsweißling *Pieris napi* L. 35–45 mm. Diese sehr veränderliche Art ist über die ganze paläarktische Zone und in Nordamerika verbreitet. In diesem Gebiet wurde eine große Anzahl geographischer Rassen beschrieben, auffällig ist aber auch der saisonbedingte Polymorphismus (**4a** – Flügelunterseite der 1. Generation, **4** ♀ gehört zur 2. Generation). Vor allem die Frühjahrsgeneration ist ausdrucksvoll gefärbt. Der Falter bewohnt Wiesen, feuchte Täler und Laubwaldränder. In einem Jahr entwickeln sich 1–3 Generationen, die ineinander übergehen, so daß der Schmetterling praktisch vom Frühjahr bis zum Herbst ausfliegt. Die Raupe lebt auf wildwachsenden Kreuzblütlern. Die Puppe überwintert.

5 Bergweißling *Pieris bryoniae* Hb. 35–48 mm. Tritt inselartig in den Gebirgen (bis zu 2000 m) Europas, Asiens und Alaskas auf. Im Norden ist sein Verbreitungsgebiet zusammenhängender. Der Falter ist ein Eiszeitrelikt und zeichnet sich dadurch aus, daß er an den isolierten Standorten geographische Rassen bildet. Interessant ist der Geschlechtsdimorphismus. Das Männchen ist weiß, ähnlich wie bei *P. napi* L., das Weibchen sehr dunkel oder wenigstens mit stark dunkel bestäubter Flügeläderung; manchmal auch im ganzen gelbe Töne. Der Falter fliegt in 2–3 Generationen von Mai bis August aus. Die Raupe lebt auf Gänsekresse, Brillenschötchen und Hellerkraut. Die Puppe überwintert.

Weißlinge

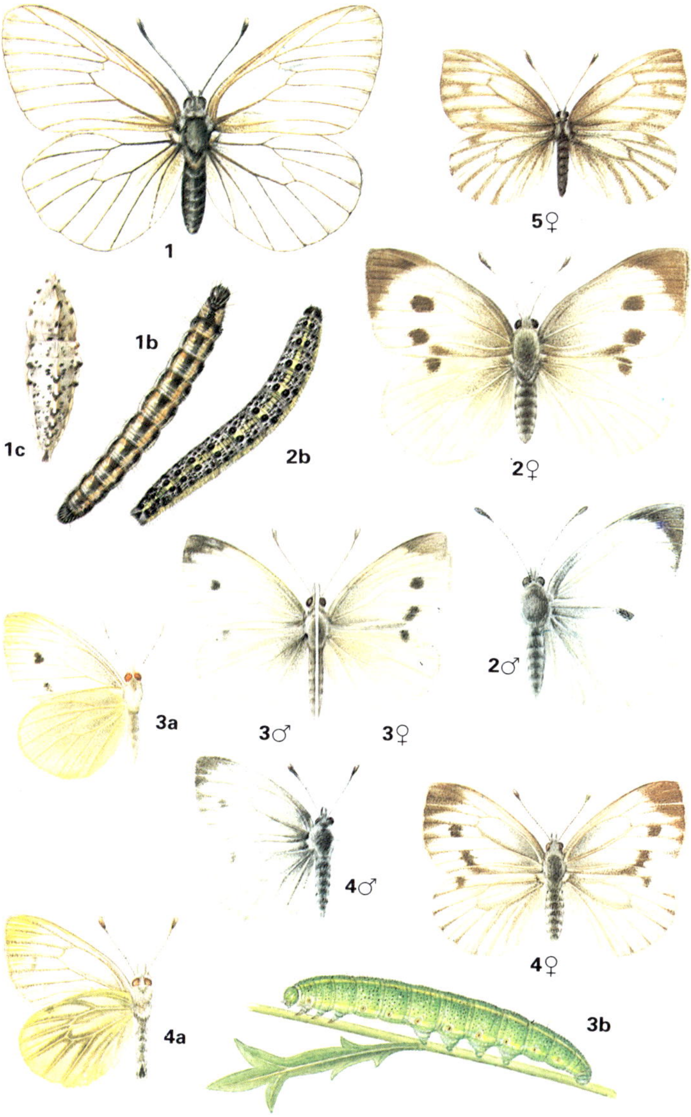

Familie Weißlinge – Pieridae

1 Resedafalter *Pontia daplidice* L. 35–45 mm. Diese Art ist in der ganzen gemäßigten paläarktischen Zone von Nordafrika bis Japan verbreitet. Sie lebt bis zu 60° n. Br., verfliegt sich aber noch viel weiter nach Norden. Der Falter gehört vor allem in Mittel- und Westeuropa zu den regelmäßigen Wanderern. In Nordeuropa und England ist er nicht heimisch, wurde hier aber oft gefangen. Auch aus Island werden Funde angegeben. In Mitteleuropa bildet er zwei Generationen: von April bis Mai und von Juli bis August. Im Süden entwickeln sich mehrere, ineinander übergehende Generationen, und der Falter fliegt ohne Unterbrechung von Februar bis Oktober. Auffallend ist der Saisonpolymorphismus dieser Art. Die Frühlingsgeneration wurde als f. *bellidice* beschrieben. Auch zwischen Männchen und Weibchen bestehen Unterschiede in der Färbung, denn das Weibchen weist mehr schwarze Zeichnung auf. Die Raupe lebt von Mai bis Juni und dann wieder im Herbst auf Kreuzblütlern und Reseda. Die Puppe überwintert.

2 Aurorafalter *Anthocharis cardamines* L. 35–45 mm. Wurde in Schweden von Linné beschrieben, bewohnt aber das riesige Gebiet der Paläarktis von Westeuropa bis nach China und Japan. In Niederungen tritt er häufiger auf, steigt aber in den Gebirgstälern auch hoch, bis zu 2000 m, hinauf. Einer der ersten Frühlingsfalter, der bis zum Juni auf Wiesen, an blühenden Rändern lichter Laubwälder und im Gehölz an Wasserläufen umherfliegt. In den Bergen kann er noch im Juli auftauchen. Mit auffallendem Sexualdimorphismus. Die Männchen sind außen auf der Hälfte der Vorderflügel orange gefärbt, die Weibchen sind nur schwarzweiß. Selten wurden auch gynandromorphe Exemplare gefangen, bei denen die eine Hälfte der Flügel so gefärbt ist wie bei den Männchen, die andere Hälfte denen der Weibchen gleicht. Jährlich nur eine Generation. Die Raupe (**2b**) lebt von Mai bis August auf Kreuzblütlern, vor allem auf Schaumkraut, Turmkraut und Rauke. Die Puppe überwintert (**2c**). In den letzten Jahren verschwindet der Aurorafalter zunehmend. Die Hauptgründe hierfür liegen wahrscheinlich in der Trokkenlegung der feuchten Standorte, im Umpflügen oder Düngen von Wiesenland und der Anwendung von Insektiziden.

3 Senfweißling, Tintenfleck *Leptidea sinapis* L. 30–40 mm. Gehört zu den kleinsten Weißlingen und genauso wie die vorangehende Art zu den Faltern, die immer mehr verschwinden. Mit Ausnahme von Schottland und den nördlichsten Gebieten Europas in ganz Europa bis zum Kaukasus und in Kleinasien bis nach Syrien verbreitet. In Europa zwei Generationen. Sie fliegen von Mai bis Juni (**3c**) und von Juli bis August (**3d**) aus und unterscheiden sich in der Färbung. Auch Männchen und Weibchen weisen Unterschiede auf. Das Weibchen ist fast ganz rein weiß, das Männchen trägt in den Ecken der Vorderflügel einen grauen bis schwarzen Fleck. Die Raupe (**3b**) kann man von Mai bis September auf trockenen Wiesen vor allem auf Wiesenplatterbse finden. Die Puppe überwintert. Sie ist spitz gestreckt; mit einer Faser umgürtet und stützt sich auf den Kremaster. An einigen Stellen östlich von Mitteleuropa und weiter nach Osten, bis nach Japan, tritt der sehr ähnliche Weißling *Leptidea morsei* Fenton auf. Er wurde erst Ende des vergangenen Jahrhunderts entdeckt und ursprünglich als eine Abart von *L. sinapis* beschrieben. Genauere Untersuchungen haben aber gezeigt, daß es sich um eine selbständige Art handelt, die sich durch größere Ausmaße und andere Form der Flügel, späteres Auftreten und andere Anforderungen an den Biotop und die Nährpflanzen der Raupe unterscheidet.

Weißlinge

Familie Weißlinge – Pieridae

1 Moorgelbling, Zitronengelber Heufalter *Colias palaeno* L.
40–50 mm. Im nördlichen Teil der Paläarktis verbreitet. In Nordamerika leben verwandte Arten. Der Falter ist ein typisches Überbleibsel aus der Eiszeit (Glazialrelikt). Er fliegt im Juni und Juli in den Bergen und über Torfland. Eine Generation. Die Raupe lebt von den Blättern der Rauschbeere und überwintert halb ausgewachsen. Ihre Entwicklung schließt im Frühjahr ab, und nach einem kurzen Puppenstadium schlüpft der Falter. Wie eine ganze Reihe von Schmetterlingen, die inselartig auftreten, neigt auch dieser Falter zur Herausbildung geographischer Rassen. Die nominate Unterart *palaeno* L. lebt in Schweden; in Mitteleuropa ist die ssp. *europome* ESP. bekannt, in den Alpen die kleinere und dunklere ssp. *europomene* O. Der Geschlechtsdimorphismus zeigt sich in der gelben Färbung des Männchens und der weißlichen Farbe des Weibchens. Stellenweise tauchen aber auch gelbe Weibchen auf, die als f. *illgneri* bezeichnet werden.

2 Colias chrysotheme ESP.
32–40 mm. Eine Art der asiatischen Steppen, deren Verbreitungsgebiet bis zum Altai reicht und in Europa auf der Höhe von Wien seine westliche Grenze besitzt. In Mitteleuropa taucht der Falter also nur recht selten auf. Manchmal wandert er wie zum Beispiel 1954 in größerer Zahl nach Mitteleuropa. Er bildet zwei Generationen aus, eine im Mai, die andere von August bis September. Die Raupe lebt auf Rauhhaariger Wicke.

3 Postillon, Wandergelbling *Colias crocea* FOURCR. 35–50 mm. Typischer Wanderfalter, der in Mitteleuropa in manchen Jahren sehr zahlreich auftritt und dann wieder längere Zeit sehr selten ist. Wahrscheinlich hat sich in der letzten Zeit auch die nördliche Verbreitungsgrenze nach Süden verschoben. Er bewohnt Nordafrika, das ganze warme Europa und Westasien bis nach Afghanistan. Er bildet 2–3 Generationen und fliegt vom April bis Mai und vom Juli bis zum Herbst aus. Die Raupe lebt auf Schmetterlingsblütlern, zum Beispiel auf Luzerne, und überwintert. Das Weibchen unterscheidet sich vom Männchen, es trägt im schwarzen Saum gelbe Flecken. Außerdem treten noch eine bestimmte Anzahl weißlicher Weibchen f. *helice* oder Übergangsformen auf.

4 Goldene Acht, Gemeiner Heufalter *Colias hyale* L. 40–45 mm. Im ganzen wärmeren Europa auf Steppen, Wiesen, blütenreichen Hängen und auch auf Feldern verbreitet; im Osten bis zum Altai. Als guter Flieger taucht er oft auch in Gegenden auf, die er sonst nicht bewohnt, wie zum Beispiel hoch im Gebirge. Er wurde sogar in der Umgebung von Leningrad, in Finnland und Schweden und in den Alpen in 2000 m Höhe angetroffen. Das Weibchen ist weißer als das Männchen. Der Falter fliegt in zwei Generationen von April bis Juni und von Juli bis September aus. Die Raupen (**4b**) leben auf Luzerne (sie sind grün mit einem gelborangen Streifen in Höhe der Stigmen) und überwintern halb ausgewachsen. Im Sommer verläuft ihre Entwicklung jedoch sehr rasch (Abb. **4c** – Puppe).

5 Südlicher Heufalter *Colias alfacariensis* RIBBE. 35–45 mm. Wurde von der vorigen Art lange nicht unterschieden und erst im Jahre 1905 beschrieben. Er ist eher unter dem Namen *Colias australis* VERITY. bekannt, jedoch hat es sich gezeigt, daß der Name *alfacariensis* älter und gültig ist. Der Südliche Heufalter ist dem Gemeinen sehr ähnlich. Er hat aber stärker abgerundete Vorderflügel und eine weniger intensive Bestäubung der Flügelwurzeln. Auch die gelbe Grundfarbe ist etwas klarer, und der Doppelfleck auf den Hinterflügeln ist mehr intensiv orangegefärbt.

1♂
5
1♀
3♂
4♂
3♀
2
4♀
4c
4b

Familie
Weißlinge – Pieridae

1 Zitronenfalter *Gonepteryx rhamni* L. 50–55 mm. Im ganzen gemäßigten Teil der paläarktischen Zone von Nord- und Westafrika bis nach Sibirien verbreitet. Gehört zu den weniger veränderlichen Arten, jedoch mit auffallendem Geschlechtsdimorphismus. Das zitronengelbe Männchen kennt jeder. Das grünlich-weiße, fliegende Weibchen wird dagegen oft für einen Weißling gehalten. Auch der Lebenszyklus dieses Falters findet bei den Tagfaltern keine Parallele. Jährlich entwickelt sich nur eine einzige Generation. Die Raupen (**1b**) leben am Frühlingsende auf Kreuzdorn, vielleicht auch auf Spindelbaum und Liguster. Sie entwickeln sich recht schnell, und schon am Sommeranfang schlüpfen aus der Puppe die Falter. Diese verfallen jedoch bald in den Sommerschlaf (Dormanz) und fliegen erst im Herbst kurze Zeit umher. Danach überwintern sie (die zweite, die Winterdormanz) und gehören dann im Frühjahr gemeinsam mit einigen Ritterfaltern zu den ersten Schmetterlingen. Der Zitronenfalter tritt am häufigsten in den Niederungen und Vorgebirgslagen auf. Im Gebirge wurde er nur ausnahmsweise in Höhen bis zu 2000 m angetroffen.

Familie
Wanderfalter – Danaidae

2 Monarch *Danaus plexippus* L. 85–95 mm. Gehört zwar nicht zu den europäischen Schmetterlingen, wurde aber mehrmals in Portugal, Spanien, Frankreich, England und Irland gefangen. Er stammt aus Nordamerika und ist in seiner Heimat durch die ausgedehnten Wanderungen in Nordsüdrichtung und umgekehrt bekannt. Als Wanderfalter besiedelte er auch andere Erdteile wie zum Beispiel Australien und Neuseeland. In Amerika lebt die Raupe auf *Asclepias curassavica,* (Curaçao – Seidenpflanze) in den neu besiedelten Gebieten hat sie sich auch an andere Nährpflanzen angepaßt, zum Beispiel an *Gossypium arboreum* (Baumartige Baumwolle) oder *Euphorbia mauretanica.*

Familie
Palpenfalter – Libytheidae

3 Zürgelbaumfalter *Libythea celtis* Laich. 30–40 mm. Diese wärmeliebende Art ist in Nordafrika, in ganz Südeuropa und Asien bis nach Japan verbreitet. Einige Male wurde der Falter in Mitteleuropa angetroffen. Dieser nicht besonders große Schmetterling fällt durch seine zipfeligen Flügel, die ausdrucksvolle Färbung und die langen Taster auf. Auch die Fühler unterscheiden sich von den übrigen Tagfaltern; sie verbreitern sich allmählich keulenförmig. Die Falter fliegen von Juni bis Mai des folgenden Jahres. Sie überdauern den Sommer und Winter im Ruhezustand, manchmal wandern sie im Sommer in kühlere Gebiete im Gebirge oder im Norden. Die Raupen leben auf *Celtis australis* (Zürgelbaum).

Familie
Scheckenfalter – Riodinidae

4 Frühlingsscheckenfalter, Perlbinde *Hamearis lucina* L.
25–28 mm. Von Spanien über Mittel- und Südeuropa bis nach Mittelrußland verbreitet. Bewohnt lichte Laubwälder und Wiesen in den Niederungen und mittleren Lagen, steigt im Gebirge nicht über 1300 m. In den wärmeren, südlicheren Gebieten ist der Falter etwas größer als im Norden. In den letzten Jahrzehnten sind seine Bestände in ganz Europa stark zurückgegangen. Die Gründe hierfür sind ungeklärt. Vielleicht reagiert der Schmetterling empfindlich auf Veränderungen der Landschaft. Fast überall bildet er eine Generation (von April bis Juni), nur in den wärmsten Gebieten taucht eine zweite Generation auf. Die Raupe lebt von August über den Winter bis zum nächsten Frühjahr auf Schlüsselblumen und Ampfer. Verschiedenen Beobachtungen zufolge kann auch die Puppe überwintern.

4a
2
4
1♀
3
1♂
1c
1b

Familie Flecken- oder Edelfalter – Nymphalidae

1 Großer Schillerfalter *Apatura iris* L. 55–65 mm. Gehört mit dem Kleinen Schillerfalter zu den Schmetterlingen, bei denen die Flügel der Männchen metallisch blauviolett reflektieren. Am liebsten hält er sich in feuchten Laubwäldern an Bächen, Flüssen und Seen auf und verweilt auf den Blättern von Bäumen, die über die Wasserfläche reichen. Anderswo locken ihn aufgeweichte Waldwege, auf denen er Wasser saugt, oder er läßt sich auf dem Kot von Rindern nieder. In der Laubwaldzone des gesamten gemäßigten Europas und Asiens bis nach Japan verbreitet. In den Bergen steigt er bis ungefähr 1300 m auf. Die Imago fliegt von Juni bis August aus. Die Raupe (**1b**) lebt von August an, überwintert und ernährt sich dann im Frühjahr von Salweiden, anderen Weidenarten und Zitterpappeln.

2 Kleiner Schillerfalter *Apatura ilia* SCHIFF. 50–60 mm. Stellt ähnliche Ansprüche an den Biotop wie die vorangegangene Art, ist jedoch wärmeliebender, und sein Verbreitungsgebiet, das von Spanien bis nach Japan reicht, liegt südlicher. Der Falter bildet von Mai bis Juli eine Generation. Im Süden taucht von Juli bis September oft noch eine zweite auf. Die Raupe überwintert halb ausgewachsen. Sie ernährt sich von verschiedenen Pappelarten, Salweiden und anderen Weidenarten. Zwischen den normalen Exemplaren (**2**) tauchen f. *clytie* (**2c**) mit einer ockeren Grundfärbung und verschiedene Übergangsformen auf.

3 Großer Eisvogel *Limenitis populi* L. 65–80 mm. Lebt in den feuchten Laubwäldern der Niederungen und Gebirgstäler und gehört zu den prächtigsten Schmetterlingen Europas. Sein Verbreitungsgebiet erstreckt sich über die gemäßigte Zone von Frankreich bis nach Japan und reicht recht weit nach Norden. Der Große Eisvogel entwickelt jährlich nur eine Generation, die im Juni und Juli ausfliegt. Die Raupen überwintern. Sie fressen an Zitterpappeln.

4 Blauschwarzer Eisvogel *Limenitis reducta* STGR. 45–50 mm. Dieser wärmeliebende Schmetterling ist von Spanien über Südeuropa bis zum Iran verbreitet. In Mitteleuropa ist er selten. Er bildet offensichtlich jährlich zwei Generationen, die von Mai bis September ausfliegen. Die Raupen leben und überwintern auf verschiedenen Geißblattarten.

5 Kleiner Eisvogel *Limenitis camilla* L. 45–52 mm. Tritt gemeinsam mit den Schillerfaltern an Bächen auf. Sein Verbreitungsgebiet entspricht ungefähr dem des Großen Eisvogels. Er reicht jedoch nicht so weit nach Norden und auch nicht so hoch in die Berge. Der Kleine Eisvogel gehört zu den Arten, die in der letzten Zeit zurückgehen. Die einzige Generation fliegt von Mai bis Juli aus. Die Raupe überwintert in einem versponnenen Blatt des Geißblatts.

6 Schwarzbrauner Trauerfalter *Neptis sappho* PALL. 40–45 mm. Er reicht in Mitteleuropa die Westgrenze seiner Verbreitung. Er wurde im Wolgagebiet beschrieben und tritt östlich bis nach Japan auf. Seine Heimat sind Laubwälder der Niederungen und Waldsteppenhänge, wo er an sonnigen Tagen vom Mai bis Juli umherfliegt und sich gern auf den Ästen von Bäumen und Büschen niederläßt. Die Raupe überwintert fast ausgewachsen. Sie frißt an Frühlingplatterbse.

7 Schwarzer Trauerfalter *Neptis rivularis* SCOP. 42–50 mm. Ähnlich wie die vorige Art verbreitet, reicht jedoch westlich im Unterschied zu dieser bis nach Frankreich. Er ist im ganzen häufiger und tritt an Waldrändern und feuchten Stellen auf, wo seine Nährpflanze, der Spierstrauch, wächst. Die Flugzeit der einzigen Generation erstreckt sich von Mai bis August. Die Raupen überwintern.

Fleckenfalter

Familie Flecken- oder Edelfalter – Nymphalidae

1 Trauermantel *Nymphalis antiopa* L. 55–75 mm. Diesen bekannten Schmetterling können wir in den Niederungen, im Gebirge, in Wäldern, an Gewässern und in Parks antreffen. Er bewohnt ganz Europa (mit Ausnahme einiger Mittelmeerinseln und Südspaniens), ganz Asien und Nordamerika. Im höchsten Norden lebt er nicht, fliegt aber regelmäßig dorthin. Die einzige Generation fliegt von Juni bis Juli aus. Der Falter überwintert und vermehrt sich im folgenden Frühjahr. Dann saugt er mit besonderer Vorliebe den Saft verletzter Birken und Eichen. Am Ende des Sommers sucht er abgefallenes und überreifes Obst auf. Die Raupen (**1b**) leben am Frühlingsende und Sommeranfang gruppenweise auf Birken, Weiden und Zitterpappeln. Sie fressen die Zweige völlig kahl. Der Trauermantel war in den vergangenen Jahrzehnten fast ganz verschwunden, taucht aber in der letzten Zeit wieder häufiger auf.

2 Großer Fuchs *Nymphalis polychloros* L. 50–55 mm. Das Verbreitungsgebiet dieses Falters liegt im Vergleich zu dem des Trauermantels westlicher und südlicher. Er kommt noch in Nordafrika vor und reicht östlich bis zum Himalaja; im nördlichsten Europa fehlt er. In seiner Lebensweise ähnelt er dem Trauermantel. Er sucht gern blühende Salweiden auf. Die Raupen entwickeln sich im Verlaufe des Frühjahrs. Sie fressen die Blätter von Weiden, Ulmen, Pappeln und Obstbäumen. Nach einem kurzen Puppenstadium schlüpfen im Juni und Juli die Falter, die dann überwintern.

3 Tagpfauenauge *Inachis io* L. 50–60 mm. Gehört zu den geläufigsten Schmetterlingen. Mit Ausnahme Nordafrikas über die ganze paläarktische Zone verbreitet; bildet dem Klima entsprechend 1–2 Generationen aus. Die Imago überwintert. Die Raupen (**3b**) leben gesellig auf Brennesseln oder Hopfen. Dieser Schmetterling gehört zu den wenigen Arten, die durch die Zivilisation nicht beeinträchtigt werden. Das hängt vielleicht mit der Zunahme stickstoffreicher Böden, auf denen Brennesseln besonders gut gedeihen, zusammen. Die erwachsenen Falter finden auf Kleefeldern und Blumenbeeten in den Städten ausreichend Nektar. Im Frühling gehört das Tagpfauenauge auf blühenden Salweiden gemeinsam mit den anderen Fleckenfaltern zu den auffallenden Erscheinungen der erwachenden Natur.

4 Admiral *Vanessa atalanta* L. 50–60 mm. Diese wärmeliebende Art überwintert nur in Ausnahmefällen nördlich der Alpen. Sie bewohnt Nordafrika und Südeuropa, im Osten reicht sie bis nach Mittelasien und wandert alljährlich über ganz Europa. Der Falter gelangt auch nach Nordamerika und in andere Erdteile. Die graugelben, stachligen Raupen leben einzeln in eingerollten Blättern von Brennesseln. Am Ende des Sommers konzentrieren sich die geschlüpften Falter auf überreifen Früchten, vor allem auf Birnen und Pflaumen in Obstgärten und verbleiben hier bis in den späten Herbst hinein. Sie zeigen auf den Flügelflächen eine auffallende Zeichnung. Die Flügelunterseiten dagegen tragen eine Färbung, die sich auf Baumstämmen, wo der Falter gern mit geschlossenen Flügeln sitzt, völlig verliert.

5 Distelfalter *Vanessa cardui* L. 45–60 mm. Gehört zu den bekannten Wanderarten und ist mit Ausnahme Südamerikas über die ganze Welt verbreitet. In Mitteleuropa ebenfalls häufig, obwohl er hier nicht überwintert. Er fliegt von April bis Juni hierher und entwickelt über den Sommer, bevor er wieder wegzieht, 1–2 Generationen. Die Raupen leben auf Disteln, Brennnesseln, Hopfen u. a. In der landwirtschaftlichen Fachliteratur können wir Berichte über Schäden an Kulturpflanzen finden.

Fleckenfalter

Familie Flecken- oder Edelfalter – Nymphalidae

1 Kleiner Fuchs *Aglais urticae* L. 40–50 mm. Am häufigsten vorkommender Fleckenfalter überhaupt. Findet man im Winter im Keller, auf einem kalten Flur oder auf dem Dachboden einen überwinternden Schmetterling, handelt es sich meistens um den Kleinen Fuchs. Sobald im Frühling die Sonne zu wärmen beginnt, versucht er durch das geschlossene Fenster ins Freie zu gelangen. In der Natur treffen wir ihn oft, wenn noch Schnee liegt. Er ist in ganz Europa und Asien verbreitet und gehört in den kalten nördlichen Gebieten und hoch in den Bergen zu den am häufigsten vorkommenden Schmetterlingen, mit denen manchmal die Blüten der Habichtskräuter, Leimkräuter, Schlüsselblumen u. ä. besetzt sind. In den Alpen tritt der Kleine Fuchs gewöhnlich in Höhen gegen 3000 m auf, im Himalaja wurde er in Höhen über 5000 m beobachtet. Oft kommt es zu lokalen Wanderungen von den Niederungen in die Berge. Dieser Falter hat sich ausgezeichnet der Zivilisationslandschaft angepaßt. In manchen Ländern wird er als unschädliche Art massenhaft aus den Raupen gezüchtet und in den Städten ausgesetzt, um dort die blühenden Beete der Parks zu beleben. Jährlich entwickeln sich 2–3 Generationen, und wir können im Verlaufe des Sommers die Raupen (**1b**) in verschiedenen Entwicklungsstadien überall auf Brennesseln finden. Die Brennesseln werden dabei völlig kahl gefressen, so daß nur Stengel und Blattstiel übrigbleiben.

2 C-Falter *Polygonia c-album* L. 42–50 mm. Mit Ausnahme des hohen Nordens in der ganzen Paläarktis verbreitet. Auch wenn er in den letzten Jahren stark zurückgeht, gehört er noch zu den häufigeren Arten. Sein Jahreszyklus ist besonders interessant. Die überwinternden Falter legen im Frühling Eier, aus denen sich zwei Gruppen von Imagines entwickeln. Die eine Gruppe ähnelt den typischen Schmetterlingen (**2**) und bereitet sich am Ende des Sommers auf das Überwintern vor. Die andere Gruppe entwickelt sich schneller aus den Raupen und schlüpft eher, schon im Mai und Juni. Diese Falter unterscheiden sich in Flügelform und Zeichnung und werden als f. *hutchinsoni* bezeichnet. Sie vermehren sich noch im Sommer, und erst diese nächste Generation schließt sich wieder den überwinternden Imagines der ersten Gruppe an. Hier liegt also ein Beispiel für Saisonpolymorphismus bei einer partiellen zweiten Generation vor. Die Raupen (**2b**) leben einzeln auf Brennesseln, Hopfen, Stachelbeeren und anderen Pflanzen. Der C-Falter ist eine sehr veränderliche Art und wurde in einer ganzen Reihe von Abweichungen beschrieben, die sich auf die verschiedenen Formen des C-Zeichens auf den Flügelunterseiten beziehen.

3 Glaskrautfalter *Polygonia egea* Cr. 40–45 mm. Mittelmeerart, bis nach Kleinasien und dem Iran verbreitet. Mit den Flügeloberseiten ähnelt sie sehr dem C-Falter. Ihre Flügelunterseiten sind aber fein gestreift und heller (**3a**). Jährlich entwickeln sich zwei Generationen, die erste im Mai und Juni, die zweite im August. Die zweite Generation überwintert bis zum Frühjahr. Die Raupen leben auf Glaskraut, seltener auf Brennesseln und anderen Pflanzen.

4 Landkärtchen *Araschnia levana* L. 28–40 mm. Kleinster europäischer Fleckenfalter, zeichnet sich durch seinen besonderen Saisonpolymorphismus aus. Während die Frühlingform f. *levana* braunrot ist (**4**♂), ist die Sommerform f. *prorsa* fast schwarz (**4**♀). Im Herbst entwickelt sich manchmal noch eine 3. Generation, die einen farblichen Übergang zwischen diesen beiden Formen bildet. Das Landkärtchen ist in der gemäßigten Zone der paläarktischen Unterregion verbreitet und gehört zu den wenigen Arten, die in den letzten Jahrzehnten häufiger geworden sind. Die Raupen (**4b**) wachsen auf Brennesseln, vor allem in Niederungen, heran. Sie sind schwarz, bewegen sich langsam und fallen bei Störungen zu Boden. Sie leben lange in Gruppen zusammen und kriechen erst im letzten Entwicklungsstadium auseinander. Wir können sie an Flüssen und Bächen und an den Rändern von Auwäldern finden.

Fleckenfalter

2

4♂

3

2a

3a

4b

1

1b

2b

1c

4c

4♀

Familie Flecken- oder Edelfalter – Nymphalidae

1 Hochgebirgs-Perlmutterfalter *Boloria pales* SCHIFF. 30–37 mm. Hochgebirgsschmetterling, tritt inselartig in den höheren Lagen der europäischen Gebirge auf. Wir finden ihn in den Pyrenäen, Alpen, Karpaten und im Kaukasus. In Asien reicht er bis nach Westchina. An den einzelnen Standorten bildet dieser Perlmutterfalter lokale Formen. Seine einzige Generation fliegt von Juni bis August über der Baumgrenze bis in Höhen von 3000 m. Auf den blühenden Bergwiesen mancher Gebirge taucht er sehr zahlreich auf. Die Raupe lebt auf Veilchen und überwintert.

2 Nördlicher Perlmutterfalter *Boloria aquilonaris* STICH. 30–35 mm. In Farbe und Zeichnung der vorangehenden Art sehr ähnlich, hat jedoch ein anderes Verbreitungsgebiet und stellt andere Ansprüche an den Biotop. Typischer arktisch-alpiner Falter, der in Nordeuropa zusammenhängend, in den südlicheren Höhenlagen inselartig vorkommt. Er findet auf Torfböden die geeigneten Lebensbedingungen und steigt hier bis zu 200 m Höhe hinab. Der Falter fliegt im Juni und Juli. Die Raupe lebt auf der Kleinen Moosbeere und überwintert im Jugendzustand meistens im Lager des Torfmooses. Die gesamte Verbreitung dieser Art ist, besonders in Asien, nicht genau bekannt, denn sie wird oft mit *B. pales* und *B. napaea* verwechselt.

3 Moor-Perlmutterfalter *Proclossiana eunomia* ESP. 28–40 mm. Hier handelt es sich ebenfalls um eine arktisch-alpin verbreitete Art. Im Norden kommt sie zusammenhängend, praktisch zirkumpolar vor. Sie reicht von Skandinavien über Rußland und Sibirien bis zum Amur und bewohnt auch die Gebirge und den Norden Nordamerikas. In Mitteleuropa taucht der Falter inselförmig auf und lebt hier von den Niederungen bis zu 1500 m Höhe meistens auf Sumpfland in der Umgebung von Torfmooren. Er fliegt von Ende Mai bis Juli aus. Die Raupe (**3b**) überwintert und lebt auf Wiesenknöterich, aber auch auf Veilchen und Heidelbeeren.

4 Braunscheckiger Perlmutterfalter *Clossiana selene* SCHIFF. 28–38 mm. In der ganzen gemäßigten Zone Europas und Asiens verbreitet und greift auch auf Nordamerika über. Er lebt von den Niederungen bis in die Berge zu Höhen um 2400 m an Waldrändern, auf Wiesen und buschigen Biotopen. Er ist veränderlich und weist im Norden die Tendenz auf, dunklere Formen zu bilden. Unter kälteren Bedingungen bildet sich eine Generation heraus, in Mitteleuropa sind es regelmäßig zwei, die von Mai bis Juli und von August bis September ausfliegen. Die Raupe lebt auf Veilchen und Heidelbeeren. Sie überwintert.

5 Veilchen-Perlmutterfalter *Clossiana euphrosyne* L. 32–40 mm. Unterscheidet sich von der vorangegangenen Art durch die Zeichnung auf der Unterseite der Hinterflügel. Sein Verbreitungsgebiet ist mit Ausnahme Amerikas ähnlich, in Europa reicht er jedoch weiter nach Süden. Er bewohnt lichte Wälder mit Lichtungen oder trockenere Wiesen bis zur oberen Baumgrenze. In Mitteleuropa bildet dieser Perlmutterfalter zwei Generationen aus. Sie fliegen von April bis Juni und von August bis September. Die Raupe lebt auf verschiedenen Veilchenarten und überwintert.

6 Kleinster Perlmutterfalter *Clossiana dia* L. 27–35 mm. In der gemäßigten Zone Europas und Asiens bis nach Westchina verbreitet. Gehört zu den kleinsten Perlmutterfaltern. Seine 2–3 Generationen fliegen bereits von April an praktisch das ganze Jahr über auf grasigen Lichtungen in den Wäldern, auf Hängen und Wiesen. Auffallend sind seine violettbraunen Flügelunterseiten. Die Raupe lebt auf Veilchen, Brombeeren und Himbeeren und überwintert.

Fleckenfalter

Familie Flecken- oder Edelfalter – Nymphalidae

1 Grüner Silberstrich *Pandoriana pandora* SCHIFF. 60–70 mm. Dieser größte Perlmutterfalter ist in Nordafrika, ganz Südeuropa und im Osten in Westasien und Nordwestindien verbreitet. In Mitteleuropa liegt die nördliche Verbreitungsgrenze ungefähr in Höhe des Donauoberlaufs. In den vergangenen Jahren ist der Falter an vielen Standorten völlig verschwunden. Die Imagines weisen Geschlechtsdimorphismus auf; das Weibchen ist größer und dunkler als das Männchen. Sie fliegen von Mai bis Oktober in einer Generation und bevorzugen außerhalb des Waldes liegende Hänge und Böschungen, auf denen Disteln blühen. Die Raupe lebt auf Veilchen, vor allem auf Feldstiefmütterchen, und überwintert.

2 Kaisermantel Silberstrich *Argynnis paphia* L. 55–65 mm. Gehört zu den häufigsten großen Perlmutterfaltern Europas, verschwindet aber in den letzten Jahren und hält sich zahlreich lediglich in Gebieten auf, die von der Zivilisation nicht gestört werden. Sein Flug zeigt den Beginn des Hochsommers an. Er belebt dann Kahlschläge und grasige Wege oder feuchte Wiesen, auf denen Disteln und Kratzdisteln blühen, auf denen er sich gern niederläßt. Der Kaisermantel ist in der ganzen gemäßigten Zone der paläarktischen Unterregion verbreitet und fliegt von Juli bis September aus. Die Raupe lebt auf verschiedenen Veilchenarten und überwintert. Interessant ist die dunkle, fast schwarze Form des Weibchens f. *valesina*, die manchmal zwischen den normalen Exemplaren auftaucht. Im übrigen sind auch die normalen Weibchen größer und dunkler als die Männchen.

3 Großer Perlmutterfalter *Mesoacidalia aglaja* L. 50–55 mm. Auf grasreichen Lichtungen, Wegen und Hängen beheimatet und weist eine große, vertikale Verbreitung auf, die von den Niederungen bis zu den Gebirgswiesen reicht. Er wurde auch in Höhen über 3000 m beobachtet. Sein Areal umfaßt ganz Europa und Asien bis nach Japan. In Afrika ist er nur in Marokko bekannt. Diese Falterart ist sehr variabel und wurde mit mehreren geographischen Rassen beschrieben. Sie unterscheidet sich von den ähnlichen Arten. *F. adippe* und *F. niobe* durch die Zeichnung der Flügelunterseiten. Der Große Perlmutterfalter fliegt von Juni bis August aus. Die Raupe lebt auf Veilchen und überwintert.

4 Märzveilchenfalter, Hundsveilchen-Perlmutterfalter *Fabriciana adippe* SCHIFF. 42–55 mm. Sehr variabel und in einer ganzen Reihe geographischer und individueller Formen beschrieben. Oft tritt f. *cleodoxa* auf, bei der die silbrigen Tupfen auf den Flügelunterseiten fehlen. Das Verbreitungsgebiet dieser Art ähnelt dem des Großen Perlmutterfalters, es ist lediglich ein wenig nach Süden verschoben, denn der Hundsveilchen-Perlmutterfalter ist wärmeliebender. Die Imago fliegt ähnlich wie die anderen großen Arten der Perlmutterfalter von Juni bis August den ganzen Sommer über aus und erscheint auf grasigen Lichtungen und an Waldrändern vor allem in aufgegliederter Hügellandschaft. Die Raupe überwintert. Sie ernährt sich von verschiedenen Veilchenarten.

5 Stiefmütterchen-Permutterfalter, Mittlerer Perlmutterfalter *Fabriciana niobe* L. 42–55 mm. Von Westeuropa über Mittelrußland und Kleinasien bis in den Iran verbreitet, bewohnt ähnliche Biotope wie die vorangegangenen Arten. Wir treffen ihn auch hoch in den Bergen über der Baumgrenze bis 2500 m an. Sehr variabler Schmetterling, der zur Herausbildung dunkler Formen (f. *obscura*) tendiert. Die kleinen, grünlichen bis violetten Perlmutterflecken auf der Flügelunterseite fehlen oft (f. *eris*). Für den Falter ist eine schwarze Doppellinie auf der Unterseite der Hinterflügel typisch. Er fliegt von Juni bis August aus. Die Raupen befressen verschiedene Veilchenarten und überwintern.

Fleckenfalter

Familie Flecken- oder Edelfalter – Nymphalidae

1 Kleiner Perlmutterfalter *Issoria lathonia* L. 35–45 mm. Von Nordafrika über ganz Europa und Asien bis zum Himalaja und Westchina verbreitet. Es scheint jedoch, daß er im nördlichen Teil dieses Gebietes, obwohl hier recht häufig, nicht zu Hause ist, sondern alljährlich vom Süden her anfliegt und hier im Verlaufe des Sommers 1–2 Generationen bildet. Der Falter gehört zu den ausgesprochenen Wanderfaltern, er ist sehr scheu und fliegt überaus geschickt. Man kann ihn meistens auf Feldern und Steppenland antreffen, wo er sich gern auf den Erdboden setzt. Seine Zeichnung ist sehr variabel, trotzdem kann man ihn kaum mit einer anderen Art verwechseln, denn die Unterseite seiner Hinterflügel ist mit großen silbrigen Tupfen besetzt, die manchmal zu Streifen zusammenfließen (das geschieht vor allem bei gezüchteten Exemplaren – f. *paradoxa*). Der Kleine Perlmutterfalter fliegt von April bis Oktober aus (im Süden schon von Februar an). Die einzelnen Generationen gehen ineinander über. Auch die Raupen kann man während des ganzen Jahres finden, denn bei günstigen klimatischen Verhältnissen überwintern sie (**1b**). Sie ernähren sich von Hundsveilchen und anderen Feld- oder Steppenpflanzen.

2 Saumfleck-Perlmutterfalter *Brenthis hecate* SCHIFF. 30–40 mm. Dieser Falter lebt inselartig in Südwest- und Südeuropa. Zusammenhängend kommt er vom Balkan über Südrußland und Kleinasien bis nach Mittelasien vor. Er bewohnt in wärmeren Gebieten Baumsteppen und grasige Hänge, wo seine Nährpflanze, der Backenklee, wächst. Er gehört zu den am frühesten im Jahre auftauchenden Perlmutterfaltern. Die einzige Generation fliegt im Mai und Juni aus. Der Schmetterling flattert niedrig über dem Pflanzenwuchs dahin. Die Raupe überwintert.

3 Brombeer-Perlmutterfalter *Brenthis daphne* SCHIFF. 40–50 mm. Diese wärmeliebende Art ist ähnlich verbreitet wie der vorher beschriebene Falter, tritt jedoch zusammenhängender auf und reicht im Osten bis nach Japan. Gehört zu den selteneren Perlmutterfaltern, und wir finden ihn vor allem an warmen, trockenen, grasbewachsenen Biotopen, wo er sich gern auf verschiedene Blüten setzt. Besonders auffallend sind bei diesem Schmetterling die abgerundeten Flügel mit der gröberen schwarzen Zeichnung. Sicher erkennen kann man ihn jedoch an der Zeichnung auf der Flügelunterseite. Er bildet eine Generation und fliegt am Sommeranfang aus. Die Raupe lebt auf verschiedenen Veilchenarten und Brombeeren und überwintert.

4 Violetter Silberfalter *Brenthis ino* ROTR. 32–40 mm. Mit Ausnahme Großbritanniens in der gemäßigten Zone Europas bis weit nach Norden, über ganz Asien bis nach Japan verbreitet. In Südeuropa tritt er nur vereinzelt auf, denn er bevorzugt feuchte und kühlere Standorte. In den Bergen steigt er bis auf 1500 m. Wir finden ihn dort auf feuchten Wiesen und an den Rändern von Moorland. Sein Flug ist langsam und flatternd, oft setzt er sich auf die Blüten von Disteln, Brombeeren, Witwenblumen u. ä. Dort, wo er vorkommt, ist er gewöhnlich recht häufig. Wo aber durch Trockenlegungen die feuchten Wiesen zurückgehen, verschwindet an vielen Standorten auch dieser Schmetterling. Seine Flugzeit beginnt im Juni und endet im Juli. Das Weibchen legt hohe, gelbe, grob gerippte Eier, aus denen helle, braun gestachelte Raupen mit einem gelben Rückenstreifen schlüpfen. Die Raupen fressen an Brombeeren, Mädesüß und Geißbart. Sie wachsen erst nach dem Überwintern aus.

Fleckenfalter

Familie Flecken- oder Edelfalter – Nymphalidae

1 Wegerich-Scheckenfalter *Melitaea cinxia* L. 33–40 mm. In Marokko und ganz Europa mit Ausnahme von England und Nordskandinavien verbreitet. Sein Areal erstreckt sich in Asien bis zum Amur. Er bevorzugt blumenreiche Wiesen von den Niederungen bis in Höhen von 2000 m. Die Raupen leben auf Wegerich und anderen niedrigen Pflanzen. Der Falter bildet zwei Generationen aus, die von Mai bis Juli und von August bis September fliegen.

2 Großer Scheckenfalter *Melitaea phoebe* SCHIFF. 32–42 mm. Diese wärmeliebende Art ist in Nordafrika, Mittel- und Südeuropa und in Mittelasien bis nach Nordchina verbreitet. Sie bildet innerhalb dieses Gebietes eine ganze Reihe geographischer Formen. Der Schmetterling fliegt von April bis Juni und von Ende Juli bis August in zwei Generationen aus. Die Raupen leben auf Flockenblumen und Wegerich.

3 Roter Scheckenfalter *Melitaea didyma* ESP. 30–40 mm. Dieser wärmeliebende Falter fehlt in Nordeuropa und steigt auch in den Bergen nicht höher als bis zu 1000 m. Sein Verbreitungsgebiet beginnt in Nordafrika und erstreckt sich über Europa bis nach Mittelasien. Er ist einer der variabelsten Scheckenfalter. Die Weibchen sind dunkler als die Männchen, manchmal fast schwarz. Die einzelnen Generationen unterscheiden sich voneinander, die geographischen Rassen sind ausgeprägt. Aus Bayern stammt die nominate Unterart (**3**). In den Bergen Mittel- und Südeuropas lebt die ssp. *meridionalis* STGR., in Süd- und Südwesteuropa die ssp. *occidentalis* STGR. Der Rote Scheckenfalter bildet in Mitteleuropa eine sehr ausgedehnte Generation, in wärmeren Lagen sind es zwei. Er fliegt von Mai bis August auf trockenen Hängen und Steppenland. Die Raupen leben von Wegerich, Ehrenpreis, Ziest u. ä.

4 Gemeiner Scheckenfalter *Mellicta athalia* ROTT. 25–38 mm. In ganz Europa und im gemäßigten Asien bis nach Japan verbreitet. Dieser häufig vorkommende Falter fliegt von Mai bis August meistens nur mit einer Generation aus. Wir treffen ihn sowohl in lichten Wäldern als auch auf Wiesen und Steppen. Er bevorzugt aber feuchte Orte. Die erwachsenen Falter lassen sich gern auf feuchtem Boden nieder. Hier versammeln sich auf kleinem Raum oft einige Dutzend Exemplare. Sehr veränderlicher Schmetterling, der nur schwer von einigen verwandten Arten unterschieden werden kann. Die Raupen (**4b**) leben vor allem auf Wegerich und überwintern.

5 Eschen-Scheckenfalter *Euphydryas maturna* L. 35–42 mm. Kommt verstreut in Mittel- und Nordosteuropa und in Asien bis zum Altaigebirge vor. Diese lokale Art geht in der letzten Zeit zurück und wird in einigen Ländern deshalb geschützt. Der Falter lebt in den feuchten Wäldern der Niederungen. Die Raupen halten sich lange in Nestern auf Eschen oder Pappeln auf, kriechen nach dem Überwintern auseinander und leben dann auf niedrigeren Pflanzen wie Wegerich, Ehrenpreis u. ä. Die einzige Generation fliegt im Mai und Juni aus.

Fleckenfalter

Familie Augenfalter – Satyridae

1 Damenbrett, Schachbrett *Melanargia galathea* L. 37–52 mm. In Nordafrika und der gemäßigten Zone Europas bis zum Kaukasus verbreitet. Eine Generation, die über einen langen Zeitraum, von Juni bis August, ausfliegt. Wir finden ihn auf Wiesen, Steppen und auch in hellen Wäldern, die reich an grasbewachsenen Lichtungen sind. Die Färbung des Schmetterlings ist sehr wechselhaft. Das betrifft sowohl das Ausmaß der schwarzen Zeichnung als auch die Unterlage, die von weiß bis gelb variiert. Interessant ist die Form *procida*, die eine stark reduzierte helle Zeichnung zeigt. Auch einige geographische Rassen sind beschrieben worden, so zum Beispiel aus Südfrankreich die ssp. *lachesis* Hb. oder aus Nordafrika die ssp. *lucasi* Rmbr. Die Raupe lebt auf verschiedenen Gräsern, wie Lieschgras, Honiggras u. ä. Sie überwintert.

2 Großer Waldportier *Hipparchia fagi* Scop. 60–70 mm. In Süd-, Mittel- und Südosteuropa bis nach Südrußland verbreitet und gehört zu den größten und sehr auffallenden Augenfaltern. Er tritt lokal auf, und in der letzten Zeit verschwinden immer mehr seine Standorte. Der Große Waldportier bevorzugt lichte, warme Wälder, deren Ränder und auch Baumsteppen. Dort fliegt er bei sonnigem Wetter umher und sitzt gern mit zusammengeschlagenen Flügeln auf den Stämmen der Bäume. Die Färbung der Flügelunterseite ermöglicht es dem Falter, völlig mit der Färbung der Unterlage zu verschwimmen. Die einzige Generation fliegt von Juni bis August. Die Raupe lebt vor allem auf Honiggras und überwintert.

3 Rostbinde *Hipparchia semele* L. 48–55 mm. Das Verbreitungsgebiet dieses Falters umfaßt mit Ausnahme der nördlichsten Gebiete ganz Europa und endet im Osten, soweit bekannt, in der Gegend von Armenien. Die Rostbinde bewohnt Baumsteppen- und Feldbiotope mit vorzugsweise sandigen Unterlagen oder lehmige und steinige Hänge. An sonnigen Tagen setzt sie sich gern auf den erwärmten Boden und sonnt sich. Sie ist wie die meisten der großen Augenfalter sehr scheu. In den letzten Jahren sind die Bestände dieses Falters stark zurückgegangen, und er ist mancherorts zur Seltenheit geworden. Die Flugzeit dauert von Juni bis September. Die Raupe ernährt sich von verschiedenen Gräsern und überwintert.

4 Berghexe, Steppenpförtner *Chazara briseis* L. 45–60 mm. In Nordafrika, Süd- und Mitteleuropa und in Asien bis zum Altai und Pamir verbreitet. Sie ist wärmeliebend und sucht steppige und felsige Hänge auf, wo sie sich im vollen Sonnenschein auf den Erdboden oder auf Steinen niederläßt. Sie saugt an blühenden Adonisröschen auch Nektar. Die Berghexe bildet innerhalb ihres Verbreitungsgebiets eine Reihe geographischer Rassen, die sich durch die Größe und Intensität der hellen Flügelflekken unterscheiden. Von den Individualformen ist f. *pirata* interessant, bei der die hellen Stellen auf den Flügeln durch orangebraune Färbungen ersetzt werden. Die Berghexe bildet eine Generation, die von Juni bis September ausfliegt. Die Raupe lebt auf Kopfgras und überwintert.

5 Schwingelfalter *Arethusana arethusa* Schiff. 40–55 mm. Diese wärmeliebende Steppenart ist in Süd- und Mitteleuropa verbreitet und zieht im Osten bis nach Mittelasien. Der Falter tritt lokal, an den einzelnen Standorten jedoch recht zahlreich auf. Er ist stark veränderlich und fliegt am Ende des Sommers, von August bis September, aus. Die Raupe lebt auf Schwingel und überwintert.

Augenfalter

Familie
Augenfalter – Satyridae

1 Blauäugiger Waldportier *Minois dryas* SCOP. 45–60 mm. Im Fluge scheint dieser Falter völlig schwarz zu sein. Typisch ist für ihn auch, daß er sich in der Luft hüpfend fortbewegt. Diese lokale Art ist in der gemäßigten Zone Europas bis nach Japan verbreitet. In den letzten Jahrzehnten ist sie in Europa an vielen Stellen völlig verschwunden. Das Männchen ist kleiner als das Weibchen und trägt auf den Flügeln weniger blaue Augen. Der Falter bewohnt Wiesen und lockere Wälder mit grasigen Lichtungen bis in Höhen von 1500 m. Die einzige Generation fliegt von Juli bis September aus. Die Raupe lebt auf verschiedenen Gräsern, vor allem auf *Avena elatior*, und überwintert.

2 Weißer Waldportier, Schattenkönigin *Brintesia circe* F. 55–65 mm. Gehört zu den am ausdrucksvollsten gefärbten Augenfaltern. Die Farbe der Flügelunterseiten ist vollkommen den Baumstämmen angepaßt, auf denen das Tier oft mit geschlossenen Flügeln ruht. Der Weiße Waldportier ist in den warmen Gebieten Europas und Asiens bis zum Himalaja verbreitet. Er tritt lokal auf und bewohnt warme, vor allem mit Eichen bestandene Wälder und Baumsteppen. Hier fliegt er im Juni und Juli, jedoch nur bei Sonnenschein, umher. Die Raupe ernährt sich von verschiedenen Gräsern, vor allem von Lolch und Trespe. Sie überwintert.

3 Milchfleck *Erebia ligea* L. 37–45 mm. Lebt in Nordeuropa. In Mitteleuropa können wir ihn nur in den Bergen von 500–1000 m Höhe antreffen. Im Osten reicht er bis nach Japan. Er lebt in den Gebirgstälern innerhalb der Waldzone und auf den Wiesen der Vorgebirgslagen und fliegt entsprechend der Höhenlage von Juni bis August aus. Die Raupe lebt auf Finger- und Waldhirse. Sie überwintert.

4 Erebia euryale ESP. 33–40 mm. Dieser Gebirgsschmetterling ist in den höheren Lagen der europäischen und asiatischen Berge bis zum Ural und Altai beheimatet. Sein typisches Milieu findet er in der Fichtenwaldregion über 1000 m NN. Hier tritt er oft recht zahlreich auf und läßt sich auf Habichtskraut und verschiedenen anderen Gebirgspflanzen nieder. Blühendes Kreuzkraut dient oft als Sammelplatz dieser Schmetterlinge. Die einzige Generation fliegt an sonnigen Tagen im Juli und August aus. Die Raupen leben auf verschiedenen Gräsern und überwintern.

5 Mohrenfalter *Erebia epiphron* KNOCH. 30–35 mm. Eine typische Art der europäischen Berge mit Ausnahme Fennoskandinaviens. Seine Domäne sind die Alpenwiesen in Höhen von 1000 bis 2000 m und die Wiesen in der Knieholzzone. An diesen Stellen fliegt er oft recht häufig. Dieser Falter tritt inselartig auf und bildet deshalb eine Reihe von Unterarten. Er fliegt im Juli und August aus. Die Raupe lebt im Herbst und im Frühjahr auf verschiedenen Berggräsern, vor allem auf Rasenschmiele.

6 Blutgrasfalter *Erebia medusa* SCHIFF. 32–40 mm. Nur wenige Arten der umfangreichen Gattung *Erebia* treten in den niedrigeren Lagen auf. Es sind meistens Gebirgs- und Hochgebirgsschmetterlinge. Der Blutgrasfalter bewohnt aber die Niederungen bis in Höhen von 1500 m. Er lebt in den unteren Lagen auf feuchten Wiesen und an grasigen Stellen in nassen Wäldern, in den Bergen siedelt er auf Wiesen und Weiden. Er bildet eine Generation, die entsprechend der Meereshöhe von Mai bis Juli ausfliegt. Die Raupe lebt vom Sommer bis zum nächsten Frühjahr auf verschiedenen Gräsern, vor allem auf Wald- und Fingerhirse.

Augenfalter

Familie Augenfalter – Satyridae

1 Kleiner Mohrenfalter *Erebia gorge* HB. 35–40 mm. Dieser typische Gebirgsaugenfalter tritt an steinigen und felsigen Gebirgs- und Hochgebirgshängen in 1500 bis 3000 m Höhe auf. Er fliegt nur an sonnigen Tagen dort aus, wo es fast keine Vegetation mehr gibt, und setzt sich auf die Blüten des Habichtskrauts, das in den Felsspalten wächst, oder meistens auf erwärmten Gesteinsschutt und Felsen. Sein Areal erstreckt sich, mit Ausnahme des Nordens, lediglich über die europäischen Gebirge von den Pyrenäen über die Alpen und die Tatra bis zum Balkan. Der Falter fliegt von Juni bis August. Die Raupe lebt auf verschiedenen Gräsern und überwintert.

2 Erebia pronoe ESP. 38–45 mm. Gehört ebenfalls zu den Schmetterlingen, die auf die europäischen Gebirge beschränkt sind. Sein Verbreitungsgebiet liegt etwas niedriger als das der vorangegangenen Art. Es erstreckt sich annähernd von 1000 m bis in 2000 m Höhe, also in Lagen, wo schon lichte Nadelwälder, Knieholz und feuchte, grasreiche Wiesen wachsen, die zu den beliebten Standorten gehören. Interessant ist das späte Auftreten des Schmetterlings, er fliegt von Ende Juli bis Ende September. Die Raupe überwintert. Sie ernährt sich von verschiedenen Gräsern, vor allem von Rispengras.

3 Lappländischer Schwärzling *Erebia pandrose* BKH. 35–40 mm. Im Unterschied zur vorangegangenen Art boreoalpin verbreitet und tritt außer in den europäischen und mittelasiatischen Gebirgen auch im Norden zusammenhängend auf. Dort besiedelt er die Polargebiete und hält sich auch in den niederen Lagen auf. In Mitteleuropa ist für diesen Falter typisch, daß man ihn nicht unter 1600 m antrifft. Er fliegt an sonnigen Tagen über den alpinen Wiesen zwischen Knieholz und steigt auch über die Baumgrenze bis zu 3000 m auf. Sobald eine Wolke die Sonne verdeckt, setzt sich der Schmetterling sofort nieder. Er taucht von Juni bis August auf. Die Raupen überwintern und fressen an verschiedenen Gräsern, vor allem an Schwingel und Rispengras. Diese Art ist sehr veränderlich. Eine besonders ausdrucksvolle Färbung auf den Flügelunterseiten zeigt zum Beispiel die ssp. *roberti* PESCHKE aus der Hohen Tatra.

4 Großes Ochsenauge *Maniola jurtina* L. 40–48 mm. In Nordafrika, praktisch in ganz Europa, über Kleinasien bis zum Iran verbreitet. Obwohl der Falter in den letzten Jahren stark zurückgegangen ist, gehört er noch zu den häufigen Arten. Früher war er eine typische Erscheinung der Auen und Feldraine, jetzt hält er sich eher in lichten, grasreichen Wäldern auf. Er bildet eine, ausnahmsweise zwei Generationen, die von Juni bis September ausfliegen. Die Raupe ernährt sich von verschiedenen Grasarten und überwintert.

5 Kleines Ochsenauge *Hyponephele lycaon* KÜHN 37–43 mm. Im ganzen gemäßigten Europa und im Osten bis nach Mittelasien verbreitet. Er hält sich an trockenen, grasigen Standorten auf und bevorzugt sandige Unterlagen. In den letzten Jahren verschwindet er. Der Schmetterling fällt durch seinen Geschlechtsdimorphismus auf. Er fliegt von Juni bis August. Die Raupe lebt auf Rispengras.

6 Rotbraunes Ochsenauge *Pyronia tithonus* L. 30–38 mm. Gehört eher zu den wärmeliebenden Schmetterlingen, wurde jedoch auch in England und Irland beobachtet. In Nordost- und Nordeuropa fehlt er zum Beispiel ganz. Der Falter fliegt in lichten, lockeren Laubwäldern, ist in den letzten Jahren aber an vielen Stellen in Europa verschwunden. Die Raupe lebt auf verschiedenen Gräsern.

1
5♀
3
5a
5♂
2
1a
2a
3a
6
4♀
4a
4♂

Familie Augenfalter – Satyridae

1 Brauner Waldvogel *Aphantopus hyperantus* L. 35–42 mm. Gehört zu den häufigsten Schmetterlingen der Auen und lichten Wälder, die er von Juni bis August, manchmal noch länger, belebt. In den Bergen dringt er bis in 1500 m Höhe vor. Sein Areal erstreckt sich über die ganze gemäßigte Zone Europas und Nordasiens bis zum Ussurigebiet. Im Mittelmeerraum und in der Arktis fehlt er. Seine individuelle Variabilität ist, zum Beispiel bei der Anzahl der Augen auf den Flügeln, erheblich. Auch Männchen und Weibchen weisen Unterschiede auf. Tendenzen zur Herausbildung geographischer Formen bestehen aber nicht. Die Raupe lebt auf verschiedenen Gräsern und überwintert.

2 Großer Heufalter, Großes Wiesenvögelchen *Coenonympha tullia* Müll. 30–35 mm. Neigt eher zu kälteren und feuchten Biotopen. Fehlt in Südeuropa, ist sonst aber von Nordwesteuropa über ganz Asien bis zum Stillen Ozean und in Nordamerika entlang der westlichen Gebirge bis nach Kalifornien verbreitet. Der Falter ist sehr veränderlich und bildet eine Reihe geographischer Rassen. In Mitteleuropa finden wir ihn meistens auf feuchten Wiesen und in der Umgebung von Sumpfland bis 2000 m Höhe. Durch die Trockenlegung der Biotope verschwindet er immer mehr. Der Falter fliegt im Juni und Juli. Die Raupe lebt auf verschiedenen Sumpfgräsern und überwintert.

3 Kleiner Heufalter, Kleines Wiesenvögelchen *Coenonympha pamphilus* L. 23–33 mm. In Nordafrika, ganz Europa und in Asien bis nach Sibirien verbreitet. Er gehört zu den häufigsten Schmetterlingen und widersteht den Zivilisationseinflüssen verhältnismäßig gut. Diese anspruchslose Art lebt in mehreren ineinander übergehenden Generationen vom Frühling bis in den Herbst und steigt im Gebirge bis zu 2000 m auf, wo sie nur eine Generation bildet. Das Weibchen ist etwas größer als das Männchen, unterscheidet sich aber in der Färbung kaum. Die Raupe frißt verschiedene Gräser und überwintert.

4 Perlgrasfalter *Coenonympha arcania* L. 28–35 mm. Typische Art lokkerer, grasbewachsener Wälder von den Niederungen bis in die Berge gegen 1000 m. Der Falter fliegt im Juni und Juli in einer Generation aus und sitzt am liebsten auf Blättern in den Kronen von Büschen und niedrigeren Bäumen. Er ist von Westeuropa bis zum Ural verbreitet und gehört meistens noch zu den zahlreichen Arten. Die Raupe lebt auf Gräsern, vor allem auf Perlgras.

5 Rotbraunes Wiesenvögelchen *Coenonympha glycerion* Bkh. 27–32 mm. Von Westeuropa bis nach Sibirien verbreitet; fehlt in Spanien, England, dem größten Teil Skandinaviens und im Mittelmeerraum. Im Verbreitungsgebiet dieses Schmetterlings wurden unterschiedliche geographische Rassen beschrieben. Er hält sich auf feuchten Vorgebirgswiesen auf und bildet im Juni und Juli eine Generation. Die Raupe ernährt sich von verschiedenen Gräsern und überwintert.

6 Braunes Wiesenvögelchen *Coenonympha hero* L. 28–33 mm. In den mittleren und nördlicheren Teilen Europas und über ganz Asien bis nach Japan verbreitet. Tritt aber nur sehr lokal begrenzt und verhältnismäßig selten auf; in den Berglagen ungefähr bis zu Höhen von 1300 m. Die Falter der einzigen Generation fliegen schon Ende Mai und im Juni auf feuchten Waldwiesen und Fluren umher. Die Raupe ernährt sich von Gräsern, vor allem von Strandroggen *(Elymus arenarius).* Sie überwintert.

Augenfalter

Familie
Augenfalter – Satyridae

1 Laubfalter *Pararge aegeria* L. 32–42 mm. Von Nordafrika über ganz Europa bis nach Mittelasien verbreitet, bewohnt lichte Laubwälder, vor allem Eichen- und Buchenbestände. In den Bergen höchstens bis zur oberen Laubwaldgrenze, also bis zu Höhen von 1000 m. Der Falter bildet jährlich gewöhnlich zwei Generationen, von denen die erste zeitig im Frühjahr von März bis Mai, die zweite von Juli bis September ausfliegt. Der Schmetterling ist veränderlich und bildet einige ausgeprägte geographische Rassen. Aus Südeuropa und Nordafrika stammt die nominate ssp. *aegeria* L. Die Grundfarbe ihrer Flügel ist orange. In Mitteleuropa lebt die ssp. *tircis* Btl. (**1**). Sie ist auch unter dem Synonym *egerides* Stgr. bekannt und trägt Flügel mit heller Grundfärbung. Die Raupe lebt im Sommer und Herbst auf Quecken und anderen Gräsern. In Europa überwintert offensichtlich die Puppe.

2 Mauerfuchs *Lasiommata megera* L. 35–45 mm. Ähnlich verbreitet wie die vorangehende Art. Sein Areal ist nur etwas nach Süden verschoben. An den Biotop stellt er aber völlig andere Ansprüche. Er lebt an offenen, warmen Stellen mit lehmiger oder steiniger Unterlage und bildet jährlich zwei Generationen, die im Mai und Juni und im August und September ausfliegen. In südlichen Gebieten entwikkelt sich noch eine dritte Generation. Der Falter fliegt an grasigen Stellen und auf Feldern und läßt sich gern auf Mauern und Steinen nieder. Die Raupe lebt auf Gräsern.

3 Braunauge, Rispenfalter *Lasiommata maera* L. 37–50 mm. Verbreitung wie bei den beiden vorangegangenen Arten; in Asien bis zum Himalaja. Wir treffen ihn in lockeren, grasreichen Wäldern, an Waldrändern, auf Hängen und Kahlschlägen an, wo er sich gern auf den Stämmen oder auf gefällten Bäumen niederläßt. Er bildet jährlich zwei Generationen. Die erste fliegt von Mai bis Juni, die andere im Juli und August. Im Gebirge fliegt nur eine Generation aus, sie dringt bis in Höhen um 2000 m vor. Die Raupe (**3b**) ernährt sich von verschiedenen Grasarten und überwintert. Leider verschwindet diese Art in letzter Zeit immer mehr aus den europäischen Wäldern.

4 Lasiommata petropolitana F. 34–40 mm. Kommt in Europa nur in den Bergen vor, tritt aber in Skandinavien, Rußland und in Sibirien bis zum Amur zusammenhängend auf. Er ist dem Braunauge sehr ähnlich, trägt aber auf den Flügeln kleinere und deutlichere Augen, und die dunklen Schatten auf den Unterseiten der Vorderflügel verlaufen anders. Der Falter ist auch ein wenig kleiner. Meistens fliegt er von April bis Juli mit nur einer Generation aus. Ausnahmsweise kann er im September noch eine zweite Generation bilden. Die Raupe überwintert. Sie ernährt sich von Schwingel.

5 Bacchantin *Lopinga achine* Scop. 45–55 mm. In der gemäßigten Zone der Paläarktis verbreitet, fehlt in Süd- und Nordeuropa und auch in Großbritannien. Bewohnt, lokal begrenzt, lichte Laubwälder, tritt an den Standorten aber sehr zahlreich auf. In den Bergen treffen wir diesen Falter nicht an. Er bildet von Juni bis August eine Generation. Die Raupe lebt auf Gräsern. Sie überwintert.

6 Kirinia roxelana Cr. 50–60 mm. In Südosteuropa, Kleinasien, Syrien, und dem Irak verbreitet. Wärmeliebende Art mit auffallendem Geschlechtsdimorphismus. Sie bildet eine Generation und fliegt von Mai bis Juli aus. Die Männchen tauchen viel eher auf als die Weibchen. Die Biologie der Raupen ist noch nicht erforscht.

Augenfalter

Familie Bläulinge – Lycaenidae

1 Nierenfleck *Thecla betulae* L. 32–37 mm. Mit Ausnahme der nördlichsten und südlichsten Gebiete in ganz Europa und in Asien bis nach Korea verbreitet. Der Nierenfleck ist ein Bewohner von Laubwäldern und buschigen Hängen bis zu Höhen von ungefähr 1000 m. Die Raupe lebt im Mai und Juni auf Schlehen, Pflaumen, Birken und Haselsträuchern. Die Puppe liegt dann recht lange, so daß die Imago von August bis Oktober ausfliegt. Das Weibchen unterscheidet sich durch orangefarbene Flecken auf den Vorderflügeln vom Männchen. Die Eier überwintern. Der Nierenfleck gehört zu den aussterbenden Arten und ist mancherorts schon zur Seltenheit geworden.

2 Eichenzipfelfalter *Quercusia quercus* L. 28–33 mm. In den Eichenwäldern Europas und Vorderasiens bis nach Armenien verbreitet. Fliegt in den Baumkronen umher und läßt sich auf den Blättern nieder. Seine einzige Generation fliegt von Juni bis August aus. Das Männchen unterscheidet sich in der Färbung vom Weibchen. Die Raupe (**2b**) ist schon im Sommer im Ei ausgebildet, schlüpft und entwickelt sich aber erst im Frühjahr. Sie ernährt sich von Eichenblättern. Der Schmetterling gehört zu den zahlreich vorkommenden Arten, entgeht aber dank seines Lebens in den Baumkronen der Aufmerksamkeit.

3 Stechpalmenzipfelfalter *Nordmannia ilicis* Esp. 26–30 mm. In der wärmeren Zone Europas, in Kleinasien und im Libanon verbreitet. Seine einzige Generation fliegt im Juni und Juli um die Eichen der Niederungen. Im Süden steigt er bis auf 1500 m. Die Raupe lebt auf Eichen. Das Ei überwintert.

4 Schlehenzipfelfalter *Strymonidia spini* Schiff. 27–32 mm. Ähnlich verbreitet wie die vorangegangene Art. Im Osten bis zum Irak und Iran. Er bildet jährlich im Juni und Juli eine Generation und lebt an trockenen, buschigen Stellen, wo er um Schlehen- und Kreuzdornbüsche fliegt. Diese dienen auch als Nährpflanze für die Raupen. Das Ei überwintert. In den letzten Jahren ist dieser Falter an vielen Stellen verschwunden.

5 Ulmenzipfelfalter, Weißes W *Strymonidia w-album* Knoch. 27–30 mm. In der gemäßigten Zone von Mitteleuropa bis nach Japan verbreitet. Bildet eine Generation, die von Juni bis August an den Rändern von Laubwäldern und um die Baumgruppen in waldloser Landschaft ausfliegt. Die Schmetterlinge setzen sich gern auf blühenden Zwerg-Holunder, Wasserdost u. ä. Die Raupen leben auf Ulmen und anderen Laubbäumen. Die Eier überwintern.

6 Pflaumenzipfelfalter *Strymonidia pruni* L. 25–28 mm. In der gemäßigten Zone Europas und östlich bis nach Korea verbreitet. Der Falter tritt lokal begrenzt in den Niederungen in warmen, buschigen Biotopen auf, die mit Schlehen bewachsen sind. Stellenweise treffen wir ihn auch in Pflaumenplantagen an. Seine Flugzeit dauert von Juni bis Anfang August. Die Raupen leben im Frühjahr auf Schlehen und Pflaumen. Die Eier überwintern.

7 Brombeerfalter *Callophrys rubi* L. 24–28 mm. In der ganzen Paläarktis verbreitet. In Nordamerika leben nah verwandte Arten. Er bildet entsprechend den klimatischen Bedingungen eine bis zwei Generationen und lebt sowohl auf trockenen, mit Schlehen bewachsenen Hängen als auch hoch in den Bergen und auf Torfmoosen. Seine grünen Flügelunterseiten lassen keine Verwechslungen mit anderen Arten zu. Die Raupe lebt polyphag auf verschiedenen Pflanzen, zum Beispiel auf Ginster, Brombeere und Heidelbeere. Sie überwintert.

6♂
1♀
2
6a
4♂
5
2a
1a
7
4a
7a
2c
5a
3a
2b

Familie Bläulinge – Lycaenidae

1 Kleiner Feuerfalter *Lycaena phlaeas* L. 22–27 mm. Lebt in der ganzen Paläarktis und darüber hinaus in einem Teil Nordamerikas. Er bewohnt trockene blütenreiche Orte in waldloser Landschaft oder in Baumsteppengebieten und steigt in den Bergen oft bis auf 2000 m Höhe. Der Falter bildet eine Reihe Unterarten aus. In Nordeuropa wurde zum Beispiel die ssp. *polaris* Courv. beschrieben, deren Flügelunterseite grau ist. Entsprechend dem Standort bilden sich 2–3 Generationen aus, und wir können den Schmetterling noch spät im Herbst an sonnigen Tagen in den Feldern antreffen. In dieser Zeit läßt er sich am liebsten auf dem warmen Erdboden nieder. Er ist scheu und fliegt gewandt. Die Raupe lebt auf Ampfer und Knöterich. Sie überwintert.

2 Großer Feuerfalter *Lycaena dispar* Hw. 27–32 mm. Bewohnt verstreut Europa und Asien bis zum Amur. In den letzten Jahren ist er an vielen Stellen verschwunden, denn durch Entwässerungsarbeiten wurde sein natürliches Milieu, feuchte und sumpfige Wiesen in den Niederungen, zerstört. Erstmals wurde er in England beschrieben, wo er dann jedoch verschwand. Später setzte man hier die Form *batava* Oberth. vom europäischen Festland aus. In Mitteleuropa kommt die ssp. *rutilus* Wernb. (Abb. **2, 2a**) vor. Der Große Feuerfalter bildet eine Generation, die im Juni und Juli ausfliegt. An manchen Stellen tauchen von Mai bis August zwei Generationen auf. Die Raupe lebt auf Ampfer.

3 Dukatenfalter, Feuerfalter *Heodes virgaureae* L. 27–32 mm. Fast in der gesamten paläarkt. Unterregion verbreitet, fehlt lediglich in den nördlichen Gebieten. Der Feuerfalter lebt auf blumenreichen Wiesen und Waldlichtungen, oft auch auf der wuchernden, blühenden Vegetation an Bächen. In den Bergen können wir ihn bis zu Höhen von 1500 m antreffen. Wie bei den meisten Feuerfaltern besteht auch bei ihm Geschlechtsdimorphismus. Hierzu kommt beim Dukatenfalter noch eine erhebliche geographische Variabilität. Seine einzige Generation fliegt von Juni bis August. Die Raupe überwintert und nährt sich von Ampfer oder Goldrute.

4 Brauner Feuerfalter, Bienenfalter *Heodes tityrus* Poda. 23–30 mm. Ähnlich verbreitet wie die vorangegangene Art. Sein Areal ist lediglich nach Süden verschoben und endet östlich im Altaigebiet. Er bildet von April bis August 2–3 Generationen. Die Raupe lebt auf Ampfer und überwintert. Der Falter fliegt in steppenartigen Bereichen, in den Bergen oft auf trockenen Wiesen bis zu 1500 m Höhe, aus.

5 Violetter Feuerfalter *Heodes alciphron* Rott. 30–38 mm. Von Westeuropa über Kleinasien bis zum Iran verbreitet, fehlt in Nordeuropa. Wir treffen ihn im Juni und Juli auf blütenreichen Wiesen in den Niederungen und Vorgebirgen bis zu 1000 m Höhe. Die Raupe lebt auf Ampfer und überwintert. Diese Art weist sehr veränderliche Flügelfärbungen und Größen auf und wurde in mehreren Unterarten beschrieben, zum Beispiel die ssp. *melibaeus* Stgr. aus Griechenland, die ssp. *heracleanus* Blach. aus Marokko u. a. In der letzten Zeit verschwindet der Schmetterling.

6 Kleiner Ampferfalter, Lilafalter *Palaeochrysophanus hippothoe* L. 28–32 mm. In ganz Europa bis zum Amur verbreitet und fehlt nur in den wärmsten europäischen Gegenden und in England. In den Bergen steigt er bis über 1000 m auf, lebt aber vor allem in den Vorgebirgen. Hier fliegt er auf feuchten, torfigen Wiesen und in der Umgebung von Quellgebieten. Die Raupe lebt auf Ampfer und Wiesenknöterich. Der Falter bildet von Mai bis Juli eine Generation und entwickelt in seinem Verbreitungsgebiet eine Reihe geographischer Rassen. Die Nominatrasse wurde in Schweden beschrieben, in Lappland lebt die ssp. *stiberi* Gerh., in den Hochalpen die ssp. *eurydame* Hoffmsg., im bulgarischen Rilagebirge die ssp. *leonhardi* Frhst.

2♂
2♀
4♀
2a
6♂
4a
6♀
6a
5
4 ♂
1a
3a
3♀
1
3♂

Familie
Bläulinge – Lycaenidae

1 Kleebläuling *Everes argiades* PALL. 20–27 mm. Von Spanien bis nach Japan verbreitet, fehlt jedoch in den kalten Gebieten Spaniens und Asiens. Auch in Nordamerika. Dieser Falter fliegt verstreut auf verschiedenen feuchten Wiesen in Niederungen und tiefen Bergtälern und hat innerhalb eines Jahres zwei und mehr Generationen. Die Raupe lebt auf Klee, Luzerne, Hornklee u. ä. Die letzte Generation der Raupen überwintert.

2 Zwergbläuling *Cupido minimus* FUESSL. 18–22 mm. Außer den südlichsten und nördlichsten Gebieten bewohnt der Zwergbläuling ganz Europa und das gemäßigte Asien bis zum Amur. Er sucht die verschiedensten Biotope auf. Wir finden ihn in trockenem Steppenland und auch in feuchten Gebirgsgegenden bis in 3000 m Höhe. Entsprechend den klimatischen Bedingungen bildet er jährlich 2–3 Generationen aus. Die Raupe lebt auf den Blüten und Früchten von Schmetterlingsblütlern. Der Zwergbläuling ist in den letzten Jahren an vielen Stellen, vor allem in den Niederungen, verschwunden.

3 Faulbaumbläuling *Celastrina argiolus* L. 23–30 mm. Bewohnt Nordafrika, ganz Europa und das paläarktische Asien. In Nordamerika ist er südlich bis nach Neumexiko verbreitet. Er lebt in Buschwerk und feuchten Wäldern der Niederungen und konzentriert sich in Enklaven mit großem Blütenreichtum. Gern setzt er sich auf die Blätter der Büsche und Bäume nieder. Der Falter bildet jährlich 2–3 Generationen. Die Raupe lebt auf verschiedenen Sträuchern (z. B. Kreuzdorn, Spindelstrauch, Brombeere). Die Puppe überwintert.

4 Tragantbläuling *Glaucopsyche alexis* PODA. 23–30 mm. Ähnlich verbreitet wie die vorangegangene Art, tritt aber viel seltener auf. Er bewohnt trockenere Wiesen, Waldränder, und Lichtungen in den Niederungen und in den Bergen bis in 2000 m Höhe. Er fliegt in einer Generation im zeitigen Frühjahr von April bis Juni aus. In wärmeren Gebieten bildet er zwei Generationen. Die Raupe lebt auf verschiedenen Schmetterlingsblütlern, zum Beispiel auf Tragant und Geißklee, vor allem dort, wo sich Ameisenkolonien befinden. Sie überwintert ausgewachsen und verpuppt sich dann im Frühjahr. Das Puppenstadium ist sehr kurz.

5 Schwarzfleckiger Bläuling *Maculinea arion* L. 28–38 mm. Bewohnt die ganze gemäßigte Zone Europas und Asiens und fehlt nur in den südlichsten und nördlichsten Gebieten. Die jüngeren Raupen nähren sich von Feldthymian, die älteren Raupen leben in den Nestern von Ameisen, wo sie die Larven und Puppen ihrer Wirte fressen. Die Ameisen nutzen dafür aber die Ausscheidungen, die in den Hinterleibsdrüsen der Raupen produziert werden. Wir finden die Schmetterlinge deshalb meistens auf Kahlschlägen und Weiden mit den Hügelchen von Ameisenkolonien. In den letzten Jahren werden die Lebensbedingungen für den Falter immer schlechter, deshalb ist er an vielen Stellen fast völlig verschwunden. Er gehört zu den größten und auffallendsten Bläulingen. Seine einzige Generation fliegt von Mai bis August.

6 Augenbläuling *Maculinea teleius* BRGSTR. 27–35 mm. In einem schmalen Streifen von Mitteleuropa bis Japan verbreitet. Wir finden ihn auf feuchten Wiesen von den Niederungen bis zu den Vorgebirgen. Er bildet jährlich eine Generation, die von Ende Juni bis August ausfliegt. Die Raupe lebt anfangs auf Wiesenknopf und später in Ameisennestern.

7 Sumpfbläuling *Maculinea nausithous* BRGSTR. 28–33 mm. Ähnlich verbreitet wie die vorangegangene Art, reicht im Osten aber nur bis zum Ural und Kaukasus und bewohnt noch feuchtere Biotope, sumpfige Wiesen von den Niederungen bis in Höhen von 2000 m. Der Falter fliegt im Juli und August aus. Die Raupe lebt vom Herbst bis zum Frühling anfangs auf Wiesenknopf, später in Ameisennestern.

Bläulinge

Familie
Bläulinge – Lycaenidae

1 Graublauer Bläuling *Philotes baton* BRGSTR. 20–25 mm. In West-, Süd- und Mitteleuropa verbreitet. Gehört zu den zeitigsten Frühjahrsbläulingen und fliegt von April bis Juni, in der zweiten Generation von Juli bis September aus. Meistens ist er Gast an trockeneren Stellen, die mit Thymian bewachsen sind, auf dessen Blüten er sich gern niederläßt. Auf dieser Pflanze lebt ebenfalls die Raupe. Wir finden den Falter auch recht hoch in den Bergen, wo er bis in 2000 m Höhe aufsteigt; er kommt aber nirgends besonders zahlreich vor, sondern tritt eher lokal auf. In letzter Zeit verschwindet er.

2 Fetthennenbläuling *Scolitantides orion* PALL. 22–28 mm. Wurde im Stromgebiet der Wolga beschrieben und weist ein interessantes Verbreitungsareal auf. Eine Zone erstreckt sich von Spanien über Mittel- und Südeuropa östlich bis nach Japan, die andere Zone liegt im Norden, in Südskandinavien. Der Falter hat zwei Generationen, von denen die erste im zeitigen Frühjahr erscheint, die zweite im Juli und August. In kälteren Klimagebieten entwickelt sich nur eine Generation. Der Schmetterling fliegt auf trockenen, sonnenbeschienenen Hängen. Die Raupe lebt auf Großer und Weißer Fetthenne. Die Puppe der zweiten Generation überwintert.

3 Geißkleebläuling *Plebejus argus* L. 20–23 mm. Das Areal dieses Bläulings erstreckt sich über ganz Europa und Asien bis nach Japan (mit Ausnahme der nördlichsten Gebiete). Innerhalb dieser großen Fläche bildet der Falter eine ganze Reihe geographischer Formen aus. Er gehört zu den zahlreichsten Arten, und manchmal konzentrieren sich Hunderte von Exemplaren auf dem feuchten Boden an Bächen, auf austrocknenden Pfützen u. ä. Der Falter fliegt auf feuchten Wiesen, auf Heideland und anderswo in der offenen Landschaft. Die Raupen leben auf Schmetterlingsblütlern und sind gewöhnlich von Ameisen umgeben. Jährlich bilden sich im Mai, Juni, Juli und August zwei Generationen aus.

4 Heidelbeerbläuling *Vacciniina optilete* KNOCH.22–25 mm. In Mittel- und Nordeuropa und der kälteren Zone Asiens bis nach Japan verbreitet. Er ist ein typischer Bewohner der Torfmoore, im Norden lebt er in der Tundra. In Mitteleuropa treffen wir ihn nur inselartig an. Er bildet jährlich eine Generation, die von Juni bis August ausfliegt. Die Raupe (**4b**) lebt auf verschiedenen Arten der Gattung *Vaccinium* (Heidel- und Preiselbeeren), vor allem auf der Rauschbeere, und überwintert (Abb. **4c** – Puppe).

5 Dunkelbrauner Bläuling *Aricia agestis* SCHIFF. 22–27 mm. Zeigt keinerlei Spur einer Blaufärbung und ist darüber hinaus der Art *A. artaxerxes* F. sehr ähnlich, mit der er lange Zeit verwechselt wurde. Deshalb ist auch sein Verbreitungsgebiet nicht genau bekannt. Es erstreckt sich offensichtlich von Frankreich über Europa und das gemäßigte Asien bis zum Amur. Der Schmetterling bildet jährlich zwei Generationen. Die erste fliegt von April bis Juni, die zweite von Juli bis September. Die Raupen leben auf Reiherschnabel, Storchschnabel und Sonnenröschen.

6 Waldbläuling *Cyaniris semiargus* ROTT. 25–30 mm. Typischer Bewohner der Vorgebirge, in den Bergen steigt er bis auf 2500 m. Wir finden ihn meistens in gegliederter, mit kleineren Wäldern durchsetzter Landschaft, wo er auf feuchten, blütenreichen Wiesen umherfliegt. Sein Verbreitungsgebiet erstreckt sich von Marokko über ganz Europa und Asien bis zur Mongolei. Meistens bildet er nur eine Generation, die von Mai bis Juli ausfliegt. In wärmeren Gebieten kann im August und September noch eine zweite Generation auftreten. Die Raupe überwintert. Sie ernährt sich von Klee, Wundklee, Steinklee, Kronwicke u. ä.

Bläulinge

Familie
Bläulinge – Lycaenidae

1 Grünblauer Bläuling *Agrodiaetus damon* SCHIFF. 34–38 mm. Diese Art kommt nur an wenigen Stellen in Europa und Asien bis hin zur Mongolei vor. Sie ist überall selten. Wir treffen den Falter in bergiger Landschaft von unterschiedlicher Höhe bis zu 2500 m an. Er bevorzugt Biotope mit kalkiger Unterlage und bildet im Juli und August eine Generation. Die Raupe lebt im Frühjahr auf Esparsette. Schon die Gegenwart dieser Pflanze, die auf trockenen Hängen und steinigen Feldern wächst, verdeutlicht den Charakter des Biotops, den der Schmetterling bewohnt. Ameisengast.

2 Prächtiger Bläuling *Plebicula amanda* SCHN. 30–35 mm. Ist in der ganzen gemäßigten Zone Europas und Asiens bis zur Mongolei und vielleicht noch weiter östlich verbreitet. Seltene Art, die nur stellenweise auf trockenen, blütenreichen Wiesen und Hängen in den Niederungen und Vorgebirgen vorkommt. Die Raupe lebt auf Vogelwicke und überwintert. Ameisengast. Die einzige Generation fliegt von Ende Juni bis August aus.

3 Braungefleckter Bläuling *Meleageria daphnis* SCHIFF. 30–35 mm. Gehört zu den schön gefärbten, wärmeliebenden Bläulingen und weist auffallenden Geschlechtsdimorphismus auf. Das Männchen ist strahlend hellblau, das Weibchen ist brauner und trägt auf den lappigen Flügeln dunkelblaue Schuppen oder blaue Zonen. Der Falter bildet eine Generation und fliegt von Juni bis August aus. Wir treffen ihn meistens auf kalkigen, mit Blumen bestandenen, trockenen Böden im Hügelland. Die Raupe lebt auf Tragant, Esparsette, Hornklee u. ä. Sie überwintert. Der Schmetterling ist im wärmeren Europa und im Osten bis zum Iran verbreitet.

4 Silbergrüner Bläuling *Lysandra coridon* PODA. 30–35 mm. Offensichtlich auf Europa beschränkt, bewohnt aber auch hier die südlichsten und kältesten Gebiete nicht. Er tritt an trockenen, sonnigen Stellen in Steppen und Baumsteppen auf und bevorzugt kalkige Unterlagen. Seine einzige Generation fliegt von Juli bis September. Die blau gefärbten Männchen tauchen etwas eher auf als die braunen Weibchen. Die Raupen leben auf Schmetterlingsblütlern, zum Beispiel auf Kronwicke und Hufeisenklee. Sie überwintern. Der Silbergrüne Bläuling wird in letzter Zeit selten.

5 Himmelblauer Bläuling *Lysandra bellargus* ROTT. 27–32 mm. In den wärmeren Teilen Europas und in Vorderasien bis zum Irak und Iran verbreitet. Lebt auf trockenen, sonnigen Biotopen mit kalkiger Unterlage und bildet jährlich zwei Generationen aus. Die erste Generation erscheint im Mai und Juni, die zweite von Juli bis September. Deutlicher Geschlechtsdimorphismus: Das Männchen trägt himmelblaue Flügel mit weißen, schwarzgetupften Fransen, das Weibchen ist braun. Der Schmetterling kommt überwiegend in den Niederungen vor, fliegt aber auch in den Bergen bis zu Höhen von 2000 m auf. Die Raupe lebt auf Schmetterlingsblütlern, vor allem auf Hufeisenklee. Sie überwintert.

6 Hauhechelbläuling *Polyommatus icarus* ROTT. 25–30 mm. Gehört zu den am häufigsten vorkommenden Bläulingen und hält sich auch gut in der Zivilisationslandschaft. Das hängt vielleicht damit zusammen, daß die Raupe (**6b**) unter anderem auch auf Luzernenklee lebt, der als Futtermittel angebaut wird. Das Verbreitungsgebiet dieser Art erstreckt sich über die ganze paläarktische Region bis zum Stillen Ozean und erfaßt sowohl die Niederungen als auch die Gebirge bis in 2000 m Höhe. Entsprechend den klimatischen Verhältnissen am Standort bilden sich eine bis drei Generationen aus, die sich überdecken. Die Raupen überwintern.

Bläulinge

Familie
Sichelflügler – Drepanidae

1 Weiden-Sichelspinner *Drepana falcataria* L. 27–35 mm. In Mittel- und Nordeuropa verbreitet und überall in den Laubwäldern, in buschigen Biotopen und Stadtparks häufig. Steigt auch recht hoch in die Berge auf. Bildet jährlich zwei Generationen, von denen die erste von April bis Juni, die zweite von Juli bis August ausfliegt. Die Raupen (**1b**) leben im Juni und dann wieder von August bis Oktober auf Birke und Erle, vor allem auf jungen Sträuchern. Die Puppe (**1c**) überwintert.

2 Linden-Sichelspinner *Sabra harpagula* Esp. 25–35 mm. In Mittel- und Nordeuropa und weiter nach Osten über ganz Asien bis in den Fernen Osten verbreitet. Seine Heimat sind die Laubwälder oder Baumsteppen. Jährlich entwickeln sich zwei Generationen, sie fliegen von Mai bis Juni und im August aus. Die Raupen leben im Juli und im Herbst. Die Puppe überwintert. Nährpflanzen der Raupen sind Erle, Birke, Eiche oder Linde. Die Raupen und Puppen dieser verhältnismäßig seltenen Art finden wir in versponnenen Blättern.

3 Birken-Sichelspinner *Falcaria lacertinaria* L. 27–35 mm. In Nord- und Mitteleuropa und im Osten über den Ural bis nach Sibirien und dem Fernen Osten verbreitet. Im südlicheren Europa finden wir den Falter nur in den Bergen. Er bildet von April bis August zwei Generationen, deren Raupen sich im Juni und September entwickeln. Wir finden sie zwischen den versponnenen Blättern von Birken oder Erlen. Dort verpuppen sie sich auch. Die Puppen überwintern. Die zweite Generation ist größer und heller als die erste.

4 Eichen-Sichelspinner *Drepana binaria* Hfn. 18–30 mm. Eine Art der warmen Laubwälder, vor allem Eichenwälder und Mischgehölze, die in den wärmeren Teilen Europas und weiter südöstlich über Kleinasien bis nach Armenien zu Hause ist. Sie bildet jährlich zwei Generationen, die manchmal nicht vollständig sind. Der Falter fliegt von Mai bis August aus. Die Raupen entwickeln sich am Sommeranfang und im September. Nährpflanzen sind Eiche, Buche und Erle. Die Puppe überwintert in versponnenen Blättern. Das Männchen ist viel kleiner als das Weibchen und unterscheidet sich auch ein wenig in der Zeichnung.

5 Buchen-Sichelspinner *Drepana cultraria* F. 20–28 mm. Bewohnt ein nicht besonders großes Gebiet, das sich über Mittel- und Südosteuropa erstreckt und im Norden Kleinasiens endet. Es reicht teilweise auch nach Südeuropa. Der Falter begleitet Buchenwälder und steigt sogar bis zu deren oberen Grenze in den Bergen, d. h. bis ungefähr 1000 m Höhe, auf. Er bildet jährlich zwei Generationen, wobei die zweite unvollständig sein kann, oder es tritt in den höheren Lagen nur eine auf. Der Falter taucht in der Natur von April bis August auf, Ende Juni tritt eine kurze Pause ein. Die Raupen leben am Sommeranfang und im September. Sie ernähren sich von Buchenblättern, vielleicht (selten) auch von Eichenlaub. Die Puppen überwintern.

6 Silberspinner *Cilix glaucata* Sc. 18–22 mm. Unterscheidet sich sowohl in der Farbe als auch in der Gestalt von den übrigen Arten dieser Familie. Er ist im wesentlichen weiß, und seine Fügel sind nicht ausgeschnitten wie bei den anderen Arten. Er bewohnt im Unterschied zu den anderen Faltern auch ein großes Areal. Wir finden ihn in Mittel- und Südeuropa und im Osten in den Wald- und Baumsteppengebieten Asiens bis zum Amur. Er ist auch in Nordamerika bekannt. An warmen, sonnigen Stellen taucht der Falter meistens zahlreich auf. Er bildet jährlich zwei Generationen, die von April bis August ausfliegen. Die Raupen leben von Mai bis September auf Schlehe, Pflaume und Weißdorn. Die Puppe überwintert.

Sichelflügler

Familie Eulenspinner, Wollrückenspinner – Thyatiridae

1 Achatspinner *Habrosyne pyritoides* HFN. 35–40 mm. In der gemäßigten Zone Europas verbreitet, reicht im Osten über Armenien, Nordindien bis nach Ostasien. Die Art ist häufig überall in Wäldern mit reichem Kräuter- und Buschwuchs, auf verwachsenen Hängen, in Himbeerdickichten und auch in Stadtparks und Gärten. Die einzige Generation fliegt von Mai bis August. Die Raupe lebt am Sommerende an Himbeeren und Brombeeren. Die Puppe überwintert.

2 Roseneule, Brombeereule *Thyatira batis* L. 32–38 mm. Besiedelt ein ausgedehntes Gebiet, das sich über das ganze gemäßigte Europa und Asien bis in den Fernen Osten und nach Japan erstreckt. Diese Art ist in Laub- und Nadelwäldern mit reichem Unterholzwuchs heimisch und steigt auch in den Bergen bis zu ungefähr 1500 m Höhe auf. Dem Klima entsprechend entwickeln sich jährlich von Mai bis August eine bis zwei Generationen. Die Raupen (**2b**) leben zur gleichen Zeit und auf den gleichen Pflanzen wie die des Achatspinners. Die Puppe überwintert.

3 Tetheella fluctuosa HB. 35–40 mm. Nur in der gemäßigten Zone Europas, im Süden eher in den Bergen verbreitet. Der Falter folgt Birkenwäldern und lebt auch auf Moorland und in Mischwäldern. Seine einzige Generation fliegt von Juni bis August aus. Die Raupen leben am Ende des Sommers auf Birke. Die Puppe überwintert. Im südlichen Abschnitt des Verbreitungsgebietes kann manchmal noch eine zweite Generation auftreten.

4 Ochropacha duplaris L. 27–32 mm. Lebt in Mittel- und Nordeuropa und in der Waldzone Asiens bis nach Südsibirien. Wir treffen den Falter in feuchteren Biotopen, in Laubwäldern, auf buschigen Lichtungen und auch in Stadtparks. In den höheren Lagen bildet er von Mai bis September eine, in den Niederungen zwei Generationen. Die Raupe lebt von Juni bis Oktober auf Pappel, Erle und Birke.

5 Wollrückenspinner *Tethea or* SCHIFF. 35–42 mm. In der Waldzone ganz Europas und Asiens bis in den Fernen Osten und nach Nordjapan und Korea verbreitet. Die Art ist überall in den Misch- und Laubwäldern häufig und hat sich auch den Pflanzungen und Parks der Städte angepaßt. Sie bildet jährlich von April bis August zwei Generationen. Die Raupe lebt von Juli bis September auf Pappel und Weide. Die Puppe überwintert. Der Falter neigt zu Melanismus. In der Kulturlandschaft ist die dunkle f. *albingensis* recht häufig.

6 Schwarzgebänderter Wollrückenspinner *Tethea ocularis* L. 32–38 mm. Zwar auch über ganz Europa und Asien verbreitet, aber viel seltener und wärmeliebender. Wir finden den Falter an feuchten Stellen, auf Auen und an Bächen und Flüssen. Er bildet jährlich von Mai bis August zwei Generationen. Die Raupe lebt bis September auf verschiedenen Pappelarten. Die Puppe überwintert.

7 Achlya flavicornis L. 35–40 mm. Ist im nördlichen und gemäßigten Europa und über ganz Asien bis nach Ostsibirien verbreitet und gehört zu den ersten Frühlingsfaltern, die schon im März und April ausfliegen, also zur Zeit der Salweidenblüte. Wir treffen den Schmetterling in Birken- und Mischwäldern. Jährlich bildet er eine Generation. Die Raupe lebt im Mai und Juni auf Birke. Die Puppe bleibt dann bis zum nächsten Frühling liegen.

8 Polyploca ridens F. 30–35 mm. In den wärmeren Gegenden Mitteleuropas und in Süd- bis Südosteuropa verbreitet. Die einzige Generation des Falters fliegt genauso wie die vorige Art sehr zeitig im Frühjahr aus. Die Raupen (**8b**) leben im Mai und Juni auf Eiche. Sie verpuppen sich entweder zwischen versponnenen Blättern oder auf dem Boden in der Waldstreu, und die Puppe bleibt dann bis zum nächsten Frühling liegen. In wärmeren Lagen tritt diese Art sehr zahlreich auf.

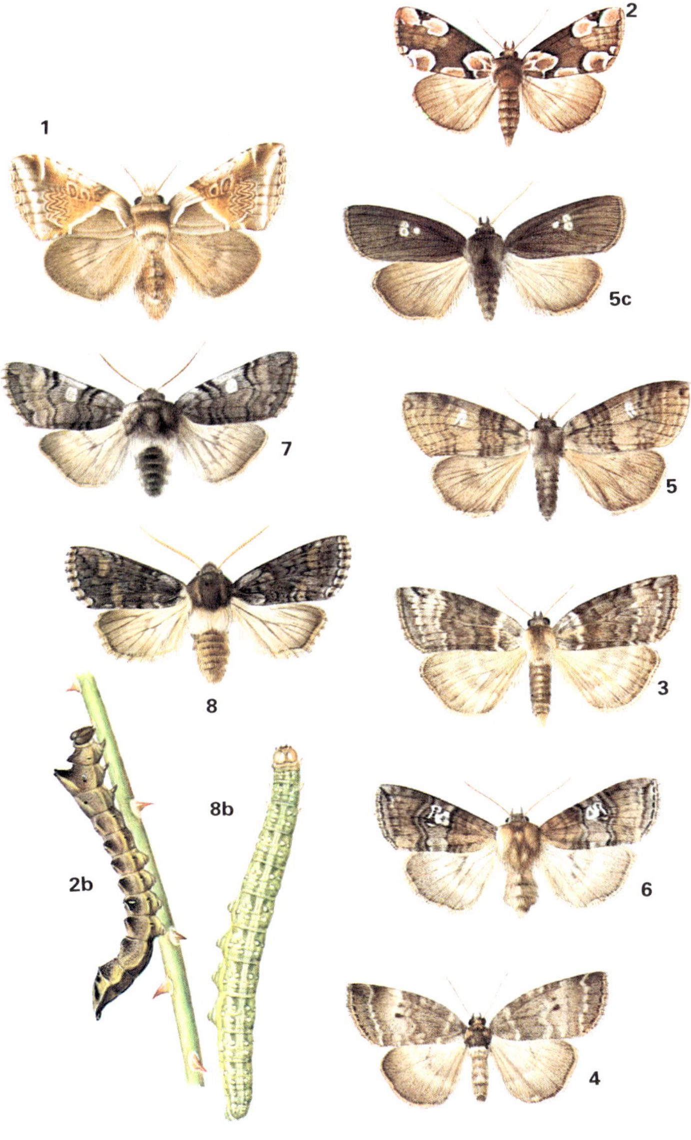
2
1
5c
7
5
8
3
8b
2b
6
4

Familie Spanner – Geometridae

1 Großes Jungfernkind *Archiearis parthenias* L. 30–40 mm. In der gemäßigten und kühleren Zone Europas und Asiens bis nach Japan verbreitet. Steigt in den Bergen bis zur oberen Waldgrenze empor. Der Falter fliegt an sonnigen Tagen schon im März und April aus und sitzt gern auf der Erde, um aus dem feuchten Boden Wasser zu saugen. Bei kalter Witterung kann man ihn von den Bäumen klopfen. Die Raupen leben im Frühling auf Birken.

2 Mittleres Jungfernkind *Archiearis notha* HB. 28–35 mm. Sieht der vorigen Art sehr ähnlich und wird mit dieser auch leicht verwechselt. Die Männchen tragen jedoch gekämmte Fühler. Der Falter ist in den feuchteren Wäldern Europas und Asiens verbreitet und fliegt im März und April bei sonnigem Wetter tagsüber aus. Die Raupe lebt im Frühjahr auf Zitterpappel, Birke und Salweide.

3 Kreuzflügel, Roßkastanien-Frostspanner *Alsophila aescularia* SCHIFF. 25–35 mm. Diese zahlreich und zeitig im Frühling auftretende Art ist fast überall in den Laub- und Mischwäldern, Baumsteppen und Obstgärten ganz Europas und Asiens verbreitet. Die Falter tauchen von Februar bis Mai auf. Nur die Männchen fliegen, die Weibchen sind flügellos. Die Raupen leben im Frühling auf verschiedenen Laubbäumen. Die Puppe überwintert.

4 Asthena albulata HFN. 14–18 mm. Lebt in Europa und östlich bis zum Kaukasus und nach Kasachstan. Bildet jährlich eine Generation, die von Mai bis Juli ausfliegt. Die Raupe lebt den Sommer über auf Eiche, Birke, Haselnuß u. a. Die Puppe überwintert.

5 Hydrelia flammeolaria HFN. 14–20 mm. In Europa und Asien bis nach Japan verbreitet. Hält sich in feuchteren Biotopen, an den Rändern von Laubwäldern, in Tälern, Auen und an den Ufern von Gewässern auf. Stellenweise nicht selten. Der Falter fliegt von Mai bis August mit einer Generation aus. Die Raupen leben am Ende des Sommers auf Erle, Ahorn, Linde, Birke u. ä. Die Puppe überwintert.

6 Spargania luctuata SCHIFF. 22–28 mm. In Nord- und Mitteleuropa verbreitet, taucht südlicher eher in den Bergen auf. Lebt in ganz Asien und Nordamerika, bewohnt also ein zirkumpolares Areal. Jährlich fliegen von Mai bis August eine bis zwei Generationen aus. Die Raupen leben vom Sommer bis zum Herbst auf verschiedenen Weidenröschenarten und Heidelbeere. Die Puppe überwintert. Diese Art ist in der Färbung sehr veränderlich.

7 Mausspanner *Minoa murinata* SC. 14–18 mm. Dieser unauffällige Spanner ist vor allem im hügligen Gelände Mittel- und Südeuropas und West- und Mittelasiens verbreitet. Er bildet jährlich von April bis September zwei Generationen und fliegt an grasreichen Stellen an Waldrändern und in Baumsteppen. Die Raupe lebt von Oktober auf Zypressenwolfsmilch. Der Falter besitzt keinerlei Zeichnung, die Grundfärbung ist jedoch variabel: gelblich, rosa oder graubraun. Die Puppe überwintert.

8 Epirrita autumnata BKH. 25–35 mm. In Mittel- und Nordeuropa und in der kälteren Zone Asiens bis in den Fernen Osten beheimatet; lebt in den Bergen bis zur oberen Waldgrenze, sonst auf Moorland, in moorigen Birken- oder Mischwäldern und kalten Tälern. Der Falter fliegt spät im Herbst, von September bis November aus. Das Ei überwintert, die Raupe lebt auf Weide, Birke, Ahorn u. a.

9 Frostspanner *Operophtera brumata* L. 22–28 mm. Vor allem in Mittel- und Nordeuropa und in Asien bis zum Amur verbreitet. Er lebt spät im Herbst, von September bis Dezember, und bildet nur eine Generation. Die Eier überwintern. Die Raupen (**9b**) sind polyphag und schädigen im Frühjahr Laubbäume in Wäldern und Obstgärten. Sie verursachen oft Kahlfraß. Beim Weibchen des Falters sind die Flügel verkümmert.

Spanner

Familie Spanner – Geometridae

1 Entephria caesiata SCHIFF. 30–35 mm. Gebirgsart, die aus Mittel- und Nordeuropa und in Nordasien bis nach Kamtschatka bekannt ist. Sie bildet jährlich eine Generation, die von Juni bis August ausfliegt und in den Bergen sehr zahlreich ist. Die Falter sind überaus variabel, und teilweise treten auch dunkle, melanistische Exemplare auf. Es konnten auch verschiedene geographische Formen beschrieben werden, denn an vielen Stellen leben die Populationen schon längere Zeit isoliert (z. B. auf Island). Die Raupe lebt auf Heidelbeere und überwintert.

2 Anticlea badiata SCHIFF. 25–30 mm. Im gemäßigten Europa und über das nördliche Kleinasien nach Mittelasien und weiter bis nach Japan verbreitet. Die einzige Generation des Falters fliegt zeitig im Frühjahr, von März bis Mai aus. Die Raupe lebt von Mai bis Juli auf Hundsrose und Dünenrose. Verpuppung Anfang Juli. Die Puppe überwintert. Wir treffen diesen Spanner überall in den Niederungen und im Hügelland auf warmen Hängen, in Baumsteppen und Steppen an.

3 Gänsefußspanner *Pelurga comitata* L. 25–30 mm. In der gemäßigten Zone Europas und im Osten bis nach Ostasien verbreitet, lebt in offener Landschaft, in Steppen, Waldsteppen, auf Feldern und Ruderalgelände. Der Falter fliegt über einen sehr langen Zeitraum, von Juni bis September aus, bildet wahrscheinlich aber nur eine Generation. Die Raupe lebt am Ende des Sommers auf Melde, Gänsefuß und Beifuß. Die Puppe überwintert.

4 Himbeerspanner *Mesoleuca albicillata* L. 27–32 mm. In ganz Europa und in Asien bis nach Sibirien verbreitet. Diese nicht sehr zahlreiche Art lebt in hellen, feuchten, aber warmen Wäldern und auf überwachsenen sonnigen Hängen. Die Falter fliegen von Mai bis August aus, die Raupen leben am Ende des Sommers auf Himbeere und Brombeere. Die Puppe überwintert.

5 Colostygia olivata SCHIFF. 22–27 mm. In der gemäßigten Zone Europas über den Ural und Kaukasus ostwärts bis zum Altai verbreitet; kommt häufiger in den Bergen vor und bewohnt lockere Laub- und Nadelwälder. Hier fliegt der Falter im Juli und August mit einer Generation aus. Die Raupe überwintert. Sie lebt vom Herbst bis zum Frühling und nährt sich von Labkraut, Ampfer und anderen Kräutern.

6 Colostygia pectinataria KN. 22–27 mm. In Nord- und Mitteleuropa und in Asien bis zum Altai verbreitet. Im Süden treffen wir den Falter eher in den Bergen an. Er lebt in Laub- und Mischwäldern bis zur oberen Laubwaldgrenze. Seine einzige Generation fliegt von Mai bis Juli aus. Die Raupen leben vom Herbst an, überwintern und schließen ihre Entwicklung im Frühjahr ab. Sie fressen verschiedene Arten von Labkraut und Brennessel. Diese Art tritt stellenweise sehr zahlreich auf. Die Falter verlieren nach kurzer Flugzeit ihre grüne Färbung.

7 Lampropteryx suffumata SCHIFF. 25–32 mm. Gehört zu den Frühlingsspannern und fliegt von April bis Juni aus. Der Falter bewohnt Buchen-, Fichten- und Mischwälder von den Niederungen bis hoch in die Berge hinauf. Er ist in der gemäßigten Zone Europas und östlich bis nach Mittelasien verbreitet. Die Raupe lebt am Sommeranfang auf verschiedenen Labkrautarten.

8 Schwarzauge *Cosmorhoe ocellata* L. 20–25 mm. Dieser zahlreich vorkommende Spanner ist mit Ausnahme der Polargebiete in Europa und in Asien bis in das Altaigebiet verbreitet. Er bildet jährlich zwei Generationen, von denen die erste von Mai bis Juli und die zweite gleich anschließend bis September ausfliegt. Die Raupen finden wir von Juni an bis zum Herbst auf verschiedenen Labkrautarten. Die ausgewachsene Raupe überwintert in einem leichten Gespinst, in dem sie sich dann im Frühling gleich verpuppt.

8

3

1

4

2

7

5

6

Familie Spanner – Geometridae

1 Schlehdornspanner *Eulithis prunata* L. 30–35 mm. Verbreitet in Europa, Asien und Nordamerika; ist an die Ränder von Laubwäldern und an Baumsteppen gebunden und steigt auch recht hoch in die Berge auf. Der Falter bildet jährlich eine Generation, die von Juni bis September ausfliegt. Die Eier überwintern, die Raupen schlüpfen im Frühling und leben von Mai bis Juni von verschiedenen Arten der Gattung *Prunus,* vor allem von Schlehen, aber auch von Weißdorn, Stachel- und Johannisbeere. Die Zeichnung des Falters ist sehr variabel.

2 Eulithis testata L. 25–35 mm. Inselartig in Mitteleuropa verbreitet und kommt zusammenhängend in Nordeuropa und in Asien im Ural und in Sibirien und auch in Nordamerika vor. Bewohnt feuchte Wiesen, Moorland und moorige Laub- und Nadelwälder. Bildet jährlich eine Generation, die von Juli bis September ausfliegt. Das Ei überwintert, die Raupe entwickelt sich im Frühling auf Heidekraut, Heidelbeere, Zitterpappel, Weide u. ä.

3 Eulithis populata L. 25–32 mm. Ebenfalls in der ganzen paläarktischen Unterregion und Nordamerika verbreitet, kommt besonders häufig in den Bergen vor und steigt dort, interessante Formen bildend, bis in die Knieholzzone auf. Die einzige Generation fliegt sehr lange, von Juni bis September, aus. Die Dauer der Flugzeit ist vor allem vom Klima des Standorts abhängig. Das Ei überwintert. Die Raupe (**3b**) lebt vor allem auf Heidelbeere und einigen Bäumen, wie zum Beispiel auf Weide und Zitterpappel. Diese Art ist äußerst variabel, und einige Formen haben auch geographische Bedeutung.

4 Eulithis mellinata L. 27–30 mm. Über die gesamte paläarktische Unterregion bis in den Fernen Osten verbreitet, kommt aber im ganzen nur lokal begrenzt vor. Der Falter ist an lokkere Wälder gebunden in denen das Unterholz Stachel- und Johannisbeeren, die Nährpflanzen der Raupe, enthält. Mit diesen Pflanzen gelangte der Spanner auch in die Umgebung der Städte. Er bildet eine Generation und fliegt im Juni und Juli aus. Das Ei überwintert. Die Raupe entwickelt sich dann im Frühling.

5 Eulithis pyraliata Schiff. 28–33 mm. In Europa und Asien bis zum Amur verbreitet und weist eine breite ökologische Valenz auf. Wir finden den Falter in den grasreichen Biotopen der Niederungen, auf Steppen und auch recht hoch in den Bergen. Er fliegt von Juni bis August aus. Die Raupe lebt ähnlich wie die der anderen Arten im Frühling. Sie ernährt sich von verschiedenen Labkrautarten und einigen anderen Pflanzen.

6 Ecliptopera silaceata Schiff. 23–27 mm. In ganz Europa und Asien und auch in Nordamerika in lichten Wäldern und vor allem an den Ufern von Gewässern verbreitet. Bildet eine Reihe deutlich ausgeprägter Formen. Von April bis August entwickeln sich zwei Generationen. Die Raupen leben von Juni bis September auf Weidenröschen, Springkraut u. ä. Die Puppe überwintert.

7 Chloroclysta citrata L. 25–30 mm. Eine sehr häufig vorkommende und veränderliche Art, die in Mittel- und Nordeuropa und Asien vor allem in den Bergen lebt. Sie bildet von Juli bis September eine bis zwei Generationen. Die Eier überwintern. Die Raupen leben im Frühling und sind polyphag.

8 Heckenkirschenspanner *Chloroclysta truncata* Hfn. 25–32 mm. Verbreitung ähnlich der vorangegangenen Art, geht jedoch viel weiter nach Süden und in die Niederungen. Bildet jährlich von Mai bis September eine bis zwei Generationen. Die Raupen (**8b**) überwintern. Sie sind polyphag. Diese Art ist sehr variabel und darüber hinaus der vorangehenden noch sehr ähnlich, so daß sie manchmal nur an der Form der Geschlechtsorgane bestimmt werden kann.

1
2
3
6
8b
4
7
5
3b
8
8c

Familie
Spanner – Geometridae

1 Rosenspanner *Cidaria fulvata* FORST. 20–25 mm. Im gemäßigten Europa und in Asien bis zum Altai verbreitet. Eine Art der Steppen und Baumsteppen, dürrer grasiger und buschiger Biotope, die jährlich nur eine Generation entwickelt. Der Falter fliegt von Juni bis August aus und ist auch in Feldern und Gärten, vor allem in den Niederungen, häufig. Das Ei überwintert, die Raupe lebt im Frühling auf Heckenrosen und selbstverständlich in den Gärten auch auf veredelten Rosen.

2 Thera variata SCHIFF. 18–25 mm. Ist in Europa und ganz Asien überall dort beheimatet, wo Fichtenwälder wachsen. Mit diesen steigt der Falter auch hoch in die Berge bis zur Waldgrenze auf und dringt in Polargebiete vor. Er bildet jährlich eine bis zwei Generationen und fliegt von Mai bis September aus. Die Raupe entwickelt sich im Falle einer Generation sehr langsam auf Fichten, Tannen und ausnahmsweise auch auf anderen Nadelbäumen (**2b**). Sie überwintert.

3 Netzspanner *Eustroma reticulata* SCHIFF. 20–25 mm. Lokal in Europa, vor allem aber in der Waldzone Asiens verbreitet. Bevorzugt schattige Stellen, feuchte Täler und Uferbiotope, soweit dort Springkraut wächst. Der Falter fliegt von Juni bis August meistens mit einer, manchmal mit zwei Generationen aus. Wir treffen ihn in den Niederungen und in den Bergen bis in Höhen von 1000 m. Die Raupe entwickelt sich am Sommerende. Die Puppe überwintert. Die Zeichnung dieser Art ist sehr veränderlich.

4 Electrophaes corylata THBG. 22–30 mm. Bewohnt ein ausgedehntes Areal, das sich über das nichtpolare Europa und Asien, über den Ural und Sibirien bis zum Amur erstreckt. Wir treffen den Falter in Laubwäldern, vor allem in Auwäldern der Niederungen, aber auch in den Mischwäldern der Gebirge. Die einzige Generation fliegt von Mai bis Juli. Die Raupe entwickelt sich am Ende des Sommers und ernährt sich von den Blättern von Birke, Schlehe, Weißdorn, Haselnuß u. ä. Die Puppe überwintert.

5 Hydriomena furcata THBG. 23–30 mm. Eine äußerst variable Art (**5, 5c**), die in Nord- und Mitteleuropa, in ganz Asien und Nordamerika verbreitet ist. Der Falter fliegt von Juni bis September und taucht stellenweise, vor allem in den Bergen, überaus zahlreich auf. Er steigt bis über die obere Waldgrenze hinaus. Das Ei überwintert, und die Raupe entwickelt sich im Frühjahr auf verschiedenen Weidenarten und auf Heidelbeere.

6 Melanthia procellata SCHIFF. 27–32 mm. Wärmeliebende Art, in Mittel- und Südeuropa und weiter über Kleinasien und Transkaukasien bis nach Südsibirien, Korea und Japan verbreitet. Von Mai bis September tauchen zwei Generationen auf. Die Raupe lebt ebenfalls während des Sommers. Die Puppe überwintert. Nährpflanze ist die Waldrebe. Mit ihr begleitet der Falter Au- und Laubwälder, warme Täler in den Niederungen und Stromgebiete.

7 Rheumaptera subhastata NLCK. 23–28 mm. Eine überaus variable Art, die im Norden und in den Gebirgen der gesamten holarktischen Region, also auch in Nordamerika, ausfliegt. In den niedrigeren Lagen ist sie recht selten. Sie bildet jährlich eine Generation, die von Mai bis Juli ausfliegt. Die Raupe lebt von Juli bis September auf Heidelbeere. Die Puppe überwintert.

8 Wellenspanner *Rheumaptera undulata* L. 25–30 mm. Taucht unterschiedlich in der gemäßigten Klimazone Europas und in ganz Asien bis in den Fernen Osten auf. In die Berge dringt dieser Falter nur wenig vor. Meistens treffen wir ihn in lichten Misch- oder Kiefernwäldern, in denen Heidelbeeren und Laubgehölze wachsen. Seine einzige Generation fliegt von Mai bis August aus. Die Raupen entwickeln sich am Ende des Sommers und nähren sich von Salweide, Zitterpappel, Erle und Heidelbeere. Die Puppe überwintert.

1
3
5
5c
4
6
2b
7
8
2

Familie Spanner – Geometridae

1 Eupithecia abietaria Gz. 20–25 mm. Gehört zu der sehr umfangreichen Gattung *Eupithecia,* die allein in Europa von mehr als 100 Arten vertreten wird. Die Imagines sind sich zum Verwechseln ähnlich, und zu ihrer Bestimmung benötigt man große Erfahrungen oder muß die Kopulationsorgane der Falter präparieren. Auffällig gefärbte Arten bilden eine Ausnahme. Bei den Raupen aber, ihren Futterpflanzen und ihrer Lebensweise treten erhebliche Unterschiede auf. *E. abietaria* ist in Mittel- und Nordeuropa und in Asien bis nach Südsibirien verbreitet. Sie bildet von Mai bis Juli eine Generation. Die Raupen leben im Sommer auf den jungen Zapfen der Fichten, Kiefern und Tannen.

2 Eupithecia linariata Schiff. 11–16 mm. In Europa und Westasien beheimatet und bildet von Mai bis Oktober jährlich zwei Generationen. Die Raupe lebt von Juli bis Oktober auf den Blüten des Gemeinen Leinkrauts. Die Puppe überwintert. In der Färbung ist *E. pyreneata* Mab. sehr ähnlich, lebt aber auf den Blüten des Gelben und des Großblütigen Fingerhuts.

3 Leimkraut-Blütenspanner *Eupithecia venosata* F. 17–22 mm. Ist in Europa und östlich bis nach Mittelasien verbreitet. Lebt sowohl in den Niederungen als auch in den Gebirgen und fliegt von Mai bis Juli aus. Die Raupe lebt im Juli und August auf Leimkraut. Die Puppe überwintert.

4 Trockenrasen-Blütenspanner *Eupithecia centaureata* Schiff. 16–20 mm. Von Nordafrika über ganz Europa bis nach Zentralasien verbreitet und überall häufig. Der Falter bildet zwei Generationen, die praktisch ohne Unterbrechung von Mai bis September fliegen. Die Raupen tauchen von Juni bis zum Herbst auf und nähren sich von den Blüten verschiedener Pflanzen. Diese Art bewohnt verschiedene Biotope, lichte Wälder, Baumsteppen und Felder.

5 Gemeiner Blütenspanner *Eupithecia vulgata* Hw. 15–18 mm. Diese sehr zahlreiche Art ist von Europa bis nach Ostasien verbreitet. Sie gehört zum Typ der bräunlichen, einförmig gefärbten Falter, die den größten Teil der Gattung *Eupithecia* ausmachen. Sie fliegt von Mai bis Juli mit einer Generation in Mischwäldern und auch außerhalb des Waldes in den Feldern aus. Die Raupe ist polyphag. Wir finden sie im Juli und August. Die Puppe überwintert.

6 Eupithecia icterata Vill. 20–23 mm. In Europa und östlich bis nach Mittelasien verbreitet. Bewohnt Wälder und waldlose Landschaft sowohl in den Niederungen als auch in den Bergen. Sehr variable Art. Auffallend und häufig ist die gelbe f. *subfulvata.* Der Falter fliegt von Juni bis September aus. Die Raupe lebt im Herbst auf Schafgarbe und Rainfarn.

7 Beifußspanner *Eupithecia succenturiata* L. 20–23 mm. In Europa und Zentralasien verbreitet und bewohnt Wälder und auch waldlose Landschaften. Sehr veränderliche Art, die von Mai bis September ausfliegt. Die Raupen leben am Sommerende auf Beifuß, Schafgarbe und Rainfarn. Die Puppe überwintert.

8 Heidekrautspanner *Eupithecia nanata* Hb. 13–17 mm. Über ganz Europa verbreitet und lebt überall dort, wo die Nährpflanze der Raupe, Heidekraut, wächst. Diese Art ist auf Moor- und Heideland nicht selten. Sie zeigt auffallend spitze Flügel und entwickelt von Mai bis August zwei Generationen. Die Raupen leben von Juni bis Oktober. Die Puppe überwintert.

9 Obstgartenspanner *Chloroclystis rectangulata* L. 15–20 mm. In ganz Europa und Asien bis nach Japan verbreitet. Es ist eine Art der Wälder und Baumsteppen, die ihre Nährpflanzen, Birnbaum und Apfelbaum, begleitet. Die Raupen (**9b**) befressen im Frühling die Blüten dieser Bäume. Der Falter fliegt von Juni bis August und kommt in Gärten und Parks häufig vor.

Spanner

Familie
Spanner – Geometridae

1 Perizoma alchemillata L.
14–18 mm. In der gemäßigten Zone Europas und Asiens bis zum Amur verbreitet. Lebt in den verschiedensten Biotopen im Wald und außerhalb, sowohl in den Niederungen als auch hoch in den Bergen. Der Falter bildet jährlich eine Generation, die jedoch sehr lange, von Mai bis September, ausfliegt. Die Raupe lebt von Juli bis September auf den Blüten und Samen der Lippenblütler wie Ziest, Taubnessel, Schwarznessel u. a.

2 Perizoma blandiata Schiff.
15–18 mm. In Nord- und Mitteleuropa, in Kleinasien und Armenien bis zur Mongolei beheimatet. Diese Art lebt auf feuchten, grasreichen Biotopen, vor allem in Vorgebirgen. Der Falter fliegt von Mai bis August. Die Raupe lebt von Juli bis September auf Augentrost. Häufige und veränderliche Art.

3 Perizoma didymata L.
18–23 mm. Mit Ausnahme der Polargebiete im mittleren und nördlicheren Europa und im Osten bis zum Ural verbreitet. Lebt im Süden in den Bergen und steigt dort bis zur oberen Waldgrenze auf. Bildet jährlich eine Generation, die von Juni bis September in feuchten Laub- und Nadelwäldern ausfliegt. Das Ei überwintert. Die Raupe lebt im Frühling. Sie ist polyphag und frißt Windröschen, Kreuzkraut, Ampfer u. a.

4 Perizoma verberata Sc.
22–25 mm. Mit Ausnahme des Südens in ganz Europa und überall in den Gebirgen zu Hause. Dort fliegt der Falter von Juni bis August bis zur Baumgrenze an feuchten grasigen Stellen und auf Lichtungen. Die Raupe lebt im Frühling und ist polyphag.

5 Euphyia biangulata Hb.
25–30 mm. Lebt in der gemäßigten Zone Europas und östlich bis zum Ural und Kaukasus. Der Falter begleitet die natürlichen Buchenbestände bis in die höchsten Lagen und wird im Zusammenhang mit der Rodung dieser Gehölze immer seltener. Er fliegt von Juni bis August in zwei Generationen aus. Die Raupen leben vom Sommer an bis zum Herbst auf Miere und verschiedenen Leimkräutern.

6 Euphyia frustata Tr. 25–30 mm. Wärmeliebende Art, die im südlicheren Europa beheimatet ist und über Kleinasien bis in den nördlichen Iran reicht. Sie bildet eine Generation, die von Juni bis August auf steinigen und felsigen, sonnigen Hängen ausfliegt. Die Raupe lebt vom Sommer bis zum nächsten Frühling auf Hornkraut, Steinbrech, Miere, Labkraut u. ä.

7 Xanthorhoe biriviata Bkh.
18–22 mm. In der Laubwaldzone von Europa bis nach Ostasien verbreitet. Bildet von April bis August zwei Generationen. Die Raupe lebt bis zum September auf Springkraut. Die Puppe überwintert. Diese Art gehört zu den frühen Spannern, die vor allem in Auwäldern und auf feuchten Stellen bis in die Berge ausfliegen.

8 Gundermannspanner *Xanthorhoe ferrugata* Cl. 18–22 mm. In Europa und Asien bis zum Amur verbreitet. Wir finden den Falter eher in den Niederungen. In den Bergen wird er vom ähnlichen *X. spadicearia* Schiff. vertreten. Er bildet jährlich von April bis September zwei Generationen. Die Raupe ist polyphag und lebt im Sommer. Die Puppe überwintert.

9 Primelspanner *Xanthorhoe montanata* Schiff. 24–28 mm. In Europa und Asien bis zum Altai verbreitet. Bewohnt vor allem Gebirge und ist dort in den Wäldern überaus zahlreich. Der Falter fliegt von Mai bis Juli. Die Raupe lebt vom Sommer an bis zum nächsten Frühling, überwintert also. Sie ist polyphag und ernährt sich von niedrigen Pflanzen.

10 Gemeiner Blattspanner *Xanthorhoe fluctuata* L. 18–25 mm. Gehört zu den am häufigsten auftretenden Spannern und lebt vor allem in den Niederungen sowohl im Wald als auch außerhalb. Von Europa über Asien bis nach Nordamerika verbreitet. Kommt in den Bergen seltener vor, bildet von April bis Oktober zwei Generationen. Die Raupe lebt auf Kreuzblütlern. Die Puppe überwintert.

1

3

4

5

6

7

2

9

8

10

Familie Spanner – Geometridae

1 Platterbsenspanner *Scotopteryx chenopodiata* L. 25–30 mm. In Europa und Asien bis in den Fernen Osten überall häufig in den grasreichen Biotopen der Niederungen und Gebirge. Fliegt von Juli bis September aus. Die Raupe entwickelt sich von August bis Juni. Sie ist polyphag, bevorzugt aber Schmetterlingsblütler.

2 Catarhoe cuculata HFN. 22–27 mm. In der gemäßigten Klimazone Europas und Asiens bis zum Amur verbreitet. Gehört überall zu den wenig zahlreichen Arten. Von Mai bis September fliegen zwei Generationen aus. Die Raupen leben während des Sommers bis zum Oktober auf verschiedenen Labkrautarten. Die Puppe überwintert.

3 Epirrhoe tristata L. 20–23 mm. Äußerst variable Art, die in den Niederungen und Gebirgen des gemäßigten Europas und in Asien bis in den Fernen Osten lebt. Wir finden sie in feuchten Grasbiotopen oder auf Lichtungen. Sie tritt zahlreich auf. Von April bis September fliegen zwei Generationen aus. Die Raupe lebt vom Juni bis zum Herbst und ernährt sich von Labkraut.

4 Gemeiner Bindenspanner *Epirrhoe alternata* MÜLL. 20–25 mm. Gehört zu den am häufigsten vorkommenden Spannern überhaupt, in den Bergen geht ihre Anzahl zurück. Der Falter ist in der Laubwaldzone ganz Europas und Asiens verbreitet und hat sich auch gut an die Kulturlandschaft angepaßt. Er fliegt von April bis September in zwei Generationen aus. Die Raupen finden wir von Juni bis zum Herbst auf Labkraut. Zeichnung und Farbe dieser Art sind äußerst veränderlich.

5 Ockergelber Blattspanner *Camptogramma bilineata* L. 20–25 mm. Gehört ebenfalls zu den zahlreichen Arten und ist von Nordafrika über Europa und Asien bis nach Sibirien verbreitet. Der Falter bildet von Mai bis August eine bis zwei Generationen und fliegt in den Niederungen und Gebirgen an feuchten, buschigen Standorten, an Bächen u. ä. aus. Die Raupen überwintern und ernähren sich von verschiedenen Pflanzen, zum Beispiel von Brennessel, Fingerkraut, Ampfer u. ä.

6 Chesias legatella SCHIFF. 30–35 mm. Lokale Art, die in den wärmeren Gebieten Europas verbreitet ist. Lebt in lichten Kiefernwäldern mit sandiger Unterlage, auf steinigen, sonnigen Hängen, wo die Nährpflanze der Raupen, der Besenginster, wächst. Der Falter fliegt im September und Oktober. Die Raupen entwickeln sich im Frühling und am Anfang des Sommers.

7 Chesias rufata F. 28–32 mm. Ähnlich wie die vorige Art verbreitet, lebt auch in den gleichen Biotopen, fliegt jedoch im Frühling von April bis Juni und manchmal noch mit einer zweiten Generation im Juli und August. Die Puppe überwintert. Die Raupe lebt im Sommer auf Besenginster.

8 Moosbeeren-Grauspanner *Carsia sororiata* HB. 20–23 mm. Kommt verstreut auf den Torfmooren Mitteleuropas, sonst in Nordeuropa und Asien vor. In Nordamerika treten verwandte Arten auf. Die Flugzeit dauert von Juni bis August. Das Ei überwintert. Die Raupe lebt im Frühling auf Rauschbeere und Kleiner Moosbeere.

9 Aplocera praeformata HB. 33–38 mm. Überwiegend eine Gebirgsart, zahlreich in der gemäßigten Zone Europas, im Osten bis zum Kaukasus verbreitet. Der Falter fliegt von Juni bis August, die Raupe überwintert und wächst im Frühjahr heran. Sie ernährt sich von Hartheu.

10 Grauspanner *Aplocera plagiata* L. 27–40 mm. Über die ganze paläarktische Unterregion verbreitet und wärmeliebender als die vorangehende Art. Bewohnt eher die Niederungen. Von Mai bis Oktober treten zwei Generationen auf. Die Raupen der Wintergeneration überwintern und leben auf Hartheu.

Spanner

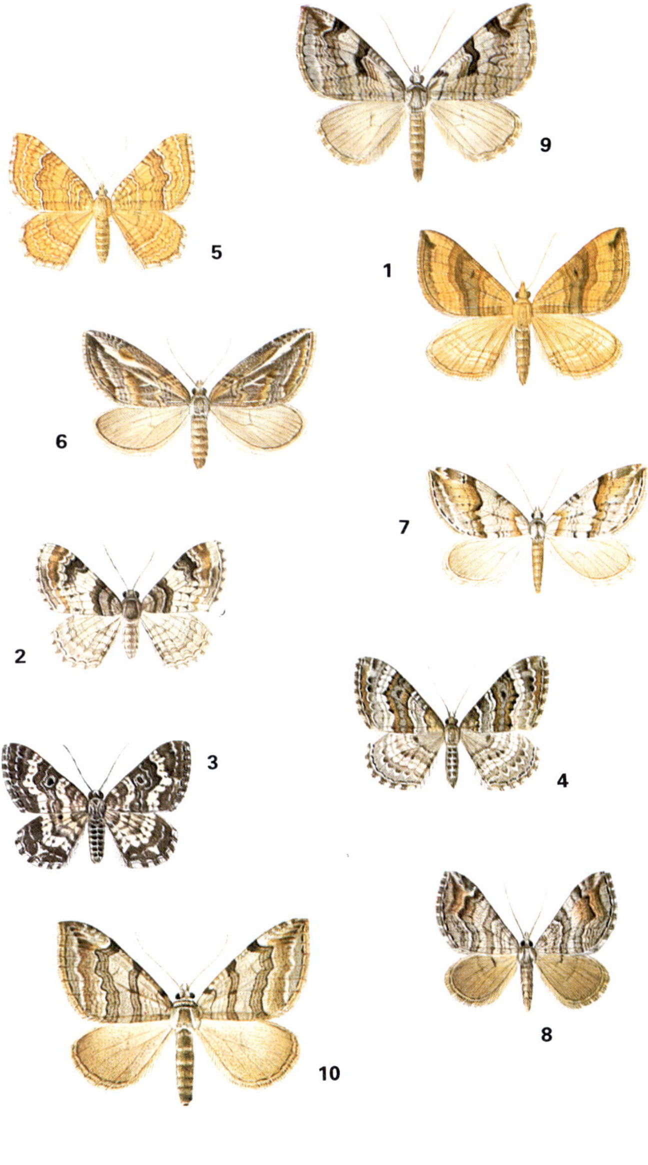

Familie
Spanner – Geometridae

1 Schwarzspanner *Odezia atrata* L. 23–27 mm. In Mittel- und Nordeuropa und weiter bis nach Ostasien verbreitet. Bewohnt grasbewachsene Stellen in Vorgebirgen und Gebirgen bis zur Fichtenwaldgrenze. Tritt stellenweise recht zahlreich auf. Der Falter fliegt von Mai bis Juli. Das Ei überwintert, die Raupe wächst im Frühling heran. Sie lebt auf Kälberkopf und Kerbel.

2 Mehlspanner *Lithostege farinata* HFN. 25–32 mm. In den wärmeren Gebieten Europas und West- und Zentralasiens verbreitet. Fliegt von Mai bis Juli auf Steppen und an grasigen Stellen. Die Raupe lebt im Sommer auf Doldengewächsen und Kreuzblütlern. Die Puppe überwintert.

3 Lappenspanner *Lobophora halterata* HFN. 20–25 mm. In Mittel- und Nordeuropa und in Asien bis zum Amur verbreitet. Lebt in den Laubwäldern der Niederungen und Gebirge und auch an den Rändern von Torfmooren, an den Ufern von Gewässern u. ä. Der Falter fliegt von April bis Juni aus. Die Raupe lebt am Sommeranfang auf Pappel, Weide, Birke u. ä. Die Puppe überwintert.

4 Idaea serpentata HFN. 15–20 mm. Recht häufig an trockenen, grasreichen Stellen in Europa und Asien verbreitet. Die einzige Generation fliegt von Juni bis August aus. Die Raupe ist polyphag und entwickelt sich vom Sommer an über den Winter bis zum Mai. Die Färbung dieser Art ist veränderlich.

5 Idaea rusticata SCHIFF. 15–17 mm. In der gemäßigten Zone Europas verbreitet, östlich bis nach Zentralasien. Wir treffen den Falter auf grasbewachsenen, dürren Hängen und Steppen. Die einzige Generation fliegt von Juni bis August. Die Raupe lebt vom Sommer an, überwintert und schließt im nächsten Frühling ihre Entwicklung ab. Sie nährt sich von welken, modernden Blättern und Moos.

6 Idaea biselata HFN. 15–20 mm. In Europa, vor allem in den wärmeren Gebieten, und in Kleinasien beheimatet. Bewohnt Laubwälder mit reichem Unterholzwuchs, buschige Hänge, Waldränder u. ä. Bildet jährlich eine Generation. Die Falter fliegen von Juni bis September aus. Die Raupen überwintern und wachsen im Frühling heran. Sie leben von abgefallenem und moderndem Laub, aber auch von Gras und niedrigen Pflanzen.

7 Idaea inquinata Sc. 12–17 mm. Lebt in der Natur auf trockenen Blättern, kommt jedoch häufiger in Gebäuden, Heuschobern, Scheunen und an anderen Stellen vor, an denen trockene Pflanzen gelagert werden. Der Falter ist also zu einem Lagerschädling geworden. Er ist über ganz Europa verbreitet, bildet jährlich wenigstens zwei Generationen und fliegt von Mai bis September aus. Die Raupe entwickelt sich im Sommer. Die letzte Generation überwintert.

8 Idaea dimidiata HFN. 13–18 mm. Über das ganze gemäßigte Europa und Kleinasien bis nach Syrien verbreitet und lebt an feuchten Stellen im Wald und an den Ufern von Wasserläufen. Die einzige Generation fliegt von Juni bis August. Die Raupe entwickelt sich über den Winter und nährt sich von trockenen und welkenden Blättern.

9 Mausohrspanner *Idaea aversata* L. 23–30 mm. Im ganzen nichtpolaren Europa und über Kleinasien bis nach Syrien verbreitet. Überall in den Laubwäldern zahlreich. Der Falter fliegt während der ganzen Saison aus und bildet zwei ineinander übergehende Generationen. Die Raupe lebt im Sommer, die zweite Generation überwintert. Sie nährt sich von den welken Blättern verschiedener Pflanzen und frißt auch grüne Pflanzenteile. Diese Art ist sehr variabel, und oft treten Formen mit breiten, dunklen Streifen auf den Flügeln auf.

10 Idaea deversaria H. S. 23–27 mm. In den warmen Gebieten Europas, über Kleinasien und in Asien bis zum Altai verbreitet. Der Falter lebt am Sommeranfang in Laubwäldern. Die Raupe überwintert. Sie frißt etwa das gleiche wie die oben beschriebenen Arten. Stellenweise häufig.

9
1
2
10
7
3
6
5
8
4

Familie Spanner – Geometridae

1 Cyclophora albipunctata Hfn. 20–25 mm. In Europa und in Asien bis nach Süd- und Ostsibirien verbreitet. Bewohnt Laub- und Mischwälder, vor allem, wenn sie mit Birken durchsetzt sind. Bildet jährlich zwei Generationen. Die erste davon fliegt schon von April an, die zweite ab Juli, aus. Die Raupen kann man von Juni bis September auf Birke, aber auch auf Eiche und Erle finden. Die Puppe überwintert.

2 Ringspanner *Cyclophora annulata* Schulze. 18–22 mm. Im gemäßigten Europa, in Kleinasien und Transkaukasien beheimatet, bewohnt Laub- und Mischwälder und ist nirgends sehr zahlreich. Der Falter bildet in der Zeit von April bis August zwei Generationen. Die Raupen leben im Laufe des Sommers und ernähren sich von Feldahorn und anderen Ahornarten, Birke und Hainbuche.

3 Cyclophora punctaria L. 18–25 mm. Eine sehr variable Art, die in der Laubwaldzone Europas und über Kleinasien bis zum Iran verbreitet ist. Sie tritt überall recht zahlreich auf und bildet von April bis August zwei Generationen. Die Raupen leben von Juni bis September auf Eiche, seltener auf Birke.

4 Schrägstreifiger Ampferspanner *Timandra griseata* Pet. (= *amata* Auct.) 23–28 mm. Ist über ganz Europa und Asien bis nach Japan verbreitet, wird auch in Ceylon (Sri Lanka) festgestellt. Der Falter tritt überall auf grasreichen Stellen und Ruderalgeländen zahlreich auf. Jährlich entwickeln sich von Mai bis Oktober zwei ineinander übergehende Generationen. Die Raupen leben im Sommer und überwintern auch. Sie befressen verschiedene Ampfer- und Knötericharten. Diese Art ist sehr veränderlich. Sie zeigt mehr oder weniger intensive Zeichnung auf den Flügeln.

5 Scopula immorata L. 20–27 mm. Mit Ausnahme des extremen Südens in der gemäßigten Zone Europas und auch in Asien bis weit nach Osten verbreitet. Wir treffen den Falter in trockenen, grasreichen Biotopen in den Niederungen und auch recht hoch in den Bergen auf grasbewachsenen Lichtungen. Entsprechend den klimatischen Bedingungen entwickelt der Falter jährlich von Mai bis August eine bis zwei Generationen. Die polyphagen Raupen überwintern.

6 Schmuckspanner *Scopula ornata* Sc. 18–25 mm. Im gemäßigten Europa und in Asien bis in das Amurgebiet verbreitet. Bewohnt trockenere, grasbewachsene Stellen, Waldränder und sonnige Hänge. Bildet jährlich zwei bis drei Generationen und fliegt von Mai bis September aus. Die Raupen leben im Sommer oder überwintern. Sie nähren sich von verschiedenen Pflanzen, vor allem vom Feldthymian, Ehrenpreis und Dost. In der letzten Zeit selten geworden.

7 Scopula rubiginata Hfn. 15–20 mm. Lebt in Europa, Kleinasien und ganz Sibirien. Wir treffen den Falter auf trockenen grasreichen Biotopen, auf Hängen und Weiden und an anderen warmen Stellen. Er entwickelt jährlich zwei ineinander übergehende Generationen, die von Mai bis September ausfliegen. Die Raupe lebt im Sommer, die nächste Generation überwintert. Sie ernährt sich polyphag von verschiedenen Pflanzen. Grundfärbung variabel.

8 Rhodostrophia calabra Pet. 30–35 mm. Tritt von Mitteleuropa aus nach Süden und Südosten bis nach Westasien auf, fliegt im Juni und Juli aus. Die Raupe überwintert. Sie lebt auf Besenginster und anderen verwandten Pflanzen. Sehr variabel.

9 Rotbandspanner *Rhodostrophia vibicaria* Cl. 25–30 mm. Mit Ausnahme der Polargebiete über ganz Europa und Asien verbreitet und steigt auch recht hoch in die Berge auf. Der Falter fliegt mit einer Generation von Juni bis August aus, er bildet manchmal noch eine zweite Generation. Die Raupe überwintert. Sie lebt auf verschiedenen Schmetterlingsblütlern, aber auch auf anderen Kräutern. Die Art ist variabel.

Spanner

Familie
Spanner – Geometridae

1 Stachelbeerspanner *Abraxas grossulariata* L. 35–40 mm. Gehörte einst zu den häufig auftretenden Arten, deren Raupen sogar an Stachel- und Johannisbeeren Schäden verursacht haben. In diesem Jahrhundert ist die Art aber stark zurückgegangen und heute an vielen Stellen ausgesprochen selten. Nur in den wärmeren Gebieten Mitteleuropas treffen wir den Falter noch häufiger an. Sonst ist er in der ganzen paläarktischen Unterregion bis nach Japan verbreitet. Er bildet jährlich eine Generation, die entsprechend der Höhenlage und dem Klima früher oder später von Juni bis August ausfliegt. Die Raupe überwintert und wächst im nächsten Frühling heran. Außer auf den erwähnten Pflanzen lebt sie auch auf Schlehe, Pfirsich, Haselnuß, Salweide, Weißdorn u. ä.

2 Traubenkirschen-Harlekin *Calospilos sylvata* Sc. 30–38 mm. Über die gesamte Waldzone der paläarktischen Unterregion verbreitet und fliegt vor allem in schattigen, feuchten Wäldern, wie z. B. in alten Buchengehölzen mit Kräuterunterwuchs. Die einzige Generation fliegt von Mai bis August. Die Raupe lebt am Ende des Sommers auf verschiedenen Laubbäumen.

3 Lomaspilis marginata L. 20–25 mm. Lebt in der Laubwaldzone der gesamten paläarktischen Unterregion und ist überall zahlreich. Von April bis August fliegen zwei Generationen. Die Raupe lebt bis zum Herbst auf verschiedenen Laubbäumen, z. B. Weiden, Hasel und Espe. Die Puppe überwintert.

4 Pfaffenspanner *Ligdia adustata* SCHIFF. 20–25 mm. Aus Europa, West- und Zentralasien und auch aus Japan bekannt. Ebenfalls ein Waldbewohner, aber wärmeliebender als die vorige Art. Der Falter bildet zwei Generationen, die, ähnlich wie die Raupen und Puppen, zur gleichen Zeit auftreten wie bei der vorigen Art. Die Raupen leben auf Pfaffenhütchen.

5 Semiothisa alternaria HB. 22–27 mm. Fast in ganz Europa und in Asien bis nach Sibirien verbreitet. Bewohnt von den Niederungen bis in die Berge lichte Laubwälder und andere buschige Biotope. Der Falter bildet von Mai bis August zwei Generationen. Die Puppe überwintert. Die Raupe lebt auf verschiedenen Laubbäumen.

6 Weißgrauer Kiefernspanner *Semiothisa liturata* CL. 22–27 mm. In den Nadelwäldern, vor allem Kiefernbeständen, der gesamten paläarktischen Unterregion verbreitet. Bildet eine bis zwei Generationen, die von April bis August ausfliegen. Die Raupe entwickelt sich vom Sommer bis zum Herbst auf Kiefer, Fichte u. ä. Die Puppe überwintert.

7 Gitterspanner *Semiothisa clathrata* L. 20–25 mm. Diese sehr veränderliche Art ist in der gesamten paläarkt. Unterregion verbreitet und tritt an grasreichen Orten und auf Feldern sehr zahlreich auf. Der Falter bildet von April bis August zwei Generationen. Die Raupen entwickeln sich bis September auf Klee und Schneckenklee. Die Puppe überwintert.

8 Isturgia roraria F. 20–25 mm. In den wärmeren Teilen Europas, im Osten bis nach Armenien verbreitet. Taucht auch in den Bergen bis in 2000 m Höhe auf. Bildet zwei Generationen. Die Puppe überwintert. Die Raupe lebt auf Besenginster.

9 Itame wauaria L. 25–30 mm. In Europa, Asien und Nordamerika verbreitet. Lebt in feuchten, buschigen Wäldern und hat sich auch der Kulturlandschaft angepaßt. Der Falter fliegt im Juni und Juli aus. Die Eier überwintern. Die Raupen leben im Frühling auf Stachel- und Johannisbeeren.

10 Itame fulvaria VILL. 20–27 mm. In Mittel- und Nordeuropa, sonst nur in den Gebirgen und in Asien bis nach Japan verbreitet. Der Falter fliegt auch über die Waldgrenze. Er folgt den Heidelbeeren, auf denen vor allem die Raupen leben. Die Flugzeit dauert von Juni bis August. Das Ei überwintert. Die Raupe lebt im Frühling, von April bis Juni.

Spanner

4

1

5

2

6

3

8

9

10

7

Familie Spanner – Geometridae

1 Cepphis advenaria Hb.
23–26 mm. An geeigneten Stellen von Europa bis nach Japan verbreitet. Lebt in Wäldern mit Heidelbeerwuchs, auf Torfmooren, Heideland und in Auwäldern. Der Falter bildet jährlich eine Generation, die von Mai bis Juli ausfliegt. Die Raupe entwickelt sich Ende des Sommers auf Heidelbeere, Wachtelweizen und Christophskraut. Die Puppe überwintert.

2 Plagodis pulveraria L.
28–33 mm. Mit Ausnahme der Polargebiete und des extremen Südens in Europa und im Osten in ganz Asien vom Ural über das Altaigebirge bis nach Japan und Korea verbreitet. Eine Art lichter Laub- und Mischwälder, die vor allem Niederungen und Vorgebirge bewohnt. Jährlich lebt von April bis Juli eine Generation. Die Raupen können wir von Juni bis September auf Weide, Birke, Eiche, Erle, Haselnuß u. ä. finden.

3 Hobelspanner *Plagodis dolabraria* L. 28–32 mm. In der ganzen paläarktischen Unterregion von Europa bis nach Japan verbreitet. Lebt in warmen Laub- und Mischwäldern und auf buschigen Hängen, bevorzugt die niederen Lagen und ist nirgends zahlreich. Im größten Teil des Gebietes entwickelt sich eine Generation, in den wärmeren Gebieten treten von April bis August zwei auf. Die Raupe lebt am Ende des Sommers auf Eiche, Linde, Schlehe u. ä. Die Puppe überwintert.

4 Gelbspanner *Opisthograptis luteolata* L. 32–37 mm. Der Falter kann wegen seiner ausdrucksvollen Gelbfärbung mit keiner anderen Art verwechselt werden. Er ist in Europa und Asien bis nach Ostsibirien verbreitet. Am häufigsten tritt er in den Niederungen, in Baumsteppen und buschigen Biotopen auf. Er hat sich auch den Parks und Gärten in den Städten angepaßt und fliegt von Ende April bis Juli aus. Die Raupe (**4b**) lebt bis August, sie nährt sich von Weißdorn, Schlehe, Geißblatt, Weiden u. ä.

5 Epione repandaria Hfn.
25–30 mm. In der gemäßigten Zone Europas und Asiens über den Ural bis in das Amurgebiet und Südsibirien verbreitet. Wir treffen den Falter in der feuchten Umgebung von Wasserläufen, in Auwäldern und auf buschigen, feuchten Wiesen an. Er bildet jährlich zwei Generationen, von denen die erste schon von Juni an, die zweite bis weit in den Herbst hinein fliegt. Die Eier überwintern. Die Raupen der ersten Generation entwickeln sich im Frühling, die der zweiten im August und leben auf Weide, Pappel, Erle und Schlehe.

6 Epione paralellaria Schiff.
25–30 mm. Ähnlich verbreitet wie *E. repandaria* und lebt auch an ähnlichen Stellen, ist jedoch viel seltener und bildet jährlich nur eine Generation, die von Juni bis August ausfliegt. Das Weibchen legt Eier, die überwintern und aus denen erst im Frühling die Raupen schlüpfen. Diese fressen an den Blättern von Zitterpappel, Birke, Haselnuß u. a.

7 Fleckenspanner *Pseudopanthera macularia* L. 23–28 mm. Lebt mit Ausnahme der Polargegenden in ganz Europa. Im Süden tritt der Falter häufiger auf, wir können ihn aber auch hoch in den Bergen antreffen. Er beginnt im zeitigen Frühjahr auszufliegen und erscheint manchmal schon im April. Seine Flugperiode dauert bis Juli. Die Raupe entwickelt sich während des Sommers. Die Puppe überwintert. Als Nahrung dienen verschiedene niedrige Pflanzen. Die Zeichnung dieser Art ist sehr variabel.

8 Bunter Espen-Frühlingsspanner *Epirrhanthis diversata* Schiff. 30–40 mm. Seltene Art, die in Nord-, Mittel- und Osteuropa und in Sibirien lebt. Sie bildet eine Generation, die im zeitigen Frühjahr, schon von März bis höchstens Mai in den höheren Lagen, ausfliegt. Wir treffen den Falter in feuchten Laubwäldern, auf überwachsenen Lichtungen und an Waldrändern, wo in grasreichen Biotopen die niedrigen Büsche der Zitterpappel wachsen. Die Raupe lebt im Mai und Juni auf jungen Zitterpappeln. Die Puppe überwintert.

Spanner

2

1

8

3

5

4

6

4b

7

Familie
Spanner – Geometridae

1 Zackenspanner, Herbstlaubspanner *Ennomos autumnaria* WERNB. 40–50 mm. Ist in der gesamten paläarktischen Unterregion und darüber hinaus auch in Nordamerika verbreitet. Ist überall in den Laubwäldern, vor allem in den wärmeren Niederungen häufig, steigt mit den Laubgehölzen aber auch bis zur oberen Grenze in den Bergen auf. Von August bis Oktober fliegt jährlich eine Generation aus. Die Eier überwintern. Die Raupen (**1b**) leben im Frühling und nähren sich von den Blättern verschiedenster Bäume und Sträucher. Diese Art ist sehr veränderlich. Besonders interessant ist die dunkelbraune f. *schultzi*, die selten auftaucht.

2 Eschenspanner *Ennomos fuscantaria* ST. 35–40 mm. Nicht sehr weit verbreitete Art und praktisch nur aus Mittel-, Süd- und teilweise aus Nordeuropa bekannt. Lebt von Juli bis September in Laubwäldern, an deren Rändern und in anderen buschigen Biotopen. Die Raupe lebt nach dem Überwintern des Eis von Mai bis Juli. Sie nährt sich von Esche und Liguster. Die Färbung des Falters ist veränderlich.

3 Ennomos erosaria SCHIFF. 30–35 mm. Im gemäßigten Europa und im Osten bis zum Kaukasus verbreitet. Wir treffen den Falter im Laubwald, vor allem in Eichenwäldern, aber auch in Mischwäldern recht hoch in den Bergen. Er fliegt von Juni bis September aus. Das Ei überwintert, und die Raupe lebt im Frühjahr u. a. auf Eiche, Birke und Linde.

4 Dreistreifiger Mondfleckspanner *Selenia dentaria* F. (= *bilunaria* ESP.). 28–40 mm. In ganz Europa und Asien bis nach Kamtschatka verbreitet. Bewohnt lichte Laubwälder und auch Anpflanzungen in der Umgebung von Städten. Kommt sowohl in den Niederungen als auch recht hoch in den Bergen vor. Der Falter bildet jährlich zwei Generationen, die praktisch ununterbrochen von April bis August, nur mit einer kleinen Pause im Juni, ausfliegen. Die Raupe (**4b**) kann man von Mai bis September auf Linde, Weißdorn, Birke, Ulme, Geißblatt und vielen anderen Sträuchern und Bäumen finden. Diese Art ist sehr veränderlich, und die zweite Generation ist viel kleiner als die erste.

5 Mondspanner *Selenia lunnularia* HB. (= *lunaria* SCHIFF.). 28–40 mm. Bewohnt in Europa ein ähnliches Areal wie die vorangehende Art, ist aber seltener und lebt ebenfalls in fast gleichen Biotopen, auch das Auftreten der Imagines und Raupen deckt sich. Im Osten reicht der Falter nur bis nach Zentralasien. Die Puppe überwintert.

6 Mondfleckspanner *Selenia tetralunaria* HFN. 30–38 mm. Weit verbreitet. Reicht von Europa über ganz Asien bis nach Japan, ist aber wärmeliebender. Der Falter bewohnt in den Niederungen Laubwälder, vor allem Eichenwälder und Baumsteppen. Er bildet im Zeitraum von April bis August zwei Generationen. Die Raupen beider Generationen entwickeln sich von Mai bis September, so daß die Puppe überwintert. Die Raupen leben polyphag auf Bäumen und Sträuchern. Die veränderlich gezeichnete zweite Generation ist kleiner als die erste.

7 Pfaffenhütchen-Wellrandspanner *Artiora evonymaria* SCHIFF. 30–35 mm. Lebt in den wärmeren Teilen Mittel- und Südosteuropas und reicht nicht weiter als bis zur Krim. Die einzige Generation fliegt von Juli bis September. Das Ei überwintert. Die Raupe lebt im Frühling bis zum Juni und nährt sich von Pfaffenhütchen. Diese lokale Art treffen wir auf felsigen Hängen und in lichten Wäldern an, wo im Unterholz Pfaffenhütchen wächst.

8 Doppelzahnspanner *Odontopera bidentata* CL. 32–40 mm. Ist in ganz Europa und in Asien bis in den Fernen Osten verbreitet. Diese zahlreich auftretende Art bewohnt vor allem in Vorgebirgslagen Laubwälder, Torfmoore, Heideland und verschiedene buschige Biotope. Der Falter fliegt im Mai und Juni aus. Die Raupe entwickelt sich von Juni bis August auf den verschiedensten Bäumen und Sträuchern.

1
5
6
4
3
7
8
2
1b
4b
1c

Familie
Spanner – Geometridae

1 Mordspanner *Crocallis elinguaria* L. 32–40 mm. Mit Ausnahme der kältesten Polargebiete in der ganzen paläarktischen Unterregion verbreitet. Steigt in diesem Gebiet aber wenigstens bis zu 1500 m in die Berge auf. Wir finden den Falter in den verschiedensten feuchten Biotopen, vor allem mit Heidelbeerbestand. Er fliegt von Mai bis August aus. Die Raupe lebt vom Sommer an, überwintert und wächst dann im Frühjahr heran. Sie nährt sich von den Blättern von Heidelbeere, Weide, Weißdorn u. a.

2 Holunderspanner, Nachtschwalbenschwanz *Ourapteryx sambucaria* L. 40–50 mm. Gehört zu den größten europäischen Spannern. Er bewohnt die westlichen Gebiete der paläarktischen Unterregion und reicht im Osten nicht weiter als bis nach Mittelasien. In Europa lebt der Falter überall in den Niederungen und wärmeren Gebieten, in Asien kommt er verstreut vor. Er fliegt im Juli und August aus. Die Raupe überwintert. Sie nährt sich von Schwarzem Holunder, Waldrebe, Zitterpappel, Johannis- und Stachelbeere und anderen Sträuchern.

3 Haarrückenspanner *Colotois pennaria* L. 35–45 mm. Ist in Europa und östlich bis nach Zentralasien verbreitet und lebt in Laubwäldern und Baumsteppen. Ist überall zahlreich. Der Falter fliegt von September bis November. Die Raupe entwickelt sich im Frühling. Das Ei überwintert. Als Nährpflanze dienen die verschiedensten Bäume. Der Falter ist äußerst variabel.

4 Schlehenspanner, Pflaumenspanner *Angerona prunaria* L. 35–45 mm. Überall in der gemäßigten Zone Europas und Asiens bis in den Fernen Osten verbreitet, bewohnt verschiedene buschbestandene Biotope und lichte, nicht zusammenhängende Wälder mit reichem Unterholzwuchs. Der Falter bildet jährlich eine Generation, die von Mai bis August ausfliegt. Die Raupe (**4b**) lebt über den Winter auf verschiedenen Sträuchern. Diese Art zeichnet sich durch eine besonders große Variabilität aus.

5 Weißgrauer Frostspanner *Agriopis leucophaeria* SCHIFF. 23–28 mm. Das Verbreitungsgebiet dieser Art erstreckt sich von den wärmeren Teilen Europas über Kleinasien und Syrien nach Osten. Der Falter taucht bei der ersten Erwärmung im Frühjahr, oft schon im Februar, auf. Die Raupe lebt im Frühling vor allem auf Eiche. Die Puppe überwintert im Boden bis zum nächsten Frühjahr. Beim Weibchen sind die Flügel verkümmert.

6 Agriopis aurantiaria HB. 27–35 mm. In den Laubwäldern Europas und über Kleinasien bis zum Kaukasus verbreitet und tritt in den einzelnen Jahren sehr unterschiedlich stark auf. Die einzige Generation fliegt spät im Herbst, im Oktober und November, die Eier überwintern. Die Raupen leben im Frühling auf verschiedenen Laubbäumen. Das Weibchen ist flügellos.

7 Braunrandiger Frostspanner *Agriopis marginaria* F. 27–32 mm. Wärmeliebender Falter, der ungefähr über das gleiche Gebiet verbreitet ist wie die vorangehende Art und vor allem in Eichenwäldern lebt. Er fliegt im zeitigen Frühjahr aus, schon von Februar an und höchstens bis Mai. Die Raupe entwickelt sich bis Juni, die Puppe überwintert. Nährpflanzen der Raupe sind Eiche, Schlehe, Obstbäume u. ä. Das Weibchen hat verkümmerte Flügel.

8 Großer Frostspanner *Erannis defoliaria* CL. 30–40 mm. In den Laubwäldern und Baumsteppen Europas bis in den Kaukasus verbreitet; wird im Osten von der verwandten Art *E. sichotenaria* KURENZOV abgelöst. Der Große Frostspanner gehört zu den gefährlichsten Schädlingen des Waldes. Die Falter fliegen im Spätherbst sehr zahlreich aus. Die Weibchen kriechen nur auf den Bäumen umher, denn ihre Flügel sind verkümmert. Die Eier überwintern. Die Raupen sind polyphag und verursachen oft den Kahlfraß ganzer Wälder. Sie leben auf Eichen, Hainbuchen, Birken u. a. Der Falter ist sehr variabel.

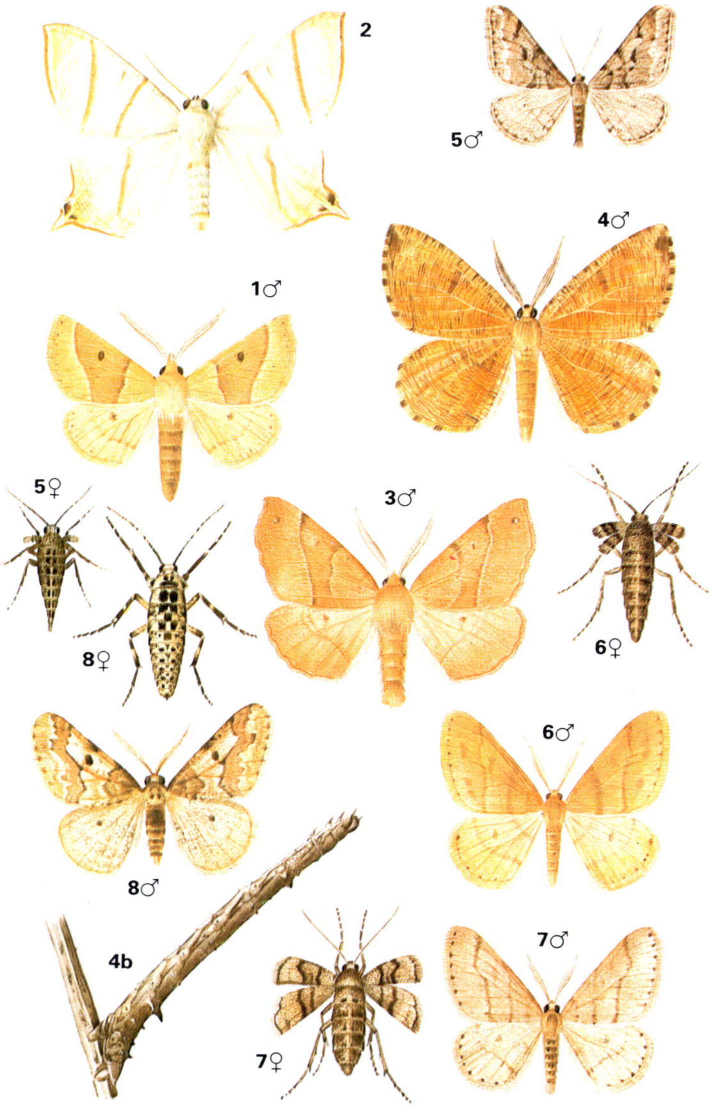
2
5♂
4♂
1♂
5♀
3♂
6♀
8♀
6♂
8♂
4b
7♂
7♀

Familie Spanner – Geometridae

1 Grauer Wollrückenspanner *Apocheima pilosaria* Schiff. 35–40 mm. In der gemäßigten Zone Europas und Asiens bis in den Fernen Osten verbreitet. Lebt in Laub- und Mischwäldern, in Baumsteppen und auch in Obstgärten. Dieser Schmetterling gehört zu den ersten Frühlingsfaltern und fliegt von Februar bis März aus, bei plötzlicher Erwärmung im Winter kann er auch im Januar auftauchen. Das Weibchen ist flügellos. Die Raupen leben im Frühling von April bis Juni auf verschiedenen Bäumen, zum Beispiel auf Eiche, Birke, Birne u. ä. Die Puppe überwintert.

2 Apocheima hispidaria Schiff. 28–35 mm. Ähnlich verbreitet wie die vorangehende Art. Wir treffen sie in Laubwäldern, an deren Rändern und auf buschbewachsenen Fluren an. Die einzige Generation des Jahres erscheint von März bis Mai auf Eiche, Ulme u. a. Die Puppe überwintert. Das Weibchen ist flügellos.

3 Lycia pomonaria Hb. 25–30 mm. In den wärmeren Gebieten Europas, im Osten bis ungefähr zum Ural verbreitet und lebt in lichten und warmen Laubwäldern, in Baumsteppen und oft auch in Obstgärten. Der Falter bildet nur eine Generation und taucht, sobald im Frühling die Sonne scheint, im März und April auf. Nur das Männchen fliegt. Die Färbung seiner Flügel ist auch bei sparsamer Zeichnung recht veränderlich. Das Weibchen trägt nur verkümmerte Flügel und kriecht auf den Stämmen der Bäume umher. Die Raupe lebt von Mai bis Juli auf verschiedenen Laubbäumen, zum Beispiel auf Eiche, Birke u. ä.

4 Isabellaspanner *Lycia isabellae* Hesl.-Harr. 27–32 mm. Der vorigen Art sehr ähnlich, das Männchen ist jedoch grauer. Über die Verbreitung ist nur wenig bekannt. Es werden die östlichen Gebiete Mitteleuropas angegeben. Die Falter tauchen im März und April auf, die Raupen leben im Frühjahr auf Lärche. Die Puppe überwintert.

5 Trockenrasen-Spinnerspanner *Lycia zonaria* Schiff. 27–30 mm. In den warmen Niederungen Europas, im Osten bis nach Zentralasien verbreitet. Der Falter fliegt im Frühling im März und April in grasreichen Biotopen und auf Feldern aus. Das Weibchen ähnelt denen der beiden vorangehenden Arten. Die Raupe lebt auf Gräsern und Kräutern.

6 Braunbindiger Spinnerspanner *Lycia hirtaria* Cl. 35–45 mm. Überall im gemäßigteren Europa und Asien bis in den Fernen Osten verbreitet und lebt in ähnlichen Biotopen wie die beiden vorigen Arten. Der Falter fliegt von März bis Mai. Das Weibchen trägt Flügel. Die Raupe lebt von Mai bis August auf Laubbäumen.

7 Pappelspanner *Biston strataria* Hfn. 40–50 mm. Äußerst veränderliche Art, die in der Kulturlandschaft zu Melanismus neigt. Sie ist in den westlichen Gebieten der paläarktischen Unterregion einschließlich Nordafrikas verbreitet und fliegt von März bis Mai in Laubwäldern und Parks aus. Die Raupe entwickelt sich am Frühlingsende und Sommeranfang auf Laubbäumen und ist polyphag. Die Puppe überwintert.

8 Birkenspanner *Biston betularia* L. 35–60 mm. In der Laubwaldzone ganz Europas und Asiens verbreitet. Die in Nordamerika lebende verwandte Art *B. cognataria* Guén. wird oft nur als geographische Rasse von *B. betularia* angesehen. Der Birkenspanner ist durch seine schwarze Form (f. *carbonaria*) (**8c**) berühmt. Diese tauchte ursprünglich in den Industriegebieten Englands als erhebliche Abweichung auf und unterdrückte an vielen Stellen Europas die ursprüngliche bunte Form (**8**). Es scheint, daß der Melanismus dieser Art mit der atmosphärischen Verunreinigung durch die Abgase der Industrie zusammenhängt. Der Falter bildet jährlich eine Generation, die von Mai bis Juli ausfliegt. Die Raupe (**8b**) entwickelt sich am Ende des Sommers auf verschiedenen Laubbäumen. Die Puppe (**8d**) überwintert.

Spanner

Familie
Spanner – Geometridae

1 Zweifleckiger Baumspanner *Peribatodes rhomboidaria* SCHIFF. 30–38 mm. Vertreter der ursprünglich sehr umfangreichen Gattung *Boarmia,* die in der letzten Zeit in mehrere selbständige Gattungen unterteilt wird. Der Falter ist in Europa und Westasien verbreitet. Er fliegt von Juni bis September und bildet an manchen Stellen zwei Generationen. Die Raupe überwintert, sie ist polyphag.

2 Cleora cinctaria SCHIFF. 28–35 mm. In den gemäßigten und nördlicheren Gebieten der ganzen paläarktischen Unterregion verbreitet und fliegt mit einer Generation zeitig im Frühling in Wäldern und Feldern aus. Die Raupe (**2b**) lebt von Mai bis Juli auf den verschiedensten niedrigen Pflanzen. Die Puppe überwintert.

3 Deileptenia ribeata CL. 30–40 mm. In Europa und Asien verbreitet; bewohnt vor allem Fichten- und Mischwälder und steigt in den Bergen bis an deren obere Grenze auf. Der Falter bildet eine Generation, die im Juli und August sehr zahlreich ausfliegt. Die Raupe überwintert. Sie lebt vor allem auf Fichte und Tanne, aber auch auf einigen Laubbäumen.

4 Alcis repandata L. 30–45 mm. Mit Ausnahme der südlichsten Gebiete in ganz Europa und in Asien bis in den Fernen Osten verbreitet. Bildet jährlich eine Generation, die von Mai bis August ausfliegt. Die Raupe (**4b**) überwintert. Sie ernährt sich von Nadel- und Laubbäumen und auch von Sträuchern und niedrigen Pflanzen. Diese Art ist überall zahlreich. Sie ist veränderlich und neigt zu Melanismus. Oft tauchen die völlig schwarzen Exemplare der f. *nigricata* auf, die nur eine weiße Wellenlinie auf jedem Flügel zeigen.

5 Rauschbeerspanner *Arichanna melanaria* L. 35–40 mm. In den nördlichen Gebieten Europas und Asiens bis nach Japan verbreitet und lebt in südlicheren Bereichen nur auf Torfmooren oder in den Moorbiotopen von Gebirgen. Der Falter wandert offensichtlich. Er wurde oft an Stellen gefangen, an denen er nicht leben kann. Er fliegt während des ganzen Sommers, die Raupe überwintert und lebt bis Mai auf Rauschbeere und einigen anderen Moorpflanzen.

6 Steineichenspanner *Boarmia roboraria* SCHIFF. 40–50 mm. Mit Ausnahme des südlichsten Gebietes in den Laubwäldern der ganzen paläarktischen Unterregion verbreitet und tritt nur stellenweise zahlreicher auf. Der Falter fliegt von Mai bis August in zwei Generationen aus, er ist sehr variabel, und oft tauchen melanistische Exemplare auf. Die Raupe lebt auf Laubbäumen und überwintert.

7 Fagivorina arenaria HFN. 25–30 mm. Lebt nur in Mitteleuropa, bewohnt alte Buchenwälder und taucht nur selten an anderer Stelle auf. Dieser Schmetterling verschwindet in der letzten Zeit im Zusammenhang mit der Rodung der alten Gehölze. Er fliegt von Mai bis Juli aus. Die Raupe lebt am Ende des Sommers u. a. auf Buche, Eiche und Birke. Die Puppe überwintert.

8 Ascotis selenaria SCHIFF. 35–45 mm. Wärmeliebende Art, die in der gemäßigten Zone der paläarktischen Unterregion bis nach Ostasien verbreitet ist. Sie lebt in Baumsteppen und Steppen, hat sich auch der Kulturlandschaft angepaßt und tritt auf Feldern und in Gärten zahlreich auf. Von April bis August entwickeln sich zwei Generationen, stellenweise bildet sich nur eine. Die Raupen sind polyphag, und wir können sie bis zum Herbst finden. Die Puppe überwintert.

9 Pflaumenspanner *Ectropis bistortata* GZ. 30–40 mm. Eine zahlreich in Europa und östlich bis weit nach Asien auftretende Art. Ihre genaue Verbreitung ist, da sie leicht mit der ähnlichen Art *E. crepuscularia* SCHIFF. verwechselt wird, nicht geklärt. Der Falter bildet jährlich zwei Generationen, erscheint oft schon im März und fliegt bis zum Herbst aus. Neigt zu Melanismus. Die Puppe überwintert. Die Raupe nährt sich von niedrigen Pflanzen und vielen Laubbäumen und Sträuchern.

1
6
2b
2
7
3
5
9
8
4b
4

Familie
Spanner – Geometridae

1 Heidekrautspanner *Ematurga atomaria* L. 22–30 mm. Sehr veränderliche Art, die mit Ausnahme des Südens über ganz Europa und Asien verbreitet ist. Sie bewohnt Heideland, Torfmoore, Waldwiesen und Lichtungen und steigt auch hoch in die Berge bis über die Waldgrenze auf. Das Weibchen ist heller als das Männchen. Von April bis September fliegen zwei ineinander übergehende Generationen aus. Die Raupe entwickelt sich bis zum Herbst. Sie lebt auf Heidekraut, Beifuß u. ä. Pflanzen.

2 Kiefernspanner *Bupalus piniaria* L. 28–35 mm. In ganz Europa und Asien zahlreich, fehlt nur im hohen Norden. Mit ausgeprägtem Geschlechtsdimorphismus. Er fliegt von April bis Juli aus. Die Raupe lebt Ende des Sommers auf Kiefern, seltener auch auf anderen Nadelbäumen. Die Puppe überwintert im Boden. Es sind Fälle bekannt, in denen der Falter sehr zahlreich auftrat und in den Kiefernwäldern schwere Schäden anrichtete, indem er die Bäume völlig kahlfraß.

3 Linienspanner *Cabera pusaria* L. 25–28 mm. In der gemäßigten Zone Europas und bis in den Osten Asiens verbreitet. Der Falter fliegt vom Frühling bis zum Herbst in den Niederungen und Bergen aus. Er bewohnt Wälder, buschige Wiesen und Uferbiotope. Entsprechend den klimatischen Bedingungen bildet er eine oder zwei Generationen. Die Raupe entwickelt sich bis zum Herbst. Sie lebt auf Weiden, Birken, Ulmen, Erlen u. ä. Die Puppe überwintert.

4 Zweifleckspanner *Lomographa bimaculata* F. 22–26 mm. In der gesamten gemäßigten Zone der paläarktischen Unterregion verbreitet. Bildet jährlich eine bis zwei Generationen, die von April bis August ausfliegen. Die Raupe lebt im Sommer oder dann bis zum Herbst auf verschiedenen Laubbäumen. Die Puppe überwintert.

5 Lomographa temerata Schiff. 22–26 mm. Ähnlich verbreitet wie die vorige Art und bewohnt auch ähnliche Biotope. In den Bergen steigt dieser Falter wahrscheinlich ein wenig höher auf. Er fliegt von April bis Juli mit jährlich einer Generation aus. Die Raupe lebt im Sommer. Die Puppe überwintert. Nährpflanzen sind verschiedene Laubbäume und Sträucher.

6 Silberblatt *Campaea margaritata* L. 30–40 mm. In der Laubwaldzone in Europa und Kleinasien bis zum Kaukasus verbreitet. Lebt vor allem in Buchen- und Mischwäldern. Jährlich entwickelt sich meistens eine Generation, die im Juni und Juli ausfliegt. Im August kann eine unvollständige zweite Generation auftreten. Die Raupe lebt entweder im Sommer oder überwintert. Wir finden sie auf Buche, Hainbuche, Eiche und Birke, manchmal auch in Stadtparks.

7 Puengeleria capreolaria Schiff. 27–35 mm. Auf die Tannen- und Fichtenwälder Mitteleuropas beschränkt. Eine Art der Vorgebirgs- und Gebirgswälder, die bis in die höchsten Lagen aufsteigt. Der Falter bildet eine Generation, die recht lange, von Juni bis September, ausfliegt. Er ist sehr variabel. Die Raupen (**7b**) überwintern. Sie sind in dieser Zeit nicht gleich groß und schließen ihre Entwicklung allmählich, im Verlaufe des späten Frühlings und zum Beginn des Sommers, ab. Sie ernähren sich von Tanne und Fichte.

8 Hylaea fasciaria L. 27–40 mm. In der gemäßigten und nördlichen Zone der paläarktischen Unterregion in Europa und Asien verbreitet und begleitet Nadelwälder. Bei dieser Art zeigt sich ein interessanter, farbiger Polymorphismus. In den Kiefernwaldgebieten der Niederungen tritt die rosa f. *fasciaria* (**8**) auf. In den höheren Lagen, in der Zone der Fichten- und Tannenwälder, treffen wir die grüne f. *prasinaria* (**8c**) an. Der Falter fliegt von Mai bis August mit einer Generation aus. Die Raupe lebt vom Sommer bis zum nächsten Frühling auf Fichte, Tanne, Kiefer u. ä.

6♂
1♂
1♀
3♂
2♂
2♀
8c ♀
4
8♀
7c
5
7b
7♂

Familie
Spanner – Geometridae

1 Gnophos furvata SCHIFF. 40–50 mm. Wärmeliebende Art, die in Mittel-, Süd- und Südosteuropa beheimatet ist. Sie ist an trockene bis ausgedörrte Standorte gebunden und lebt deshalb in Steppen, auf felsigen Hängen, vor allem auf kalkigen Unterlagen. Der Falter bildet eine Generation, die mitten im Sommer ausfliegt. Die Raupe überwintert. Sie nährt sich von Wegerich, Wicke, Fingerkraut u. a. Größte Art dieser Gattung.

2 Gnophos obscurata SCHIFF. 27–32 mm. Ähnlich verbreitet wie die *G. furvata,* fehlt aber im äußersten Süden und reicht weiter nach Norden. Ebenfalls an trockenen Standorten, Waldrändern, auf Hängen und Heideland. Hier lebt der Falter von Juli bis September. Die Raupe überwintert. Sie lebt von verschiedenen Kräutern. Diese Art ist sehr variabel in der Zeichnung.

3 Gnophos dilucidaria SCHIFF. 28–35 mm. Kommt in Mitteleuropa nur in den Bergen, in Nordeuropa und einem Teil Asiens jedoch zusammenhängend vor. Der Falter ist also borealpin verbreitet. Er gehört in Mitteleuropa zu den Eiszeitrelikten und ist äußerst variabel. Er lebt auch über der oberen Waldgrenze und tritt in niedrigeren Lagen nur an besonderen Standorten, wie zum Beispiel in Torfmooren, auf. Entsprechend der Höhenlage fliegt der Schmetterling von Juni bis September aus. Die Raupe überwintert. Sie lebt von verschiedenen Kräutern und Gräsern.

4 Riesengebirgsspanner *Psodos quadrifaria* SULZ. 18–23 mm. Gehört in die Gruppe der Hochgebirgsspanner, die inselartig in europäischen und asiatischen Gebirgen auftreten. Dank dieser nicht zusammenhängenden Verbreitung bildet diese Art eine Reihe geographischer Formen. *P. quadrifaria* ist die farbigste unter ihnen. Die meisten sind grau oder schwarz. Dieser Falter lebt in der Knieholzzone und auf den alpinen Wiesen der Alpen, Sudeten und Karpaten. Er fliegt von Juni bis August. Die polyphagen Raupen überwintern.

5 Psodos alpinata SC. 20–25 mm. In den europäischen Gebirgen von den Pyrenäen über die Alpen und Sudeten bis zu den Karpaten verbreitet. Auch aus Sibirien bekannt. Der Falter bewohnt alpine Wiesen und steigt bis in die Gebiete des ewigen Schnees auf. Er gehört in den Hochgebirgen zu den zahlreichsten Vertretern dieser Gattung. Seine einzige Generation fliegt von Juni bis August aus. Er ist, ähnlich wie die anderen Arten, tagsüber aktiv. Die Raupe überwintert. Sie nährt sich von verschiedenen niedrigen Pflanzen.

6 Psodos canaliculata HOCHW. 20–25 mm. Eine verhältnismäßig häufig auftretende Art der höheren Alpen, die in den Karpaten die buntere ssp. *schwingenschussi* WEHRLI bildet (siehe Abb.). Der Falter fliegt im Juli und August auf alpinen Wiesen und über dem Steingeröll aus. Die Raupe überwintert. Sie ernährt sich, ähnlich wie bei den anderen Arten dieser Gebirgsspanner, von niedrigen Pflanzen.

7 Siona lineata SC. 35–40 mm. In der gemäßigten Zone Europas und in Westasien bis zum Amur verbreitet. Diese Art bewohnt zahlreich grasige Biotope, Vorgebirgswiesen und Bachgebiete. Der Falter fliegt von Mai bis Juli aus. Die Raupe entwickelt sich vom Sommer an und überwintert bis zum nächsten Frühjahr. Sie lebt von verschiedenen Pflanzen.

8 Schafgarbenspanner *Aspitates gilvaria* SCHIFF. 25–30 mm. Wärmeliebende Art, die stellenweise in trockeneren Biotopen in Mitteleuropa und weiter östlich über Südosteuropa und Kleinasien bis nach Sibirien verbreitet ist. Der Falter fliegt im Juli und August in Steppen und auf Feldern aus. Die Raupe überwintert. Man kann sie auf Schafgarbe, Hartheu, Beifuß usw. finden.

1
7a
7
2
8
3
4
6
5

Familie
Spanner – Geometridae

1 Grüner Geißkleespanner *Pseudoterpna pruinata* HFN. 30–35 mm. In Mittel- und Südeuropa und östlich über Kleinasien im Kaukasus und bis nach Zentralasien verbreitet. Bildet jährlich eine Generation, die von Juni bis August ausfliegt. Die Raupe lebt am Ende des Sommers und überwintert. Sie ernährt sich von Besenginster und Ginster. Diese Art taucht in verschiedenen Höhen an trockenen Orten und auf sandigen oder steinigen Hängen auf, wo auch die Nährpflanze wächst.

2 Grünes Blatt *Geometra papilionaria* L. 40–50 mm. In den Laubwäldern ganz Europas und Asiens beheimatet und bildet jährlich eine Generation. Diese fliegt von Juni bis August vor allem in feuchteren Wäldern, auf buschigen Wiesen, an Bächen und Flüssen und in den Bergen bis zur oberen Laubwaldgrenze aus. Die Raupe (**2b**) überwintert. Sie nährt sich von Blättern von Birke, Erle, Weide, Haselnuß, Linde usw.

3 Pustelspanner *Comibaena bajularia* SCHIFF. 23–27 mm. In den wärmeren Gebieten Mitteleuropas nur lokal verbreitet. Tritt im Süden bis nach Kleinasien zusammenhängend auf und bildet eine Generation, die im Juni und Juli ausfliegt. Die Raupe nährt sich von Eichenblättern und überwintert. In der Natur können wir meistens nur stark verblichene Exemplare, die ihre malachitgrüne Farbe schon verloren haben, fangen. Diese Art fliegt in warmen Eichenwäldern und auf exponierten, bewaldeten Hängen.

4 Smaragdspanner *Thetidia smaragdaria* F. 25–30 mm. Im wärmeren Mittel- und in Südeuropa und im Osten im paläarktischen Asien verbreitet. Lebt in Steppen, Waldsteppen und auf steinigen, buschigen Hängen. Bildet jährlich zwei Generationen, von denen die erste im Juni und Juli, die zweite im August und September ausfliegt. Die Raupe der zweiten Generation überwintert. Sie ernährt sich von Beifuß, Kreuzkraut, Schafgarbe und Rainfarn.

5 Schlehen-Grünflügelspanner *Hemithea aestivaria* HB. 24–27 mm. In der gemäßigten Zone Europas und im Osten über den Kaukasus bis nach Ostasien verbreitet. Bewohnt Laubwälder und buschige Biotope an Waldrändern und bildet jährlich eine Generation, die von Mai bis August ausfliegt. Die Raupe überwintert. Sie lebt auf verschiedenen Laubbäumen und Sträuchern, auch auf Brombeeren und Himbeeren. Lokal auftretende Art.

6 Scheckspanner *Thalera fimbrialis* SC. 25–30 mm. Im ganzen gemäßigten Europa verbreitet und dringt östlich bis nach Zentralasien vor. Der Falter bildet in der Zeit von Mai bis September jährlich eine bis zwei Generationen. Er fliegt vor allem auf trokkeneren grasreichen Stellen, aber auch auf Heideland, Torfmooren, Feldern und Ruderalgelände. Die Raupe überwintert. Sie befrißt die verschiedensten niedrigen Pflanzen.

7 Hemistola biliosata VILL. 28–32 mm. Wärmeliebendere Art, die in Mittel- und Südeuropa und weiter östlich in den wärmeren Teilen der paläarktischen Unterregion bis nach Japan verbreitet ist. Sie bildet jährlich eine Generation. Die Falter fliegen von Juni bis August aus. Die Raupen leben am Ende des Sommers und nach dem Überwintern wieder im Frühling. Nährpflanze ist die Echte Waldrebe.

8 Jodis putata L. 20–22 mm. Praktisch in der ganzen paläarktischen Unterregion verbreitet. Lebt überall in Wäldern, in denen Heidelbeeren wachsen, darüber hinaus auch auf Torfmooren und in den Bergen bis zur Baumgrenze. Der Falter fliegt von Mai bis Juni. Die Raupe lebt im Juli und August auf Heidelbeeren. Die Puppe überwintert. Die Falter verlieren recht bald ihre grünliche Färbung und sind weiß, auch die Zeichnung tritt nur selten deutlich hervor.

2b
1
3
4
7
6
2
5
8

Familie
Glucken, Wollraupenspinner – Lasiocampidae

1 Ringelspinner *Malacosoma neustria* L. 25–35 mm. Gehört zu den geläufigen Arten, ist überall in Europa und Asien verbreitet und steigt auch in die Berge in Höhen von 1600 m auf, obwohl er dort stark zurückgeht. Der Falter bewohnt lockere Laubwälder und Baumsteppen und hat sich auch der Zivilisationslandschaft angepaßt. Ihm genügen kleine Wälder inmitten von Feldern und die Obstbaumalleen entlang der Landstraßen. Hier vermehrt er sich oft übermäßig und richtet dann auch in Obstgärten Schaden an. Seine einzige Generation fliegt von Juni bis August aus. Die Weibchen legen ihre Eier in typischen Ringen um die Äste. Die Eier überwintern, und im Frühling schlüpfen aus ihnen bunte Raupen (**1b**), die gesellig in Nestern leben. Sie sind polyphag und fressen nicht nur die Blätter verschiedener Obstbäume, sondern auch von Eichen, Weiden u. ä. Sie verpuppen sich zwischen den Blättern in der Baumkrone (**1c, d**) in einem gelb bestäubten Kokon. Der Ringelspinner ist ein sehr variabler Schmetterling. Wir können ganz helle, sandgelbe, wenig gezeichnete und auch dunkle Exemplare mit ausdrucksvoller Zeichnung finden.

2 Wolfsmilchspinner *Malacosoma castrense* L. 23–35 mm. Mit Ausnahme der Polargegenden in ganz Europa verbreitet, kommt aber nirgends häufig vor. Im Osten erstreckt sich sein Verbreitungsgebiet bis nach Mittelasien. Es ist eine lokal auftretende Art, die sonnige und vor allem sandige Biotope aufsucht. Der Falter bildet jährlich eine Generation und fliegt im Juli und August aus. Die Eier überwintern, und die Raupen (**2b**) entwickeln sich im Frühling, im Mai und Juni. Wir finden sie an grasbewachsenen Stellen oder auf sonnigen Hängen und trockeneren Wiesen. Sie fressen Zypressenwolfsmilch, Beifuß und Flockenblume und verpuppen sich im Gras in einem weißlichen Kokon. Der Falter ist in Zeichnung und Farbe veränderlich, und das Männchen unterscheidet sich ein wenig vom Weibchen.

3 Weißdornspinner *Trichiura crataegi* L. 25–30 mm. In Nord- und Mitteleuropa, im nördlichen Kleinasien und in Armenien verbreitet. In Mitteleuropa bewohnt der Weißdornspinner eher die Vorgebirgslagen und ist anderswo recht selten. Wir finden diesen Falter an Waldrändern, in einer mit kleinen Wäldchen durchsetzten Landschaft und auch auf Moorwiesen, Heideland und ähnlichen Biotopen. Er bildet jährlich eine Generation und fliegt von August bis Oktober aus. Das Ei überwintert, und die Raupe entwickelt sich im Frühling. Sie ernährt sich von Schlehe, Birke, Salweide und anderen Bäumen und Sträuchern.

4 Kleine Pappelglucke *Poecilocampa populi* L. 30–45 mm. Außer der südlichsten Gebiete in Europa und auch in ganz Asien bis zum Amur verbreitet. Diese Art liebt kühleres Klima und hält sich vor allem in Vorgebirgslagen auf. In den Niederungen treffen wir sie nur vereinzelt an. Dieser Schmetterling gehört zu den letzten Faltern des Jahres, denn er fliegt erst an den wärmeren Tagen nach den ersten Herbstfrösten, im Oktober und November, aus. Stellenweise ist er sehr zahlreich und fliegt auch zum Licht. In der Färbung treten keine großen Veränderungen auf. Das Weibchen unterscheidet sich vom Männchen durch die Fühler. Das Gelege überwintert. Die Raupen entwickeln sich im Frühling, von Mai bis Juli, fressen an den Blättern von Pappeln, Weiden, Eschen, Erlen und tauchen manchmal auch auf Obstbäumen auf.

3
4
2♂
2♀
1c
1d
1♂
1♂
1♀
2b
1b

Familie Glucken, Wollraupenspinner – Lasiocampidae

1 Heckenwollafter *Eriogaster catax* L. 30–40 mm. Nur in Mittel-, Süd- und Südosteuropa, östlich der Schweiz und Frankreichs verbreitet. Er bewohnt Laubwälder und Baumsteppen, Waldränder, buschige Hänge und verwachsende Wiesen, bildet jährlich eine Generation, die im September und Oktober ausfliegt. Die Raupe (**5b**) lebt im Frühling, von Mai bis Juli, auf Schlehen, Salweide, Birke, Weißdorn u. ä. Die in einem pergamentartigen, eiförmigen Kokon eingeschlossene Puppe bleibt oft bis in das nächste, aber auch übernächste Jahr liegen. Dieser Falter ist überall recht selten.

2 Wollafter *Eriogaster lanestris* L. 30–40 mm. Kommt fast in ganz Europa, sowohl im Norden wie im Süden, vor und reicht östlich in Asien bis zum Amur. Der Falter bildet jährlich eine Generation und fliegt zeitig im Frühling aus, manchmal schon im März. Er wird nur selten in der Natur gefangen, und die Exemplare der Sammlungen stammen meistens aus einer Zucht, bei der die Falter manchmal schon im Herbst schlüpfen. In der Natur leben die Raupen (**2b**) von Mai bis Juli und verpuppen sich in einem braunen, pergamentartigen Kokon. Sie nähren sich von verschiedenen Laubbäumen, wie zum Beispiel von Schlehen, Pflaumen, Birken und Weiden.

3 Eichenwollafter *Eriogaster rimicola* SCHIFF. 30–35 mm. Er gehört zu den selteneren Arten und ist in Europa verschieden verbreitet. Er bewohnt vor allem wärmere Gebiete und bevorzugt trockene Eichenwälder. Hier fliegt der Falter im Herbst, im September und Oktober, aus. Die Raupe überwintert und entwickelt sich dann im Mai und Juni. Sie befrißt die Blätter von Eichen, vor allem von Zerr-Eichen.

4 Quittenvogel, Eichenspinner *Lasiocampa quercus* L. 45–75 mm. Der Quittenvogel ist zwar in ganz Europa und Asien beheimatet, aber nirgends sehr zahlreich. In den Bergen steigt er bis in die Knieholzzone auf und wird hier eher angetroffen. Der Falter gehört durch seine ausdrucksvolle, vor allem bei den Männchen ausgeprägte Färbung zu den schönsten Glucken. Das Weibchen ist größer und zeigt eine wenig ausgeprägte Zeichnung. Das Männchen fliegt an sonnigen Tagen aus, es bewegt sich heftig und zickzackförmig. Die Weibchen werden am Spätnachmittag aktiv und stellen sich nachts manchmal am Licht ein. Die Flugzeit des Falters erstreckt sich von Juni bis August. Die Raupen entwickeln sich sehr langsam im Herbst und im Frühling und überwintern in den höheren Lagen oft zweimal. Sie sind polyphag. Wir können sie meistens auf Eiche, Heidelbeere, Weide und auch auf Heidekraut finden. Sie verpuppen sich im Gras in einem festen Kokon aus groben, braunen Fasern. Die Zucht dieses Falters ist wie bei den meisten Glucken nicht besonders schwierig, aber sehr langwierig.

5 Kleespinner *Lasiocampa trifolii* SCHIFF. 40–55 mm. Überall im gemäßigten Europa, vor allem in den wärmeren Gebieten, verbreitet; reicht im Osten über Kleinasien bis nach Armenien. Er bewohnt grasige Biotope, Steppen und Baumsteppen, sonnige Hänge, aber auch Luzerne- und Kleefelder und Ruderalgelände, zum Beispiel Eisenbahndämme. Er bildet jährlich eine Generation und fliegt von Juli bis September aus. Das Männchen fliegt in der Dämmerung heftig umher, das Weibchen ist nachts aktiv. Die Raupe (**5b**) entwickelt sich im Mai und Juni. Das Ei überwintert. Die Raupe ist polyphag und lebt auf verschiedenen niedrigen Pflanzen.

Glucken

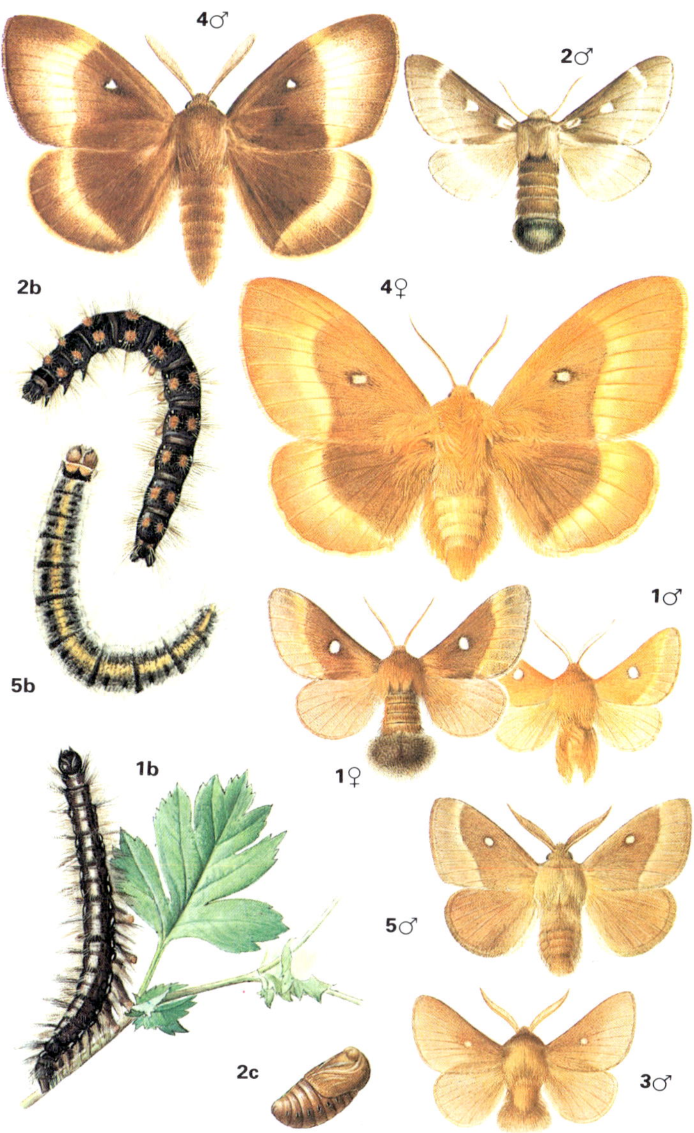

Familie Glucken, Wollraupenspinner – Lasiocampidae

1 Brombeerspinner *Macrothylacia rubi* L. 40–65 mm. Mit Ausnahme des extremen Südens und Nordens in ganz Europa und Asien bis in den Fernen Osten verbreitet, bewohnt vor allem in den niederen Lagen grasreiche Biotope und taucht auch in den Bergen bis 1500 m Höhe auf. Am meisten kommt er in Steppen, auf trockenen Wiesen und grasbewachsenen Waldlichtungen vor. Der Falter entwickelt jährlich eine Generation. Er fliegt von Mai bis Juli aus. Die Männchen fallen mit ihrer vorabendlichen Aktivität auf, wobei sie hastig und zickzackförmig fliegen. Die Weibchen fliegen im Gegensatz hierzu das Licht nachts an. Wir können im Gras oft die Gelegeklumpen dieser Glucke finden. Aus ihnen schlüpfen schwarze haarige Raupen, die später zwischen jedem Ring einen goldgelben Streifen (**1b**) zeigen. Die erwachsenen Raupen sind wieder fast schwarz und tragen bräunliche Haare auf dem Rücken. Die fast erwachsenen Raupen überwintern und fressen dann im Frühling weiter. In geeigneten Biotopen treten sie manchmal sehr zahlreich auf. Sie leben auf verschiedenen niedrigen Pflanzen, vor allem auf Erdbeere, Brombeere, Schneckenklee, Klee u. ä.

2 Grasglucke, Graselefant, Trinkerin *Philudoria potatoria* L.
45–65 mm. Ist in der gemäßigten Klimazone der ganzen paläarktischen Unterregion von Westeuropa bis nach Japan verbreitet und lebt an warmen, grasreichen Orten, oft in sandigen Biotopen. Dieser Falter gehört zu den Arten, die in letzter Zeit seltener geworden sind. Er bildet jährlich eine Generation, die von Juni bis August ausfliegt. Die Raupe (**2b**) überwintert und entwickelt sich dann im Frühjahr bis zum Juni. Sie nährt sich von verschiedenen Gräsern. Das Männchen unterscheidet sich vom Weibchen in der Färbung. Der Falter ist auch sonst individuell recht variabel.

3 Mondfleckglucke *Cosmotriche lunigera* Esp. 35–40 mm. In Europa und Asien verbreitet, tritt aber nirgends zahlreich auf. Hält sich an die Nadelwaldzone Nord- und Mitteleuropas und reicht von da weiter nach Osten. Es ist interessant, daß die helle Nominatform gegenwärtig fast überall sehr selten ist, während die dunkel gefärbte f. *lobulina* überwiegt. Der Falter bildet eine Generation, die im Mai und Juni ausfliegt. Die Raupe überwintert. Sie lebt auf Fichten und seltener auf anderen Nadelbäumen.

4 Weidenglucke, Blaubeerglucke *Phyllodesma ilicifolia* L. 35–40 mm. Seltene Art, die lokal in Mittel- und Nordeuropa und in den kälteren Teilen Asiens bis zum Amur und in Japan auftaucht. Sie lebt auf Heideland, Mooren und in lichten Wäldern, wo Heidelbeeren wachsen. Der Falter fliegt jährlich mit einer Generation von April bis Mai aus. Die Raupe lebt im Sommer auf Heidelbeere, Weide, Zitterpappel, Eiche u. ä. Die Puppe überwintert. In der letzten Zeit geht diese Art stark zurück.

5 Eichenglucke, Birkenblatt *Phyllodesma tremulifolia* Hb. 35–45 mm. Wärmeliebende Art, die in Mittel- und Südeuropa verbreitet ist und von da aus weiter nach Osten über Südrußland und Armenien bis nach Mittelasien vordringt. Der Falter bildet ebenfalls nur eine Generation jährlich und fliegt von April bis Juni. Die Raupe lebt im Juli und August. Die Puppe überwintert. Die Raupe frißt Blätter von Eiche, Pappel, Birke, Rose, Heidelbeere und anderen Sträuchern und Bäumen. Diese Art ist ebenfalls selten, aber anscheinend nicht so gefährdet wie die Weidenglucke.

Glucken

Familie Glucken, Wollraupenspinner – Lasiocampidae

1 Kupferglucke *Gastropacha quercifolia* L. 50–90 mm. Gehört zu den größten europäischen Schmetterlingen und ist außer in Europa auch überall in Asien bis in den Fernen Osten und nach Japan verbreitet. Diese Art bewohnt Baumsteppen und lichte, warme Laubwälder und hat sich auch ausgezeichnet an Gärten und Obstbaumalleen angepaßt. Wir finden den Falter auch überall in landwirtschaftlichen Gebieten. In der letzten Zeit ist er jedoch wegen der Pestizide und vielleicht noch aus anderen Gründen aus den Obstplantagen verschwunden und beginnt an verschiedenen Stellen recht selten zu sein. Die Farbe der Kupferglucke ist sehr variabel. In Nordeuropa lebt die dunklere Form *almifolia,* in Südeuropa, wo der Falter zwei Generationen bildet, fliegt die hellere Sommergeneration f. *meridionalis.* Im größten Teil des Verbreitungsgebiets entwickelt sich jährlich nur eine Generation, die im Juli und August ausfliegt. Die Raupen überwintern noch ziemlich klein und wachsen dann im Mai und Juni schnell heran. Sie leben vor allem auf verschiedenen Obstbäumen der Gattung *Prunus,* aber auch auf Apfelbäumen, Haselnuß und Salweide. In der Vergangenheit wurde an Obstbäumen oft Kahlfraß beobachtet. Dann fallen zwischen den nackten Ästen die dunkelgrauen Kokons mit den Puppen auf. Die Raupen schlüpfen schon ungefähr 10 Tage nach dem Verpuppen.

2 Feuerglucke, Pflaumenglucke *Odonestis pruni* L. 40–65 mm. In Mittelitalien, auf dem Balkan und über Kleinasien weiter nach Osten verbreitet. Der Falter bildet jährlich eine Generation und fliegt von Juni bis August aus. Er ist meistens recht selten. Die Raupen (**2b**) entwickeln sich am Sommerende und überwintern ungefähr in der 3. Entwicklungsphase. Im Frühjahr wachsen sie dann heran und leben auf verschiedenen Arten der Gattung *Prunus,* aber auch auf Eiche, Birke, Erle, Ulme u. a.

3 Kiefernspinner *Dendrolimus pini* L. 45–70 mm. In der gemäßigten Zone der ganzen paläarktischen Unterregion beheimatet und an das Vorkommen von Waldkiefern gebunden. Er fehlt in England, Südeuropa und Nordafrika. Es handelt sich um eine farblich außerordentlich variable Art. Einerseits treten bestimmte Unterschiede in Größe und Färbung zwischen Männchen und Weibchen auf, andererseits unterscheidet sich jedes Exemplar ein wenig vom andern. Deshalb konnte auch eine Reihe von Formen beschrieben werden. Am interessantesten von ihnen sind die bunte f. *montana,* die in den Bergen lebt, und die ähnliche, dunkle f. *obscura,* die auf Moorland zu Hause ist. Die helleren, recht großen Exemplare der f. *grisescens* finden wir meistens in den unteren, warmen Lagen. Der Kiefernspinner bildet jährlich eine Generation, die von Juni bis August ausfliegt. Die Raupe überwintert fast ausgewachsen. Manche Raupen (**3b**) entwickeln sich ungleichmäßig und überwintern auch zweimal. Sie leben auf Kiefern, selten auch auf Fichten und Tannen. Sie verpuppen sich (**3c**) zwischen den Nadeln in einem grauen Kokon. Der Kiefernspinner gehört zu den Waldschädlingen. Er vermehrt sich in langen, unregelmäßigen Intervallen sehr stark und verursacht dann in Kiefernwäldern vor allem in den Niederungen Kahlfraß.

Glucken

Familie Herbstspinner – Lemoniidae

1 Löwenzahnspinner *Lemonia taraxaci* Esp. 45–55 mm. Gehört zu einer Familie, die mit einigen Arten nur in der paläarktischen Unterregion vorkommt. In Mitteleuropa leben lokal begrenzt und meistens recht selten nur die zwei angeführten Arten. Der Löwenzahnspinner lebt auf warmen grasreichen Hängen im Hügelland und im Gebirge bis in Höhen von 2000 m. Er bewohnt die wärmeren Gebiete von Frankreich bis nach Südrußland und bildet jährlich eine Generation, die von August bis Oktober nachts ausfliegt. Die Raupe lebt, nachdem die Eier überwintert haben, von Mai bis Juli polyphag auf verschiedenen niedrigen Pflanzen, vor allem auf Habichtskraut und Löwenzahn.

2 Habichtskrautspinner *Lemonia dumi* L. 50–65 mm. In der gemäßigten Zone Europas, von den milderen Gegenden Skandinaviens bis zum Balkan und östlich weiter bis zum Ural verbreitet. Er ist an feuchte Niederungen und Mittellagen gebunden und benötigt ungestörte Wiesen mit reicher Kräutervegetation. Er lebt auch auf Moorland. Seine einzige Generation fliegt an sonnigen Tagen von September bis November aus. Die Eier überwintern. Die Raupen (**2b**) entwickeln sich im Frühjahr, im Mai und Juni, auf niedrigen Pflanzen. Sie sind nicht besonders wählerisch, bevorzugen aber ebenfalls Habichtskraut und Löwenzahn.

Familie Prozessionsspinner – Thaumetopoeidae

3 Eichenprozessionsspinner *Thaumetopoea processionea* L. 25–35 mm. In Mittel- und Südeuropa, in Westeuropa in Portugal verbreitet. An warme Eichenwälder und Baumsteppen gebunden und stellenweise sehr zahlreich. Seine einzige Generation fliegt im Juli und August aus. Die Eier überwintern. Die Raupen entwickeln sich im Frühjahr, im Mai und Juni, und leben gesellig in Nestern auf alten Eichen. Sie tragen lange, leicht brüchige Borsten, die auf der menschlichen Haut unangenehme Ekzeme hervorrufen. Die Raupen wachsen manchmal in so großen Mengen heran, daß sie in den Wäldern erhebliche Kahlfraßschäden verursachen. Nachts ziehen die Raupen in dichten Reihen zum Fressen aus.

4 Kiefernprozessionsspinner *Thaumetopoea pinivora* Tr. 35–45 mm. Ebenfalls geographisch nicht sehr weit verbreitet und auf Ost- und Mitteleuropa beschränkt. Er bewohnt trockene Kiefernwälder auf sandiger Unterlage. Seine einzige Generation fliegt im Juli und August aus. Die Eier überwintern, die Raupen leben im Frühjahr von April bis Juli und nähren sich von Kiefern. Der Falter ähnelt sehr der vorangehenden Art und wird mit ihr oft verwechselt. Er unterscheidet sich durch eine schärfere Zeichnung auf hellen, weißlichgrauen Flügeln.

Familie Frühlingsspinner – Endromidae

5 Birkenspinner, Scheckflügel *Endromis versicolora* L. 50–60 mm. Großer Frühlingsschmetterling, der von März bis Mai ausfliegt. Die Männchen fliegen nachts und an sonnigen Vormittagen in den Birkenwäldern zu einer Zeit umher, in der die Bäume noch nicht ausgeschlagen haben. Die Raupe (**5b**) entwickelt sich von Mai bis Juli, und die Puppe (**5c**) überwintert im Boden bis zum nächsten Frühling. Dieser Falter ist in den Birkenwäldern Europas bis in die Berge verbreitet und stellenweise zahlreich. Im Osten erstreckt sich sein Verbreitungsgebiet in der Wald- und Waldsteppenzone Asiens bis nach Südsibirien und dem Fernen Osten.

Herbststpinner / Prozessionsspinner / Frühlingsspinner

Familie Nachtpfauenaugen, Augenspinner – Saturniidae

1 Großes Wiener Nachtpfauenauge *Saturnia pyri* SCHIFF.
100–130 mm. Der größte europäische Schmetterling. Im europäischen und afrikanischen Mittelmeergebiet verbreitet, reicht von da aus östlich über Kleinasien, den Kaukasus und Transkaukasien bis nach Vorderasien. Die nördliche Grenze des europäischen Verbreitungsgebietes liegt in Mitteleuropa. Die Heimat dieses wärmeliebenden Falters sind Baumsteppenlandschaften mit buschiger Vegetation. In der Kulturlandschaft ersetzen Gärten und Obstplantagen den natürlichen Biotop dieses Falters. Er bildet jährlich eine Generation und fliegt zeitig im Frühling, von Ende April bis höchstens Anfang Juni, aus. Dieser ausgesprochene Nachtfalter läßt sich sehr leicht mit Licht, vor allem mit ultraviolettem Licht, anlocken. Er fliegt oft um Straßenlaternen und erinnert mit seiner Größe eher an einen Vogel oder eine Fledermaus als an einen Schmetterling. Tagsüber können wir ihn auf Mauern oder Baumstämmen finden, wo er mit leicht geöffneten Flügeln sitzt. Er nimmt keine Nahrung auf und lebt nur so lange, bis seine Fettreserven verbraucht sind. In dieser Zeit pflanzt er sich fort. Die Weibchen legen große, rötlich gefärbte, ovale Eier, die an beiden Polen leicht abgeflacht sind. Aus diesen schlüpfen dann die Raupen. Die jungen Raupen sind schwarz und tragen rote Warzen, ausgewachsen sind sie gelbgrün und tragen farbige Warzen und sternförmige Borsten. Sie sind 10–12 cm groß (**1b**) und leben polyphag, meistens auf Obstbäumen. Eine so große Raupe hat einen erheblichen Nahrungsbedarf und kann in Obstbaumkulturen Schaden anrichten. Sonst handelt es sich jedoch um eine indifferente Art, die mit ihrer Schönheit und Größe zu den beachtenswertesten Schmetterlingen gehört und geschützt werden muß. Die ausgewachsene Raupe sucht sich etwa Anfang August eine geeignete Stelle zum Verpuppen. Das ist gewöhnlich ein Baumstamm, ungefähr 1 m über dem Boden, oder eine Astgabel. Hier spinnt sie sich aus grober brauner oder grauweißer Seide einen großen, birnenförmigen Kokon (**1c**), in dem sie sich dann verpuppt. Die Puppe überwintert. Sie ist von gedrungener Gestalt, braun und mit schwarzen Flügelscheiden (**1d**). Das Wiener Nachtpfauenauge ist nur eine der ungefähr 1200 Arten der Familie *Saturniidae,* die auf der ganzen Welt, vor allem in den Tropen, beschrieben wurden. In der Paläarktis leben nur einige Arten, die zu den größten Schmetterlingen der Erde gehören und Ausmaße bis zu 20 cm erreichen. Die europäischen Arten sind auf der folgenden Tafel abgebildet. Für die Augenspinner sind breite Flügel typisch, die an Augen erinnernde Flekken tragen. Diese Augen haben wahrscheinlich die Aufgabe, Vögel vom Angriff zurückzuhalten. Die Mundwerkzeuge sind meistens verkümmert. Die Männchen tragen breit gekämmte Fühler. Zu den Augenspinnern gehören einige Arten, die in Ostasien zur Seidenherstellung gezüchtet werden. Sie erreichen aber nicht die Bedeutung des Seidenspinners, und ihre Seidenproduktion ist viel geringer.

Nachtpfauenaugen

Familie Nachtpfauenaugen, Augenspinner – Saturniidae

1 Kleines Nachtpfauenauge *Saturnia pavonia* L. 40–60 mm. In ganz Europa und Asien bis in den Fernen Osten verbreitet. Es bewohnt die verschiedensten Biotope. Wir finden es sowohl in den Waldsteppen der Niederungen und Mittellagen als auch in den Bergen an der Nadelwaldgrenze in Höhen von 1500–2000 m. Der Falter weist auffallenden Geschlechtsdimorphismus auf. Die Männchen unterscheiden sich von den Weibchen nicht nur durch die Form der Fühler, sondern auch durch die Färbung der Flügel. Die Flügel der Weibchen sind in der Grundfarbe ganz grau, während die Männchen Hinterflügel mit braunoranger Grundtönung zeigen. Die Weibchen sind auch größer als die Männchen und haben einen dikken Hinterleib. Sie verhalten sich auch unterschiedlich. Während das Weibchen tagsüber ruhig sitzt und nur in der Nacht ausfliegt, sind die Männchen tagaktiv. Sie bewegen sich heftig und zickzackförmig und fliegen an sonnigen Nachmittagen im April und Mai aus. Der Grundcharakter der Zeichnung des Falters ist konstant, Veränderungen treten nur bei Details auf. Bei der Farbe der Raupen können wir größere Unterschiede beobachten. Die jungen Raupen sind schwarz, später tragen sie an den Seiten orangefarbene Warzen und sind ausgewachsen grün und mit Flecken oder Querstreifen (**1b**) schwarz gezeichnet. Interessant ist, daß die Raupen der Niederungen begrenzte Zonen der schwarzen Zeichnung aufweisen. Sie können auch ganz grün sein. In den Bergen neigen die Raupen wieder zu melanistischer Färbung, und das Grün weicht ausgedehnten Zonen schwarzer Flecken. In den Niederungen leben die Raupen meistens auf Schlehen, in den höheren Lagen finden wir sie auf Heidelbeeren, Salweiden und anderen Weiden, auf Birke, Heidekraut u. ä. Der birnenförmige Kokon (**1c**) ist aus brauner Seide gesponnen und enthält eine violettbraune, gedrungene Puppe (**1d**). Diese überdauert einen oder auch mehrere Winter.

2 Nagelfleck *Aglia tau* L. 50–65 mm. Weicht in einigen morphologischen Merkmalen von den Echten Augenspinnern ab und wird deshalb manchmal in die selbständige Familie *Syssphingidae* gestellt. In den Laubwäldern der ganzen Paläarktis bis nach Japan verbreitet und fehlt lediglich auf den Britischen Inseln. Der Falter folgt vor allem der Verbreitung von Buchen bis in die höchsten Lagen über 1000 m Seehöhe. Der Nagelfleck bildet jährlich eine Generation. Seine Flugzeit deckt sich mit der Zeit, in der die Buchen ausschlagen, sie beginnt also im April und kann sich in den Bergen bis in den Juli erstrecken. Die Männchen fliegen an sonnigen Vormittagen aus. Wir können sie oft beobachten, aber nur sehr schwer fangen, denn sie bewegen sich heftig und zickzackförmig. Das Weibchen ist etwas größer und heller als das Männchen. Es fliegt manchmal nachts zum Licht, sonst finden wir es sitzend. Stellenweise, vor allem in den höheren Lagen, tauchen manchmal abweichende, überwiegend dunkel gefärbte Exemplare (**2c**) auf. Die Form *ferenigra* zeigt fast schwarze Flügelunterseiten, bei f. *melaina* sind es auch die Oberseiten. Meistens finden wir jedoch nicht ganz gefärbte Übergangsformen. Die Raupen (**2b**) leben von Mai bis August und ändern im Laufe ihrer Entwicklung Gestalt und Farbe erheblich. Die gabelartigen Auswüchse der jungen Raupen verschwinden allmählich. Nährpflanzen sind Buche, Eiche, Birke, Hainbuche und andere Laubgehölze. Die ausgewachsene Raupe verwandelt sich im Laub zwischen lockeren Fasern in eine fast schwarze Puppe, die dann überwintert.

Nachtpfauenaugen

Familie Schwärmer – Sphingidae

1 Lindenschwärmer *Mimas tiliae* L. 55–70 mm. In Europa und Asien verbreitet und folgt der Laubwaldzone, fehlt in den Polargebieten und den südlichsten Teilen der Paläarktis. Er fliegt von Mai bis Juli; ausnahmsweise kann in wärmeren Gebieten im Herbst noch eine zweite Generation auftreten. Die Raupen treffen wir von Juli bis September auf verschiedenen Laubbäumen an, wie zum Beispiel auf Birke, Ulme, Eiche oder Erle, meistens jedoch auf Linden. Bei starkem Wind können wir sie in Lindenalleen auf dem Boden finden. Der Lindenschwärmer gehört auch zu den geläufigen Faltern der Stadtparks. Die Puppe überwintert. Diese Art ist überaus variabel. Am bekanntesten ist die rotbraune f. *brunnea* oder f. *transversa*, bei der die mittlere Querteilung der Vorderflügel verbunden ist.

2 Pappelschwärmer *Laothoe populi* L. 65–90 mm. In den Niederungen zahlreich, dringt aber auch hoch in die Gebirge bis auf 1500 m vor. Ist überall in Europa, im Osten über den Ural und Kaukasus bis zum Altai verbreitet, bildet jährlich entsprechend den klimatischen Bedingungen eine bis zwei Generationen und fliegt über einen langen Zeitraum von Mai bis August aus, wobei die Generationen ineinander übergehen. Die Raupe (**2b**) lebt von Juli bis September auf Pappeln und Weiden, sehr oft auf niedrigen Sträuchern. Die Puppen (**2c**) überwintern, wir können sie vom Herbst bis zum Frühling am Fuße der Bäume ausgraben, soweit sie nicht Maulwürfen und anderen Insektenfressern zum Opfer gefallen sind. Der Pappelschwärmer tritt meistens in feuchten Laubwäldern, im Buschwerk an Wasserläufen und auf verwachsenen Wiesen, am Rande von Sumpfgebieten u. ä. auf.

3 Eichenschwärmer *Marumba quercus* Schiff. 90–100 mm. Das Verbreitungsgebiet dieser wärmeliebenden Art hat seine nördliche Grenze in den wärmeren Gebieten und der Steppen- und Waldsteppenzone Mitteleuropas. In Südeuropa ist der Falter zahlreicher, im Osten reicht er über Kleinasien bis nach Armenien. Er bildet jährlich eine Generation, die schon im Mai oder erst im August auftauchen kann. Die Raupe (**3b**) lebt am Ende des Sommers und nährt sich von Eichenblättern, vor allem auf kleinen Bäumen und Sträuchern. Die Puppe überwintert.

4 Abendpfauenauge *Smerinthus ocellata* L. 70–80 mm. In ganz Europa und den Westteilen Asiens verbreitet. Auf der nördlichen Halbkugel leben vor allem in Ostasien mehrere Arten dieser Gattung, in Europa tritt nur diese eine auf. Der Falter ist überall häufig und steigt bis in Höhen von 2000 m auf. Er fliegt genauso wie die vorigen drei Arten nachts aus und trägt gleichfalls Flügel mit einem wellig ausgeschnittenen Rand, die diese Falter in der Ruhelage waagerecht ausbreitet und nicht wie die übrigen Schwärmer dachartig zusammenschlägt. Der Rüssel ist verkümmert. Das Abendpfauenauge bildet jährlich eine Generation. Die Imagines finden wir von Mai bis Juli, die Raupen am Ende des Sommers bis zum September. Sie leben auf verschiedenen Laubbäumen, darunter auch Obstgehölzen, vor allem aber auf Weiden und Pappeln. Oft treffen wir sie auf Trauerweiden in Stadtparks an.

Schwärmer

Familie Schwärmer – Sphingidae

1 Totenkopf *Acherontia atropos* L. 80–120 mm. Lebt in Afrika und Südwestasien und fliegt von dort alljährlich weit nach Norden. Er fliegt von Mai bis Juni an und bildet an geeigneten Stellen eine Sommergeneration. Die Raupen wachsen während des Sommers heran und verpuppen sich am Anfang des Herbstes im Boden in einer großen Erdkammer. Die Puppe ist groß, schwarzbraun oder harzig rotbraun und glänzend. Wenn im Herbst warme Witterung herrscht, schlüpft der Falter manchmal noch aus, und wir können ihn in der Natur noch Anfang Dezember antreffen. Er ist jedoch zum Untergang verurteilt. Wenn der Falter im Herbst nicht mehr schlüpft, gehen die Puppen während des Winters meistens zugrunde, denn sie vertragen keine kalte oder sogar frostige Witterung. Lediglich in den wärmeren Teilen Mitteleuropas kann es ausnahmsweise geschehen, daß die Puppe einen milden Winter überlebt und der Falter im Frühling schlüpft. In Südeuropa herrschen bessere Bedingungen für das Überwintern. Die Raupen leben auf Kartoffeln, Bilsenkraut, Bocksdorn u. ä. Früher konnte man sie mit dem Fernglas an den Fraßstellen auf dem Kartoffelkraut finden. Jetzt, wo der Kartoffelkäfer überall häufig auftritt, erzielt man mit dieser Methode keinen Erfolg mehr. Meistens finden wir die Raupe auf Bocksdorn. Die Falter werden oft vom Honigduft angelockt und dringen durch das Flugloch in die Bienenstökke ein. Die Bienen töten jedoch den Eindringling, und der Imker findet gewöhnlich den mumifizierten Körper des Schwärmers. Seinen Namen hat der Schmetterling nach der Zeichnung auf dem Brustteil erhalten, die an einen Totenkopf erinnert.

2 Windenschwärmer *Agrius convolvuli* L. (= *Herse c.*). 80120 mm. Gehört zu den Gästen, die aus dem warmen Süden heranfliegen, lebt in den Tropen Afrikas, Asiens und Australiens, nicht sehr zahlreich auch in Nordamerika. Der Falter unternimmt alljährlich Flüge über Tausende von Kilometern, um die gemäßigte Zone zu besiedeln und dort eine Sommergeneration zu bilden. Er fliegt von Mai bis Juli an. Die Raupe (**2b**) lebt während des Sommers auf Winden. Die Falter schlüpfen im Herbst, und wir können sie in manchen Jahren häufig in der Abenddämmerung in der Umgebung von Röhrenblütlern, vor allem *Phlox*, finden. Es scheint so, daß die geschlüpfte Generation am Ende des Sommers noch durch Falter, die aus dem Süden anfliegen, verstärkt wird. Diese Art weist interessante Einzelheiten auf, der Rüssel ist überaus lang (gegen 10 cm), und der Falter saugt damit Nektar auch aus den tiefsten Blütenkelchen (z. B. aus Tabakblüten). Die Puppe ist ungefähr 6 cm groß und mit einer mächtigen, spiralig eingerollten Rüsselscheide (**2c**) versehen. Sie ist im Boden in einer Erdkammer untergebracht. Man findet sie manchmal im Garten beim Umgraben oder auf dem Feld beim Ackern oder Kartoffelroden, denn die Winde, auf der die Raupe lebt, ist ein gewöhnliches Ackerunkraut.

3 Oleanderschwärmer *Daphnis nerii* L. 90–130 mm. In Südeuropa, Afrika, Kleinasien und Indien, kurz überall dort verbreitet, wo in der Natur die Nährpflanze der Raupe, der Oleander (*Nerium oleander*), wächst. In Mitteleuropa taucht er als wirklich seltener Gast aus dem Süden auf, denn er überlebt die hiesigen Winter nicht. Manchmal legt der Falter seine Eier auf gezüchtetem Oleander ab. Die gefräßigen Raupen werden hier aber meistens vernichtet. Diese Art eignet sich, wie auch andere Großschwärmer, zur Zucht. Die interessanten großen Raupen tragen am Ende ein Horn (**3b**), und die geschlüpften, noch nicht abgeflogenen Falter sind farbige Kleinodien und dankbare Fotoobjekte.

3
3b
1
2
2b
2c

Familie Schwärmer – Sphingidae

1 Ligusterschwärmer *Sphinx ligustri* L. 90–120 mm. In der ganzen Paläarktis bis nach Japan verbreitet, fehlt nur im Norden. Er fliegt zwar dorthin, überwintert aber nicht. Wir können die Falter an warmen Maiabenden oft noch bei Tageslicht beobachten, wenn sie um verschiedene Blüten, vor allem um die Ziersträucher in den Parks, fliegen und mit dem langen Rüssel Nektar aus den Blütenkelchen saugen. Hier legen sie meistens auch ihre Eier ab, obwohl sie in der Natur buschige Hänge und lichte, an Unterholz reiche Laubwälder bewohnen. Die Falter fliegen von Mai bis Juli aus. Die Raupen (**1 b**) leben im August und September auf Flieder, Liguster, Spierstrauch und anderen Büschen. In der Ruhelage sitzen die Raupen in einer typischen Haltung mit aufgerichtetem Vorderkörper auf den Ästen. Die Puppe überwintert im Boden. Sie ist dunkel, rötlichbraun und hat eine kurze, anliegende Rüsselscheide.

2 Tannenpfeil *Holoicus pinastri* L. 65–80 mm. Eine geläufige Art der Nadelwälder und vor allem trockener Biotope. Am häufigsten tritt der Falter in warmen Niederungen und Kiefernwäldern mit sandiger Unterlage auf. Wir können ihn aber auch in den Bergen bis zur oberen Fichtenwaldgrenze antreffen. Er ist mit Ausnahme des Südens in ganz Europa verbreitet und reicht östlich über den Ural bis zum Baikal. Er wird auch aus Japan gemeldet und bildet jährlich eine, selten zwei Generationen, die von Mai bis Juli, gegebenenfalls im August ausfliegen. Wir finden den Falter abends in der Umgebung von Blüten. Er fliegt aber bis weit in die Nacht hinein und läßt sich vom Licht anlocken. Die Raupen leben am Ende des Sommers auf Kiefern, Fichten und manchmal auch auf Lärchen, vor allem auf jungen Bäumen auf sonnigen Lichtungen. Die Puppen überwintern in Moos und Nadelspreu am Fuß der Bäume. Diese Art wandert offensichtlich innerhalb der Landschaft, denn die Falter tauchen am Licht auch an Stellen auf, wo sie nur schwerlich leben könnten. In Industriegebieten tauchen manchmal melanistische Exemplare auf (f. *unicolor*).

3 Mittlerer Weinschwärmer *Deilephila elpenor* L. 45–60 mm. Fehlt in den nördlichsten Gebieten, gehört aber sonst in Europa zu den geläufigen Arten und ist über Asien bis nach Japan verbreitet. Am zahlreichsten kommt er in den Mittellagen und Vorgebirgen vor. Wir finden ihn auch recht hoch in den Bergen. Er steigt hier bis 1500 m auf. Der Falter folgt im wesentlichen zwei Pflanzen, dem Zottigen und dem Waldweidenröschen, auf denen am Ende des Sommers die Raupen leben. Diese haben zwei Grundfarben, grün oder dunkelbraun (3b), und verpuppen sich zwischen Pflanzenresten auf dem Boden. Die Puppe (**3c**) überwintert. Der Falter bildet von Mai bis Juli eine Generation. Manchmal taucht aber im August und September noch eine zweite Generation auf.

4 Kleiner Weinschwärmer *Deilephila porcellus* L. 40–45 mm. Gehört zu den kleineren Schwärmern, die in ganz Europa und Asien bis zum Altai verbreitet sind. Der Falter fliegt von Mai bis Juni und manchmal noch mit einer zweiten Generation im August aus und ist überall an grasbewachsenen Stellen, die einen reichen Kräuteranteil aufweisen, recht häufig. Abends saugt er an blühendem Leimkraut, auf Lichtnelken, Pechnelken und anderen Blüten Nektar und fliegt nachts zum Licht. Am zahlreichsten ist er in den Niederungen. In den Gebirgen steigt er bis 1600 m auf. Die Raupen leben im Juli und August auf Labkraut und Weidenröschen. Sie ähneln den Raupen des Mittleren Weinschwärmers, sind aber kleiner und tragen am Hinterleib kein Horn (**4b**). Die Puppe (**4c**) überwintert.

Schwärmer

Familie
Schwärmer – Sphingidae

1 Wolfsmilchschwärmer *Hyles euphorbiae* L. (= *Celerio e.*).
55–75 mm. In Mittel- und Südeuropa und in Westasien bis nach Nordindien verbreitet. Vor Jahren gehörte er zu den am häufigsten vorkommenden Schwärmern. Man konnte seine Raupe während der Erntezeit überall an grasbewachsenen Stellen finden, wo Zypressenwolfsmilch wuchs. In der letzten Zeit ist er an vielen Standorten fast ausgestorben, und es scheint, daß er in den nördlichen Teilen Mitteleuropas nur als Wanderfalter aus dem Süden auftaucht. Er hält sich nur in wärmeren Gegenden in größerer Zahl. Dort überwintert er oft, und seine Population wird durch Zuwanderer aus den Subtropen verstärkt. Jährlich bilden sich eine bis zwei Generationen, die von Mai bis August ausfliegen. Die Raupen (**1 b**) entwickeln sich im Sommer und dann noch im September und Oktober. In dieser Zeit können sie, soweit sie sich noch nicht verpuppt haben, bei den ersten Frösten zugrunde gehen. Als Nährpflanze dienen verschiedene Arten der Wolfsmilch. Die grau-ockerfarbene Puppe überwintert.

2 Fledermausschwärmer *Hyles vespertilio* Esp. (= *Celerio v.*).
55–75 mm. Diese Mittelmeerart ist über Kleinasien bis nach Armenien verbreitet. Manchmal wandert sie nach Norden und taucht dann auch in Mitteleuropa im Donaugebiet auf. Sie ist jedoch im Norden ein ausgesprochen seltener Gast. Die beiden Generationen des Falters fliegen im Mai und Juni und im August und September aus. Die Raupe lebt von Juni bis Oktober auf Weidenröschen, Weiderich und Labkräutern. Die Puppe überwintert in einer freien Hülle auf dem Erdboden.

3 Labkrautschwärmer *Hyles gallii* Rott. (= *Celerio g.*). 60–80 mm. Kommt mit Ausnahme der Polargebiete in ganz Europa und Asien und auch in Nordamerika vor. Wir treffen ihn sowohl in den Niederungen als auch in den Bergen bis zu Höhen um 2000 m an. Am zahlreichsten ist er in den Vorgebirgen. Hier fliegt er abends, manchmal, vor allem in den Bergen, auch schon tagsüber um die Blumen auf Kahlschlägen, blühenden Hängen, an Waldrändern u. ä. Der Falter bildet eine oder zwei Generationen im Jahr, die von Mai bis September ausfliegen. Die Raupen finden wir meistens am Ende des Sommers auf Waldweidenröschen und Labkraut. Sie verpuppen sich in einem lockeren Gespinst auf dem Boden zwischen Pflanzenresten. Die Puppe überwintert.

4 Linienschwärmer *Hyles lineata* F. (= *Celerio l.*) 60–80 mm. In den Tropen und Subtropen der ganzen Welt beheimatet. Die nominate ssp. *lineata* F. wurde aus Nordamerika beschrieben. Die europäische Population gehört zur ssp. *livornica* Eesp (4). Diese ist auch in Afrika, Südasien und Australien verbreitet. Der Linienschwärmer ist ein ausgezeichneter Flieger, der über große Entfernungen wandert. In den Jahren, in denen er sich in seiner Heimat stärker vermehrt, fliegt er weit nach Norden. Eine solche Invasion konnte 1952 festgestellt werden, als an verschiedenen Stellen in Mitteleuropa unwahrscheinlich viele Exemplare gefangen wurden. Sie fliegen abends um blühende Flammenblumen (*Phlox*) und auch zum Licht. Der Falter bildet gewöhnlich zwei Generationen, die von Mai bis Juni und im August und September ausfliegen. Die Raupen leben in der Zeit zwischen den Generationen auf Labkraut und Weidenröschen oder anderen Pflanzen. Die Puppe überwintert.

5 Großer Weinschwärmer *Hippotion celerio* L. 70–80 mm. Subtropische bis tropische Art, die außer in Europa auch in Afrika, Asien, Indonesien und Australien verbreitet ist und überall sehr zahlreich auftritt. Mehrere Generationen gehen ineinander über und fliegen von Mai bis September aus. Im europäischen Mittelmeergebiet entwickeln sich zwei Generationen. Von hier aus fliegt der Falter oft weit nach Norden. Er wurde sogar in Schottland gefangen. Wanderungen finden meistens im August und September statt. Die Raupe lebt von Juni bis Oktober auf Labkraut, Wein und anderen Pflanzen.

4
5
1
3
1b
2

Familie Schwärmer – Sphingidae

1 Nachtkerzenschwärmer, Kleiner Oleanderschwärmer *Proserpinus prosperpina* PALL. 37–42 mm. Taucht vor allem in den Niederungen, in den Stromgebieten und an Teichufern, auch auf sandigen Böden und Ruderalgelände, wie Fluß- und Bahndämmen, auf. Der Falter findet hier überall seine Nährpflanze. Es handelt sich um eine seltene Art orientalischen Ursprungs, die über Westasien in die wärmeren Gebiete Europas vorgedrungen ist. Es scheint, daß sie in den letzten Jahren in Mitteleuropa stark zurückgeht. Die einzige Generation des Falters fliegt im Mai und Juni aus. Die Raupen (**1 b**) leben im Juli und August auf Nachtkerze und Weidenröschen. Die Puppe überwintert.

2 Taubenschwänzchen *Macroglossum stellatarum* L. 40–50 mm. Bewohnt die wärmeren Teile der Paläarktis und gelangte unlängst auch nach Nordamerika. Er ist ein hervorragender Wanderfalter, der weit nach Norden, bis in das Polargebiet, und hoch in die Berge bis zur oberen Vegetationsgrenze fliegt. Die Falter fliegen am Sommeranfang in Mitteleuropa an und können sehr zahlreich auftreten. Wir sehen sie Ende Juni und vor allem von August bis zum Herbst, wenn die Nachkommen der im Frühjahr zugewanderten Falter ausfliegen, um zu den Blüten auf Wiesen und Feldrainen, auf Zierbeeten und in Gärten zu flattern. Sie sind tagaktiv und saugen den Nektar im Flug. Dabei stehen sie mit schwirrenden Flügeln fast an einer Stelle und schieben ihren Rüssel in die Blüten, um dann blitzschnell vor anderen Blumen zu halten. Die Raupen (**2 b**) leben von Juni bis Oktober auf Labkraut. In milden Klimagebieten überwintert die Puppe (**2 c**). Dort, wo Fröste auftreten, übersteht sie nur zufällig die kalte Jahreszeit.

3 Skabiosenschwärmer *Hemaris tityus* L. 37–42 mm. Bewohnt die gemäßigte Zone Europas und Asiens bis zum Altai. Lebt auf blütenreichen Wiesen und grasigen Hängen und fliegt hier im vollen Sonnenschein im Mai und Juni aus. Der Falter ist nicht selten, aber sehr scheu und erlaubt keinerlei Annäherung. Er entgeht übrigens der Aufmerksamkeit auch durch seine unauffällige Färbung und seine glasigen Flügel. Die Raupen (**3 b**) können wir im Juli und August auf Witwenblume, Skabiose, Teufelsabbiß u. ä. finden. Die Puppe überwintert.

4 Hummelschwärmer *Hemaris fuciformis* L. 40–47 mm. Ähnlich verbreitet wie die vorige Art. Fliegt ebenfalls an sonnigen Tagen im Mai und Juni auf blütenreichen Wiesen und verwachsenden Lichtungen aus. Der Falter verirrt sich auch hoch in die Berge. Er lebt in lockeren Misch- und Nadelwäldern, wo im Unterholz die Nährpflanze der Raupe, das Geißblatt, wächst. Wir können die Raupe auch auf Schneebeere finden. Die Raupen leben im Juli und August. Die Puppe überwintert.

5 Haemorrhagia croatica ESP. 37–42 mm. Südeuropäische Art, die über Kleinasien bis nach Kurdistan verbreitet und überall selten ist. Der Falter fliegt mit zwei Generationen im Juni und August aus. Die Raupen leben anschließend von Juni an bis Oktober. Die Puppe überwintert. Nährpflanze der Raupe ist die Skabiose.

4
5
1b
2
1
2b
3
3b
2c

Familie Dilobidae

1 Blaukopf *Diloba caeruleocephala* L. 30–40 mm. In den wärmeren Gebieten Europas, vor allem im Mittelmeergebiet beheimatet und reicht über die Steppen und Waldsteppen Südosteuropas bis zum Kaukasus. In den Bergen finden wir diese Art bis in 1000 m Höhe. Der Falter gehört zu den spätesten Schmetterlingen des Jahres und fliegt im Oktober und November aus. Die Eier überwintern. Die Raupen leben im Frühling auf Weißdorn, Schlehe, Apfelbaum u. ä. Sie schädigen zeitweise auch Obstbäume. Der Blaukopf gehörte einst zur Familie Noctuidae und wurde dort von einer Unterfamilie zur anderen geschoben. Nirgends gliederte er sich vollkommen ein. Deshalb wurde unlängst eine besondere Familie gegründet, die allein von dieser Art vertreten wird.

Familie Zahnspinner – Notodontidae

2 Birkengabelschwanz *Furcula bicuspis* Bhk. 30–35 mm. In Europa und Asien bis in das Ussurigebiet verbreitet. Er lebt in Misch- und Laubwäldern, wo Birken wachsen, und bewohnt auch Moore. Seine einzige Generation fliegt von Mai bis Juli aus. Die Raupe lebt gegen Sommerende auf Birke und Erle. Die Puppe überwintert. Sie ist, wie bei allen Arten dieser Gattung, in einen festen Kokon eingeschlossen.

3 Salweidengabelschwanz *Furcula furcula* Cl. 27–35 mm. Im ganzen nichtpolaren Europa und Asien und in Nordamerika verbreitet. Er lebt auf Torfmooren, Heideland, in Laub- und Mischwäldern, auf verwachsenen Lichtungen u. ä. Der Falter fliegt von Mai bis Juli. Die Raupe lebt von Juli bis September auf Birke, Buche, Eiche u. a. Die Puppe überwintert.

4 Kleiner Gabelschwanz *Furcula bifida* Brahm 35–45 mm. In Europa und in Asien bis zum Altai verbreitet. Wir treffen ihn von April bis Juli in feuchten Laub- und Mischwäldern, auf Moorland, an Wasserläufen und manchmal auch in Stadtparks. Die Raupe lebt im Juli und August auf Pappeln und Weiden. Die Puppe überwintert.

5 Großer Gabelschwanz *Cerura vinula* L. 45–70 mm. Sein Verbreitungsgebiet erstreckt sich über die ganze gemäßigte Zone der Paläarktis und reicht auch in den Bergen bis 2500 m hinauf. Diese Art bewohnt feuchte Biotope und Büsche an Wasserläufen, in Tälern und an Waldrändern. Die einzige Generation fliegt entsprechend den klimatischen Bedingungen von April bis Juli aus. Die Raupen (**5b**) leben am Ende des Sommers auf Pappeln und Weiden. Die Puppe (**5c**) überwintert in einem festen Kokon auf dem Baumstamm oder in einer Astgabel.

6 Buchenspinner *Stauropus fagi* L. 45–60 mm. In der Laubwaldzone Europas und Asiens beheimatet und bewohnt vor allem wärmere Gegenden. In Südasien kommt es oft zur Übervermehrung und dadurch zur Schädigung der Bäume. In Europa tritt der Falter eher vereinzelt, wenn auch nicht selten auf. Er fliegt von April bis Juli aus. Die Raupen fallen durch die langen Beine und ihre Haltung, mit der sie eine große Spinne nachahmen, auf. Sie leben von Juni bis September und fressen auf Buchen, Eichen, Linden und anderen Bäumen.

7 Pergamentspinner *Hyarpya milhauseri* F. 45–50 mm. Eine wärmeliebende, seltene Art, die in Mittel- und Südeuropa und über Kleinasien bis nach Ostasien verbreitet ist. Der Falter fliegt im Mai und Juni in Laubwäldern aus. Die Raupe lebt von Juni bis August auf Eiche, Hainbuche und Birke. Die Puppe überwintert in einem harten Kokon.

Zahnspinner

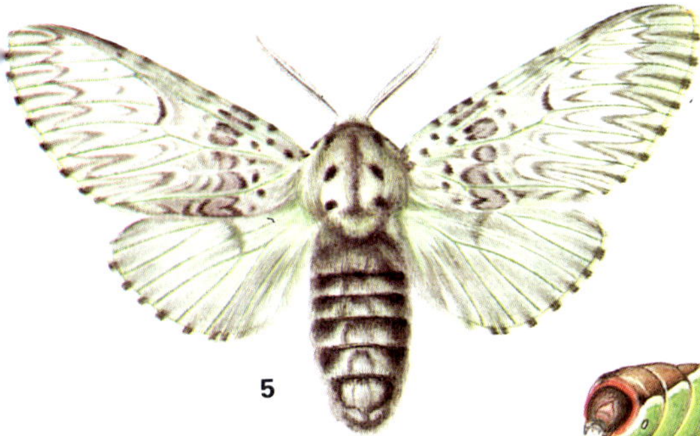

5

5c

5b

6

2

4

7

1

3

Familie Zahnspinner – Notodontidae

1 Drymonia querna F. 35–40 mm. Tritt verschieden in Mittel-, Süd- und Westeuropa auf und bewohnt warme Laubwälder, vor allem Eichengehölze oder Mischwälder, Baumsteppen und sonnige Hänge. In Mitteleuropa kommt diese Art nur lokal begrenzt selten vor, nach Südosten ist sie häufiger. Die einzige Generation fliegt von Mai bis Juni aus. In wärmeren Gebieten taucht im Juli und August noch eine zweite Generation auf. Die Raupen leben von Juli bis September auf Eichen. Die Puppe überwintert. Sie liegt in der Waldspreu.

2 Drymonia dodonaea SCHIFF. ESP. 33–38 mm. In Europa die am häufigsten vorkommende Art dieser Gattung. Bewohnt die Laub- und Mischwälder ganz Europas bis zum Kaukasus. Fehlt im südlichsten Europa. Der Falter fliegt von Mai bis Juli in einer Generation aus. Die Raupe lebt von Juni bis August auf Eiche, Buche und Birke. Die Puppe überwintert. Die ssp. *trimacula* ESP. stammt aus Westeuropa, die Population Mittel- und Südeuropas gehört zur dunkleren nominanten ssp. *dodonaea* SCHIFF.

3 Drymonia ruficornis HFN. (= *chaonia* HB.). 35–46 mm. Eine ebenfalls zahlreich, aber weitestgehend lokal auftretende Art. Sie reicht jedoch weiter nach Osten, bis nach Japan. Der Falter fliegt sehr zeitig im Frühling im April und Mai aus. Die Raupe (**3b**) lebt im Juni und Juli auf Eiche. Die Puppe überwintert.

4 Eichenzahnspinner *Peridea anceps* Gz. 50–65 mm. In der gemäßigten Zone Europas östlich bis in den Kaukasus nach Armenien verbreitet. Er bewohnt Laub- und Mischwälder auf warmen Hängen und in den Niederungen. Der Falter fliegt von April bis Juni aus, die Raupe lebt am Sommeranfang auf Eichen und verpuppt sich in der Waldspreu auf dem Boden.

5 Pappelzahnspinner, Porzellanspinner *Pheosia tremula* CL. 45–55 mm. Lebt in der gemäßigten und wärmeren Zone Europas und ist im Osten bis nach Südsibirien verbreitet. Wir treffen ihn in feuchten Wäldern an Bächen und Flüssen, in Auwäldern und lichten Laubwäldern. Er bildet zwei Generationen, die erste fliegt von April bis Juni, die zweite von Juli bis August. Die Raupen (**5b**) wachsen noch bis zum Herbst heran, so daß die Puppe überwintert. Nährpflanzen sind Pappeln, Weiden und Birken.

6 Weißfleckiger Zahnspinner *Pheosia gnoma* F. 40–50 mm. In Europa ähnlich wie die vorangehende Art verbreitet, reicht in Asien bis in den Fernen Osten. Dieser Falter bildet jährlich zwei Generationen, die zur gleichen Zeit wie die der vorangehenden Art ausfliegen. Die Raupen entwickeln sich entsprechend. Sie leben auf Birke. Die Puppen überwintern.

1
2
3
4
5♂
6♀
3b
5b

Familie Zahnspinner – Notodontidae

1 Tritophia tritophus SCHIFF. 45–55 mm. In der gemäßigten Zone Europas verbreitet, reicht im Osten bis zum Kaukasus. Bildet jährlich zwei Generationen, die von April bis Juni und im Juli und August ausfliegen. Er bewohnt die verschiedensten Biotope mit üppiger Vegetation. Diese Art steigt auch recht weit in die Berge hinauf, ist aber nirgends sehr zahlreich. Die Raupen leben entsprechend der Generation von Juni bis September auf Pappeln, Weiden und Birken. Die Puppe überwintert auf dem Boden.

2 Notodonta torva HB. 40–50 mm. In Europa eher im Norden als im Süden, wo er nur bis Mittelitalien reicht, beheimatet. Stellenweise fehlt er ganz. Im Osten erstreckt sich sein Verbreitungsgebiet bis nach Ostasien. Der Falter taucht in verschiedenen feuchten Waldbiotopen mit Laubgehölzen und zahlreichen Lichtungen und in Torfmooren u. ä. auf. Die Art ist aber überall sehr selten, so daß die Angaben über ihre Ökologie und Verbreitung oft recht unterschiedlich sind. In den Bergen wurden die Falter noch bis zur Laubwaldgrenze gefangen. Jährlich entwickeln sich von Mai bis August zwei Generationen, und die Raupen leben etwas später, von Juni bis Oktober. Die Puppe überwintert. Nährpflanze sind Pappeln.

3 Erlenzahnspinner *Notodonta dromedarius* L. 35–40 mm. In den nördlicheren und südlicheren Teilen Mitteleuropas und östlich bis zum Amur verbreitet. Er fliegt zahlreich in Laub- und Mischwäldern, die Birkenbestände aufweisen, aus und bewohnt auch Moore und deren Randgebiete. Er ist auch eine geläufige Art der Stadtparks und aller Orte, an denen mehrere Laubbäume wachsen. Von Mai bis August entwickeln sich zwei Generationen. Die Raupen (**3b**) leben von Juni bis September auf Birken, Weiden, Pappeln, Haselnuß u. ä. Die Puppen überwintern. Der Falter ist in der Färbung variabel und neigt stellenweise zu Melanismus.

4 Zickzackspinner *Eligmondonta ziczac* L. 40–45 mm. Ist über ganz Europa und Asien und hoch in die Berge, bis zu 2500 m, verbreitet. Typische Biotope sind feuchte Laubwälder, Bach- und Flußtäler, Ufergebüsche, verwachsene Hänge u. ä. Der Falter lebt auch in Parkanlagen. Jährlich fliegen von April bis August zwei Generationen aus. In den Bergen entwickelt sich nur eine Generation. Die Raupen (**4b**) leben von Juni bis September und sind farblich sehr variabel. Sie ernähren sich vom Laub der Weiden, Pappeln und Zitterpappeln.

5 Silberfleckenspinner *Spatalia argentina* SCHIFF. 30–35 mm. Eine wärmeliebende Art orientalischen Ursprungs, die wir in Mittel-, Süd- und Südosteuropa und im östlichen Mittelmeerraum antreffen. Bildet zwei Generationen, die erste im Mai und Juni, die zweite im August. Die Raupen leben auf Eiche, Pappel und Weide, vor allem auf Büschen. Die typischen Standorte dieser Art sind lichte, warme Laubwälder, Baumsteppen und sonnige Hänge.

6 Weißer Zahnspinner *Leucodonta bicoloria* SCHIFF. 30–37 mm. Lokal in Birken- und Mischwäldern der gemäßigten Zone in der gesamten Region verbreitet. Wir treffen den Falter auch auf Moorböden in den Niederungen und Mittellagen bis in Höhen von 1000 m. Nirgends tritt er häufig auf. Er bildet jährlich eine Generation, die von Mai bis Juni ausfliegt. Die Raupe lebt von Juni bis August vor allem auf Birken, seltener auf Eichen.

Zahnspinner

Familie Zahnspinner – Notodontidae

1 Südlicher Zahnspinner *Ochrostigma velitaris* HFN. 35–40 mm. Im wärmeren Mitteleuropa verbreitet. Kommt vereinzelt mit Ausnahme Englands auch an anderen Stellen in Europa vor. Im Osten tritt er in Galizien, im Süden bis nach Mittelitalien und über Kleinasien bis zum Kaukasus auf. Der Falter fliegt von Mai bis Juli in warmen Laubwäldern und auf baumsteppenartigen, buschigen Hängen aus. Die Raupe lebt am Sommerende vor allem auf Eichen, aber auch auf Pappeln. Sie bevorzugt niedrige, verwachsene Büsche.

2 Ochrostigma melagona BKH. 32–36 mm. Sehr selten und tritt nur von West- bis zum südlicheren Mitteleuropa auf. Der Falter bewohnt lichte Misch- und Laubwälder mit reichem Unterholzwuchs, vor allem, wenn der Anteil an Eiche besonders groß ist. Er fliegt von Ende Mai bis August in einer bis zwei Generationen aus. Die Raupe lebt von Juli bis September und nährt sich von Eichen- und Buchenblättern, mit Vorliebe auf kleinen Büschen.

3 Mönchszahnspinner *Odontosia carmelita* ESP. 38–45 mm. Tritt an verschiedenen Stellen Europas, vor allem in den nördlichen und östlichen Teilen, auf, zum Beispiel in Südskandinavien und Nordostrußland, aber auch in Südwestdeutschland, Norditalien und den Ostkarpaten. Der Falter bewohnt Birkenwälder und Moore in den Niederungen und Vorgebirgen bis zu Höhen von 900 m. Er fliegt von Ende April bis Mai aus. Die Raupe lebt von Juni bis August. Sie nährt sich von Birken- und Erlenblättern. Die Puppe überwintert. In Mitteleuropa, annähernd dort, wo die Karpaten beginnen, verläuft die Westgrenze des Verbreitungsgebiets der ähnlichen Art *O. sieversi* MÉN., die bis nach Ostasien reicht. Sie ist etwas heller und fliegt früher, schon Anfang April, aus.

4 Kamelspinner *Philodon capucina* L. 35–40 mm. In der gemäßigten Zone fast der ganzen Paläarktis bis nach Korea verbreitet. Bewohnt Misch- und Laubwälder, verschiedenes Buschwerk und hat sich auch an Stadtparkbedingungen angepaßt. Der Falter bildet jährlich zwei Generationen, von denen die erste im Juni und Juli, die zweite im August und September ausfliegt. Die Puppe überwintert. Die Färbung des Schmetterlings ist variabel. Männchen und Weibchen können schon auf den ersten Blick unterschieden werden. Eine der am häufigsten auftauchenden Arten dieser Familie. Die Raupen (**4b**) leben polyphag und ernähren sich von den Blättern verschiedener Bäume.

5 Ahornspinner *Philodontella cucul* SCHIFF. 35–40 mm. Taucht nur sehr begrenzt auf und ist inselartig lediglich in Mittel- und Osteuropa verbreitet und nirgends zahlreich. Der Falter lebt im Mai und Juni, die Raupe (**5b**) von Juni bis August. Die Puppe überwintert. Nährpflanze der Raupe ist Ahorn.

6 Schnauzenspinner *Pterostoma palpina* CL. 35–55 mm. Trägt am Hinterrand der Vorderflügel zwei auffallende Fortsätze. Auch die langen Lippentaster, die weit vorstehen, fallen auf. Das Männchen trägt ausgeprägt gekämmte Fühler. Der sitzende Falter hat eine interessante, langgezogene Form, die an ein eingerolltes, trockenes Blatt erinnert. Diese Art ist in Europa und in den wärmeren Gebieten der übrigen paläarktischen Unterregion bis nach Südsibirien verbreitet. Wir finden sie auch hoch in den Bergen bis in Höhen von 1500 m. Jährlich entwickeln sich von Ende April bis August eine bis zwei Generationen. Die Raupe (**6b**) lebt vom Sommer bis zum Herbst und nährt sich von Weiden-, Pappel-, Erlen- und Eichenblättern. Die Puppe (**6c**) überwintert.

Zahnspinner

Familie
Zahnspinner – Notodontidae

1 Haarschuppenspinner *Ptilophora plumigera* SCHIFF. 32–40 mm. In der Laub- und Mischwaldzone Europas und Asiens bis nach Japan verbreitet, in Europa an vielen Stellen zahlreich, meistens im Vorgebirge. Aus Asien liegen mit Ausnahme Japans nur sehr wenige Informationen vor. Diese Art gehört zu den spätesten Schmetterlingen des Jahres und fliegt erst nach den ersten Frösten im Oktober und November aus. Herrscht im Herbst ungünstige Witterung, können die Falter während der winterlichen Wärmeperioden bis zum März auftauchen. Die Raupe (**1 b**) lebt im Frühling auf Ahorn. Der Falter ist sehr variabel gefärbt. Besonders auffällig die bunte f. *variegata* oder die fast schwarze f. *obscura*.

2 Mondvogel *Phalera bucephala* L. 42–55 mm. In Europa überall in Laubwäldern zahlreich. Hat sich auch gut an das Leben in der Kulturlandschaft angepaßt, so daß wir ihn auch in Alleen und Stadtparks finden. Sein Areal erstreckt sich in Asien bis in den Fernen Osten. Der Falter bildet jährlich eine Generation und fliegt von Mai bis Juli aus. Die Raupen finden wir im Juli und August. Im Jugendstadium leben sie gesellig und fressen ganze Äste von Linden, Eichen, Haselsträuchern, Weiden und anderen Bäumen kahl. Bei Erschütterung durch den Wind fallen sie vor allem in der Zeit vor dem Verpuppen zu Boden. Die schwarzen unbeweglichen Puppen überwintern im Boden (**2 c**).

3 Erpelschwanz *Clostera curtula* L. 27–35 mm. In der Laubwaldzone der gesamten Paläarktis sehr verbreitet und zahlreich, vor allem an feuchteren Stellen, in der Umgebung von Wasserläufen, an waldigen Hängen mit üppiger Vegetation u. ä. Der Falter bildet jährlich von April bis August zwei Generationen. Die Raupe lebt bis zum September auf Pappeln und Weiden. Die Puppe überwintert. Der Farbton der Vorderflügel des Falters wechselt von Grau bis zu Rot.

4 Einsiedler *Clostera anachoreta* SCHIFF. 30–35 mm. Von Westen bis Osten ähnlich verbreitet wie der Erpelschwanz, fehlt aber im äußersten Norden und Süden. In den Bergen steigt er ungefähr bis 1600 m auf und bildet ähnlich wie die vorangehende Art zwei Generationen, wobei auch hier die Puppe überwintert. Die Nährpflanzen der Raupen (**4 b**) sind Weiden und Pappeln.

5 Weidenspinner *Clostera anastomosis* L. 25–40 mm. In Mittel- und Nordeuropa und im Osten über ganz Sibirien bis nach Japan verbreitet. Wir finden ihn am meisten in feuchten Tälern, an sonnigen Hängen mit üppiger Vegetation, in der Nähe von Wasserläufen u. ä. Er bildet jährlich 2–3 Generationen. Die Raupen (**5 b**) leben gesellig auf Pappeln und Weiden. Sie sind zwar in Wäldern schädlich, sind aber über mehrere Jahre selten. Die Puppe überwintert.

6 Espenspinner *Clostera pigra* HFN. 22–27 mm. Im ganzen nichtpolaren Europa verbreitet. Bewohnt vor allem Gebirge, wo er bis 2500 m aufsteigt. Der Falter bildet jährlich 2 Generationen, die von Mai bis August ausfliegen. Die Raupe entwickelt sich bis zum Oktober, die Puppe überwintert. Der Schmetterling sitzt sehr charakteristisch, wobei er die Flügel dicht zusammenschlägt und das Haarbüschel am Ende des Hinterleibs dazwischen aufrecht hervorschiebt. Wir können ihn nicht sehr oft sehen, finden aber häufig seine Raupe in versponnenen Blättern von Salweiden, anderen Weiden oder Zitterpappeln. Sie halten sich vor allem auf niedrigen Sträuchern in den Quellgebieten der Gebirge und auf feuchten Hängen auf, wo die Nährpflanzen in großer Zahl wachsen.

1♂
2♀
2c
2b
6♂
1b
5♀
5b
3♂
4b
4♀

Familie Trägspinner, Schadspinner – Lymantriidae

1 Kleespinner *Dasychira fascelina* L. 35–45 mm. Dieser Trägspinner ist in Nord- und Mitteleuropa verbreitet und reicht östlich bis nach Mittelasien. In den Bergen steigt er bis zu 1000 m auf. Er ist veränderlich und bildet geographische Formen. In Norddeutschland lebt zum Beipiel ssp. *callunae* PEETS. Sie ist heller und zeigt eine scharfe Zeichnung. Die alpine ssp. *alpina* KITT ist dunkler. Die einzige Generation des Falters fliegt von Juni bis Mitte August. Die Puppe überwintert. Sie ist polyphag.

2 Fichtenträgspinner *Dasychira abietis* SCHIFF. 43–45 mm. Wir finden diesen Spinner in den Vorgebirgen Mittel- und Nordeuropas, in den Gebirgen über der Fichtenwaldgrenze und im Osten in den höheren Lagen der Karpaten. Es handelt sich um eine lokale Art, die überall recht selten ist. Der Schmetterling fliegt im Juni und Juli aus. Die Raupe lebt am Ende des Sommers. Sie überwintert halb erwachsen, vollendet ihre Entwicklung im Frühling und frißt Kiefern- und Tannennadeln.

3 Rotschwanz, Streckfuß *Dasychira pudibunda* L. 40–45 mm. Gehört zu den häufigen Arten und ist überall in der gemäßigten Zone Europas und Asiens bis nach Japan verbreitet. Bewohnt Laubwälder, Parks und Gärten und fliegt dort im Mai und Juni, seltener mit einer zweiten Generation im September, aus. Diese Art ist sehr variabel. Oft kommt die einfarbige, graue, zeichnungslose Form f. *concolor* STGR. vor. Die Raupe (**3b**) lebt vom Sommer bis zum Herbst auf verschiedenen Laubbäumen und Sträuchern. Die Puppe überwintert.

4 Schlehenspinner *Orgyia antiqua* L. 25–30 mm. Bewohnt Laub- und Mischwälder und Waldsteppen der gesamten nördlichen und gemäßigten Zone der Paläarktis. Er fehlt nur in den wärmsten Gebieten. In den Gebirgen steigt er bis über die Waldgrenze in Höhen gegen 2000 m auf. Entsprechend den klimatischen Verhältnissen bildet der Schmetterling jährlich im Norden und in den Bergen eine, an anderen Standorten 2–3 Generationen, die von Juni bis Ende Oktober ausfliegen. Die Eier überwintern. Die Raupen (**4b**) sind polyphag. In Baumschulen werden sie als schädlich angesehen. Der Falter zeigt einen auffallenden Geschlechtsdimorphismus. Das Männchen fliegt zickzackartig und rasch und ist nacht- und tagaktiv. Beim Weibchen sind die Flügel verkümmert, es kann also nicht fliegen und gleicht einem mit Eiern gefüllten Faß. Das Weibchen wird sofort nach dem Schlüpfen neben dem lockeren Kokon der Puppe befruchtet, auf dem es dann sein ganzes reiches Gelege von gelbgrauen Eiern anbringt.

5 Trauerspinner *Pentophera morio* L. 20–25 mm. In Mittel- und Osteuropa verbreitet. Tritt lokal in trockenen, grasreichen Biotopen auf, ist aber an den Standorten sehr zahlreich. Die Männchen fliegen bei sonnigem Wetter niedrig über dem Pflanzenwuchs und suchen die Weibchen. Diese sind mit ihren verkümmerten Flügeln flugunfähig. Die einzige Generation des Schmetterlings lebt von Mai bis Juli. Die Raupen (**5b**) überwintern in den Grasbüscheln und ernähren sich dann vor allem von Gräsern. Bei der Häufigkeit ihres Auftretens verursachen sie auf den Wiesen manchmal Schäden.

6 Schwarzes L *Arctornis l-nigrum* MUELL. 35–45 mm. Dieser Falter ist in der Laubwaldzone der ganzen paläarkt. Unterregion verbreitet. Er fliegt in einer Generation im Juni und Juli aus. Die Raupe überwintert in der vierten Entwicklungsphase und wächst im Frühling heran (**6b**). Sie lebt auf verschiedenen Bäumen, vor allem auf Buchen, Birken, Pappeln u. ä. Das Männchen sowie das Weibchen haben dieselbe Flügelfärbung. Das Weibchen hat im Unterschied zu dem Männchen kurze kammartige Fühler und einen viel mächtigeren Hinterleib.

Trägspinner

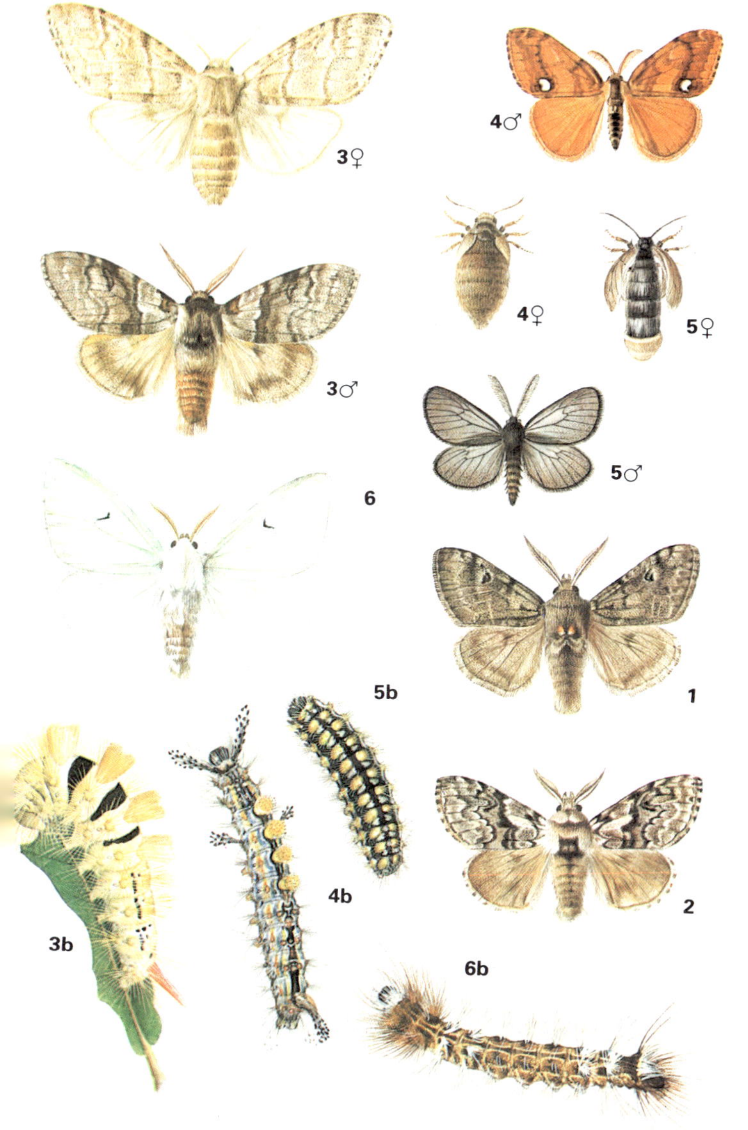

Familie
Trägspinner, Schadspinner – Lymantriidae

1 Pappelspinner, Weidenspinner *Leucomo salicis* L. 37–50 mm. Über ganz Europa bis nach Ostasien verbreitet. Der Pappelspinner bewohnt vor allem die wärmeren Niederungen und bildet im Jahre eine Generation, die im Juni und Juli ausfliegt. Die Raupen (**1 b**) überwintern im Jugendstadium. Im Frühling sind sie am gefräßigsten. Sie leben auf Weiden, Pappeln und anderen Bäumen, die sie oft völlig kahlfressen. Die Raupen spielen also auch als Waldschädlinge eine Rolle. Obwohl diese Art nicht besonders variabel ist, wurden einige interessante Formen beschrieben. Während die Nominatform durchscheinende Flügel mit lockerem Schuppenbesatz hat, zeigt f. *acandida* Flügel, die dicht mit weißen Schuppen besetzt sind, und f. *nigrociliata* einen schwarzen Flügelsaum.

2 Schwammspinner *Lymantria dispar* L. 32–55 mm. Ernsthafter Schädling der Laubbäume auf der ganzen nördlichen Halbkugel. 1869 wurde er zu Versuchszwecken nach Nordamerika eingeführt. Er entkam aus der Zucht und vermehrte sich rasch. In den Jahren, in denen es zu Massenvermehrungen kommt, sind die Baumstämme mit den Gelegen des Falters übersät. Die Eier sind dabei mit hellen Borsten vom Hinterleib des Weibchens bedeckt, und die Gelege sind dadurch weithin als helle Tupfen sichtbar. Beim Schwammspinner besteht ein auffallender Geschlechsdimorphismus und darüber hinaus noch eine große Variabilität in Zeichnung und Färbung. Der Falter ist tagsüber aktiv. Die Männchen fliegen heftig und zickzackförmig, die Weibchen sind sehr schwerfällig. Jährlich entwickelt sich nur eine Generation, die von Juni bis August ausfliegt. Die Eier überwintern, und die Raupen (**2b**) nähren sich im Frühjahr von den Blättern der Eichen, Pappeln und anderer Bäume.

3 Nonne *Lymantria monacha* L. 30–50 mm. In der gemäßigteren Zone Europas und Asiens bis weit nach Osten verbreitet. Ihr Verbreitungsgebiet ist gegenüber dem der vorangehenden Art weiter nach Norden und höher in die Berge verschoben. Die Nonne wurde Anfang des Jahrhunderts zur Geißel der Fichtenmonokulturen in Mitteleuropa. Die Raupe ist jedoch polyphag und nährt sich auch ganz gut auf Laubgehölzen. Das Weibchen unterscheidet sich vom Männchen in der Größe und Färbung. Die Zeichnung ist sehr variabel, und manchmal kommen dunkelfarbige Exemplare (f. *atra* – **3 c**) vor. Die Nonne bildet jährlich nur eine Generation, die nachts von Juli bis September fliegt. Die Eier überwintern, die Raupen leben im Frühling.

4 Goldafter *Euproctis chrysorrhoea* L. 28–38 mm. In den wärmeren Gebieten Europas und über Kleinasien bis nach Transkaukasien verbreitet. Eine Art der Laubwälder, die sich auch der Kulturlandschaft angepaßt hat. Sie bildet eine Generation, die von Juni bis August fliegt. Das Weibchen hat einen mächtigen Hinterleib mit gelbbraunen Borsten, mit denen es dann das Gelege überdeckt. Die kleinen Raupen spinnen sich im Herbst im Geäst der Bäume einen birnenförmigen Kokon, in dem sie überwintern, um dann im Frühling ihre Entwicklung zu vollenden (**4 b**). Sie leben in großer Zahl zusammen. Als Nahrung dient ihnen von den Waldbäumen vor allem Eiche, von den Obstbäumen Kirsche, Birne, Pflaume u. a. Sie fressen die Bäume kahl und gehören zu den gefährlichen Schädlingen in der Forstwirtschaft, in Obstgärten und Alleen.

5 Schwan *Euproctis similis* Fssl. 28–35 mm. Seltener als der Goldafter und nur in kälteren Gebieten häufiger. Von Juni bis September eine, manchmal zwei Generationen. Die junge Raupe überwintert. Wir finden sie im Verlaufe des Frühjahrs meistens einzeln auf verschiedenen Laubbäumen und Sträuchern.

Trägspinner

2♂

1

2♀

2b

3c

3♀

4♂

4♀

4b

1b

5♂

Familie Widderbären – Ctenuchidae (= Syntomidae

1 Weißfleckenwidderchen *Syntomis phegea* L. (= *Amata p.*). 35–40 mm. Dieser Falter ist im ganzen wärmeren Europa, vor allem im Süden, verbreitet und bewohnt auch Kleinasien und weiter über Armenien das Areal bis zum Altai. Er bildet eine Generation, die verhältnismäßig lange, von Juni bis August, fliegt. Die Imagines tauchen an sonnigen Tagen an warmen, blütenreichen Hängen und an Waldrändern auf. Sie lassen sich gern auf blühendem Dost nieder. Die Raupe (**1 b**) lebt auf verschiedenen Kräutern und überwintert. Im Frühling verpuppt sie sich dann nach einer kurzen Fraßzeit.

2 Braunwidderchen *Dysauxes ancilla* L. 22–25 mm. Diese Art ist auf Europa beschränkt, wo wir sie stellenweise in warmen, lockeren Wäldern und Baumsteppen vor allem in den unteren Lagen antreffen. Sie bildet im Jahr eine Generation, die im Juli und August ausfliegt. Die Falter sind tagaktiv, fliegen aber manchmal auch nachts. Die Raupen überwintern im Jugendstadium. Sie ernähren sich von Moos, weichem Laub und Kräutern.

3 Braunwidderchen *Dysauxes punctata* L. 18–23 mm. Dieser wärmeliebende Falter bewohnt Eichenwälder und Baumsteppen in Südeuropa, auf dem Balkan und in Kleinasien. Sein Verbreitungsgebiet reicht im Osten bis nach Armenien. Er ist sehr variabel und wurde in mehreren individuellen Formen und geographischen Rassen beschrieben. Der Falter fliegt im Mai und Juni. Die Raupe überwintert. Sie lebt auf Baumflechten, aber angeblich auch auf den Blüten von Pflanzen.

Familie Bärenspinner – Arctiidae

4 Thumatha senex Hb. 15–20 mm. In Mittel- und Nordeuropa verbreitet; das Verbreitungsgebiet reicht im Osten bis zum Ural. Im Norden bewohnt er ein zusammenhängendes Areal, weiter südlich kommt er inselartig vor. Er lebt von Juni bis August in kalten oder wenigstens feuchten torfigen Biotopen und ist stellenweise zahlreich. Die Puppe überwintert. Sie ernährt sich von Flechten und Moosen, die im Gras wachsen, vor allem aber von Leberblümchen.

5 Setina roscida Schiff. 23–27 mm. Wärmeliebende Art, verstreut über die wärmeren Gebiete Europas und Asiens bis zum Altai. Sie fliegt in trockenen, grasbewachsenen Biotopen und bildet zwei Generationen, die erste von Mai bis Juni, die zweite im August. Die Raupe überwintert. Sie frißt an verschiedenen Flechten, die auf Stämmen, Steinen und auf dem Boden wachsen.

6 Steinflechtenbärchen *Philea irrorella* Cl. 27–33 mm. Tritt in Mittel- und Nordeuropa auf und steigt in den Bergen bis auf 1500m. Im Osten bis nach Ostasien verbreitet. Jährlich entwikkelt sich nur eine Generation, die von Juni bis August auf Lichtungen, Vorgebirgswiesen und an den Waldrändern ausfliegt. Die Raupe ernährt sich von Flechten und überwintert.

7 Mausgrauer Flechtenspinner *Pelosia muscerda* Hfn. 24–28 mm. Stellenweise in Europa und Asien verbreitet, kommt jedoch überall nur selten vor. Das hängt mit seinem Lebensraum zusammen, der immer mehr verschwindet. Der Falter bewohnt feuchte und sumpfige Wiesen und feuchte Lichtungen. Seine einzige Generation fliegt von Ende Juni bis Anfang August. Die Raupen ernähren sich von Flechten und überwintern.

8 Pelosia obtusa H. S. 24–28 mm. Die seltene Art taucht stellenweise in Mittel- und Osteuropa und in Asien bis in das südliche Ussurigebiet auf. Wir treffen den Falter meistens auf Röhrichtbeständen und feuchten Wiesen an, über seinen Biotop ist jedoch nicht viel bekannt. Die Flugzeit ist so ausgedehnt, daß es sich um zwei Generationen handeln könnte. Die Nährpflanze der Raupe ist ebenfalls nicht bekannt. Vielleicht ist es Schilfrohr.

7
4
8
1
3
6
1b
5
2

Familie Bärenspinner – Arctiidae

1 Rostbär, Zimtbär *Phragmatobia fuliginosa* L. 30–35 mm. Gehört zu den häufigsten Bärenspinnern. Oft fliegt er zum Licht, und seine Raupe können wir überall in der Natur finden. Er ist in der ganzen paläarktischen Unterregion verbreitet und reicht im Fernen Osten bis nach Japan. Er fliegt auch hoch in den Bergen. Seine zwei Generationen tauchen von April bis Juni und von Juli bis September auf. Die ausgewachsene Raupe überwintert. Sie ist polyphag und verpuppt sich gleich nach dem Überwintern in einem weichen Kokon auf dem Boden, in Spalten, unter Steinen u. ä.

2 Waldmeisterbär *Eucharia casta* Esp. 27–32 mm. Diese wärmeliebende Art ist in Süd- und Mitteleuropa verbreitet und reicht im Osten bis zum Ural. Wir treffen sie auf sonnigen Hängen oder in lichten Laubwäldern an. Ihre einzige Generation fliegt im Mai aus. Die Raupen leben den Sommer über auf Waldmeister und Labkraut. Die Puppen überwintern. Der Falter ist sehr variabel.

3 Wegerichbär *Parasemia plantaginis* L. 32–38 mm. In ganz Europa und Asien bis nach Japan verbreitet. Er weist einen auffallenden Geschlechtsdimorphismus auf: Die Männchen sind gelblich, die Weibchen rötlich gefärbt. In den höheren Berglagen sind die Männchen weißlich (f. *hospita* – **3c**). Die Raupe überwintert halb erwachsen, sie ernährt sich von verschiedenen Kräutern.Der Falter fliegt von Mai bis Juli in einer Generation in grasreichen, feuchten Biotopen auch über der Waldgrenze aus.

4 Weiße Tigermotte, Minzenbär *Spilosoma lubricipeda* L. (= *S. menthastri* Esp.). 30–42 mm. Diese Art fliegt von Mai bis Juli in den Niederungen und auch in den Bergen. Ihr Verbreitungsgebiet erstreckt sich über das ganze nichtpolare Europa und Asien. Sie lebt vor allem außerhalb des Waldes und in Biotopen mit wuchernder Vegetation. Im äußersten Süden fehlt dieser Falter. Seine Raupe (**4b**) ist polyphag. Die Puppe überwintert.

5 Gelbe Tigermotte, Holunderbär *Spilosoma luteum* Hfn. 28–40 mm. Tritt in Europa und in Asien bis nach Korea auf. Eine Generation, die im Juni und Juli, also später als die vorangehende Art, auf Steppen, Feldern und Ruderalgelände ausfliegt. Die Raupe (**5 b**) ist polyphag, die Puppe (**5c**) überwintert.

6 Amerikanischer Webebär *Hyphantria cunea* Drury. 25–40 mm. Dieser Schmetterling stammt aus Amerika und wurde während des Zweiten Weltkriegs nach Europa verschleppt. Seit jener Zeit hat er sich im ganzen wärmeren Mittel- und Südosteuropa angesiedelt. Seine zwei Generationen fliegen im Mai und Juni und im August aus. Die Raupen (**6b**) sind polyphag und schädigen oft Obstbäume. Sie leben anfangs in Nestern zwischen versponnenen Blättern, später kriechen sie vor dem Verpuppen auseinander. Die Puppe (**6c**) der zweiten Generation überwintert versponnen zwischen Zweigen, in verschiedenen Spalten, unter der Rinde u. ä.

7 Graubär *Cycnia mendica* Cl. 28–38 mm. In der gemäßigten Zone Europas und Asiens bis zum Altai verbreitet. Er bildet jährlich eine Generation, die im Frühjahr von April bis Juni vor allem in grasreichen Biotopen der Niederungen ausfliegt. Die Raupe ist polyphag. Die Puppe überwintert.

Bärenspinner

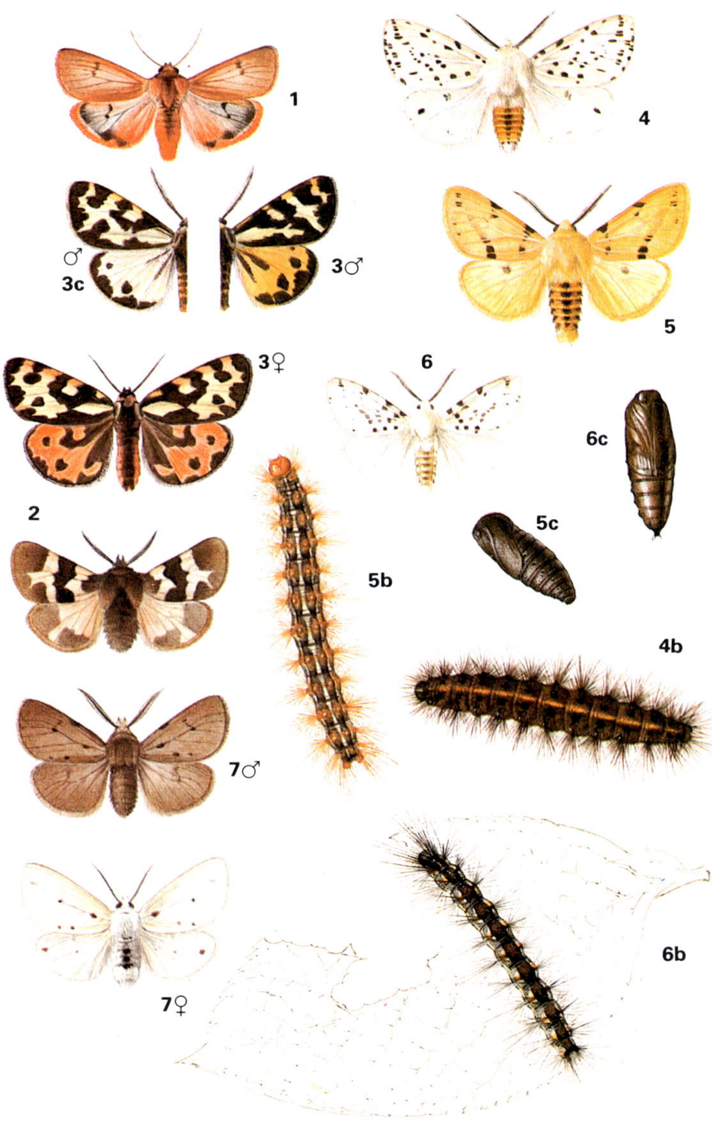

Familie Bärenspinner – Arctiidae

1 Stachelbeerbär *Rhyparia purpurata* L. 38–48 mm. In der ganzen gemäßigten und warmen Zone Europas und Asiens verbreitet, im Osten bis nach Japan. Sehr variable Art, die an trockenen Orten und in den warmen Lagen niedriger Gebirge lebt. Der Falter erscheint im Juni und Juli, im Süden manchmal noch mit einer Generation im September. Die Raupe (**1 b**) ist polyphag, bevorzugt aber Labkraut, Brombeeren und Wegerich. Sie überwintert fast ausgewachsen.

2 Rotrandbär *Diacrisia sannio* L. 33–45 mm. In ganz Europa zahlreich, in Asien bis zum Altai. Am häufigsten in den Niederungen, wir können ihn aber auch hoch in den Bergen bis zu 2400 m antreffen. Die Männchen fliegen nachts zum Licht, sind aber bei sonnigem Wetter tagaktiv. Wir begegnen ihnen auf trockenen Hängen, Kahlschlägen, Wiesen und Lichtungen. Die Weibchen sind nur wenig beweglich, flugunfähig und tragen oft leicht reduzierte Flügel. Diese Art bildet in Europa praktisch ohne Unterbrechung von April bis August eine bis zwei Generationen. Die Raupe ist polyphag und überwintert.

3 Trauerbär *Diacrisia caesarea* GOEZE 35–40 mm. Wärmeliebend und inselartig über Mittel- und Südeuropa und weiter nach Osten bis nach Japan verbreitet. In zwei Generationen in trockenen, grasigen und steppenartigen Landschaften. Die erste Generation fliegt im Mai und Juni, die zweite im August. Die Raupe ist polyphag. Die Puppe überwintert. Der Schmetterling zeigt eine interessante Aktivität: Er fliegt bald am Abend zum Licht und dann erst wieder in der Morgendämmerung. Er gehört zu den Arten, die in den letzten Jahren selten werden.

4 Hofdame, Olivbrauner Bär *Hyphoraia aulica* L., 30–38 mm. Über ganz Europa und Mittel- und Ostasien verbreitet, aber überall verhältnismäßig selten. Darüber hinaus ist er in den letzten Jahren an vielen Stellen verschwunden. Er bewohnt warme, blütenreiche Biotope und bevorzugt dabei sandige Unterlagen. Die Entwicklung der Raupen eines Geleges verläuft recht unterschiedlich, und es kann geschehen, daß einige Exemplare, die sich rascher entwickeln, noch teilweise eine zweite Generation bilden. In der Regel hat der Falter aber nur eine Generation, die von Mai bis Juli ausfliegt. Die Raupen (**4 b**) sind polyphag und überwintern halb ausgewachsen. Die Zeichnung des Falters ist sehr variabel, und es wurden viele individuelle Abweichungen beschrieben.

5 Blutbär, Jakobskrautbär *Tyria jacobaeae* L., 32–42 mm. In ganz Europa und Kleinasien verbreitet, dringt bis Mittelasien vor. Wir treffen ihn in wärmeren und auch kühleren Wiesen- und Steppenbiotopen an, und in den Bergen steigt er bis ungefähr 1600 m auf. Lokale und nirgends recht häufige Art, deren einzige Generation von Mai bis Juli ausfliegt. Die gelbschwarz geringten Raupen (**5 b**) sind unter den Bärenspinnern ungewöhnlich, denn sie leben, was für sie charakteristisch ist, in Gruppen. Sie ernähren sich von Feld- und Waldkreuzkräutern. Bis zum Sommerende wachsen sie heran und verpuppen sich dann. Die Puppe überwintert.

Bärenspinner

Familie Bärenspinner – Arctiidae

1 Augsburger Bär *Pericallia matronula* L. 65–80 mm. In der gemäßigten Zone Europas und Asiens bis zum Amur verbreitet, aber überall sehr lokal und selten. Darüber hinaus konnte er an vielen Stellen, wo er im vergangenen Jahrhundert gefangen wurde, nicht mehr gefunden werden, so daß der Schmetterling offensichtlich allmählich ausstirbt. Zahlreicher kommt er noch in Osteuropa und den Tälern des Karpatengebiets vor, wo er Laubwälder mit reichem Unterholzwuchs bewohnt. Er ist sehr veränderlich. Diese individuelle Variabilität wurde aber wegen der Seltenheit des Falters noch nicht ausreichend erforscht. Die einzige Generation fliegt im Juni und Juli aus. Die Männchen entwicklen nicht nur Nachtaktivität, sondern fliegen bei sonnigem Wetter auch vormittags aus. Die Weibchen sind schwerfällig. Die Raupe ist polyphag. Wir finden sie sowohl auf Sträuchern wie auch auf Kräutern. Sie wächst sehr langsam, so daß sie anscheinend zweimal überwintert und sich erst dann im Frühling verpuppt.

2 Brauner Bär *Arctia caja* L. 45–65 mm. In ganz Europa, Asien und Nordamerika verbreitet und bewohnt sowohl die Niederungen und Kulturlandschaften als auch die Gebirge bis in Höhen von 2000 m. Am häufigsten taucht er in den Vorgebirgslagen um 600 m auf. Die Variabilität des Falters ist so groß, daß wir kaum zwei Exemplare finden, bei denen sich die Zeichnung bis ins Detail gleicht. Die Veränderlichkeit richtet sich einerseits auf eine Unterdrükkung der schokoladenfarbenen Töne, und die Falter sind dann sehr hell (**2c**), andererseits auf eine Unterdrükkung der hellen Flügelteile, und die dunkle Zeichnung verschwimmt bis auf einige unbedeutende helle Flekken (**2c**) ineinander. Auch die Zeichnung der Hinterflügel ist variabel. Interessant ist f. *lutescens*, die anstatt der roten eine gelbe Färbung zeigt. In einigen Gebieten sind die farbigen Abweichungen beständiger, und so konnten einige geographische Rassen beschrieben werden. Der Braune Bär bildet jährlich eine Generation, die im Juni und August ausfliegt. Interessant ist der nächtliche Flugrhythmus der Falter. Sie fliegen das Licht erst gegen Mitternacht an, erscheinen dann aber plötzlich in großer Zahl. Tagsüber sitzen sie zwischen Gräsern und Kräutern, und wir können sie trotz der bunten Färbung nicht sehr oft finden. Die Raupe (**2b**) ist polyphag und überwintert halb erwachsen, weshalb sie dann im Frühjahr besonders gefräßig ist. Sie hat manchmal auch Schäden an Gemüse in den Gärten und an Feldkulturen verursacht und wurde deshalb in das Verzeichnis der schädlichen Raupen aufgenommen. Tatsächlich ist sie aber wirtschaftlich ohne Bedeutung.

3 Schwarzer Bär *Arctia villica* L. 45–60 mm. In den wärmeren Teilen Europas und Asiens annähernd bis zur geographischen Länge von Armenien verbreitet. An den Standorten ist der Falter sehr zahlreich und fliegt oft zum Licht. Seine Variabilität steht der des Braunen Bären nicht nach. Es wurden eine große Anzahl individueller Formen und einige geographische Rassen beschrieben. Auffallend ist zum Beispiel f. *radiata*, bei der sich die einzelnen Tupfen zu zusammenhängenden Bändern verbinden. Anders verhält es sich wieder bei f. *paucimacula*, wo die Flecken der Vorderflügel fast ganz verschwinden. Der Schwarze Bär bildet jährlich eine Generation. Die Falter fliegen im Mai und Juni in warmen steppen- und waldsteppenartigen Biotopen. Die Raupen (**3b**) überwintern ähnlich wie bei den anderen Bärenspinnern und sind polyphag. Sie ernähren sich von verschiedenen niedrigen Pflanzen. Das Puppenstadium im Frühling ist nur kurz.

Bärenspinner

Familie Bärenspinner – Arctiidae

1 Englischer Bär, Wolfsmilchbär *Ammobiota festiva* HFN. (= *A. hebe* L.). 45–60 mm. Wärmeliebend und bewohnt sandige und kalkige Orte, sonnige Hänge und Ödland in Mittel- und Südeuropa. Im Osten über die wärmeren Gebiete Asiens bis in die Mandschurei verbreitet. Färbung und Zeichnung des Falters sind sehr variabel, und es gibt eine Unzahl von Formen und Übergängen, von denen einige offensichtlicht als geographische Rassen gewertet werden können. In Südeuropa sind diese Schmetterlinge zum Beispiel intensiv schwarzrot gefärbt (**1c**), während sie in Mitteleuropa meistens nur graue und rosa Töne (**1**) zeigen. Die Falter der einzigen Generation fliegen im Mai. Die Raupe (**1b**) ist polyphag. Sie wächst im Sommer heran, überwintert und verpuppt sich dann sofort im Frühjahr. Man kann die Raupen an sonnigen Tagen im Frühling sammeln, wenn sie sich auf dem Boden wärmen. Dieser schmucke Falter ist in den letzten Jahren an vielen Standorten in Mitteleuropa verschwunden. Er übersteht anscheinend die Zivilisationsprozesse und die Eingriffe in sein natürliches Biotop nur sehr schlecht. Viele Raupen kommen auch im Frühjahr beim Abbrennen der Grasflächen um.

2 Spanische Fahne *Callimorpha dominula* L. 45–55 mm. In Europa in der gemäßigten Zone verbreitet; sein Gebiet endet östlich im Kaukasus. Er gehört (gemeinsam mit der folgenden Art) zu den wenigen Bärenspinnern, bei denen die Mundwerkzeuge ausgebildet sind und die auf blühenden Pflanzen Nektar suchen. Er bevorzugt feuchtere Wälder und Wälder mit Lichtungen, auf denen Brennesseln und Himbeeren wachsen. Ihm sagen auch Weiden und die Umgebung von Siedlungen zu, wo der Boden mit Stickstoff angereichert zu sein pflegt, oder mit üppiger Vegetation versehene Bachtäler. In den Tälern kann der Falter bis über die obere Waldgrenze gelangen. Oft scheucht man ihn aus dem wuchernden Pflanzenwuchs um die Gebirgsbäche auf. Er ist tag- und nachtaktiv und sehr scheu. Seine einzige Generation fliegt von Mai bis Juli aus. Die Raupe überwintert im Jugendstadium und wird erst im Frühjahr erwachsen (**2b**). Sie lebt auf verschiedenen Pflanzen, oft auf Brennesseln. Die Spanische Fahne ist sehr variabel und bildet viele Formen. Besonders interessant ist f. *flavia*, bei der die rote Färbung überall durch Gelb ersetzt wird. Einige Formen haben den Charakter von Unterarten, wie zum Beispiel ssp. *pompalis* NITSCHE aus den Tälern der Südalpen, bei der die hellen Tupfen der Vorderflügel reduziert und die schwarzen Zeichnungen der Hinterflügel erweitert sind.

3 Russischer Bär *Euplagia quadripunctaria* PODA 42–52 mm. Das Verbreitungsgebiet dieses Falters ist gegenüber dem der vorigen Art nach Süden verschoben. Trotzdem treffen wir ihn noch ziemlich hoch in den Bergen an, wohin er durch tiefe Täler vordringt. Am häufigsten taucht er in Baumsteppengebieten mit vor allem kalkiger Unterlage auf. Die Falter konzentrieren sich an feuchten Stellen, wo sie auf Wasserdost, Disteln und anderen im Spätsommer blühenden Pflanzen Nektar saugen. Dieser Schmetterling ist eine typische Erscheinung des Spätsommers, denn seine einzige Generation fliegt von Juli bis September. In Südeuropa kommt es zeitweise in den Tälern zu einer massenhaften Konzentration von Imagines, die dann mit ihren Körpern die Vegetation bedecken. Die Raupen schlüpfen im Herbst aus den Eiern. Sie überwintern und wachsen im Frühling heran (**3b**). Sie sind polyphag.

Bärenspinner

Familie Bärenspinner – Arctiidae

1 Kapuzenbärchen *Nola cucullatella* L. 16–18 mm. Europäische Art, die in anderen Gebieten fehlt. Gehört ebenso wie die folgenden Arten zu den kleinen Bärenspinnern, die oft in einer selbständigen, kleineren Familie, den *Nolidae*, zusammengefaßt werden. Der Falter bildet eine Generation, die im Juni und Juli ausfliegt. Die kleinen borstigen Raupen (**1 b**) können wir im Frühjahr oft auf Apfelbäumen finden.

2 Celama confusalis H. S. 16–18 mm. Von Europa bis nach Japan verbreitet. In den Bergen steigt er bis zur Buchenwaldgrenze auf. Seine einzige Generation fliegt zeitig im Frühjahr im April und Mai aus. Stellenweise kann im August auch noch zum Teil eine zweite Generation auftreten. Die Raupe lebt den Sommer über auf Eichen und Hainbuchen. Die Puppe überwintert.

3 Flechtenbär *Cybosia mesomella* L. 25–33 mm. In der wärmeren Zone Europas, vor allem in Südosteuropa weiter in Richtung zum Südural hin verbreitet. Bewohnt entweder Biotope mit sandiger Unterlage oder feuchte, torfige Wiesen und lockere Wälder. Eine Generation im Jahr. Die Raupe lebt auf Leberblümchen und überwintert.

4 Rosenmotte *Miltochrista miniata* FORST. 23–27 mm. Von Frankreich bis nach Japan verbreitet. Bewohnt Laub- oder Mischwälder und fliegt von Juni bis August aus. Die Raupe benagt die Flechten auf Baumstämmen und überwintert.

5 Laubholzflechtenspinner *Eilema lurideola* ZINCK. 28–35 mm. In der Waldzone der gesamten Paläarktis verbreitet. In den Bergen ist er zahlreicher. Seine einzige Generation fliegt entsprechend den klimatischen Verhältnissen von Juni bis September aus. Die Raupe ernährt sich von Baumflechten und überwintert.

6 Flechtenspinner *Eilema complana* L. 28–35 mm. In der gemäßigten Zone Europas und weiter nach Osten über die nördlichen Teile Kleinasiens bis nach Transkaukasien zu Hause. Er ist häufig und hält sich an warmen, trockenen Orten und in lichten Wäldern auf. Die überwinternde Raupe lebt auf Flechten. Der Falter fliegt von Juni bis August in einer Generation aus.

7 Rothals *Atolmis rubricollis* L. 25–35 mm. In Mittel- und Nordeuropa und in Asien bis zum Amur verbreitet. Stellenweise kommt die Art häufig vor, weist dabei eine minimale Variabilität auf und bildet jährlich nur eine Generation. Der Falter fliegt von Mai bis Juli in Laub- und Nadelwäldern aus. Die Raupe lebt im Herbst auf Baumflechten. Die Puppe überwintert.

8 Habichtskrautbär *Spiris striata* L. 30–35 mm. Bewohnt ganz Europa, Kleinasien und das wärmere Asien. Im Süden und Osten tauchen oft dunkle Exemplare auf (f. *melanoptera*). Die einzige Generation fliegt von Mai bis August aus. Die Raupe ist polyphag und überwintert.

9 Veilchenbär *Coscinia cribraria* L. 30–35 mm. In der gemäßigten Zone Europas und im Osten bis zum Ural verbreitet. Meistens bewohnt der Veilchenbär Heideland oder Hochwald, in dem Heidekraut wächst und wo oft sandige Unterlagen vorhanden sind. Diese Art tritt ziemlich lokal auf und ist nicht zahlreich, sie tendiert zur Ausbildung lokaler Formen. Der Falter fliegt von Juni bis Anfang August. Die Raupe lebt auf Heidekraut und Schwingel. Sie überwintert.

Bärenspinner

Familie Eulenfalter – Noctuidae

1 Weißes Ordensband *Catephia alchymista* SCHIFF. 35–40 mm. Lebt in den wärmeren Gebieten Europas und ist über Kleinasien bis in den Kaukasus verbreitet. In anderen Gebieten nur sporadisch. Der Falter bildet eine Generation, die von Mai bis Juli in Eichen- und Mischwäldern und in warmen, baumsteppenartigen Gegenden ausfliegt. Die Raupe entwickelt sich im Juli und August auf Eichen und lebt vor allem auf den jungen Trieben und Büschen. Die Puppe überwintert.

2 Trauereule *Aedia funesta* ESP. 28–33 mm. Ist in Europa und Asien ähnlich verbreitet wie die vorangehende Art, stellt jedoch andere Anforderungen an den Biotop und tritt auch zahlreicher auf. Die einzige Generation fliegt im Juni und Juli in feuchteren Wäldern, in der Ufervegetation, in Auwäldern und oft auch auf Feldern, vor allem in der Umgebung von Dörfern. Die Raupe lebt vom Juli über den Winter bis zum nächsten Frühjahr. Sie ernährt sich von Zaunwinde.

3 Flechteneule *Laspeyria flexula* SCHIFF. 23–27 mm. In der gemäßigten Zone Europas und Asiens bis zum Ussuri verbreitet und reicht auch recht weit nach Norden. Sie bildet jährlich eine Generation, die von Juli bis August ausfliegt. Die Raupe überwintert. Sie lebt auf verschiedenen Flechten, die auf der Rinde von Laub- und Nadelbäumen wachsen.

4 Pilzeule *Parascotia fuliginaria* L. 18–28 mm. Eine weitere Art, deren Raupe auf einem nichtgrünen Substrat lebt und sich von Flechten, Pilzen, vor allem Porlingen, und auch moderndem Holz nährt. Der Falter bildet eine über den großen Zeitraum von Juni bis September ausgedehnte Generation. Das Männchen trägt gekämmte Fühler und erinnert eher an einen Spanner als an einen Eulenfalter. Die Raupe überwintert. Wir treffen diese Art oft in der Umgebung von Gebäuden, wo sie auf Böden, vermoosten Dächern und altem, abgelagertem Holz lebt. Sie ist über die ganze gemäßigte Zone Europas verbreitet.

5 Epizeuxis calvaria SCHIFF. 25–32 mm. Über das wärmere Mittel- und Südeuropa und im Osten über Kleinasien bis Armenien und den Iran verbreitet. Der Falter bildet von Juni bis September eine, ausnahmsweise zwei Generationen. Die Raupen überwintern. Sie nähren sich von welken und modernden Blättern von Bäumen und verschiedenen anderen Pflanzen.

6 Seideneulchen *Rivula sericealis* Sc. 18–22 mm. In der ganzen paläarkt. Unterregion auf feuchten Wiesen in den Niederungen und auch hoch in den Bergen beheimatet. Der Falter bildet von Mai bis September eine oder zwei Generationen. Die Raupen überwintern. Sie leben auf verschiedenen Gräsern.

7 Kleine Palpeneule *Polypogon tentacularia* L. 22–28 mm. Im gemäßigten und nördlichen Europa, östlich über den Ural bis zum Altai und nach Ostsibirien verbreitet und bewohnt feuchte, grasreiche Orte, vor allem Lichtungen. Die einzige Generation fliegt von Juni bis August aus. Die polyphagen Raupen überwintern.

8 Samteule *Hypena crassalis* F. 25–30 mm. In Nord-und Mitteleuropa bis zum Kaukasus verbreitet. Ihre Heimat sind Sümpfe, Moore und Nadelwälder, wo sie von Mai bis Juli ausfliegt. Die Raupe lebt auf Heidelbeeren und Heidekraut. Die Puppe überwintert.

9 Nesselschnabeleule *Hypena proboscidalis* L. 25–38 mm. Diese sehr zahlreich auftretende Art ist in den Wäldern der Niederungen und Berge beheimatet. Sie bildet von Mai bis September zwei Generationen. Die Raupe überwintert. Als Nährpflanze dienen Brennesseln u. a.

Eulenfalter

Familie
Eulenfalter – Noctuidae

1 Catocala nymphagoga Esp. 35–43 mm. Diese wärmeliebende Art ist in Mittel- und Südeuropa, Kleinasien, Armenien und Syrien beheimatet. Sie fliegt von Ende Juni bis August in Eichenwäldern und Waldsteppen aus. Die Raupe (**1 b**) lebt von März bis Ende Mai, Anfang Juni auf Eichen. Das Ei überwintert. An geeigneten Standorten tritt der Falter recht zahlreich auf. Er ist in Euopa der häufigste Vertreter der gelb gefärbten Arten der Gattung *Catocala*.

2 Gelbes Ordensband *Ephesia fulminea* Sc. 45–52 mm. Im ganzen wärmeren Europa und Asien, im Osten bis nach Japan verbreitet, bewohnt Steppen und Baumsteppen und gehört zu den am zeitigsten auftretenden Ordensbändern. Der Falter fliegt von Juni bis August aus und läßt sich gut ködern. Das Ei überwintert. Die Raupe (**2b**) entwickelt sich im Frühling und lebt auf Schlehe, Pflaume, ausnahmsweise auch auf Weißdorn, Birne und Eiche. Der Falter ist im Zusammenhang mit den Veränderungen des Ackerlandes in der letzten Zeit an vielen Stellen stark zurückgegangen.

3 Braunes Ordensband *Minucia lunaris* Schiff. 50–60 mm. Diese wärmeliebende Art ist in Mitteleuropa nur verstreut verbreitet, kommt sonst in Südeuropa und östlich über Kleinasien bis zum Kaukasus vor. Der Falter fliegt zeitig im Frühjahr, von April bis Juni, in Eichenwäldern und Baumsteppen aus, und wir können ihn bei Sonnenschein aus den Pflanzen aufscheuchen. Die Raupe entwickelt sich vom Juni bis August. Sie lebt auf den weichen Trieben von Eichen. Die Puppe überwintert.

4 Scheck-Tageule *Calistege mi* Cl. 25–30 mm. Mit Ausnahme der Polargebiete in ganz Europa und in südöstlicher Richtung über Kleinasien und Armenien bis nach Mittelasien und östlich bis in das Amurgebiet verbreitet. In Europa bildet der Falter zwei Generationen, die von April bis Mai und von Juli bis August ausfliegen. Die Raupe lebt auf Klee, Luzerne, Wikke u. ä. Die Puppe überwintert.

5 Braune Tageule *Euclidia glyphica* L. 25–30 mm. Bewohnt ein ähnliches Areal wie die vorangehende Art, reicht aber noch weiter nach Osten, bis nach Japan. Diese Eule bildet ebenfalls zwei Generationen, die von April bis August ausfliegen. In den höheren Lagen entwickelt sich nur eine Generation. Die Raupe lebt auf Luzerne, Klee, Wicke und vielen anderen Pflanzen. Die Puppe überwintert. Diese und die vorangehende Art sind tagsüber flugaktiv.

6 Zimteule *Scoliopteryx libatrix* L. 40–45 mm. Praktisch in der ganzen paläarkt. Unterregion von Nordafrika bis nach Asien und auch in Nordamerika verbreitet. Der Falter steigt auch hoch in die Berge, bis zu 2000 m, auf. Er lebt in feuchten Biotopen an Gewässern dort, wo die Nährpflanzen der Raupen (**6b**), Weiden und Pappeln, wachsen. Jährlich entwickeln sich eine bis zwei Generationen. Die Imago überwintert. Wir können diese Eule oft in Kellern und Höhlen finden, wo oft mehrere zusammen überwintern.

7 Wickeneule *Lygephila pastinum* Tr. 37–42 mm. Über ganz Europa bis zur Wolga und in Asien bis zum Amur verbreitet. Bildet jährlich, im Mai und Juni und im August und September, zwei Generationen. Der Falter fliegt in Steppen und Baumsteppen, in lichten Wäldern, auf Hängen u. ä. Die Raupe überwintert. Sie ernährt sich von Wikke, Kronwicke und verschiedenen Tragantarten.

Eulenfalter

Familie
Eulenfalter – Noctuidae

1 Rotes Ordensband *Catocala nupta* L. 65–75 mm. Von den rotgefärbten Ordensbändern am häufigsten. Kommt mit Ausnahme des extremen Südens im ganzen nichtpolaren Gebiet Europas und bis nach Ostasien vor. Der Falter bewohnt vor allem an den Ufern fließender und stehender Gewässer feuchte Laubwälder. Er tritt auch in Stadtparks und Alleen zahlreich auf und bildet jährlich eine Generation, die sehr lange, von Juli bis Oktober, fliegt. Die Tiere lassen sich gern auf Gesimsen an Häusern oder auf Baumstämmen nieder. Dort kann man sie jedoch nur schwer finden, da ihre Vorderflügel überaus unauffällig gefärbt sind und die bunten Hinterflügel überdecken. Wird der Falter gestört, fliegt er zickzackförmig davon. Abends kann man ihn, wie alle Ordensbänder, leicht mit Ködern anlocken, denn er saugt gerne auf gefallenem, gärendem Obst, vor allem auf Birnen und Pflaumen. Die Eier überwintern, die Raupen (**1 b**) entwickeln sich im Frühling auf Weiden und Pappeln. Die Puppe (**1 c**) ist zwischen versponnenen Blättern verborgen. Obwohl diese Art mit keiner besonderen Variabilität auffällt, wurden doch einige Formen beschrieben. Die beachtenswerteste davon ist f. *flava*, die an Stelle der roten eine gelbe Färbung zeigt. Auch die sehr dunkle f. *atra* ist interessant.

2 Pappelkarmin *Catocala elocata* ESP. 65–80 mm. Diese bekannte Art ist wärmeliebender als die vorher beschriebene Art. Sie bewohnt Mittel- und Südeuropa, Kleinasien und Syrien und dringt im Osten bis nach Nordindien vor. Der Falter hält sich ebenfalls in feuchteren Biotopen, in feuchten Uferwäldern oder Buschwerk im Bereich von Flüssen und Bächen auf. Auch in Stadtparks ist er häufig. Seine einzige Generation fliegt von Juli bis September aus. Die Raupen (**2b**) entwickeln sich nach dem Überwintern der Eier auf Pappeln und Weiden. Die Puppe besteht im Sommer nur sehr kurz. Sie ist zwischen versponnenen Blättern verborgen und, wie bei den meisten Ordensbändern, blau bestäubt. Von den individuellen Formen ist die gelbe f. *flava* am auffallendsten.

3 Weidenkarmin *Catocala electa* BKH. 60–70 mm. Gehört zu den selteneren Arten, und es scheint, daß er in der letzten Zeit in der Natur stark zurückgeht. Wärmeliebende Art, die in den Laubwäldern des mittleren und südlicheren Europa über die wärmeren Gebiete Asiens östlich bis nach Korea und Japan verbreitet ist. Die Falter fliegen von Juli bis September aus. Das Ei überwintert, die Raupe lebt im Frühling und wächst im Sommer heran. Sie ernährt sich von Weidenblättern. Die gelbe Form dieses Falters heißt *lugdunensis*.

4 Kleiner Eichenkarmin *Catocala promissa* SCHIFF. 60–65 mm. In den Laubwäldern der gemäßigten Zone Europas und Kleinasiens bis nach Armenien verbreitet. Eines der frühesten Ordensbänder, das manchmal schon Ende Juni auftaucht und bis zum August ausfliegt. Ähnlich wie bei den anderen Arten überwintert das Ei. Die Raupe entwickelt sich im Frühjahr und nährt sich von Eichenblättern. Der Falter trägt ebenso wie *Astiotes sponsa* L. satt karminrote Bänder auf den Hinterflügeln. Manchmal tauchen anstatt der roten gelbe Exemplare auf (f. *ochracea*).

2
1c
2b
1
4
1b
3

Familie
Eulenfalter – Noctuidae

1 Goldene Eisenhut-Höckereule *Polychrysia moneta* F. 32–37 mm. In Nord- und Mitteleuropa und südöstlich weiter über Kleinasien bis nach Armenien verbreitet. Kommt überwiegend in den Bergen vor und bewohnt in den Niederungen lediglich speziell ausgeprägte Biotope in Wäldern, in denen die Nährpflanze wächst. Diese Art bildet im Juni und Juli eine Generation, die Raupen überwintern. Nährpflanzen: Eisenhut, Rittersporn.

2 Messingeule *Diachrysia chrysitis* L. 28–35 mm. Mit Ausnahme der Polargebiete in der gesamten paläarkt. Unterregion verbreitet und steigt auch hoch in die Berge auf. Sie bewohnt aber vor allem die Niederungen und Standorte mit frischer Vegetation. Diese Art hat sich auch gut an die Ruderalgebiete angepaßt. Jährlich zwei Generationen: im Mai und Juni und im August und September. Die halberwachsene Raupe überwintert. Sie ernährt sich von verschiedenen Pflanzen, z. B. von Taubnessel, Brennessel u. ä.

3 Diachrysia zosimi Hb. 28–32 mm. Diese Eule stammt aus Südosteuropa und drang von dort im Laufe dieses Jahrhunderts vielerorts nach Mitteleuropa vor. Im Osten reicht sie bis zum Altai und Amurgebiet. Art der feuchten Wiesen und Niederungen. Sie bildet jährlich zwei Generationen. Die erste fliegt im Mai, die zweite im Juli und August. Die Raupen überwintern jung. Sie nähren sich von Wiesenknopf.

4 Macdunnoughia confusa Steph. 27–35 mm. Ist eine wärmeliebende Art, die im südlicheren Gebiet der Paläarktis verbreitet ist. Sie gehört zu den Wanderern. Die Flugzeiten von 2–3 Generationen, die sich manchmal überdecken, erstrecken sich praktisch von Mai bis Ende Herbst. Die Raupen der Sommergeneration entwickeln sich etwa 3 Wochen, die der späteren Generation überwintern. Sie ernähren sich von verschiedenen niederen Pflanzen.

5 Brennesseleule *Abrostola triplasia* L. (= *tripartita* Hfn.). 27–30 mm. Gehört in die Gruppe einiger sehr ähnlicher Arten und ist in der gemäßigten Zone Europas und Asiens bis nach Ostsibirien verbreitet. Wir können den Falter auch recht hoch im Gebirge antreffen, wo er bis zur oberen Laubwaldgrenze aufsteigt. Er bewohnt feuchte Biotope an Waldrändern und in Tälern und auch die Ruderalböden in der Umgebung von Städten. Jährlich erscheinen von Mai bis September zwei Generationen. Die Raupen leben auf Brennesseln. Die Puppe überwintert.

6 Nessel-Höckereule *Abrostola trigemina* Wernb. 28–32 mm. Der vorangehenden Art in der Färbung der Imagines, der Verbreitung und den Anforderungen an den Biotop sehr ähnlich. Am einfachsten kann man die Raupen, die ebenfalls auf Brennesseln leben, unterscheiden. Jährlich entwickeln sich zwei Generationen. Die Puppe überwintert. Dieser Falter ist etwas wärmeliebender als die vorangehende Art und steigt deshalb nicht hoch in die Berge auf.

7 Großer Eichenkarmin *Catocala sponsa* L. 60–70 mm. Diese wärmeliebende Art ist in Nordafrika, in der gemäßigten Zone Europas bis zum Ural und auch in Kleinasien beheimatet. Sie bewohnt Eichen- und Mischwälder und bildet jährlich von Juli bis September eine Generation. Die Eier überwintern, die Raupen leben im Frühling auf Eiche.

8 Blaues Ordensband *Catocala fraxini* L. 75–95 mm. Gehört wegen seiner Färbung und Größe zu den beachtenswertesten und bekanntesten Eulenfaltern und ist mit Ausnahme des äußersten Südens in den Laubwäldern der gesamten paläarkt. Unterregion und auch in Nordamerika verbreitet. Der Falter bildet eine Generation, die entsprechend den klimatischen Verhältnissen von Juli bis Oktober ausfliegt. Das Ei überwintert. Die Raupen entwickeln sich im Frühjahr vor allem auf Pappeln, aber auch auf Birken, Eschen, Eichen u. ä. Die dunkelbraune Puppe befindet sich in einem lockeren Kokon im Laub und ist bläulich bestäubt.

8
7
5
1
6
2
3
4

Familie Eulenfalter – Noctuidae

1 Rauschbeeren-Silbereule *Syngrapha interrogationis* L. 30–35 mm. Diese arktisch-alpine Art ist im Norden im Polargebiet der Paläarktis zusammenhängend verbreitet, im Süden tritt sie nur in Gebirgen und Mooren auf. Der Falter fliegt von Ende Mai bis August, die Raupe überwintert in der 3.–4. Entwicklungsphase und verpuppt sich im Frühjahr in einem lockeren, weißen Kokon. Nährpflanzen sind Rauschbeere, seltener Heidelbeere und Brennessel.

2 Syngrapha ain Hochw. 30–35 mm. Hat in Mitteleuropa die westliche Grenze des Verbreitungsgebiets und reicht im Osten bis zum Altai und Amur. Der Falter bildet jährlich eine Generation, die im Juli und August ausfliegt. Die noch nicht erwachsenen Raupen überwintern. Die Ausbreitung dieser Art ist an das Vorhandensein von Lärchen gebunden, da dieser Baum den Raupen als Nährpflanze dient.

3 Olivengrüne Eisenhut-Höckereule *Euchalcia variabilis* Pill. 33–38 mm. Lebt in Nord- und Mitteleuropa, kommt südlich nur in den Bergen vor, selten in niederen Lagen, wenn dort die Nährpflanze wächst. Im Osten treffen wir diese oder nah verwandte Arten noch in der Mongolei und im Amurgebiet. Die Falter fliegen von Mai bis Juli. Die Raupen überwintern sehr klein und wachsen am Frühlingsende heran. Sie ernähren sich von Eisenhut und Rittersporn.

4 Euchalcia consona F. 27–32 mm. In den wärmeren Gebieten Mittel- und Südosteuropas, auf dem Balkan, in Kleinasien und Armenien verbreitet und bewohnt warme Hänge, Baumsteppen und Waldränder. Der Falter fliegt von Juni bis September in zwei Generationen. Die Eier überwintern, und die Raupen (**4b**) leben dann im Frühling auf Braunem Mönchskraut (*Nonea pulla*).

5 Gammaeule *Autographa gamma* L. 35–40 mm. In der gesamten Paläarktis verbreitet. Gehört zu den ausgeprochenen Wanderfaltern, die aus den Subtropen alljährlich weit nach Norden vordringen. Während des Sommers bildet er eine bis zwei Generationen und kehrt im Herbst nach Süden zurück. In den Niederungen Mitteleuropas lebt außerdem eine Population, bei der die Raupe (**5b**) überwintert. In die Berglagen wandert der Falter aber von Süden oder aus den Niederungen ein.

6 Hellgefranste Silberpunkt-Höckereule *Autographa pulchrina* Hw. 35–40 mm. Vor allem in den Gebirgen und in Asien über den Ural bis zum Amur verbreitet. Die Falter fliegen von Juni bis August in einer Generation aus. Die Raupen überwintern in der 3.–4. Entwicklungsphase. Sie leben auf niedrigen Pflanzen. Der Schmetterling ist sehr variabel und unterscheidet sich manchmal nur schwer von der ähnlichen *A. jota* L., die in Osteuropa verbreitet ist.

7 Silberblatt *Autographa bractea* Schiff. 27–42 mm. Überall im Norden der Paläarktis verbreitet; taucht südlicher nur in den Bergen auf. Die Falter fliegen von Juni bis August in einer Generation aus. Die Raupen überwintern. Nährpflanzen sind Brennessel, Habichtskraut, Wegerich und andere Pflanzen. Der Falter wandert gelegentlich aus den Bergen in die Niederungen.

8 Goldeule *Plusia festucae* L. 30–35 mm. Im ganzen nichtpolaren Gebiet der Paläarktis bis nach Japan verbreitet und an feuchte Wiesen, Sümpfe und Uferbiotope von fließenden und stehenden Gewässern gebunden. Von Mai bis September fliegen eine bis zwei Generationen aus. Die Raupe lebt über den Winter auf verschiedenen Sumpfgräsern.

4
1
4b
3
2
7
8
6
5b
5c
5

Familie Eulenfalter – Noctuidae

1 Heliothis maritima GRASL. 28–35 mm. Diese atlanto-mediterrane Art ist an den Küsten West- und Südeuropas, in Südosteuropa und in den Steppengebieten bis nach Mittelasien verbreitet. An den Rändern des Verbreitungsareals lebt sie als Wanderfalter und besiedelt noch andere, geeignete Gebiete. Sie bildet eine bis zwei Generationen, die im Juni und August bis September ausfliegen. Ein Teil der Puppen (**1 b**) lebt im Sommer auf den Blüten verschiedener Pflanzen und schädigt oft Luzernenklee, der als Saatgut gezüchtet wird.

2 Heliothis viriplaca HFN. (= *dipsacea* L.). Kardeneule. 23–30 mm. Bewohnt die Steppengebiete Europas und Asiens und reicht im Osten bis nach Japan. Sie ist ebenfalls ein Wanderfalter und bildet in Europa zwei Generationen, von denen die erste im Mai und Juni, die zweite von Juli bis August ausfliegt. Die Raupen sind ähnlich wie bei der vorangehenden Art polyphag. Die Puppe überwintert.

3 Protosehinia scutosa SCHIFF. 30–33 mm. In den wärmeren Teilen Europas und Asiens bis nach Korea verbreitet. Wanderfalter, der zeitweilig auch in Gebieten auftaucht, in denen er sonst nicht lebt. Der Falter bildet zwei Generationen. Die Puppe überwintert. Die Raupen leben polyphag, vor allem auf den Blüten verschiedener Pflanzen wie zum Beispiel auf Beifuß und Gänsefuß.

4 Pyrrhia umbra HFN. 27–35 mm. In der ganzen Paläarktis verbreitet. Diese Art bewohnt Laubwälder vor allem in den wärmeren Lagen und Niederungen. Sie bildet jährlich eine Generation, die von Mai bis Juli ausfliegt. Die Raupe entwickelt sich in den Sommermonaten auf Laubbäumen, aber auch auf niedrigen Pflanzen. Die Puppe überwintert.

5 Gelbliche Dunkelrandige Erdeule *Axylia putris* L. 27–32 mm. Wurde früher zu den Saateulen gezählt, gehört aber offensichtlich nicht dazu. Sie ist in der ganzen gemäßigen Paläarktis verbreitet und bildet jährlich von Mai bis August eine zeitlich weit auseinandergezogene Generation. Nur selten taucht im August noch eine zweite Teilgeneration auf. Die Raupen leben polyphag auf niedrigen Pflanzen. Die Puppe überwintert.

6 Lithacodia deceptoria SC. 20–22 mm. Von Europa über den Ural bis nach Nordchina verbreitet, fehlt aber in den extremen Lagen des Nordens und Südens. Sie bewohnt grasreiche Biotope, vor allem feuchte Wiesen. Die einzige Generation fliegt von Mai bis Juli. Die Raupen entwickeln sich am Ende des Sommers auf Gräsern. Die Puppe überwintert.

7 Lithacodia pygarga HFN. 20–22 mm. Ähnlich wie die vorangehende Art verbreitet, bewohnt jedoch eher lichte Wälder mit grasreichen Lichtungen und üppiger Vegetation, verwachsene Hänge u. ä. Manchmal steigt der Falter auch recht hoch in die Berge auf. Die einzige Generation fliegt von Mai bis August aus. Die Raupe nährt sich von verschiedenen Gräsern. Die Puppe überwintert.

8 Eustrotia uncula CL. 20–22 mm. In den kälteren Gegenden der Paläarktis auf feuchten Wiesen, Sumpfland, Mooren u. ä. zu Hause. Wir treffen den Falter auch recht hoch in den Bergen an. Er bildet eine, manchmal auch zwei Generationen, die von Mai bis August ausfliegen. Die Raupen leben von Juni bis September auf verschiedenen Binsen und Seggen. Die Puppe überwintert.

9 Windeneulchen *Emmelia trabealis* SC. 18–20 mm. Ist mit Ausnahme der Polargebiete in der waldlosen Landschaft, auf Steppen und Wiesen der gesamten Paläarktis verbreitet. Der Falter bildet jährlich zwei Generationen, die von Mai bis Juni und im Juli und August ausfliegen. Wir treffen ihn in sonnigen, ausgetrockneten Biotopen, aber auch auf Feldern an. Die Raupe ist polyphag und ernährt sich von niedrigen Pflanzen. Die Puppe überwintert.

Eulenfalter

Familie Eulenfalter – Noctuidae

1 Windeneule *Tyta luctuosa* SCHIFF. 22–25 mm. Über die ganze paläarkt. Unterregion bis nach Ostsibirien verbreitet. Wir treffen den Falter überall an sonnigen, grasbewachsenen Hängen und auf Steppenland an. Er fliegt nachts zum Licht, ist aber bei sonnigem Wetter auch tagsüber aktiv. Er bildet jährlich von Mai bis August zwei Generationen. Die Raupe lebt auf Winden. Die Puppe überwintert.

2 Aegle koekeritziana HB. 23–25 mm. Bewohnt die wärmeren Gebiete Europas und ist über Kleinasien bis zum Kaukasus verbreitet. Der Falter ist recht selten und bildet jährlich eine Generation, die im Juni ausfliegt. Die Raupen leben im Juli und August auf Feldrittersporn. Die Puppe überwintert. In den letzten Jahren ist dieser Falter sehr selten geworden, was vielleicht mit der Beseitigung der Unkräuter auf den Getreidefeldern zusammenhängt.

3 Nycteola revayana SC. 20–25 mm. Ist in ganz Europa und weiter nach Osten über Kleinasien bis nach Syrien und über das Altaigebirge bis nach Japan verbreitet. Es handelt sich um eine überaus variable Art, die zahllose Formen bildet, bei denen man von einigen nicht glauben möchte, daß sie zu eben dieser Art gehören (z. B. **3, 3c**). So sind zum Beispiel f. *ramosana* mit dem schwarzen Längsschatten auf den Flügeln, oder f. *ilicana* mit den schwarzen Flecken auf hellerem Grund besonders interessant. Der Falter bildet zwei Generationen im Jahr. Die Imago der zweiten Generation überwintert. Die Raupe wächst im Mai und Juni und im August und September auf Eiche heran.

4 Weidenkahneule *Earias chlorana* L. 16–20 mm. Gehört zu der interessanten Gruppe grün gefärbter Eulen. Sie ist in der nichtpolaren paläarktischen Unterregion verbreitet und lebt in Laubwäldern, vor allem an Wasserläufen. Sie bildet jährlich von Mai bis August zwei Generationen. Die Puppe überwintert. Die Raupe frißt an den Blättern verschiedener Weiden.

5 Buchen-Kahnspinner *Pseudoips fagana* F. 30–35 mm. In den Laubwäldern der gesamten Paläarktis verbreitet und reicht in den Bergen hoch bis zur Buchenwaldgrenze hinauf. Die Falter der einzigen Generation fliegen von Mai bis Juli. Zwischen Männchen und Weibchen bestehen Farbunterschiede. Die Männchen tragen gelborange, die Weibchen weiße Hinterflügel. Die Raupen leben bis September auf Buchen, Eichen, Hainbuchen u. ä. Die Puppe überwintert.

6 Großer Kahnspinner *Bena prasinana* L. 40–45 mm. Diese wärmeliebende Art ist in den Laub- und Mischwäldern und Baumsteppen Europas und Kleinasiens bis zum Kaukasus verbreitet. Der Falter bildet von Mai bis Juli eine Generation. Die Raupe lebt von August an bis zum nächsten Frühjahr auf Eiche und verpuppt sich in einem gelben, festen Kokon.

7 Mönch, Klosterfrau *Panthea coenobita* ESP. 40–50 mm. In Nord- und Nordosteuropa und weiter im Osten bis nach Sibirien verbreitet. Der Falter bewohnt die Zone der Kiefern- und Fichtenwälder. Seine einzige Generation fliegt im Mai bis August. die Raupen (**7b**) leben vom Sommer bis zum Herbst auf Fichten, Kiefern und anderen Nadelbäumen. Die Puppe überwintert (**7c**).

8 Trichosea ludifica L. 35–45 mm. Diese überwiegend Gebirgs- und Vorgebirgsart ist in der gemäßigten Zone Europas beheimatet. Die Falter fliegen im Mai und Juni aus. Die Raupen leben am Ende des Sommers vor allem auf Mehlbeere, aber auch anderen Bäumen. Die Puppe überwintert.

9 Haseleule *Colocasia coryli* L. 27–35 mm. In der Laubwaldzone von Europa bis nach Ostasien, im Süden auch in Kleinasien und Armenien verbreitet. Sie bildet meistens von April bis Juni eine Generation, manchmal taucht im August noch eine zweite auf. Die Raupen (**9b**) leben vom Sommer bis zum Herbst auf Eiche, Buche, Haselnuß, Birke und anderen Laubbäumen. Die Puppen überwintern.

Eulenfalter

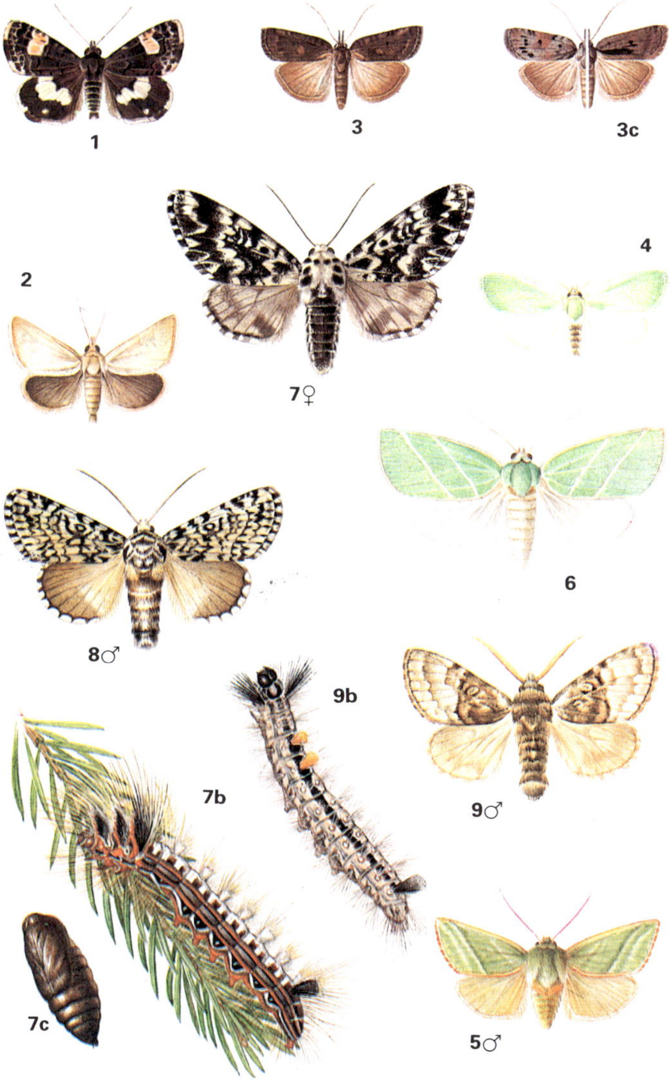

Familie
Eulenfalter – Noctuidae

1 Orion, Seladon *Moma alpium* Osb. 30–35 mm. Im nichtpolaren Europa und im Osten bis nach Mittelasien. Eine Art der Laubwälder, die oft auch auf heidebewachsenen Torfmooren auftaucht. Der Falter fliegt von Mai bis August, die Raupe lebt von Juli bis September. Die Puppe überwintert. Nährpflanzen der Raupe sind verschiedene Laubbäume.

2 Ahorneule *Acronicta aceris* L. 35–45 mm. In der gemäßigten Zone Europas und im Osten bis nach Mittelasien verbreitet. Sie lebt in den Laubwäldern und wärmeren Lagen und hat sich auch gut an die Stadtparks angepaßt. Der Falter fliegt von Mai bis August, die Raupe wächst zu Beginn des Herbstes heran und lebt auf verschiedenen Laubbäumen, vor allem auf Roßkastanie, Ahorn, Haselnuß u. ä. Die Puppe überwintert in einem Kokon.

3 Pudel *Acronicta leporina* L. 35–42 mm. In der kälteren und gemäßigten Zone Europas und weit in den Osten bis nach Asien verbreitet. Der Falter taucht oft auch in den Bergen auf. Er ist nirgends besonders zahlreich und zeigt sich, entsprechend der Standortlage und dem Klima, vereinzelt von Mai bis August. In wärmeren Gegenden kann er teilweise auch eine zweite Generation bilden. Die Raupe (**3b**) lebt von Juli bis September vor allem auf Birken, aber auch auf Weiden, Pappeln u. ä. Die Puppe überwintert.

4 Erleneule *Acronicta alni* L. 33–38 mm. Taucht im Mai und Juni in feuchten Laubwäldern, in Tälern und an Wasserläufen auf. Die Raupe lebt von Juni bis September auf verschiedenen Laubbäumen, vor allem auf Weide, Eiche und Erle. Sie ist durch ihre Färbung und die keulenförmig verdickten Borsten (**4b**) besonders interessant. Die Puppe überwintert. Diese Art ist mit Ausnahme des extremen Südens in ganz Europa verbreitet und reicht im Osten bis nach Armenien und in das Amurgebiet.

5 Pfeileule, Schleheneule *Acronicta psi* L. 30–40 mm. Von den drei sehr ähnlichen Arten (*A. tridens* Schiff. und *A. cuspis* Hb.) am häufigsten. Diese Arten lassen sich aber an den Raupen sehr leicht unterscheiden. Der Falter fehlt in den kälteren Lagen. Er bildet meistens nur eine, im Süden teilweise eine zweite Generation. Der Falter fliegt von Mai bis August aus. Die Raupe lebt von Juni bis August auf Schlehen, Birnbaum und vielen anderen Bäumen und Büschen. Die Puppe überwintert.

6 Ampfereule *Acronicta rumicis* L. 30–35 mm. Außer den Polargebieten in der ganzen paläarkt. Unterregion verbreitet. Bildet entsprechend den klimatischen Verhältnissen eine bis drei Generationen. In Mitteleuropa treten gewöhnlich von April bis September zwei Generationen auf. Die Raupe (**6b**) ist polyphag und ernährt sich von verschiedenen Kräutern, manchmal richtet sie an Feldkulturen Schäden an; wir können sie auch auf Sträuchern finden. Die Puppe (**6c**) überwintert in einem weichen Kokon.

7 Ligustereule *Craniophora ligustri* Schiff. 30–35 mm. In der gemäßigten Zone der ganzen paläarkt. Unterregion verbreitet und bewohnt Laub- und Mischwälder und Baumsteppen. Sie bildet jährlich zwei Generationen. Die erste fliegt von Mai bis Juli, die zweite von August bis September aus. Die Raupe lebt auf Esche, Liguster und Flieder. Die Puppe überwintert. In Gebieten, wo die Atmosphäre durch Industrieabgase verunreinigt wird, neigen die Falter zu Melanismus, d. h. zur Bildung dunkler Formen (f. *nigra* – **7c**).

8 Kleine Flechteneule *Cryphia domestica* Hfn. 20–25 mm. Diese veränderliche Art ist in den wärmeren Gebieten ganz Europas bis zum Kaukasus verbreitet. Sie bildet eine Generation, die im Juli und August ausfliegt. Die Raupe überwintert. Sie lebt auf verschiedenen Flechten und Moosen, die auf Mauern und Baumstämmen wachsen.

Eulenfalter

Familie Eulenfalter – Noctuidae

1 Pyramideneule *Amphipyra pyramidea* L. 40–52 mm. Sehr zahlreich in der Laubwaldzone ganz Europas und Asiens, bis nach Japan verbreitet. Die einzige Generation fliegt von Mitte Juli bis Ende September. Die Eier überwintern, und die Raupen (**1 b**) entwickeln sich im Frühjahr. Sie sind polyphag. Diese Art ist nicht sehr variabel, trotzdem konnten aber einige interessante Formen beschrieben werden. Hierzu gehört die unlängst entdeckte, sehr ähnliche Art *A. berbera* RUNGS, über deren Verbreitung bis jetzt wenig bekannt ist, die aber auch in Europa lebt.

2 Dreipunkteule *Amphypyra tragopogonis* CL. 33–38 mm. Im ganzen gemäßigten Europa und Asien verbreitet und überall sehr zahlreich. Sie steigt auch in die Berge auf und lebt auf Wiesen, an Waldrändern, im Buschwerk entlang der Wasserläufe u. ä. Sie bildet eine Generation. Der Falter fliegt von Juli bis Oktober. Die Eier überwintern, die Raupen entwikkeln sich im Frühjahr. Sie sind polyphag. Die Imagines haben die interessante Eigenschaft, in verschiedene Öffnungen, Ritzen, unter die Baumrinde u. ä. zu kriechen.

3 Schwarzes Ordensband *Mormo maura* L. 55–65 mm. In Europa und Asien nach Südosten hin verbreitet. Der Falter konzentriert sich in feuchten Biotopen, vor allem an Bach- und Flußläufen. Hier fliegt er im Juli und August aus. Die Raupe lebt vom Herbst bis zum nächsten Frühjahr auf Erlen und Weiden, aber auch auf verschiedenen Kräutern.

4 Trauereule *Dypterygia scabriuscula* L. 32–37 mm. In ganz Europa zu Hause, reicht hier sogar bis weit nach Norden und kommt auch in Asien bis nach Japan und in Nordamerika vor. Sie tritt jedoch nirgends sehr zahlreich auf. Jährlich tauchen eine bis zwei Generationen auf. Wir finden den Falter vereinzelt, aber praktisch ohne Unterbrechung, von Mai bis September. Die Raupen der Herbstgeneration überwintern. Sie sind polyphag.

5 Grüne Meldeneule *Trachea atriplicis* L. 38–42 mm. In der ganzen paläarkt. Unterregion verbreitet, reicht im Osten bis nach Japan. Wir treffen den Falter in verschiedenen Biotopen außerhalb des Waldes an, vor allem auf Wiesen, Heiden und Torfmooren in den Niederungen, aber auch auf Feldern und Ruderalböden. Er bildet jährlich zwei Generationen, die von Mai bis Oktober ausfliegen. Die Raupen leben im Sommer auf verschiedenen niedrigen Kräutern, vor allem auf Melde und Vogelknöterich. In den letzten Jahren ist diese Art in Mitteleuropa stark zurückgegangen.

6 Purpurglanzeule *Euplexia lucipara* L. 27–32 mm. Von Europa über Asien bis nach Nordamerika verbreitet. Lebt in feuchteren Biotopen mit üppiger Vegetation, auf Wiesen, an Flußufern, in Bachtälern u. ä. Entsprechend dem Klima bildet sie von Mai bis August eine bis zwei Generationen. Die Raupen sind polyphag, leben aber meistens auf der Großen Brennessel. Die Puppe überwintert.

7 Achateule *Phlogophora meticulosa* L. 45–50 mm. Diese wandernde Art ist im europäischen und afrikanischen Mittelmeergebiet zu Hause und bis zum Kaukasus verbreitet. Die Eulen fliegen im Norden von April bis Juli an, die neue Generation von August bis lange in den Herbst hinein; dann kehren sie wahrscheinlich in die Heimat zurück. Die Raupen sind polyphag. Sie leben nur im Sommer, Frost überstehen sie nicht. Wenn sich also im Herbst eine zweite Generation bildet, stirbt diese bei Abkühlung aus.

8 Espenblatteule *Ipimorpha subtusa* SCHIFF. 27–30 mm. In der gemäßigten Zone der paläarkt. Unterregion verbreitet. Bildet jährlich eine Generation, die von Juli bis September ausfliegt. Das Ei überwintert. Die Raupen leben im Frühling auf Pappeln.

Eulenfalter

Familie
Eulenfalter – Noctuidae

1 Enargia paleacea Esp.
35–42 mm. In Nord- und Mitteleuropa und auch in Mittel- und Ostasien und Nordamerika verbreitet. Der Falter ist auf feuchten Wiesen, Heideland, Auen und Torfmooren verbreitet und kommt auch hoch in den Bergen vor. Er ist nicht sehr häufig und fliegt von Juli bis September. Die Eier überwintern, die Raupen entwickeln sich im Frühling. Sie ernähren sich von den Blättern der Birken, Zitterpappeln, Erlen u. ä.

2 Trapez-Eule *Cosmia trapezina* L.
25–33 mm. Mit Ausnahme der Polargebiete in der ganzen Paläarktis verbreitet. Kommt überall zahlreich in Laub- und Mischwäldern und auch in Stadtparks und Gärten vor. Der Falter ist überaus variabel. Es treten auch fast schwarze Formen auf. Der Schmetterling fliegt von Ende Juni bis September in einer Generation aus. Die Eier überwintern. Die Raupen (**2b**) entwickeln sich im Frühling. Sie leben auf Eichen, Hainbuchen, Birken u. ä. und überfallen als Raublarven auch andere Raupen, einschließlich die der gleichen Art. Als Vernichter der Wicklerraupen sind sie in gewisser Hinsicht nützlich.

3 Actinotia polyodon Cl.
27–30 mm. In der ganzen Paläarktis verbreitet, bewohnt aber vor allem die wärmeren Gebiete. Der Falter bildet von Mai bis August eine bis zwei Generationen. Die Raupe lebt im Herbst auf Hartheu und Tragant. Die Puppe überwintert.

4 Wurzelfresser *Apamea monoglypha* Hfn. 45–55 mm. Diese sehr zahlreich auftretende Art bewohnt bis hoch in die Berge alle Arten von Wiesen. Sie ist mit Ausnahme des äußersten Südens, wo sie von einer Reihe anderer, ähnlicher Arten vertreten wird, in ganz Europa und Asien verbreitet. Sie bildet jährlich eine Generation, die von Juli bis August ausfliegt. Die Raupen überwintern. Sie ernähren sich von den unterirdischen Teilen verschiedener Gräser. Der Falter ist überaus variabel. Besonders interessant ist die schwarze f. *aethiops*.

5 Graswurzeleule *Apamea lithoxylaea* Schiff. 43–50 mm. Wärmeliebender als die vorige Art und in der gemäßigten und warmen Zone Europas und in Asien bis zum Altai verbreitet. Der Falter fliegt von Juni bis August auf grasreichen, trockeneren Biotopen, vor allem in den Niederungen, und auch in lockeren, grasbewachsenen Wäldern aus. Die Raupe überwintert. Sie lebt in den Wurzelstöcken verschiedener Gräser.

6 Apamea anceps Schiff.
35–40 mm. In der gemäßigten Zone Europas und weiter im Südosten bis nach Asien und Ostsibirien verbreitet. Fliegt von Mai bis Juli. Die Raupen überwintern. Sie fressen an Gräsern und werden auch als Getreideschädlinge angesehen.

7 Halmeulchen *Oligia strigilis* L.
22–25 mm. In Nord- und Mitteleuropa, Asien und Nordamerika verbreitet und steigt hoch in die Berge auf. Der Falter ist sehr variabel, er neigt in der Kulturlandschaft zur Ausbildung dunkler, melanistischer Formen (z. B. f. *aethiops* – **7c**). Wir treffen ihn von Mai bis Juli vor allem in grasreichen Biotopen. Die Raupe überwintert. Sie ernährt sich von Gräsern.

8 Oligia latruncula Schiff.
20–24 mm. Mit Ausnahme Nordamerikas ähnlich verbreitet wie die vorige Art. Wir finden den Falter auch im Wald, auf Torfmooren und in Steppen. In von Industrieabgasen verschmutzten Gebieten bildet er ebenfalls melanistische Formen. (z. B. f. *aethiops* – **8c**). Die Raupe lebt so wie die der vorangehenden Art.

9 Getreidewurzeleule *Mesapamea secalis* L. 27–30 mm. Zahlreich von Europa bis nach Nordamerika verbreitet. In den Bergen nimmt ihre Häufigkeit mit wachsender Höhe ab. Sie fliegt von Juli bis September in einer Generation aus. Die Raupe überwintert. Sie lebt auf Gräsern und schädigt oft auch Getreide. Der Falter ist sehr variabel (**9, 9c**) und bildet, von ganz hellen bis zu völlig schwarzen, zahllose Formen.

4
2
1
5
6
9
9c
3
8c
8
7
2b
2c

Familie
Eulenfalter – Noctuidae

1 Schmieleneule *Photedes minima* Hw. 20–23 mm. In Nord- und Mitteleuropa zusammenhängend, im Süden nur in den Bergen verbreitet. Diese Eule bewohnt feuchte Wiesen und Torfmoore, oft auch die Quellgebiete von Bächen und Flüssen und steigt hoch in die Berge auf. Sie fliegt von Juni bis August. Die Weibchen sind schwerfällig. Die Raupen überwintern und ernähren sich von Gräsern, zum Beispiel von Schmiele.

2 Photedes fluxa Hb. 22–25 mm. Im gemäßigten und nördlichen Europa verbreitet; reicht östlich über den Ural bis nach Mittelasien. Diese Art lebt auf Wiesen und anderen grasreichen Biotopen. Der Falter fliegt von Juli bis September, die Raupe überwintert. Sie lebt in den Stengeln des Sandreitgrases. Das Weibchen unterscheidet sich vom Männchen durch seine gelbere Färbung. Die Männchen sind rötlicher.

3 Luperina testacea Schiff. 30–35 mm. In der gemäßigten Zone Europas verbreitet; reicht im Osten über Kleinasien bis nach Armenien. Der Falter ist in der Zeichnung äußerst variabel. Er fliegt von Juli bis September in grasigen, trockeneren Biotopen, in Steppen, Baumsteppen u. ä. aus. Die Raupe lebt vom Herbst bis zum Frühjahr und hält sich anfangs in den Stengeln verschiedener Gräser, später im Rasen auf.

4 Amphipoea fucosa Frr. 30–35 mm. Diese Eule ist in der Gemeinschaft einiger sehr ähnlicher Arten am zahlreichsten und weitesten verbreitet. Sie bewohnt praktisch die feuchteren und trockeneren Aubiotope der gesamten paläarktischen Region. Der Falter fliegt im Juli und August aus und ist in der Färbung überaus variabel. Es wurden viele Formen beschrieben und damit die Unterscheidung von anderen Arten erheblich erschwert. Die Raupe lebt im Frühling auf verschiedenen Gräsern und zweikeimblättrigen Pflanzen, vielleicht überwintert sie.

5 Markeule *Hydraecia micacea* Esp. 28–45 mm. Lebt in ganz Europa und Asien, vor allem in feuchten Biotopen außerhalb des Waldes, in üppiger Vegetation, wie sie Täler, Bachufer, aber auch Felder und Ruderalböden aufweisen. Der Falter fliegt von Ende Juli bis Oktober. Das Ei überwintert. Die Raupe entwickelt sich vom Frühling bis zum Sommer in den fleischigen Stengeln und Wurzeln verschiedener Gräser. Gelegentlich schädigt sie Hopfen, Spargel, Rüben u. ä. In Europa leben noch einige sehr ähnliche Arten dieser Gattung, zum Beispiel *H. ultima* Holst, die erst 1965 entdeckt wurde.

6 Kletteneule *Gortyna flavago* Schiff. 35–40 mm. Mit Ausnahme des äußersten Südens in der ganzen gemäßigten Zone Europas und weiter über Kleinasien bis nach Armenien verbreitet. Sie bildet jährlich eine Generation, die von August bis Oktober ausfliegt. Die Eier überwintern, und die Raupen (**6b**) entwickeln sich im Frühling und Sommer in den fleischigen Stengeln von Klette, Kreuzkraut, Disteln und anderen Pflanzen.

7 Grüneule *Calamia tridens* Hfn. 32–42 mm. Bewohnt Steppen- und Wiesenbiotope und taucht oft in Ruderalgebieten, wie Bahndämmen u. ä., auf. Die Eule ist über das ganze gemäßigte Europa verbreitet. In der letzten Zeit sind ihre Bestände jedoch stark zurückgegangen. Der Falter fliegt von Juli bis August aus und ist auch tagaktiv. Die Eier überwintern. Die Raupe entwickelt sich im Frühling auf verschiedenen Gräsern.

8 Malachiteule *Staurophora celsia* L. 37–42 mm. In Mittel- und Nordeuropa verbreitet; reicht über die Steppen Osteuropas und Mittelasiens bis nach Ostsibirien. Diese Eule tritt auf sandigen, manchmal auch auf kalkigen Böden auf. Sie kommt lokal begrenzt und selten und nur an einigen Standorten zahlreicher vor. Der Falter fliegt im September und Oktober aus. Die Raupe entwickelt sich nach dem Überwintern der Eier von Juni bis August auf Sand-Reitgras und in den Wurzelstöcken einiger anderer Gräser.

1

3

6

4

7

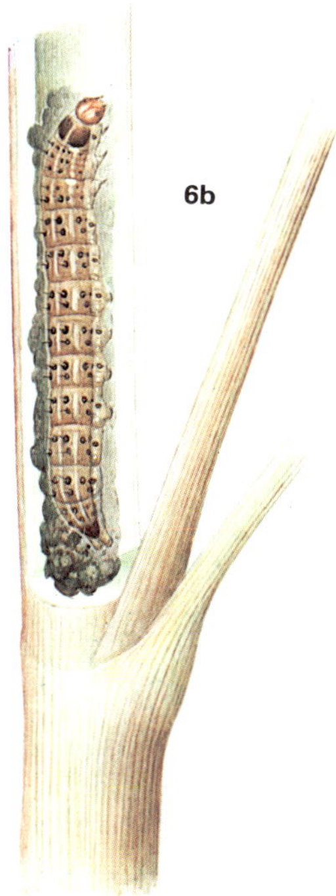

6b

5

2

8

Familie
Eulenfalter – Noctuidae

1 Gemeine Schilfeule *Nonagria typhae* THBG. 45–50 mm. In Nord- und Mitteleuropa verbreitet, reicht im Osten bis nach Mittelasien. Sie ist an feuchte, sumpfige Biotope wie Flußgebiete, Teiche, Seen, Moore u. ä. gebunden. Der Falter fliegt von Juli bis Oktober. Er ist nirgends zahlreich. Die Raupe überwintert. Sie lebt in den Stengeln einiger weniger Sumpfpflanzen, wie Rohrkolben und Simse.

2 Zweipunktschilfeule *Archanara geminipuncta* HW. 27–32 mm. In der gemäßigten Zone Europas bis nach Mittel- und Südrußland verbreitet. Der Falter fliegt im Juli und August im Schilf an den Rändern der Gewässer aus. Er kommt stellenweise recht zahlreich vor. Die Raupen entwickeln sich vom Herbst bis zum Frühling in den Stengeln des Schilfrohrs (**2b**). Die Zeichnung des Falters ist veränderlich, und es wurde eine Reihe von Formen beschrieben. So ist zum Beispiel f. *nigricans* mit den rötlichen Flügeln oder f. *obsoleta*, die keinen weißen Fleck auf den Flügeln trägt, bekannt.

3 Rohrkolbeneule *Archanara sparganii* ESP. 32–40 mm. In der gemäßigten Zone der Paläarktis verbreitet und ähnlich wie die anderen Arten dieser Gattung an feuchte Biotope in der Umgebung vor allem stehender Gewässer gebunden. Der Falter bildet von August bis Oktober eine Generation, die Raupe lebt über den Winter bis zum nächsten Juli in den fleischigen Stengeln verschiedener Wasserpflanzen. Diese Art ist sehr variabel.

4 Rhizedra lutosa HB. 42–50 mm. Fast in der ganzen paläarkt. Unterregion bis zum Ussurigebiet verbreitet. Der Falter fliegt von August bis November aus. Die Eier überwintern. Die Raupen leben im Frühling und Sommer in den Stengeln des Schilfrohres. Mit der Wirtspflanze ist also auch der Biotop dieser Art bestimmt. Die Falter sind sehr variabel, und es wurde eine ganze Reihe von Formen beschrieben, wie zum Beispiel f. *rufescens* mit rötlichen Flügeln oder f. *strigata* mit stärker ausgeprägter dunkler Querteilung.

5 Dreilinieneule *Charanyca trigrammica* HFN. 35–40 mm. Diese Art folgt den wärmeren Gebieten Europas und Kleinasiens. Sie reicht im Osten bis nach Armenien und steigt auch recht oft hoch in die Berge hinauf. Sie lebt in verschiedenen Biotopen, vor allem in üppiger Vegetation, auf Wiesen, Lichtungen, an Waldrändern u. ä. Jährlich entwickelt sich eine Generation, die von Mai bis Juli ausfliegt. Manchmal tritt im September noch eine zweite Generation auf. Die Raupe überwintert und ernährt sich von verschiedenen niedrigen Pflanzen. Die Falter sind variabel. Interessant sind die dunkle f. *brunnea* oder f. *bilinea* mit dem dunklen Mittelfeld der Flügel.

6 Hoplodrina octogenaria GOEZE. 28–34 mm. Ist im mittleren und nördlicheren Europa und östlich bis nach Sibirien verbreitet und fast überall häufig. Ursprünglich bewohnte diese Art Waldsteppenbiotope, hat sich aber den waldlosen Ruderalen gut angepaßt. Diese Art hat eine Generation, die von Juni bis Oktober fliegt. Die Raupe überwintert. Sie ist polyphag.

7 Hoplodrina ambigua SCHIFF. 28–30 mm. Bewohnt in Europa und Mittelasien die Biotope außerhalb des Waldes, hat sich aber auch gut an die Kulturlandschaft angepaßt, wo auf Ruderalböden geeignete Lebensbedingungen bestehen. Der Falter bildet von Mai bis Juli und von August bis September jährlich zwei Generationen. Die Raupe der Herbstgeneration überwintert. Sie ist polyphag.

8 Athetis pallustris HB. 27–32 mm. Diese Art ist auf die kälteren Gebiete Nord- und Mitteleuropas beschränkt. Wir finden sie auf feuchten Wiesen, im Süden des Areals oft auch in den Bergen, in Sümpfen, Torfmooren und deren Umgebung, an den Ufern von Gewässern u. ä. Die einzige Generation fliegt von Mai bis Juli. Die Raupe überwintert. Sie befrißt verschiedene Gräser und niedrige, saftige Kräuter.

Eulenfalter

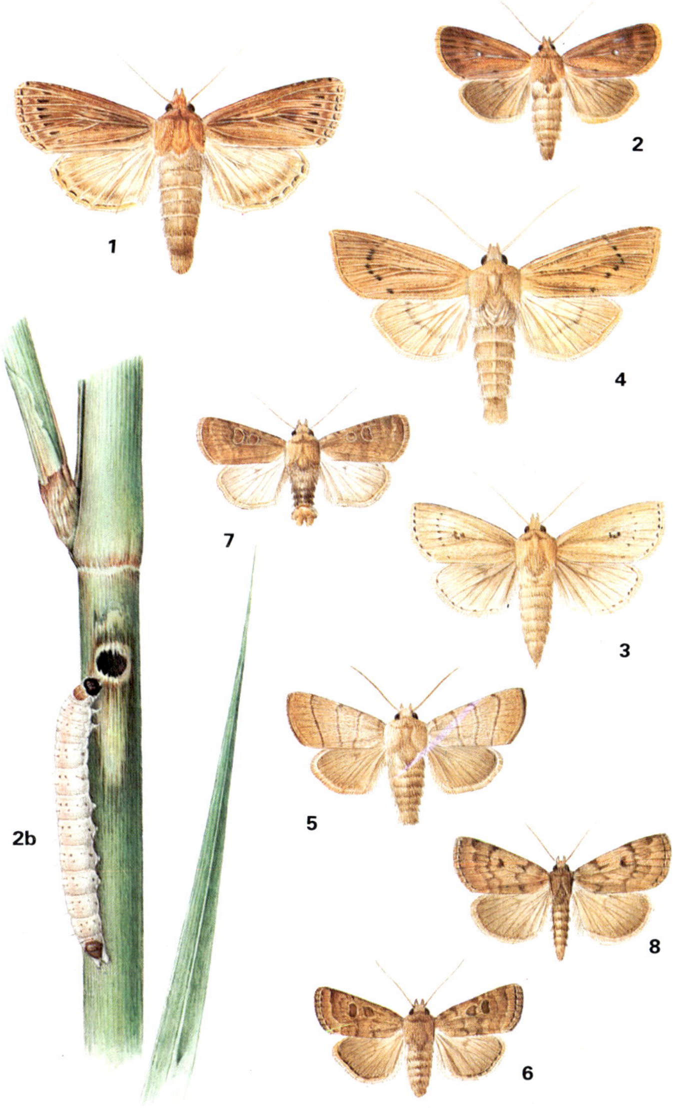

Familie
Eulenfalter – Noctuidae

1 Cucullia fraudatrix Ev. 30–35 mm. Diese wärmeliebende Art ist in Mittel- und Südeuropa, im Osten in Asien bis zum Amur beheimatet. Die einzige Generation fliegt von Ende Juni bis Mitte August. Die Raupen entwickeln sich am Ende des Sommers auf Beifuß. Die Puppe überwintert. In den letzten Jahrzehnten hat sich diese Art erheblich nach Norden ausgebreitet. Wahrscheinlich sagen ihr die durch die Zivilisation bedingten Landschaftsveränderungen, bei denen Ruderalgebiete entstehen, zu.

2 Beifußmönch *Cucullia artemisiae* Hfn. 37–42 mm. Ebenfalls auf den sandigen Böden im ganzen gemäßigten Europa und Asien bis zum Amur verbreitet. Die einzige Generation fliegt im Juni und Juli. Die Raupen können wir Ende August und im September auf blühendem Beifuß finden. Sie tragen eine sehr wirksame Schutzfärbung (**2b**). Die Puppen überwintern in festen Kokons aus Lehm und Pflanzenresten im Boden.

3 Fahler Wermut-Mönch *Cucullia absinthii* L. 32–40 mm. Ähnlich verbreitet wie die vorangehende Art und hat auch die entsprechende Lebensweise. Die Falter fliegen im Juni und Juli aus. Die Raupen entwickeln sich Ende des Sommers auf Beifuß. Die Puppen überwintern. Die Raupen tragen ebenfalls eine Schutzfärbung (**3b**). Beide Arten treten stellenweise zahlreich auf und sind anderswo wieder sehr selten.

4 Cucullia chamomillae Schiff. 40–42 mm. Gehört zu den sehr frühen Arten. Ihre Flugzeit beginnt schon im April und endet Anfang Juni. Wir finden die Raupen (**4b**) Anfang Juli auf Geruchloser und Echter Kamille usw. Die Puppe überwintert. Das Verbreitungsgebiet dieses Falters erstreckt sich über das wärmere Europa und weiter über Kleinasien nach Osten.

5 Schattenmönch *Cucullia umbratica* L. 42–52 mm. Über Europa bis nach Mittelasien verbreitet. Es ist die zahlreichste Art dieser umfangreichen Gattung; sie fliegt von Ende Mai bis August. Die Raupen entwickeln sich gegen Ende des Sommers und ernähren sich von verschiedenen Pflanzen. Die Puppe überwintert.

6 Brauner Mönch, Wollkrauteule *Cucullia verbasci* L. 45–50 mm. Lebt in Europa an verschiedenen Stellen und kommt im Osten bis zur Wolga, bis nach Armenien und Syrien vor. Er fliegt sehr zeitig, schon im April und Mai, aus. Die Raupen (**6 b**) leben im Mai und Juni auf Königskerze. Die Puppe überwintert.

7 Brachionycha nubeculosa Esp. 45–48 mm. Eine der ersten Frühlingseulen, die im März und April ausfliegt. Wir finden sie in gemischten Auwäldern, vor allem an feuchten Stellen, an Ufern u. ä. Die Raupen ernähren sich im Mai und Juni von den Blättern verschiedener Laubbäume. Die Puppen überwintern. Der Falter ist in Mittel- und Nordeuropa und östlich bis zum Amur verbreitet.

8 Graugelbe Rauhhaareule *Dasypolia templi* Thbg. 35–40 mm. In den Berglagen Nord- und Mitteleuropas und auch in einigen Gebirgen Asiens verbreitet. In den Alpen und Sudeten tritt der Falter stellenweise recht häufig auf. Er fliegt im Herbst von September an aus, überwintert und fliegt dann noch bis Mai. Die Raupen entwickeln sich im Sommer auf den Wurzeln und Stengeln von Doldengewächsen, vor allem auf Bärenklau. Unter Berücksichtigung des inselartigen Auftretens wurden einige deutlich abgegrenzte geographische Rassen beschrieben.

Eulenfalter

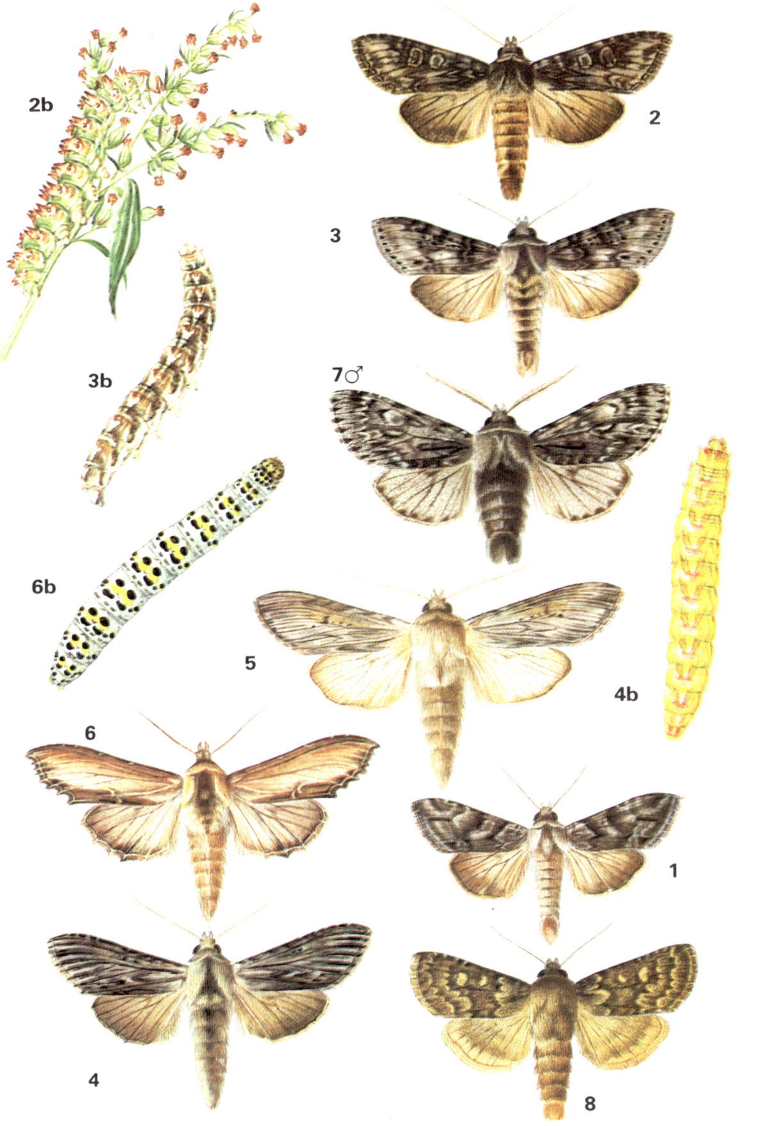

Familie
Eulenfalter – Noctuidae

1 Calliergis ramosa Esp. 28–32 mm. Eine Eule der Vorgebirgslagen Europas. Hier lebt sie in Tälern, lockeren Misch- und Nadelwäldern bis in ungefähr 1000 m. Der Falter bildet jährlich eine Generation und fliegt im Mai und Juni aus. Die Raupe lebt im Juli und August auf einigen Geißblattarten.

2 Lithomoia solidaginis Hb. 40–45 mm. Weit in der nördlichen und gemäßigten Zone der Paläarktis und auch in Nordamerika verbreitet. Der Falter tritt in markanten Biotopen auf, vor allem in lichten Kiefernwäldern mit Heidekrautwuchs, an Waldrändern, auf Kahlschlägen und Torfmooren. Er lebt von August bis zum Herbst. Das Ei überwintert. Die Raupe lebt von Mai bis Juli auf verschiedenen Heidelbeerarten. Lokal vorkommende Art.

3 Lithophane socia Hhn. 38–42 mm. Im Norden und auch weit bis in den Süden der Paläarktis verbreitet. Wir treffen diesen Falter in den verschiedensten Biotopen mit Laubbäumen und Sträuchern, auch in Gärten, Plantagen und Stadtparks, denen er sich angepaßt hat. Er ist jedoch nirgends häufig und fliegt von August und dann wieder nach dem Überwintern bis zum Mai. Die Raupe entwikkelt sich am Anfang des Sommers auf verschiedenen Laubbäumen (auch Obstbäumen).

4 Holzeule *Lithophane ornitopus* Hfn. 32–38 mm. In den gemäßigten und warmen Zonen ganz Europas und Asiens bis nach Japan verbreitet. In Laubwäldern und Waldsteppen recht häufig. Der Falter lebt von August bis Mai (er überwintert). Die Raupe wächst am Beginn des Sommers auf Eiche, Weide und anderen Baumarten heran.

5 Braunes Moderholz *Xylena vetusta* Hb. 50–57 mm. Über ganz Europa, Asien und Nordamerika verbreitet. Tritt in den verschiedensten Biotopen, in lichten Wäldern, auf Auen und Feldern, an Waldrändern und in Torfmooren auf. Der Falter schlüpft am Ende des Sommers, entwickelt seine Hauptaktivität aber erst nach dem Überwintern von April bis Juni. Die Raupen (**5b**) entwickeln sich rasch. Sie formen im Boden Kammern, in denen sie lange liegen, um sich schließlich zu verpuppen. Nach dem Verpuppen schlüpft bald der Falter. Die Raupen sind polyphag. Wir können sie oft in Feldkulturen finden.

6 Gemeines Moderholz *Xylena exsoleta* L. 55–65 mm. In der gemäßigten Zone Europas bis zum Kaukasus verbreitet. Sonst Lebensweise und Jahreszyklus ähnlich wie bei der vorangehenden Art. Die Raupen (**6b**) wurden oft auf Lein, Rüben und Gemüse gefunden. Sie sind polyphag. Die erwachsenen Tiere überwintern und können während winterlicher Erwärmungsperioden auf dem Schnee auftauchen.

7 Weißdorneule *Allophyes oxyacanthae* L. 35–45 mm. Bewohnt die Laubwälder und Waldsteppen Europas und Asiens. Die Falter fliegen im Herbst, im September und Oktober, aus und lassen sich in großen Mengen mit Ködern anlocken. Das Ei überwintert. Die Raupen leben im Frühjahr auf Schlehen, Apfelbäumen, Weißdorn u. ä. In einigen Gegenden neigt die Art zum Melanismus.

8 Grüne Eicheneule *Dichonia aprilina* L. 35–40 mm. In den gemäßigten und warmen Teilen Europas und Kleinasiens verbreitet. Art der Laubwälder und Baumsteppen, die spät im Herbst von August bis September ausfliegt. Das Ei überwintert. Die Raupen entwickeln sich im Frühjahr, im Mai und Juni, und nähren sich von den Blättern von Eichen, Hainbuchen, Linden, Apfelbäumen u. ä. Diese Art tritt lokal auf und ist recht selten.

1
5
3
6
6b
2
5b
7
8
6c
4

Familie Eulenfalter – Noctuidae

1 Blepharita satura SCHIFF. 40–45 mm. In der gemäßigten Zone der gesamten Paläarktis verbreitet. Lebt hier in Misch- und Nadelwäldern, auf buschigen Hängen und in Auwäldern. Wir finden den Falter in den Niederungen und hoch in den Bergen, er kündigt den Herbst an. Seine einzige Generation beginnt Mitte August auszufliegen und bleibt bis zum Oktober aktiv. Das Ei überwintert. Die Raupe lebt im Mai und Juni auf verschiedenen Pflanzen.

2 Graueule *Antitype chi* L. 32–37 mm. In der gemäßigten Zone Europas und im Osten bis zum Altai verbreitet. Eine Art der trockeneren und lichten Mischwälder und deren Ränder, der Baumsteppen und auch Täler, wo sie bis ungefähr 1000 m in die Berge aufsteigt. Die Graueule bildet eine Generation, die von August bis Oktober fliegt. Das Ei überwintert. Die Raupe entwickelt sich im Frühjahr. Sie ist polyphag. Diese Art ist recht veränderlich.

3 Ammoconia caecimacula SCHIFF. 40–45 mm. Im nichtpolaren Europa bis zum Ural, in Kleinasien und weiter östlich bis nach Asien verbreitet. Die Falter tauchen im Herbst von Ende August bis Oktober auf und fliegen recht oft Köder oder Lichtquellen an. Sie kommen in den niederen Lagen und auch in den Bergen vor. Die Eier überwintern, die Raupe lebt im Frühjahr und ist polyphag.

4 Satellit-Eule *Eupsilia transversa* HFN. 35–42 mm. Das Verbreitungsgebiet erstreckt sich praktisch über die ganze paläarkt. Unterregion und reicht von den Niederungen bis hoch in die Berge. Der Falter bewohnt vor allem Laubwälder und Baumsteppen. Er hat sich auch gut an Stadtparks und Obstgärten angepaßt. Der Schmetterling ist variabel. Die graubraune Nominatform ist ziemlich selten. Sehr oft kommen gelbbraune Schmetterlinge (f. *rufescens* – **4**) oder Schmetterlinge mit orangefarbenen Flecken (f. *rufosatellitia* – **4d**), vor. Die Imago überwintert. Sie fliegt von September bis Mai und taucht auch oft bei plötzlicher Erwärmung im Winter auf. Die Raupen (**4b**) leben im Frühling auf verschiedenen Laubbäumen. Es sind Raublarven, die neben Blättern auch Raupen von Wicklern, Spinnern, anderen Eulen u. ä. fressen.

5 Braune Heidelbeereule *Conistra vaccinii* L. 28–35 mm. In der Laubwald- und Waldsteppenzone der gesamten paläarkt. Unterregion von Westeuropa bis nach Japan verbreitet. Die Imago überwintert, sie beginnt im September zu fliegen und ist bis zum Frosteinbruch aktiv. Im Frühling legt sie bis Mai, in höheren Lagen auch länger, ihre Eier ab. Die Raupe (**5b**) nährt sich im Frühjahr von verschiedenen Kräutern und Blättern von Sträuchern. Diese Art ist überaus variabel. Beachtenswert ist auch, daß die Exemplare einer Saison und Lokalität oft zur Ausbildung einer bestimmten, individuellen Form neigen.

6 Conistra rubiginosa SCOP. 30–35 mm. In den wärmeren Gebieten Europas, vor allem in Baumsteppen, verbreitet. Die Imago beginnt sehr spät im Herbst, erst im Oktober, zu fliegen und überwintert ähnlich wie bei den anderen Arten der Gattung *Conistra*. Die Weibchen legen erst im Frühling Eier. Die Raupen leben von April bis Juni, anfangs auf Schlehen, später auf verschiedenen Pflanzen.

7 Conistra rubiginea SCHIFF. 30–35 mm. In der ganzen gemäßigten Zone der Paläarktis bis nach Japan verbreitet. Wir finden den Falter in verschiedenen Biotopen der Misch- und Laubwälder, an warmen Hängen, aber auch auf Heideland. Er taucht schon im Herbst von September an auf, ist in dieser Zeit aber nur wenig aktiv. Nach dem Überwintern sucht der Falter im Frühling blühende Salweiden auf, von denen man ihn abends abklopfen kann. Die Raupe (**7b**) lebt von Mai bis Juli auf Eichen, Weiden und anderen Bäumen, oft auch auf niedrigen Pflanzen.

Eulenfalter

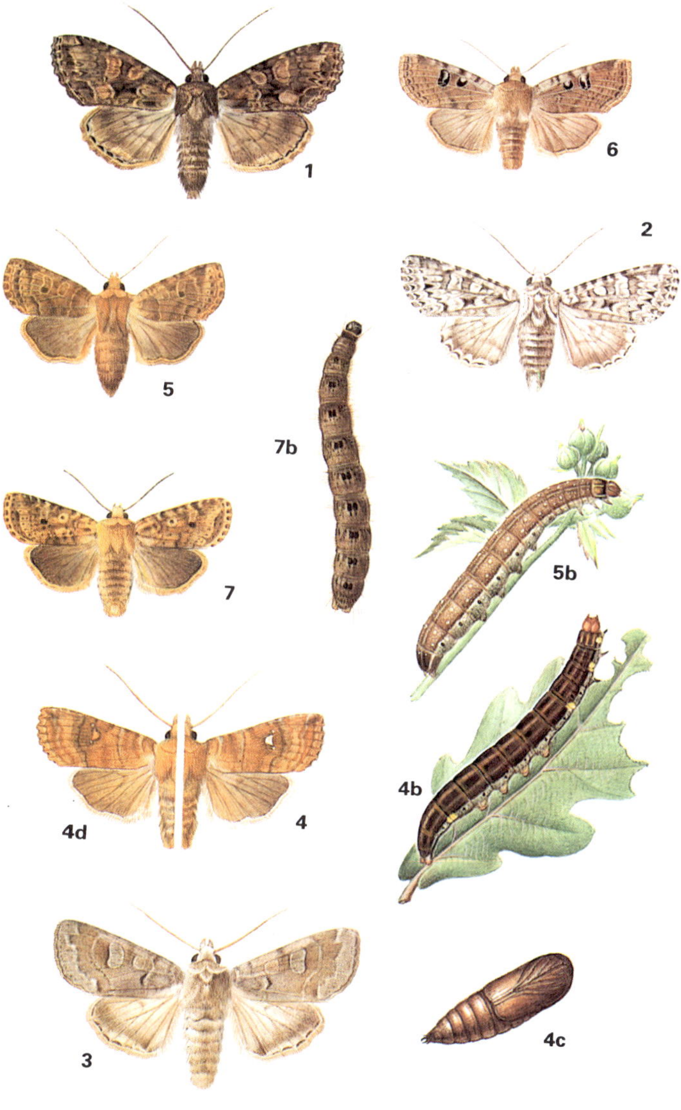

Familie Eulenfalter – Noctuidae

1 Ulmen-Herbstfalter *Agrochola circellaris* HFN. 33–38 mm. Stark verbreitet in der gemäßigten Zone Europas und Asiens und auch in Nordamerika. Tritt in den Niederungen und in den Bergen in Baumsteppen und Laub- oder Auwäldern und auch auf Torfmooren auf. Er bildet jährlich eine Generation und fliegt von Mitte August bis Oktober. Die Eier überwintern. Die Raupe frißt im Frühling an den Blättern verschiedener Sträucher und Bäume, später auch an Kräutern.

2 Weiden-Herbsteule *Agrochola helvola* L. 30–35 mm. In ganz Europa, im Osten bis nach Mittelasien verbreitet. Sie lebt in Laub- oder Mischwäldern mit reichem Unterholzwuchs, an Ufern, in sandigen Kiefernwäldern und oft auch auf Torfmooren und reicht von den Niederungen bis hoch in die Berge. Sie fliegt von Ende August bis Oktober, die Eier überwintern, die Raupen leben im Frühling auf Laubbäumen, später auf niedrigen Pflanzen.

3 Agrochola litura L. 28–35 mm. Über das ganze nichtpolare Europa verbreitet, im Osten bis nach Armenien und Kleinasien. Der Falter bildet eine Generation, die von August bis Oktober ausfliegt. Die Eier überwintern, die Raupen leben im Frühjahr bis zum Juni auf verschiedenen niedrigen Pflanzen. Sie sind polyphag.

4 Gelber Mönch *Agrochola lychnidis* SCHIFF. 30–35 mm. Am häufigsten auftretende Art der Gattung *Agrochola*, jedoch an wärmere Biotope gebunden. Ihr Verbreitungsgebiet reicht von Europa bis nach Kleinasien und Syrien. Am meisten treffen wir diese Art in lockeren Laubwäldern mit reichem Unterholzwuchs, in Baumsteppen und auf grasreichen Biotopen verschiedenster Art. Es handelt sich um eine überaus variable Art mit zahlreichen individuellen Formen. Der Falter fliegt von August bis zum Herbstende. Die Eier überwintern, und die Raupen (**4b**) entwickeln sich vom Frühling bis zum Juni auf verschiedenen Bäumen, später auf verschiedenen Kräutern.

5 Goldeule *Xanthia aurago* SCHIFF. 27–32 mm. In den warmen Laubwäldern Europas verbreitet, fehlt in den höheren Lagen. Dieser Falter ist in der Zeichnung sehr variabel, darüber hinaus bestehen Unterschiede auch zwischen Männchen und Weibchen. Die Flugzeit dauert von Ende August bis Oktober. Die Eier überwintern. Die Raupen leben im Frühling auf Eichen, Linden, Pappeln u. ä.

6 Weidengelbeule *Xanthia togata* ESP. 27–30 mm. Lebt in der gemäßigten und nördlichen Zone der ganzen Paläarktis und in Nordamerika und tritt in den Niederungen und hoch in den Bergen, bis zur Laubwaldgrenze, auf. Die einzige Generation fliegt von Ende August bis Oktober. Die Eier überwintern. Die Raupe lebt im Frühling auf Salweide, später lebt sie am Boden von verschiedenen Pflanzen.

7 Gemeine Gelbeule *Xanthia icteritia* HFN. 27–35 mm. Diese zahlreiche Art ist in der gesamten paläarktischen Unterregion in der Laubwaldzone und an feuchten Stellen, an denen Salweiden wachsen, verbreitet. Sie bildet jährlich eine Generation und fliegt von August bis Oktober aus. Die Eier überwintern. Die Raupen (**7b**) bevölkern im Frühling sehr zahlreich die Kätzchen der Salweiden. Wenn sie heranwachsen, ernähren sie sich am Boden von verschiedenen Kräutern. Sie verpuppen (**7c**) sich im Boden in festen Kammern aus Lehm und Fasern.

8 Streifengelbeule *Xanthia citrago* L. 28–33 mm. Mit Ausnahme des extremen Südens überall in Europa verbreitet und tritt in feuchten Laubwäldern und in der Kulturlandschaft an Waldrändern, auf Lichtungen, Kahlschlägen und Hängen mit verwachsener Vegetation auf. Die Falter fliegen von August bis Oktober aus. Die Eier überwintern. Die Raupen finden wir im Frühling auf den Trieben von Linden am Fuße größerer Bäume.

1
5♂
5♀
2
8
7
3
7b
4
4b
6
7c

Familie Eulenfalter – Noctuidae

1 Heidekrauteule *Anarta myrtilli* L. 20–22 mm. Das Vorkommen dieser Eule ist in Europa an die Standorte des Heidekrauts gebunden. Sie fehlt in den Polargebieten, ist sonst aber sowohl in warmen als auch kälteren Lagen verbreitet. Entsprechend den klimatischen Verhältnissen bildet sie eine bis zwei Generationen. Wir treffen sie regelmäßig in Torfmooren an. Hier entwickelt sich aber immer nur eine Generation. Diese Art ist durch ihre Tagesaktivität besonders interessant. Sie fliegt nur bei sonnigem Wetter aus und bewegt sich dann sehr schnell. Die Raupen (**1b**) können wir trotz ihrer ausgezeichneten Schutzfärbung am Ende des Sommers auf Heidekraut finden. Sie sind oft von Parasiten befallen. Die Puppe überwintert.

2 Moorbunteule *Anarta cordigera* Thbg. 20–25 mm. Dieser Falter ist arktisch-alpin verbreitet. Er kommt im Norden der Tundra zusammenhängend, weiter südlich inselartig vor. Er bewohnt Europa, Asien und Nordamerika. In Mitteleuropa können wir ihn in den Hochgebirgen oder auf Torfmooren finden, wo das Mikroklima der Tundra entspricht. Der Falter hat eine Generation, die an sonnigen Tagen von Mai bis Juli heftig umherfliegt. Die Raupe lebt im Sommer auf Rauschbeere und vielleicht noch auf einigen anderen Moorpflanzen.

3 Kleefeldeule *Discestra trifolii* Hfn. 30–35 mm. In der gemäßigten Zone ganz Europas und Asiens verbreitet und auch aus Nordamerika bekannt. Fehlt im extremen Süden und Norden und auch in den höheren Bergen. Sie ist eine Art der Wiesen und Steppen und hat sich den landwirtschaftlichen Kulturen ausgezeichnet angepaßt. Dort richtet sie manchmal Schäden an. Sie bildet jährlich 2–3 Generationen, die von Mai bis Oktober ausfliegen. Die Raupe (**3b**) ist polyphag. Die Puppe überwintert.

4 Hada nana Hfn. (= *H. dentina* Esp.). 30–35 mm. In Europa und in Asien bis in den Fernen Osten zu Hause. Sie bewohnt in ein bis zwei Generationen von Mai bis September wärmere und kältere Lagen. In den Bergen steigt sie manchmal bis über die Waldgrenze. Der Falter ist sehr variabel. Die Raupe lebt im Sommer und im Herbst und ist polyphag. Die Puppe überwintert.

5 Polia bombycina Hfn. 40–50 mm. Dieser Falter bewohnt ein riesiges Areal von Europa bis Nordamerika, lebt hier aber nur in der gemäßigten Klimazone und hält sich in Laubwäldern und Baumsteppen auf. Er ist auch in der Kulturlandschaft zahlreich. Seine einzige Generation fliegt im Juni und Juli aus. Die polyphagen Raupen überwintern und verpuppen sich im Frühling.

6 Nebeleule *Polia nebulosa* Hfn. 45–55 mm. Ähnlich verbreitet wie die vorangehende Art. Wir finden sie auch recht hoch in den Bergen. Sie bewohnt die verschiedensten Biotope, Steppen, lichte Wälder und buschige Hänge oder auch Täler mit reicher Vegetation. Jährlich entwickelt sich eine Generation, die von Ende Mai bis Juli ausfliegt. Die Raupen (**6b**) fressen an den verschiedensten Pflanzen. Erst nach dem Überwintern wachsen sie aus und verpuppen sich.

7 Pachetra sagittigera Hfn. 35–45 mm. Bewohnt die warmen Gegenden Europas und reicht im Osten bis nach Südsibirien. Wir treffen ihn in Steppen und Waldsteppen an, wo er jährlich eine, ausnahmsweise zwei Generationen bildet. Er fliegt im Mai und Juni und dann noch im August aus. Die Raupe ist polyphag. Sie lebt oft auf Schafgarbe. Die Puppe überwintert.

8 Netzeule *Heliophobus reticulata* Gz. 32–37 mm. In den wärmeren Gebieten Europas verbreitet, im Osten endet ihr Verbreitungsgebiet in Mittelasien. Eine Generation, die im Juni und Juli auf Wiesen, in Auwäldern und auf Ruderalgelände in der Umgebung menschlicher Behausungen umherfliegt. Die Raupen fressen an unreifen Samen, aber auch an Blättern verschiedener Nelkengewächse, vor allem an Seifenkraut, Leimkraut u. ä. Die Puppe überwintert.

1
2
1b
6b
3b
5
6
7
8
4
3

Familie Eulenfalter – Noctuidae

1 Kohleule, Herzeule *Mamestra brassicae* L. 37–45 mm. In der gesamten Paläarktis von Westeuropa bis Japan verbreitet, bewohnt auch Nordamerika. Am häufigsten in den Niederungen, aber auch in den Bergen bis in 2000 m Höhe. Sie gehört zu den geläufigen Schädlingen in der Landwirtschaft, vor allem im Gemüseanbau. Die Kohleule bildet von Mai bis Oktober in kaltem Klima eine, unter wärmeren Verhältnissen zwei bis drei Generationen. Die Raupe (**1b**) ist polyphag. Die Puppe überwintert.

2 Schwarze Garteneule *Mamestra persicariae* L. 37–40 mm. In der gemäßigten Zone der gesamten Paläarktis verbreitet. Ihre einzige Generation fliegt von Mai bis August, die Raupen (**2b**) leben im Juli und August. Die Puppe überwintert. Die Variabilität der Art zeigt sich in der verschiedenartigen Färbung des nierenförmigen Flecks auf den schwarzen Flügeln. Bei f. *accipitrina* ist dieser Fleck rotbraun, bei f. *unicolor* ist er schwarz ausgefüllt. Die Raupen sind polyphag und gehören zu den Arten, die manchmal Gemüse anfressen.

3 Mamestra thalassina Hfn. 35–38 mm. In Färbung und Zeichnung sehr veränderlich. In der Waldzone ganz Europas und Asiens verbreitet, steigt auch recht hoch in die Berge hinauf. Sie bildet jährlich eine, im Süden zwei Generationen. Die Flugzeit beginnt im Mai und dauert bis zum Juli. Die Raupen sind polyphag, sie leben auf Kräutern und auch auf einigen Bäumen. Die Puppe überwintert.

4 Mamestra suasa Schiff. 32–37 mm. Von Europa bis nach Nordamerika verbreitet. Sie lebt vor allem in den Niederungen in Aubiotopen, Waldsteppen und lichten Wäldern, hat sich gut der Zivilisationslandschaft, den Feldern, Gärten und Ruderalgeländen angepaßt und gehört zu den landwirtschaftlich bedeutenden Arten. Sie ist sehr variabel und bildet jährlich zwei Generationen, die erste im Mai und Juni, die zweite im August und September. Die Raupe wächst noch im Herbst heran, die Puppe überwintert.

5 Gemüseeule *Mamestra oleracea* L. 32–37 mm. In der Paläarktis verbreitet. Sie bildet von Mai bis September dem Klima entsprechend eine bis drei Generationen. Die Raupen sind polyphag. Die Puppe überwintert. Die Gemüseeule gehört zu den landwirtschaftlich wichtigen Arten.

6 Erbseneule *Mamestra pisi* L. 32–37 mm. Diese Vorgebirgsart ist in Mittel- und Nordeuropa und in Asien bis in den Fernen Osten verbreitet. In den Niederungen gehen ihre Bestände zurück. Die Flugzeit der einzigen Generation ist kurz, sie ist entsprechend der Höhenlage von Mai bis Juli verschoben. Die Raupen nähren sich polyphag und treten in zwei Formen auf. Sie sind braun (**6b**) oder grün und tragen gelbe Streifen. Wir finden sie immer im Sommer, oft auf überwachsenen Stoppelfeldern, auf Klee, Erbse und Lein. Die Puppen überwintern.

7 Bacheule *Hadena rivularis* F. 27–30 mm. In den Niederungen und in den Vorgebirgen der gemäßigten Klimazone von Europa bis nach Ostasien verbreitet. Meistens treffen wir sie auf Wiesen und Hängen, wo die Raupen in den Samen von Leimkräutern leben. Von Mai bis August bilden sich eine bis zwei Generationen heraus. Die Puppe überwintert.

8 Nelkeneule *Hadena compta* Schiff. 25–30 mm. Dieser Falter ist in der ganzen Paläarktis bis nach Japan verbreitet, kommt jedoch nirgends häufig vor. Er ist in bezug auf das Ausmaß der weißen Flügelzeichnung sehr variabel. Die einzige Generation fliegt von Mai bis Juli. Die Raupen leben in den Samen von Leimkraut und Nelke. Die Puppe überwintert.

1
8
2
7
3
6b
5
1b
4
2b
6

Familie
Eulenfalter – Noctuidae

1 Braune Bergeule *Eriopygodes imbecilla* F. 22–28 mm. Diese Art der Gebirge und Vorgebirge tritt stellenweise zahlreich auf. Sie bewohnt feuchte Au- und Torfmoorbiotope in der Umgebung von Quellen. Der Falter kommt inselartig in Mittel- und Nordeuropa und östlich über den Ural und Sibirien bis zur Mongolei vor. Eine Generation, die im Juni und Juli ausfliegt. Die Raupe überwintert.

2 Große Raseneule *Tholera decimalis* Poda. 32–45 mm. Dieser Falter bewohnt die Wiesen und Steppen der gesamten gemäßigten Zone Europas und Asiens. Wir finden ihn in trockeneren und feuchteren Biotopen, wo er im August und September ausfliegt. Die Raupen schlüpfen noch im Herbst und überwintern sehr jung. Sie leben auf verschiedenen Gräsern. Diese Eule gehört zu den wenigen Arten der Familie *Noctuidae*, bei denen das Männchen gekämmte Fühler trägt.

3 Kieferneule *Panolis flammea* Schiff. 30–33 mm. Im nichtpolaren Europa und Asien bis nach Japan verbreitet. Sie bewohnt im Süden und Norden die Nadelwälder der Niederungen und Gebirge immer nur mit einer Generation. Die Falter fliegen im April und Mai aus, die Raupen (**3b**) leben im Sommer gesellig auf Kiefern und anderen Nadelbäumen und verursachen im Wald oft schwere Schäden. Die Puppen liegen im Moos und in der Waldspreu an den Baumstämmen und überwintern.

4 Egira conspicillaris L. 33–37 mm. In der ganzen gemäßigten und warmen Zone Europas und Asiens östlich bis zum Altai verbreitet. Eine Art der Wälder und Baumsteppen, die sich gegenwärtig in Stadtparks, Gärten und Obstplantagen ansiedelt. Die Falter sind sehr variabel. Die Kontrastform f. *melaleuca* (**4c**) und auch die bunte f. *intermedia* kommen sehr häufig vor. Die einzige Generation fliegt im April und Mai aus. Die Raupe entwickelt sich bis zum Sommer. Die Puppe überwintert.

5 Kleine Kätzcheneule *Orthosia cruda* Schiff. 25–30 mm. Gehört zu den am zahlreichsten auftretenden Frühlingseulen, die wir schon im März und April von den blühenden Weiden klopfen können. Ihre Grundfärbung schwankt von grau über gelblich bis rötlich. Die Männchen tragen gekämmte Fühler. Diese Art ist in ganz Europa bis ins Wolgagebiet und nach Armenien verbreitet. Sie bewohnt Au- und Laubwälder. Die Raupe entwickelt sich am Frühjahrsende auf Laubbäumen. Die Puppe überwintert.

6 Violettbraune Frühlingseule *Orthosia incerta* Hfn. 35–40 mm. Eine häufig vorkommende Frühlingsart. Sie erscheint schon an den ersten warmen Märztagen und stellt ihre Flüge Anfang Mai ein. Mit Ausnahme der Polargebiete in Europa, Asien und Amerika verbreitet. Ihre Färbung ist überaus variabel (z B. f. *obscura* – **6b**), und wir können kaum zwei gleiche Exemplare finden. Die Raupen leben im Frühling auf Laubbäumen, die Puppen liegen bis zum Frühjahr.

7 Bräunlichgraue Frühlingseule *Orthosia gothica* L. 30–35 mm. In der gesamten gemäßigten Zone der paläarkt. Unterregion verbreitet. Am zahlreichsten tritt sie in den Niederungen auf, kommt aber oft auch hoch in den Bergen vor. Sie fliegt zeitig im Frühjahr, von März bis Mai, aus. Die Männchen tragen gekämmte Fühler, die Weibchen zeigen eine ausdrucksvollere Zeichnung. Die Raupen (**7b**) entwickeln sich im Frühling und fressen an verschiedenen Kräutern. Die Puppe überwintert. Jährlich entwickelt sich eine Generation.

8 Orthosia gracilis Schiff. 35–40 mm. Dieser Falter gehört ebenfalls zu den Frühlingsarten, fliegt aber von der ganzen Gruppe der Gattung *Orthosia* am spätesten, von April bis Anfang Juni, aus. Er ist recht veränderlich, oft tauchen rosa gefärbte Exemplare auf. Auch zwischen Männchen und Weibchen können kleine Farbunterschiede festgestellt werden. Die Raupen (**8b**) entwickeln sich im Frühling zwischen den versponnenen Blättern verschiedener Kräuter, zum Beispiel Klee, Beifuß u. ä. Die Puppe überwintert im Boden.

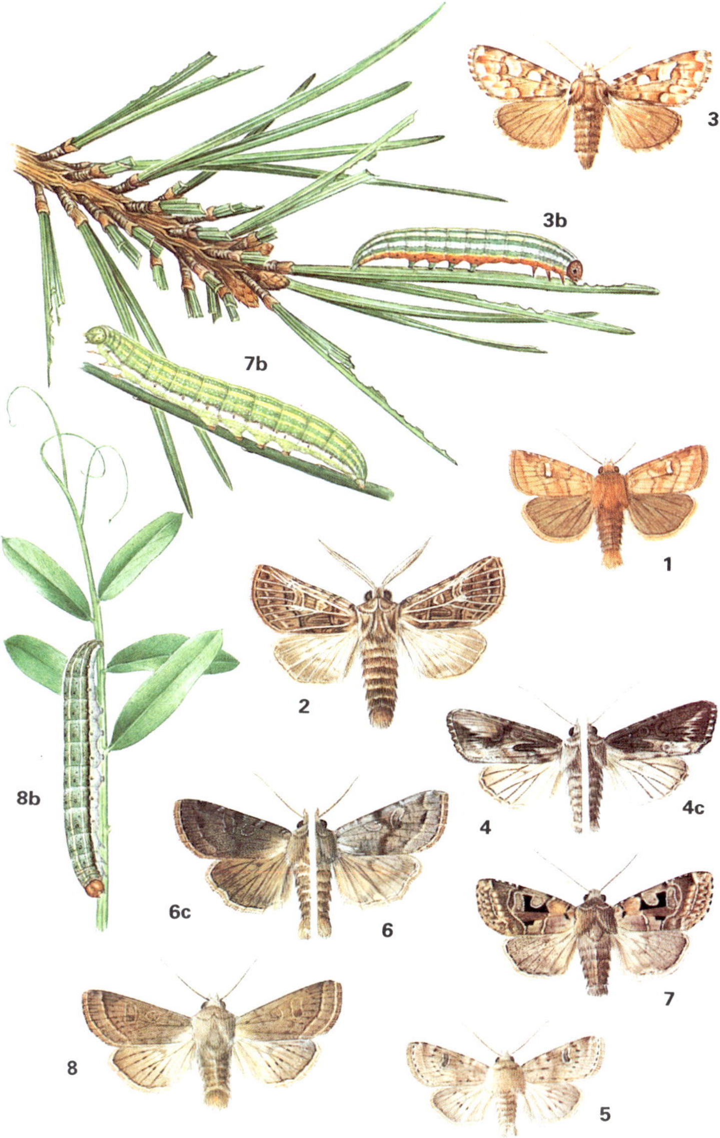
3
3b
7b
1
2
8b
4
4c
6c
6
7
8
5

Familie Eulenfalter – Noctuidae

1 Marbeleule *Mythimna turca* L. 37–45 mm. In der gemäßigten Zone der paläarkt. Unterregion verbreitet. Im Norden und in Gebieten mit feuchtem und kühlem Klima häufiger. Ihre einzige Generation (im Süden des Areals sind es zwei) fliegt von Juni bis Anfang August aus. Wir finden den Falter an den Rändern von Torfmooren, auf feuchten Wiesen und Heideland. Die Raupe überwintert. Sie frißt an verschiedenen Sumpfgräsern.

2 Zapfeneule *Mythimna conigera* Schiff. 30–35 mm. In der ganzen gemäßigten Zone der paläarkt. Unterregion von Westeuropa bis Japan verbreitet. Fliegt von Juni bis August auf Lichtungen und Kahlschlägen, an Waldrändern und auf Wiesen aus, dort, wo üppige Vegetation wuchert. Die Raupe ist polyphag und lebt vom Herbst bis zum Frühjahr. Erst dann verpuppt sie sich.

3 Mythimna ferrago F. 35–40 mm. Mit Ausnahme des extremen Nordens und Südens in ganz Europa bis nach Mittelasien verbreitet. Besonders häufig tritt sie in den wärmeren Gebieten Mitteleuropas auf. Der Falter fliegt von Ende Juni bis Mitte August mit Ausnahme zusammenhängender Wälder in den verschiedensten Biotopen. Die Raupe überwintert. Sie ernährt sich von verschiedenen weichen Gräsern.

4 Weißfleckeneule *Mythimna albipuncta* Schiff. 30–35 mm. Gehört in den trockeneren, grasreichen Biotopen Mitteleuropas zu den zahlreichsten Eulenarten. Im Osten ist sie bis nach Mittelasien verbreitet. In den Berglagen geht sie stark zurück. Wir können sie trotzdem bis zu 1000 m Höhe antreffen. Zwei Generationen fliegen von Mai bis Juli und im August und September. Diese Art ist sehr veränderlich. Die Raupe der zweiten Generation überwintert. Als Nährpflanze dienen verschiedene Grasarten.

5 Mythimna pudorina Schiff. 35–38 mm. Bewohnt Mittel- und Nordeuropa, fehlt im extremen Süden, reicht im Osten bis nach Asien in das Amur-Ussuri-Gebiet. Bildet eine Generation, die von Ende Mai bis Juli fliegt. Nirgends kommt der Falter sehr zahlreich vor. Wir finden ihn in feuchten Biotopen, an Fluß- und Teichufern, auf sumpfigen Wiesen und Moorland. Die Raupe lebt vom Herbst bis zum Frühjahr auf Schilfrohr und anderen Sumpfgräsern.

6 Weißadereule *Mythimna pallens* L. 30–35 mm. Diese anspruchslose, zahlreich vorkommende Eule bewohnt sowohl trockene, steppenartige wie auch feuchte Wiesenbiotope. Sie steigt ziemlich hoch in die Berge auf, obwohl sie dort durch eine andere, ähnliche Art (*M. impura* Hb) vertreten ist. Das Verbreitungsgebiet dieses Falters erstreckt sich über die ganze Paläarktis und Nordamerika. In kälteren Gebieten bildet er im Juli und August eine Generation, in wärmeren Gegenden hat er in der Zeit von Mai bis Oktober zwei. Die Raupen der zweiten Generation überwintern. Sie sind polyphag, bevorzugen aber verschiedene Gräser (**6 b**).

7 Weißes L, L-Eule *Mythimna l-album* L. 30–35 mm. Wandert alljährlich aus den Subtropen Afrikas und West- und Mittelasiens. In Mitteleuropa und nördlicher überwintert sie nicht. Der Anflug dauert von Mai bis Juli. Während des Sommers entwikkelt sich eine Generation, deren Falter im Herbst bis zum Frostanbruch fliegen und dann allmählich verschwinden. Manchmal siedeln sie sich in Gewächshäusern an, wo sie in Kulturen Schäden verursachen können. Wo es das Klima erlaubt, überwintert die Raupe.

8 Kommaeule *Mythimna comma* L. 32–37 mm. Diese Art ist im nichtpolaren, gemäßigten Europa und in Asien bis zum Amur verbreitet. Wir treffen sie an feuchteren Orten, vor allem auf Wiesen und Hängen und auch in lokkeren, mit Gras bewachsenen Wäldern. Die Falter fliegen von Mai bis Juli, manchmal noch mit einer zweiten Generation von August bis Oktober aus. Die Raupen überwintern. Sie ernähren sich von verschiedenen Gräsern.

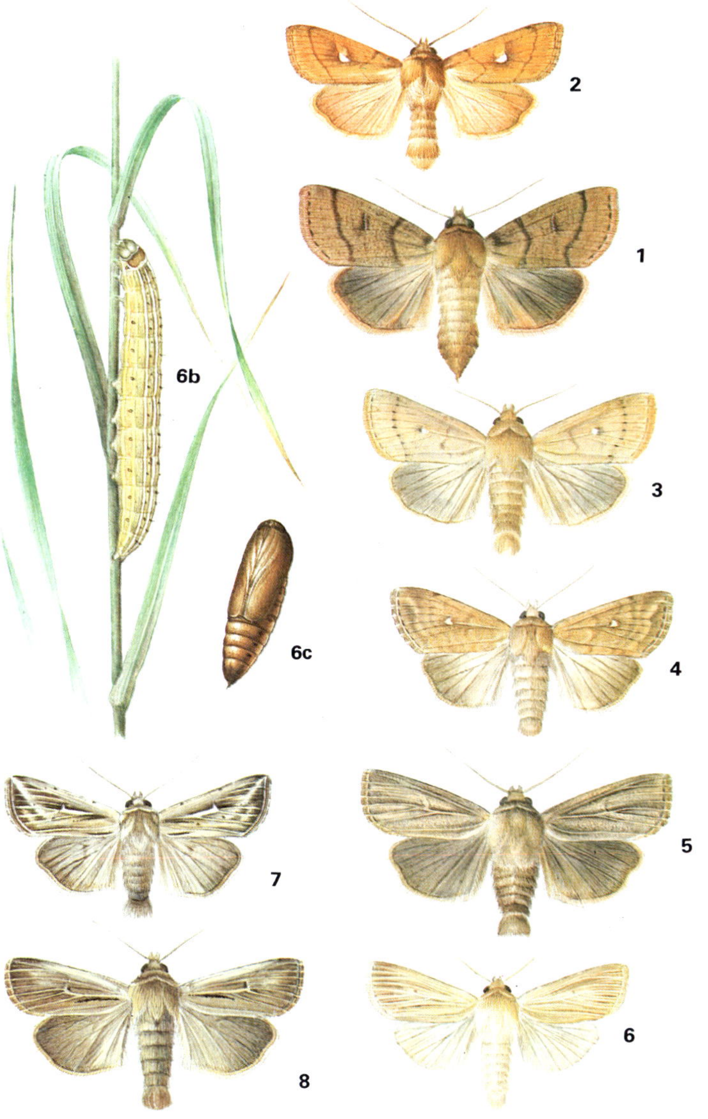
2
1
6b
3
6c
4
7
5
8
6

Familie
Eulenfalter – Noctuidae

1 Euxoa obelisca SCHIFF. 30–40 mm. Dieser Falter gehört in die Gruppe der untereinander sehr ähnlichen Eulen, von denen viele lange nicht als selbständige Arten angesehen wurden, und die auch heute noch schwer zu unterscheiden sind. Er ist im gemäßigten und wärmeren Europa verbreitet und reicht im Osten bis nach Mittelasien. Die Falter der einen Generation fliegen im August und September in trockeneren, vor allem sandigen und kalkigen Biotopen. Die Eier überwintern. Die Raupen leben im Frühjahr, sie sind polyphag.

2 Schwarzeule *Euxoa nigricans* L. 28–35 mm. In der gemäßigten Zone Europas und Asiens bis zum Amur verbreitet und steigt bis auf 1000 m Höhe. Bildet im Jahr eine Generation und fliegt von Juli bis Anfang September aus. Die Eier überwintern, die polyphagen Raupen leben im Frühling.

3 Getreideeule *Euxoa aquilina* SCHIFF. 30–35 mm. Kommt in Europa und Asien, von den Niederungen bis zu den Vorgebirgen überall zahlreich auf Feldern und Steppen vor. Ihre einzige Generation fliegt im Juli und August. Die Eier überwintern. Die Raupen leben im Frühjahr. Sie sind polyphag und schädigen manchmal Getreide.

4 Kiefernsaateule *Agrotis vestigialis* HFN. (*Scotia v.*). 30–35 mm. Tritt stellenweise im ganzen nichtpolaren Europa auf und ist bis nach Südrußland verbreitet. Sie ist an Biotope mit sandiger Unterlage gebunden. Hier fliegt sie im Juli und August aus. Die Falter sind in der Zeichnung und Färbung sehr veränderlich. Die Raupen ernähren sich von Graswurzeln und Wurzeln der Baumsämlinge.

5 Saateule *Agrotis segetum* SCHIFF. (*Scotia s.*). 27–40 mm. In den Landwirtschafts- und Steppengebieten Europas und Asiens verbreitet. Auch in Südafrika bekannt. Dem Klima entsprechend bildet sie 1–2 Generationen aus. Die Raupen überwintern ausgewachsen. Die Falter fliegen von Mai bis Juli und August bis Oktober. Ihre Färbung ist sehr veränderlich. Die Raupen (**5b**) sind polyphag und gehören zu den schlimmsten Schädlingen in der Landwirtschaft.

6 Gemeine Graseule *Agrotis exclamationis* L. (*Scotia e.*). 30–40 mm. Dieser Falter ist eine der häufigsten Eulen in der gemäßigten und warmen Zone der Paläarktis. Er bildet jährlich von Juni bis September eine Generation. In den wärmsten Gebieten kann ausnahmsweise im Herbst noch eine zweite Generation auftreten. Die Raupen sind polyphag und überwintern ausgewachsen. Trotz ihrer Vielzahl spielen sie in der Landwirtschaft eine geringere Rolle, denn sie leben eher auf wilder Vegetion.

7 Ypsiloneule *Agrotis ipsilon* HUFN. (*Scotia i.*). 35–50 mm. Dank ihrer Wanderungsfähigkeiten ist diese Eule in der ganzen Welt verbreitet. Sie überwintert in Mitteleuropa nicht, sondern fliegt von April bis Juli hier an. Während des Sommers entwickeln sich schnell die Raupen (**7b**), auch das Puppenstadium dauert nur kurz, und die Falter schlüpfen und fliegen von August bis in den späten Herbst aus. Dann verschwinden sie allmählich wieder und fliegen vielleicht nach Süden. Bei feuchterem Wetter sind die Raupen auf den Feldern und in Gemüsegärten schädlich.

8 Grüne Beifuß-Erdeule *Actebia praecox* L. 35–40 mm. Diese lokal vorkommende und recht seltene Eule ist in den sandigen Gebieten Europas und Asiens verbreitet. Ihre einzige Generation fliegt von Juli bis September. Die Raupen überwintern. Sie sind polyphag.

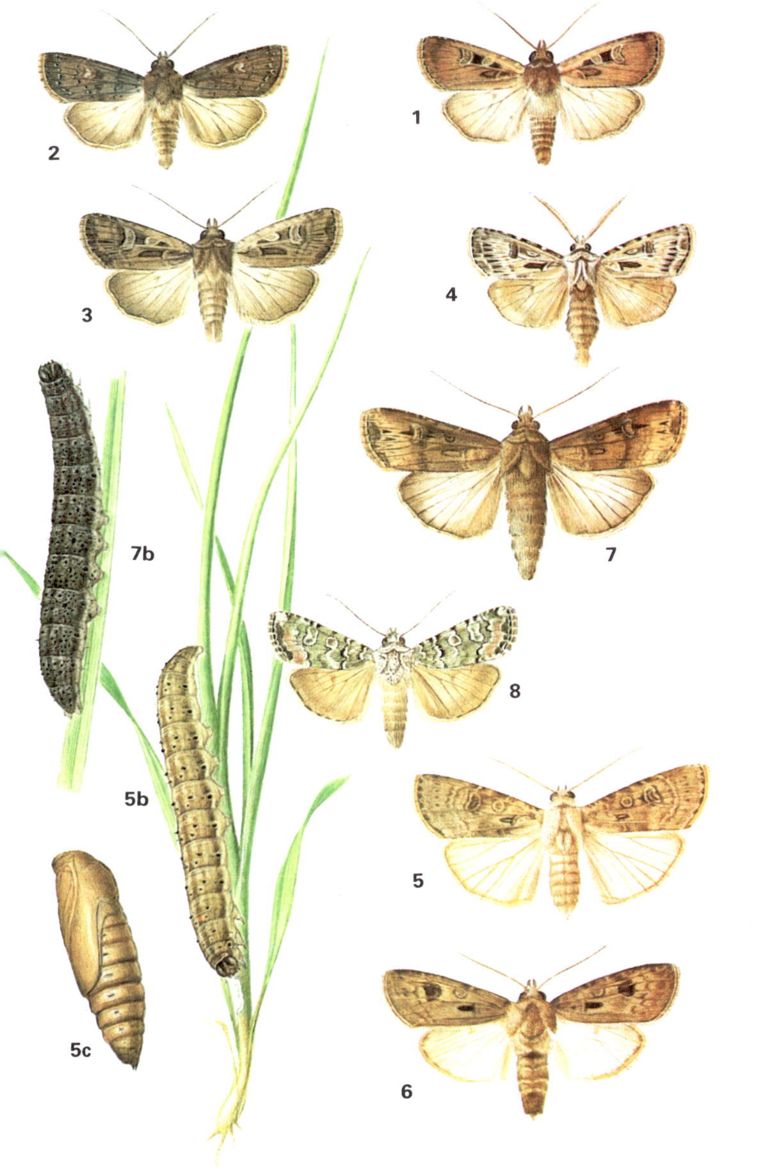
2
1
3
4
7b
7
8
5b
5
5c
6

Familie Eulenfalter – Noctuidae

1 Violettbraune Erdeule *Ochropleura plecta* L. 25–30 mm. Wurde durch Gemüsetransporte über die ganze Welt verschleppt. Sie bildet zwei Generationen, die von Mai bis Juli und von Juli bis September in den Landwirtschaftsgebieten und Wiesenländern der Niederungen und Vorgebirge ausfliegen. Sie sucht feuchtere Biotope mit saftiger Vegetation auf. Die Puppe überwintert. Die Raupe ist polyphag.

2 Eugnorisma depuncta L. 30–35 mm. Dieser Falter ist in Nord- und Mitteleuropa verbreitet und reicht im Osten bis nach Mittelasien. Er taucht in den Niederungen auf, ist aber in den Vorgebirgen häufiger; dort steigt er bis 1000 m auf. Er bewohnt grasreiche Biotope in den Wäldern und Vorgebirgswiesen. Der Schmetterling fliegt im Juli und August aus. Die Raupe überwintert. Sie ist polyphag.

3 Chersotis cuprea SCHIFF. 28–35 mm. In den Vorgebirgen und Gebirgen Mittel- und Nordeuropas und der ganzen gemäßigten Zone Asiens bis nach Kamtschatka verbreitet. Die Imagines tauchen im Juli und August auf und fliegen manchmal auch tagsüber um die Blüten. Die junge Raupe überwintert, sie ernährt sich von den verschiedensten Wiesenpflanzen.

4 Hausmutter *Noctua pronuba* L. 45–55 mm. Gehört mit den folgenden Arten zu den Eulen mit ausdrucksvollen gelben Hinterflügeln. Die Vorderflügel sind in verschiedenen Tönen gefärbt, bei den Männchen sind sie dunkler, bei den Weibchen heller. Diese Art ist mit Ausnahme der nördlichsten Gebiete in der ganzen Paläarktis verbreitet. Sie tritt zahlreich auf. In Europa bildet diese Eule nur eine einzige Generation aus, die sehr lange, vom Juni bis in den Herbst, ausfliegt. Die Angaben über das Auftreten zweier Generationen in Mitteleuropa sind falsch. Die Weibchen verbringen den Sommer mit gedämpfter Aktivität (sie aestivieren), und die Eier entwickeln sich in den Eierstöcken erst im August, wenn die kritische Tageslänge ungefähr 15 Stunden unterschritten hat. Die Raupen (**4b**) überwintern. Sie sind polyphag und gelegentlich im Gemüseanbau schädlich.

5 Primeleule *Noctua comes* HB. 37–45 mm. Unter drei sehr ähnlichen Arten am häufigsten (*N. orbona* HFN., *N. interposita* HB). Die Weibchen aestivieren und legen ihre Eier am Sommerende ab. Die Raupen überwintern. Sie sind polyphag. Wir treffen diesen Falter meistens in Ackerbaugebieten und auf Wiesenland in den Niederungen und Vorgebirgen an. Er ist ziemlich veränderlich.

6 Gelbe Bandeule *Noctua fimbriata* SCHREB. 45–55 mm. Kommt in Mittel- und Südeuropa zahlreich vor, im Norden ist sie verhältnismäßig selten. Im Osten erstreckt sich ihr Verbreitungsgebiet über die nördlichen Teile Kleinasiens und endet in der Kaukasusgegend. Der Falter bildet eine Generation, die von Juli bis September ausfliegt. Die jungen Raupen überwintern. Man kann sie bei künstlicher Beleuchtung, die länger als 15 Stunden dauert, bis zum Verpuppen weiterzüchten. Die Falter zeigen bei Männchen und Weibchen eine unterschiedliche Färbung der Vorderflügel, was bei den Eulen selten vorkommt. Die Vorderflügel der Männchen sind darüber hinaus noch verschieden getönt – rötlich, grünlich, bräunlich (**6** ♂), bei den Weibchen sind sie gelbgrau.

7 Noctua janthina SCHIFF. 30–40 mm. Diese wärmeliebende Art ist in den Niederungen der wärmeren Gebiete Europas verbreitet und dringt im Südosten nach Asien vor. In den Bergen fehlt sie. Die einzige Generation fliegt von Juli bis September aus. Die Raupen sind polyphag und überwintern halb erwachsen.

4♀
4c
2
6♀
3
6♂
5
7
4b
1

Familie Eulenfalter – Noctuidae

1 Opigena polygona SCHIFF. 35–40 mm. Der Falter ist mit Ausnahme der Polargegenden in ganz Europa verbreitet. Im Osten reicht er bis nach Sibirien. Er ist ein Wanderfalter, der offensichtlich südliche, warme Gebiete dauerhaft bewohnt und sich im Norden nur während des Sommers entwickelt. Davon zeugen Funde zweier Generationen dieses Falters. Die erste Generation taucht von April bis Juni auf, die zweite von August bis weit in den Herbst hinein. Die Raupe ist polyphag.

2 Parklandeule *Graphiphora augur* F. 35–42 mm. Dieser Eulenfalter ist von Europa bis nach Japan verbreitet und siedelt auch in Nordamerika. In den wärmsten Gebieten der paläarktischen Region fehlt er. Die einzige Generation fliegt von Ende Juni bis Anfang August. In den niederen Lagen taucht der Schmetterling stellenweise recht häufig auf, fliegt aber auch hoch in die Berge hinauf. Die Raupe (**2b**) überwintert. Sie ist wie bei den meisten Eulen polyphag.

3 Porphyreule *Lycophotia porphyrea* SCHIFF. 25–30 mm. Bewohnt verstreut die ganze paläarkt. Unterregion von Europa bis Japan und reicht von den Niederungen bis in Höhen von 2000 m. Die Raupe (**3b**) ernährt sich von Heidekraut, womit das Verbreitungsgebiet dieser Art festliegt. Der Falter fliegt im Juni und Juli. Die Raupe überwintert.

4 Diarsia mendica SCHIFF. 28–35 mm. Der Falter ist in den Waldgebieten Europas und Asiens bis zur Mongolei und nach Kamtschatka verbreitet. Er ist überaus variabel, und es wurden viele individuelle Formen und geographische Rassen beschrieben. Die einzige Generation fliegt von Juni bis August aus. Sie taucht in den Niederungen früher, in den Bergen später auf. Die Raupe überwintert. Wir finden sie in lockeren Wäldern und auf Wiesen auf Schlüsselblumen und anderen breitblättrigen Kräutern.

5 Diarsia brunnea SCHIFF. 35–38 mm. In Nord- und Mitteleuropa verbreitet und reicht östlich über den Ural und das Altaigebirge nach Ostasien. Die Falter der einzigen Generation fliegen von Mitte Juni bis August in den Niederungen und Bergen bis in ungefähr 1500 m Höhe. Die Raupe überwintert und ernährt sich von verschiedenen Kräutern und Sträuchern. Wir können sie an Frühlingsabenden auf dem ausschlagenden Grün finden.

6 Diarsia rubi VIEW. 28–33 mm. Diese unauffällige Eule bewohnt Wiesen und lockere Wälder. Vereinzelt finden wir sie auch an trockeneren, warmen Orten, wirklich häufig tritt sie aber in feuchten Vorgebirgsbiotopen und in den Bergen bis in ungefähr 2000 m Höhe auf. Sie ist im nichtpolaren Europa und in Asien bis weit nach Osten verbreitet. Die ähnliche ssp. *florida* SCHMIDT ist Gegenstand von Auseinandersetzungen. Sie wird manchmal als selbständige Art angesehen. *D. rubi* bildet entsprechend dem Klima eine bis zwei Generationen. Die erste taucht von Mai bis Juni auf, die zweite von August bis September. Die polyphage Raupe überwintert.

7 Grünlichgraue Erdeule *Xestia speciosa* HB. 37–45 mm. Zirkumpolar in der nördlichen Tundra verbreitet und kommt außerdem noch inselartig in den Gebirgen Mitteleuropas und Asiens in der natürlichen Fichtenwaldzone von 1000 bis 2000 m Höhe vor. An günstigen Standorten ist sie verhältnismäßig zahlreich. Wie die meisten der arktisch-alpinen Arten tendiert auch sie zur Bildung geographischer Rassen, wie es zum Beispiel im Norden ssp. *arctica* ZETT. oder in den Hochalpen ssp. *obscura* sind. Darüber hinaus zeigt dieser Falter eine maßlose Variabilität. Hier ist zum Beispiel die dunkle f. *millieri* besonders beachtenswert. Sie stellt eine Art Negativ der normalen Färbung dar. Die Raupen überwintern sehr jung. Sie leben vor allem im Frühjahr und am Anfang des Sommers auf Heidelbeeren. Die Falter fliegen im Juli und August aus.

1
3
2
7
5
4
2b
6
3c
3b

Familie
Eulenfalter – Noctuidae

1 Schwarzes C, C-Eule *Xestia c-nigrum* L. 38–42 mm. Vielleicht die häufigste Eule überhaupt, wenigstens in den waldlosen niederen Lagen der gesamten nördlichen Halbkugel. Der Grund dafür besteht vielleicht darin, daß sich dieser Falter ausgezeichnet den Kulturlandbedingungen angepaßt hat. In den Lichtfallen macht er bis 80% aller gefangenen Schmetterlinge aus. Er fliegt, mit Ausnahme einer kurzen Pause zwischen den zwei Generationen im Sommer, ununterbrochen von Mai bis Oktober. Die Raupe (**1 b**) ist polyphag und überwintert halb erwachsen im 3.–4. Entwicklungsstadium.

2 Xestia ditrapezium SCHIFF. 35–42 mm. Dieser Falter ist in der gemäßigten Zone Europas und Asiens bis zum Amur verbreitet. Er ist in den Niederungen zahlreich und steigt auch in die Berge bis zur Waldgrenze auf. Er bewohnt Steppen und Baumsteppen, die Wiesen der Vorgebirge und in Landwirtschaftsgebieten Waldränder und buschige Biotope. Die Falter der einzigen Generation fliegen von Juni bis Anfang August. Die polyphagen Raupen überwintern.

3 Xestia baja SCHIFF. 35–40 mm. Bewohner der Baumsteppen- und Waldzone; lebt in einem riesigen Verbreitungsgebiet, das sich von Europa über ganz Asien bis nach Nordamerika erstreckt. Eine äußerst variable Art. Die Grundfärbung wechselt von Grau zu Rotbraun und die Zeichnung von deutlich zu unerkennbar. Die einzige Generation fliegt im Juli und August. Die Raupen leben vom Herbst bis zum Frühjahr auf Heidelbeeren, Himbeeren und vielen anderen Pflanzen.

4 Xestia xanthographa SCHIFF. 32–35 mm. Der Falter ist in den wärmeren Gebieten Mitteleuropas, in Südeuropa, Kleinasien und im Iran zu Hause. Er kommt zahlreich auf dürrem Steppen- und Baumsteppenland vor, wo er im August und September ausfliegt. Die polyphage Raupe schlüpft erst im Frühjahr aus den Eiern und wächst Anfang des Sommers heran.

5 Buchdruckereule *Naenia typica* L. 33–40 mm. Diese Art ist verhältnismäßig selten und kommt nur einzeln vor, darüber hinaus geht sie in letzter Zeit merklich zurück. Wir treffen den Falter meistens in Vorgebirgslagen, aber auch an feuchten Stellen in den Niederungen an. Seine einzige Generation fliegt von Juni bis August. Die Raupe lebt polyphag vom Herbst bis zum Frühjahr auf verschiedenen Kräutern.

6 Große Heidelbeereule *Eurois occulta* L. 50–60 mm. Überall im Norden Europas und ganz Asiens verbreitet und vereinzelt auch in den Gebirgen und Vorgebirgen südlicher gelegener Gebiete. Eine typische Art der Taiga, deren Verbreitungsgebiet bis an die Grenze der Tundra reicht. Sie bewohnt auch Alaska und Nordkanada. In Mitteleuropa begleitet sie die Fichtenwälder mit Heidelbeerwuchs. Die polyphagen Raupen überwintern klein und leben im Frühling gewöhnlich auf Heidelbeeren.

7 Grüne Heidelbeereule *Anaplectoides prasina* SCHIFF. 40–50 mm. In den Waldgebieten und Vorgebirgslagen Europas, Asiens und Nordamerikas zu Hause. Sie bewohnt die Taiga und dringt einerseits in die Tundra, andererseits auch in die Baumsteppen und in die Berge bis zu 2000 m Höhe vor. Der Falter ist sehr variabel, und seine typische grüne Färbung wechselt manchmal zu Rot, manchmal verschwindet sie ganz, und der Schmetterling ist, wie zum Beispiel bei der nördlichen f. *lugibris*, graubraun. Die einzige Generation fliegt von Juni bis August. Die polyphagen Raupen leben vom Herbst bis zum Frühjahr.

8 Eichenbuschwald-Winkeleule *Mesogona acetosellae* SCHIFF. 35–40 mm. Der Falter bewohnt die wärmeren Teile Europas und Asiens bis zum Altai. Wir treffen ihn in Laubwäldern und Baumsteppen an. Es handelt sich um eine Spätsommerart, die im August und September ausfliegt. Das Ei überwintert, und die Raupe lebt im Frühjahr auf Schlehen, Eichen und anderen Laubgehölzen.

Eulenfalter

Literatur

Allgemeine Literatur

BERGMANN, A: Die Großschmetterlinge Mitteldeutschlands. Bd. 1–5. Jena und Leipzig 1952–1955.
CARTER, D. J. und HARGREAVES, B.: Raupen und Schmetterlinge Europas und ihre Futterpflanzen. Hamburg und Berlin 1987.
DANESCH, O. und DIERL, W.: Schmetterlinge I (Tagfalter); Schmetterlinge II (Nachtfalter). 2 Bde. Stuttgart 1965 und 1968.
EIDMANN, H. und KÜHLHORN, T: Lehrbuch der Entomologie. Hamburg und Berlin 1970 (1941).
FORSTER W. und WOHLFAHRT, TH. A.: Die Schmetterlinge Mitteleuropas. Bd. 1–5. Stuttgart 1955–1971.
FRIEDRICH, E.: Handbuch der Schmetterlingszucht. Europäische Arten. Stuttgart 1975.
GERSTMEIER, R.: Welcher Schmetterling ist das? Stuttgart 1988.
HIGGINS, L. G. und RILLEY, N. D.: Tagfalter Europas und Nordwestafrikas. Hamburg und Berlin 1971.
KALTENBACH, T. KÜPPERS, P. V.: Kleinschmetterlinge beobachten – bestimmen. Melsungen 1987.
KUDRNA, O.: Butterflies of Europe. 8 Bde. Wiesbaden 1985.
MARKTANNER, T.: Welcher Nachtfalter ist das? Stuttgart 1992.
PHILLIPS, R. und CARTER, D.: Kosmos-Atlas Schmetterlinge. Europäische Tag- und Nachtfalter. Stuttgart 1991.
SEITZ, A.: Der Großschmetterlinge der Erde. Bd. 1–15. Stuttgart 1906ff.
SMART, P.: Kosmos-Enzyklopädie der Schmetterlinge. Die Tagfalter der Erde in Farbe. Stuttgart 1977.
WEBER, H.: Lehrbuch der Entomologie. Stuttgart 1968 (1933).
WEIDEMANN, H.-J.: Tagfalter. 2 Bde. Melsungen 1988.
ZAHRADNIK, J.: Der Kosmos-Insektenführer. Stuttgart 1976.
„Entomologische Zeitschrift“ mit Beilage „Insektenbörse“. (Hrsg.: Internationaler Entomologischer Verein e.V. Frankfurt a. M.) Stuttgart.

Zum Schutz

BLAB, J.: Grundlagen des Biotopschutzes für Tiere. Schriftenreihe Landschaftspflege und Naturschutz 24, 3. Aufl. – Greven: Kilda, 1989.
BLAB, J. & KUDRNA, O.: Hilfsprogramm für Schmetterlinge. Naturschutz aktuell 6 – Greven: Kilda, 1982.
BLAB, J., NOWAK, E., TRAUTMANN, W. & SUKOPP, H., (Hrsg.): Rote Liste der gefährdeten Tiere und Pflanzen in der Bundesrepublik Deutschland. Naturschutz aktuell 1, 4. Aufl. – Greven: Kilda, 1984.
BLAB, J., RUCKSTUHL, T. ESCHE, T. & HOLZBERGER, R.: Aktion Schmetterling – so können wir sie retten. – Otto Maier Ravensburg, 1987.
MEISEL, K.: Acker- und Grünland. In OLSCHOWY, G. (Hrsg.): Natur- und Umweltschutz in der Bundesrepublik Deutschland: S. 266–272. Hamburg & Berlin: Parey, 1978.

Register